人工智能算法大全

基于MATLAB

U0210457

李一邨　编著

ARTIFICIAL INTELLIGENCE ALGORITHMS

CASE STUDIES AND APPLIED RESEARCH

机械工业出版社
CHINA MACHINE PRESS

本书的编程语言以 MATLAB 为主，分别从学习方式和理论知识两个方面来对机器学习（实现人工智能的方法）的算法进行分类介绍。通过阅读本书，读者可以对人工智能的子集——机器学习形成一个系统、全面、完整的认识，并且在今后的研究工作中逐步拓展，最终形成自己的体系。全书共6篇，分别为特征处理算法、分类和聚类算法、神经网络算法、优化算法、基于不同数学思想的算法以及集成算法，每一篇都对该类别中常见算法的思想、流程、核心知识和优缺点等内容进行了详细介绍，并通过实际的案例分析和代码展示，对算法的具体应用进行了完整解析。

本书适用的读者对象包括金融机构的量化投资经理、科研工作者、互联网企业的算法工程师、大中专院校相关专业师生，以及其他对实现人工智能的机器学习技术感兴趣的读者。

图书在版编目（CIP）数据

人工智能算法大全：基于 MATLAB / 李一邨编著. —北京：机械工业出版社，2021.7（2022.11 重印）

ISBN 978-7-111-68801-3

Ⅰ.①人…　Ⅱ.①李…　Ⅲ.①人工智能-算法　Ⅳ.①TP18

中国版本图书馆 CIP 数据核字（2021）第 155119 号

机械工业出版社（北京市百万庄大街 22 号　邮政编码 100037）
策划编辑：丁　伦　责任编辑：丁　伦
责任校对：秦洪喜　责任印制：单爱军
北京捷迅佳彩印刷有限公司印刷
2022 年 11 月第 1 版第 3 次印刷
185mm × 260mm · 16.5 印张 · 428 千字
标准书号：ISBN 978-7-111-68801-3
定价：99.90 元

电话服务　网络服务
客服电话：010-88361066　机　工　官　网：www.cmpbook.com
010-88379833　机　工　官　博：weibo.com/cmp1952
010-68326294　金　书　网：www.golden-book.com
封底无防伪标均为盗版　机工教育服务网：www.cmpedu.com

前　言

机器学习是一种实现人工智能的方法，用于研究计算机怎样模拟或实现人类的学习行为，以获取新的知识或技能，重新组织已有的知识结构使之不断改善自身的性能，其算法本质上是一种规律发现或问题解决的工具和方法。本书共分6篇，每一篇都对相应类别下常见算法的理论知识进行了详细介绍，并配有应用算法和代码的案例。

第一篇为特征处理算法篇，主要介绍了特征工程领域针对数据研究的几种常用特征处理算法的相关知识，包括ReliefF特征选择算法、Chi-Merge算法，以及特征规约算法。作为迈向机器学习的第一步，本篇详细介绍了特征处理算法的相关思想、流程、优缺点，并通过实例对算法的具体应用进行了总结。

第二篇为分类和聚类算法篇，主要对几种常见的分类和聚类算法进行介绍，包括KNN算法、K-Means算法、高斯混合聚类算法、ISODATA算法和谱聚类算法，详细介绍了这些算法的思想、流程、核心知识和优缺点，并通过实际案例，对分类和聚类相关算法的具体应用进行了详细讲解。

第三篇为神经网络算法篇，神经网络算法是当下较为热门的一个机器学习分支。神经网络有多种分类，一般较为公认的有DNN、CNN、RNN三种。本篇将对与其相关的BP神经网络与径向基神经网络算法、Hopfield神经网络算法以及LSTM长短期记忆网络算法的思想、流程、结构、优缺点进行了详细介绍，并通过实际案例，展示了神经网络算法的具体应用。

第四篇为优化算法篇，优化是数据分析的常用方法，在许多经典问题的求解中，优化算法都起到至关重要的作用。本篇对几种常见优化算法的思想、流程、优缺点以及具体应用进行了介绍，包括网格寻优算法、模拟退火聚类算法和EMD经验模态分解算法等。

第五篇为基于不同数学思想的算法篇，通过对粗糙集算法、基于核的Fisher算法、SVM支持向量机算法和傅里叶级数及变换算法的思想、流程、概念、优缺点以及具体应用进行了详细介绍，帮助读者拓展对于“算法”这一概念的进一步理解。

第六篇为集成算法篇，集成算法的主旨是将弱学习器通过某种形式良好地组织起来，使得这些弱学习器各自的性能相加组合，从而达到强学习器的效果。本篇分别对AdaBoost、Bagging、Stacking和Gradient Boosting四种集成算法的思想、流程、优缺点以及具体应用进行了详细介绍，从数据、弱学习器、集成方法三个角度出发进行深层次阐述。通过本篇的学习，读者可以对集成算法形成较为全面的认识。

本书主要为有志于从事机器学习领域相关工作的读者建立起一个通用性的流程和框架，并对流程的关键环节适当展开，给出一些介绍和程序案例。读者可以从本书的学习中了解机器学习到底是什么，并在今后结合自身的工作，进一步丰富和拓展这个流程和框架，从而最终成为一个机器学习算法的高级开发和应用者。

读者定位和阅读方法

本书分别从学习方式和理论知识两个方面来对机器学习的算法进行分类介绍。在介绍每个算法时，都对其原理、思想、流程、优缺点等理论知识进行了详细介绍，然后以具体的实例分析和代码展示来对该算法的应用进行完整解说。通过阅读本书，读者可以对机器学习形成一个系统、全面、完整的认识，并且在今后的研究工作中逐步拓展，最终形成自己的体系。本书适用的读者对象：金融机构的量化投资经理、科研工作者、互联网企业的算法工程师、大中专院校相关专业师生，以及其他对机器学习技术感兴趣的读者。

配套资源

编者在金融业从业多年，有着丰富的业界积累。读者可以扫描封底二维码（IT 有得聊），进入读者俱乐部，其中有本书相关的视频授课资源，以及丰富的机器学习算法资源和其他研究资源。

由于编者水平有限，书中错误和疏漏之处在所难免。在此，诚恳地期待广大读者批评指正。在技术之路上如能与大家互勉共进，也将倍感荣幸。

编　者

目　录

第一篇

特征处理算法

机器学习算法本质上是一种发现规律或解决问题的工具和方法，而其研究的对象就是数据或特征化的数据。在大数据时代，数据爆炸提供了博大的数据海洋，如何筛选对我们研究问题有用的数据是研究的第一步，而特征工程是专门针对这个问题的领域。作为迈入机器学习的第一步，本篇介绍了几种常见特征处理算法的理论知识和具体应用。

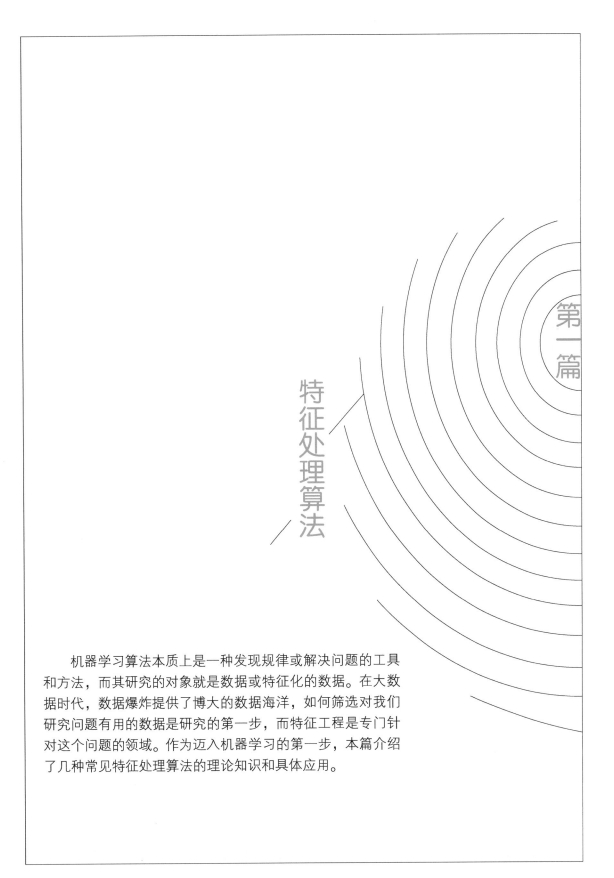

第 1 章　ReliefF 特征选择算法

Kononeill 在 1994 年提出了 ReliefF 算法，该算法是 Relief 算法的拓展，适用于处理多分类问题和一些回归问题。本章首先对 ReliefF 算法理论进行介绍，再以鸢尾花数据作为分类问题案例解释 ReliefF 在分类算法中的应用，接着以大中城市房价数据作为回归问题案例来解释 ReliefF 在回归算法中的应用，帮助读者对算法形成一个直观理解，最后给出以上问题的测试代码，并以相应的案例介绍该算法在实际金融问题中的运用。

1.1　原理介绍

ReliefF 算法能够直接对多分类问题中的参数进行选择，搜索当前样本的各种近邻，然后综合计算。ReliefF 算法的原理是根据各个特征和类别的相关性赋予特征不同的权重，而特征参数的权重是各特征的统计量指标之和，权重小于某个阈值的特征将被移除。特征的权重越大，表示该特征对分类贡献度越高，反之，表示该特征对分类贡献度越低。选取那些对分类贡献度高的特征组成特征参数子集，即可优化选取特征。

1.1.1　算法思想

ReliefF 算法需要有分类标签或回归标签，以分类问题为例，该算法基于目标特征的样本的类内和类外距离作为衡量标准，来计算样本集各维特征的重要性得分，得分越高代表越重要。

1.1.2　算法流程

ReliefF 算法的总体思想可以用一句话概括：对分类有用的是重要特征，对分类无用的是不重要特征。

ReliefF 算法的输入包括 3 个变量，即训练数据集、样本个数和最邻近样本个数，分别设输入为训练数据集 D、样本个数为 m、最近邻样本个数为 k，输出为预测的特征权值向量 W，其具体流程包括以下 8 个步骤。

第 1 步：初始化特征权值向量 $W(A)=0$，特征 $A=1,2,\cdots,p$。

第 2 步：for $i=1:m$。

第 3 步：从 D 中随机选择一个样本记为 Ri。

第 4 步：找到与样本 Ri 同类的 k 个最近邻 Hj。

第 5 步：对每个类 $C\neq class(Ri)$，找出与 Ri 不同类的 k 个最近邻 $Mj(C)$。

第 6 步：for $A=1:p$，更新权重 $W(A)=W(A)+A$ 对特征下 k 个类外样本距离和求函数值 - 对 A 特征下 k 个类内样本距离和求函数值。

第 7 步：循环第 6 步 1 到 p 个特征。

第 8 步：转到第 2 步，循环 m 个样本。

1.1.3　算法详细介绍

ReliefF 算法可以处理多分类问题，也可以用于处理目标属性为连续值的回归问题。ReliefF

算法在处理多分类问题时，每次从训练样本集中随机取出一个样本 R，然后从和 R 同类的样本集中找出 R 的 k 个近邻样本（Near Hits），再从每个 R 的不同类样本集中找出 k 个近邻样本（Near Misses），更新每个特征的权重。下面首先介绍分类问题中的 ReliefF 算法。

假设样本集 $X=\{x_1,x_2,\cdots,x_n\}$，任一样本由 q 维特征表示$x_i=(d_1^{(i)},d_2^{(i)},\cdots,d_q^{(i)})$，样本所属的标签集 $L=\{l_1,l_2,\cdots,l_r\}$。

第 1 步，先对样本集的每一维进行标准化：$\dfrac{X-\overline{X}}{\max(X)-\min(X)}$，$\overline{X}$是样本均值。为方便起见，下文继续使用符号 X 表示经过标准化之后的样本集。

第 2 步，将样本随机排序：根据标签将不同类的样本分到各类别下的样本集中。下文用X_{l_i}表示所有属于 l_i类的样本组成的样本集，$i\in\{1,2,\cdots,r\}$。

从样本 X 中随机选择 m 个样本$\{x_1',x_2',\cdots,x_m'\}$，用于特征选择（一般 $m=n$，即只是对全样本顺序进行打乱）。

第 3 步，计算距离：假设其中某个样本$x_i'=(d_1^{(x_i')},d_2^{(x_i')},\cdots,d_q^{(x_i')})$及其标签 lx'_i，采用一种距离计算公式，如欧几里得距离（以下简称欧氏距离）。

$$D_2(x'_i,x'_j)=\left[\sum_{t=1}^{q}(d_t^{(x_i')}-d_t^{(x_j')})^2\right]^{\frac{1}{2}} \tag{1-1}$$

计算x_i'与在$\{x_1',x_2',\cdots,x_m'\}$中的同类样本的距离大小，并取出距离最小的前 k 个样本（不算自身），即取出的样本为：

$$\{x_s' \mid l_{x_s'}=\{l_{x_j'} \mid l_{x_j'}=l_{x_i'}\},D_2(x_i',x_s')\leqslant T_k^{(x_s')}\} \tag{1-2}$$

其中，$T_k^{(x_s')}$表示 $\{x_1',x_2',\cdots,x_m'\}$ 中与x_s'有相同标签的样本中与x_i'的欧式距离第 k 小的距离值。

同样，依次计算x_i'在 $\{x_1',x_2',\cdots,x_m'\}$ 中的某一非同类样本的距离大小，并分别取出该类中与x_i'距离最小的前 k 个样本，即在某一标签为$l_{x_j'}$的非同类样本集中取出的样本为：

$$\{x_s' \mid l_{x_s'}=\{l_{x_j'} \mid l_{x_j'}\neq l_{x_i'}\},D_2(x_i',x_s')\leqslant Q_{jk}^{(x_s')}\} \tag{1-3}$$

其中，$Q_{jk}^{(x_s')}$表示$\{x_1',x_2',\cdots,x_m'\}$中标签为$l_{x_j'}$，且与$l_{x_i'}$不同的样本中与 x_i'欧式距离第 k 小的距离值，j 共有 $r-1$ 种取值，因为除$l_{x_i'}$以外的标签有 $r-1$ 种。

先利用$\{x_s' \mid l_{x_s'}=l_{x_i'},D_1(x_i',x_s')\leqslant T_k^{(x_s')}\}$中的样本进行类内 k 近邻距离和计算。

对$\{x_s' \mid l_{x_s'}=l_{x_i'},D_1(x_i',x_s')\leqslant T_k^{(x_s')}\}$中的样本取其某一维的特征，即上述样本集中第 j 维特征为：

$$\{d_j^{(x_s')} \mid \{x_s' \mid l_{x_s'}=l_{x_i'},D_2(x_i',x_s')\leqslant T_k^{(x_s')}\}\},\ j\in\{1,2,\cdots,q\} \tag{1-4}$$

使用 1 范数计算两个样本在第 j 维特征上的距离：

$$D_1(x_i',x_s',j)=\| d_j^{(x_i')}-d_j^{(x_s')}\| \tag{1-5}$$

用 $w_i=\dfrac{e^{-(\frac{i}{\delta})^2}}{\sum\limits_{i=1}^{k}e^{-(\frac{i}{\delta})^2}}$，$(i=1,2,\cdots,k)$ 给这 k 个样本赋权，通常参数 δ 默认值为 $+\infty$，即每个样本的权重均为 $1/k$，可以通过调节 δ 对权重分配进行调整。

计算 x_i'的第 j 维特征在$\{x_1',x_2',\cdots,x_m'\}$范围内的类内 k 近邻距离和为：

$$\sum_{s=1}^{k} w_s D_1(x'_i,\{x'_s \mid l_{x_s'}=l_{x_i'},D_2(x'_i,x'_s)\leqslant T_k^{(x_s')}\},j),\ j\in\{1,2,\cdots,q\} \tag{1-6}$$

再利用$\{x_s' \mid l_{x_s'}=\{l_j \mid l_j\neq l_{x_i'}\},D_2(x_i',x_s')\leqslant Q_{jk}^{(x_s')}\}$中的样本进行类外 k 近邻距离和计算。

用$\{l_{x_i'}^{(1)}, l_{x_i'}^{(2)}, \cdots, l_{x_i'}^{(r-1)}\}$表示标签集 L 中与 $l_{x'_i}$不同的 $r-1$ 个其他标签。

用 $P(l_{x_i'}^{(1)})$表示标签为$l_{x_i'}^{(1)}$的样本占 $\{x_1', x_2', \cdots, x_m'\}$ 的比例。

则 x_i'的第 j 维特征在$\{x_1', x_2', \cdots, x_m'\}$范围内的类外 k 近邻距离和为：

$$\frac{\sum_{t=1}^{r-1}[P(l_{x_i'}^{(t)})\sum_{s=1}^{k} w_s D_1(x'_i, \{x'_s \mid l_{x_s'} \neq l_{x_i'}^{(t)}, D_2(x'_i, x'_s) \leqslant Q_{jk}^{(x_s')}\}, j)]}{m\sum_{t=1}^{r-1}P(l_{x_i'}^{(t)})} \tag{1-7}$$

式（1-7）表达的是：x_i'的第 j 维特征在 $\{x_1', x_2', \cdots, x_m'\}$ 范围内，与各种其他类别的 k 近邻样本在第 j 维特征上的距离加权和的类概率加权和的标准化结果。

第 4 步，计算每一维特征的重要性得分：x_i'所提供的第 j 维特征的重要性得分$score_{(i,j)}$为其类外 k 近邻距离和与类内 k 近邻距离和之差，即：

$$score_{(i,j)} = \frac{\sum_{t=1}^{r-1}[P(l_{x_i'}^{(t)})\sum_{s=1}^{k} w_s D_1(x'_i, \{x'_s \mid l_{x_s'} \neq l_{x_i'}^{(t)}, D_2(x'_i, x'_s) \leqslant Q_{jk}^{(x_s')}\}, j)]}{m\sum_{t=1}^{r-1}P(l_{x_i'}^{(t)})} - \frac{\sum_{s=1}^{k} w_s D_1(x'_i, \{x'_s \mid l_{x_s'} = l_{x_i'}, D_2(x'_i, x'_s) \leqslant T_k^{(x_s')}\}, j)]}{m} \tag{1-8}$$

第 5 步，遍历每一个样本，加总每一维特征的重要性得分，得到最终重要性得分：整个样本集 x 反映的第 j 维特征的重要性得分$score_j$为 $\{x_1', x_2', \cdots, x_m'\}$ 中所有样本的第 j 维特征的重要性得分之和 $score_j = \sum_{i=1}^{m} score_{(ij)}, j \in \{1, 2, \cdots, q\}$，即：

$$score_j = \sum_{i=1}^{m}\left[\frac{\sum_{t=1}^{r-1}[P(l_{x_i'}^{(t)})\sum_{s=1}^{k} w_s D_1(x'_i, \{x'_s \mid l_{x_s'} \neq l_{x_i'}^{(t)}, D_2(x'_i, x'_s) \leqslant Q_{jk}^{(x_s')}\}, j)]}{m\sum_{t=1}^{r-1}P(l_{x_i'}^{(t)})} - \frac{\sum_{s=1}^{k} w_s D_1(x'_i, \{x'_s \mid l_{x_s'} = l_{x_i'}, D_2(x'_i, x'_s) \leqslant T_k^{(x_s')}\}, j)}{m}\right], j \in \{1, 2, \cdots, q\} \tag{1-9}$$

通过比较各维特征的得分，可以得出哪些特征对体现样本的类别有重要帮助的结论。从式（1-9）可知，每一维特征的得分评价标准是：每种非同类的 k 个最近邻样本在该维上的距离越大、同类的 k 个最近邻样本在该维上的距离越小，则这样的特征越好。

1.2 ReliefF 特征选择算法优缺点

ReliefF 算法是对 Relief 算法的改进，在对特征筛选问题上有着更广泛地运用，下面简要介绍其优缺点。

1. ReliefF 特征选择算法的优点

ReliefF 算法改进了 Relief 算法只能处理二分类的局限性，并且也可以用于处理目标属性为连续值的回归问题。

2. ReliefF 特征选择算法的缺点

ReliefF 算法较为明显的局限性在于参数调优上存在主观性，尤其是 k 近邻的选择对算法性能的影响较大。sigma 参数（关于每个样本的影响力权重的参数）也有较大的影响。这些参数的选择没有理论依据，只能通过具体实验和经验进行选取。

1.3 实例分析

本节将运用 60 只股票数据测试 ReliefF 算法的性能。运用该算法解决分类问题时，利用股票的资金数据作为特征，将股票分为好股票和坏股票；再运用该算法解决回归问题时，利用资金数据对涨跌幅进行回归。无论是分类问题还是回归问题，ReliefF 算法最后都会给出特征的重要性排序。

1.3.1 数据集介绍

ReliefF 算法既可以应用于分类问题，也可以应用于回归问题，本节将对 60 只股票数据做相应处理，构造分类标签和回归标签，原始数据如下。

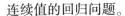

图 1-1　部分股票数据示意图

complete_data.sh600000

	1 date	2 open	3 high	4 low	5 close	6 volume	7 amt	8 dealnum	9 mfd_buyamt_d	10 mfd_sellamt_d	11 mfd_buyvol_d	12 mfd_sellvol_d
1	'2014-01-...	7.2959	7.3117	7.1387	7.1859	88351969	807094466	29466	118614243	211541230	12987456	23174935
2	'2014-01-...	7.3195	7.3431	7.1780	7.2252	117267700	1.0799e+...	32034	176254340	231015620	19120765	25098446
3	'2014-01-...	7.2094	7.2409	7.0837	7.1859	72150947	657895513	20557	123292326	139896407	13505951	15370565
4	'2014-01-...	7.1859	7.3274	7.1623	7.2330	78603481	724415950	21237	112582045	93574594	12213768	10165751
5	'2014-01-...	7.2330	7.4217	7.2016	7.3038	1.0998e+...	1.0258e+...	32006	249940014	169787330	26765101	18208314
6	'2014-01-...	7.2959	7.4296	7.2645	7.3981	93379978	875061947	27608	217563376	190303224	23201152	20311623
7	'2014-01-...	7.4217	7.4453	7.3352	7.3824	65935363	618500138	17570	106209851	172473831	11330612	18392980
8	'2014-01-...	7.3903	7.4139	7.2723	7.3903	79710266	744481149	16983	167979379	247280099	17982355	26504071
9	'2014-01-...	7.3824	7.3903	7.2016	7.2566	77606643	717370004	22311	169689353	253300107	18370871	27449358
10	'2014-01-...	7.2488	7.2802	7.2094	7.2173	67204743	618488788	19056	87942329	238575209	9554219	25931461

图 1-2　行情数据与资金数据合并后股票数据的前 10 行

图 1-1 为所加载的 60 只股票数据的部分股票示意图，图 1-2 为股票市场数据以及资金数据合并之后的前 10 行数据。

1.3.2 函数介绍

本文直接调用 MATLAB 自带的 ReliefF 算法，函数表达式如下。

```
function [ranked,weight] = relieff(X,Y,K,varargin)
```

下面对该函数进行详细解释。

```
function [ranked,weight] = relieff(X,Y,K,varargin)
%该函数代码是 MATLAB 自带的开源代码,由李一邨团队附加代码注释。
%函数功能:在有标签的条件下对样本的各维特征打分,分值越高表示该维特征在回归或分类问题中的重要性越高。
%函数输入。
%X:样本集,一行为一个样本。
%Y:样本对应的标签,分类标签或回归标签。
%K:每一个样本取其 K 个近邻样本进行计算。
%updates(可选参数 varargin):从样本集中随机选择多少个样本作为真正用于特征重要性得分计算的集合,类似抽样数。
%sigma(可选参数 varargin):关于每个样本影响力权重的参数,值越大,每个样本的影响力差异越小;值越小,则与某一样本越邻近的样本影响力越大。
%函数输出。
%ranked:按重要程度由高到低对特征序号进行排序的结果。
%weight:所有特征的重要性得分,从 -1 到 1,正数越大的特征越重要。
```

1.3.3 ReliefF 算法在分类问题中的实例分析

接下来以上证 60 只股票 2014 年 1 月 3 日到 2017 年 7 月 24 日的数据为例，将上述流程演算一遍。首先下载 60 只股票数据，并将两者的数据合成便于进行计算，代码如下。

```
%加载数据。
load('60 只股票市场数据(date,open,high,low,close,volume,amt,dealnum)mat.mat')
load('60 只股票的资金数(date,mfd_buyamt_d,mfd_sellamt_d,mfd_buyvol_d,mfd_sellvol_d,2014-01-02).mat')

%%将资金数据和行情数据合并。
num=length(recode);
for i=1:num
    [~,ia,ib]=intersect(recode{i}(:,1),md{i}(:,1));
    temp1=recode{i}(ia,:);
temp2=md{i}(ib,:);
complete_data.(stock_list{i})=array2table([temp2,temp1(:,2:end)],'VariableNames',{'date','open','high','low','close','volume','amt','dealnum','mfd_buyamt_d','mfd_sellamt_d','mfd_buyvol_d','mfd_sellvol_d'});
end
```

接下来需要构造标签数据，也就是构造 ReliefF 算法中的 Y。在本案例中，只将股票分为好股票与坏股票两类。假设 3 年半的时间里股票总涨幅超过 80% 的为好股票，标记为 1；否则为坏股票，标记为 0。执行下面的代码，将得到标签数据。Y 标签的前 10 个如图 1-3a 所示。

```
% 构造预测标签,以收盘价进行计算,涨幅超过 80% 的股票标记为 1,否则标记为 0。
Y = [];
fori = 1:num
    temp = complete_data.(stock_list{i});
    if temp{end,'close'}{:} > temp{1,'close'}{:}* 1.8
        Y(i,1) = 1;
    else
        Y(i,1) = 0;
    end
end

% 观察标签分布。
tabulate(Y)
```

在构建了 Y 的分类标签之后，下面将构造 X 特征矩阵。以 7 类资金数据的均值作为本案例中的样本特征，即用图 1-2 中第 6 列至第 12 列每只股票的均值来构造特征变量矩阵，代码如下。得到的结果如图 1-3b 所示。

```
% 构造特征变量矩阵。
X = [];
fori = 1:num
    temp = complete_data.(stock_list{i});
    X(i,:) = mean(cell2mat(table2array(temp(:,6:end))));
end
X(isnan(X)) = 0;
```

Y
60x1 double

	1
1	1
2	1
3	0
4	1
5	1
6	1
7	1
8	0
9	0
10	1

a)

X
60x7 double

	1	2	3	4	5	6	7
1	1.2532e+08	1.7823e+09	3.9764e+04	4.7179e+08	4.7233e+08	3.6316e+07	3.6122e+07
2	1.0455e+07	1.3988e+08	6.2367e+03	1.1013e+07	1.1454e+07	8.3466e+05	8.7261e+05
3	1.0144e+08	4.6026e+08	2.9270e+04	7.3922e+07	7.9804e+07	1.7074e+07	1.8367e+07
4	3.5705e+07	2.9934e+08	1.9192e+04	3.8743e+07	4.1443e+07	4.4506e+06	4.6774e+06
5	4.3419e+06	6.9375e+07	3.1205e+03	5.6624e+06	5.5031e+06	3.4179e+05	3.3370e+05
6	5.7671e+07	5.0873e+08	2.6219e+04	4.6234e+07	5.0313e+07	4.1718e+06	4.5739e+06
7	1.1927e+07	2.9780e+08	1.0745e+04	3.6948e+07	3.8783e+07	1.4407e+06	1.5292e+06
8	2.1289e+08	9.7070e+08	4.6477e+04	1.7459e+08	1.9269e+08	3.8725e+07	4.2325e+07
9	3.6815e+07	3.3491e+08	1.5062e+04	4.9636e+07	5.1071e+07	5.1473e+06	5.2837e+06
10	9.6282e+06	1.1080e+08	6.3583e+03	1.0490e+07	1.0160e+07	8.5126e+05	7.9499e+05

b)

图 1-3　分类标签 Y 与特征矩阵 X

最后将 X、Y 分别代入算法中进行计算，并绘制特征重要程度的排序图。执行下面的代码，可以得到 7 类股票资金数据的重要程度权重，如图 1-4 所示。

```
%特征排名。
[ranked,weights] =relieff(X,Y,10);
bar(weights(ranked));
xlabel('Predictor rank');
ylabel('Predictor importance weight');
title('对涨跌标签(二分类数据)的特征重要性判断')
```

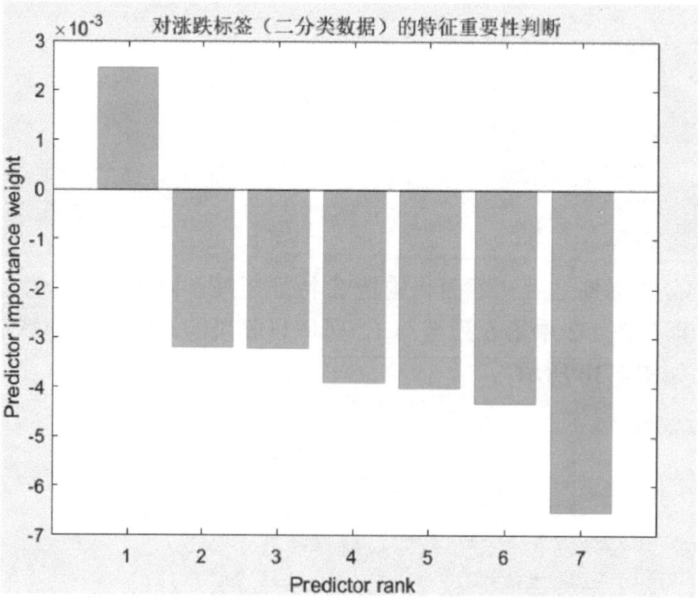

图 1-4　股票资金特征判断股票好坏的重要程度权重排序

以上过程是通过调用 MATLAB 自带算法进行 ReliefF 特征选择的应用过程，可以看到本案例中成交量即 volume 特征在判断牛股与否中起到了主要的作用。需要注意的是，虽然在本案例中，成交量可以是判断股票好坏的一种权重较高的特征，但是并不意味着单纯用成交量来预测股票涨跌就一定有好的结果。

1.3.4　ReliefF 算法在回归问题中的实例分析

通过上文我们对 ReliefF 算法已经有了一定的理解，接下来使用 60 只上证股票的数据来进行回归问题的实例讲解。上一小节已经学习了 ReliefF 的分类算法，回归算法的运用类似，因此在这里不再重复解释，直接给出案例代码。由于使用的数据与分类案例的数据是一样的，所有前两步的原始数据加载与合并过程的代码与上一节相同，得到的数据同样是图 1-1 和图 1-2 的效果。

```
%加载数据。
load('60 只股票市场数据(date,open,high,low,close,volume,amt,dealnum)mat.mat')
load('60 只股票的资金数(date,mfd_buyamt_d,mfd_sellamt_d,mfd_buyvol_d,mfd_sellvol_d,
2014 -01 -02).mat')
```

```
%将资金数据和行情数据合并。
num = length(recode);
fori =1:num
    [ ~,ia,ib] = intersect(recode{i}(:,1),md{i}(:,1));
    temp1 = recode{i}(ia,:);
    temp2 = md{i}(ib,:);
complete_data. (stock_list{i}) = array2table([temp2,temp1(:,2:end)],'VariableNames',{'
date','open','high','low','close','volume','amt','dealnum','mfd_buyamt_d','mfd_
sellamt_d','mfd_buyvol_d','mfd_sellvol_d'});
end
```

由于本案例是回归问题，构造的预测标签 Y 是与分类案例不同的。以每只股票在 2014 年 1 月 3 日至 2017 年 7 月 24 日期间的对数收益率来构建 Y，即 Y 是连续的数据，而不是分类案例中的 0、1 分类。执行下面的代码，可以得到图 1-5a 的结果，ReliefF 回归算法股票对数收益率，即为构造的标签 Y。

```
%构造期间股票对数收益率作为回归标签。
Y = [ ];
fori =1:num
    temp = complete_data. (stock_list{i});
    Y{i,1} = log(temp{end,'close'}{:}/temp{1,'close'}{:});
end
Y = cell2mat(Y);
%观察标签分布。
tabulate(Y)
```

构建 Y 标签后，接下来将构造 X 特征矩阵，以 7 类资金数据的均值作为本案例中的样本特征，即用图 1-2 中第 6 列至第 12 列每只股票的均值来构造特征变量矩阵。执行下面的代码，得到 X 特征矩阵，如图 1-5b 所示。

Y
60x1 double

	1
1	0.6431
2	0.8072
3	0.5719
4	0.7616
5	0.6822
6	0.6493
7	1.0162
8	-0.0408
9	0.5499
10	1.3019

a)

X
60x7 double

	1	2	3	4	5	6	7
1	1.2532e+08	1.7823e+09	3.9764e+04	4.7179e+08	4.7233e+08	3.6316e+07	3.6122e+07
2	1.0455e+07	1.3988e+08	6.2367e+03	1.1013e+07	1.1454e+07	8.3466e+05	8.7261e+05
3	1.0144e+08	4.6026e+08	2.9270e+04	7.3922e+07	7.9804e+07	1.7074e+07	1.8367e+07
4	3.5705e+07	2.9934e+08	1.9192e+04	3.8743e+07	4.1443e+07	4.4506e+06	4.6774e+06
5	4.3419e+06	6.9375e+07	3.1205e+03	5.6624e+06	5.5031e+06	3.4179e+05	3.3370e+05
6	5.7671e+07	5.0873e+08	2.6219e+04	4.6234e+07	5.0313e+07	4.1718e+06	4.5739e+06
7	1.1927e+07	2.9780e+08	1.0745e+04	3.6948e+07	3.8783e+07	1.4407e+06	1.5292e+06
8	2.1289e+08	9.7070e+08	4.6477e+04	1.7459e+08	1.9269e+08	3.8725e+07	4.2325e+07
9	3.6815e+07	3.3491e+08	1.5062e+04	4.9636e+07	5.1071e+07	5.1473e+06	5.2837e+06
10	9.6282e+06	1.1080e+08	6.3583e+03	1.0490e+07	1.0160e+07	8.5126e+05	7.9499e+05

b)

图 1-5　ReliefF 回归问题中的标签 Y 与特征矩阵 X

```
%构造特征变量矩阵。
X=[];
for i=1:num
    temp=complete_data.(stock_list{i});
    X(i,:)=mean(cell2mat(table2array(temp(:,6:end))));
end
X(isnan(X))=0;
```

最后将 X、Y 分别代入到算法中进行计算，并绘制特征重要程度的排序图。执行下面的代码，可以得到 7 类股票资金数据对于股票对数收益率的重要程度权重排序，如图 1-6 所示。

```
%特征排名。
[ranked,weights] =relieff(X,Y,10);
bar(weights(ranked));
xlabel('Predictor rank');
ylabel('Predictor importance weight');
title('对涨跌幅(连续数据)的特征重要性判断')
```

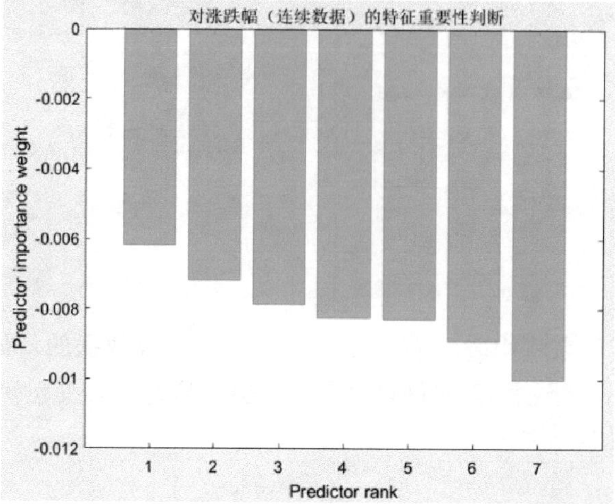

图 1-6　RelifF 股票资金特征对股票对数收益率重要程度权重排序

图 1-6 的结果显示，所有的资金特征权重都是负的分数，也就是用单一的资金数据去判断股票的盈利，不是很准确。因此，结合分类问题和回归问题的分析结果，可以认为尽管资金特征中的成交量在判断股票好坏上有较高权重，但是如果单纯根据成交量来交易，是没法保证盈利的。

1.4　房价回归预测问题的特征选择案例代码

ReleifF 是 MATLAB 自带的算法，本章我们在该算法的基础上增加了详细的注释帮助大家理解，同时附加了一个房价回归预测问题的特征选择案例。请扫描封底二维码，下载示例程序代码。

第 2 章　Chi-Merge 算法

Chi-Merge 是一种数据离散化算法。对于数据的特征 X，如果是连续型，则可以使用此算法把连续型数据转化为离散型数据。虽然离散化数据会失去原数据的一些信息，但是离散化后的数据除了可以适用某些只能输入离散型变量的算法外，还可以有效地克服数据中隐藏的缺陷，使模型结果更加稳定，也有利于对非线性关系进行诊断和描述。

2.1　原理介绍

Chi-Merge 是监督的、自底向上的（即基于合并的）数据离散化方法。它依赖于卡方分析：具有最小卡方值的相邻区间合并在一起，直到满足确定的停止准则。

2.1.1　算法思想

Chi-Merge 算法的基本思想可以概括为对于数据的离散化，相对类频率在一个区间内应当完全一致。如果两个相邻的区间具有非常类似的类分布，则这两个区间可以合并；否则，它们应当保持分开。而低卡方值表明它们具有相似的类分布。

所以在把数据离散化时，对每一个特征分别执行，刚开始对特征值排序，每个样本点是一个区间，随后通过计算每两个相邻区间的卡方值，来把卡方值小的两个区间合并，直到满足最后的条件。对于终止条件，可以选择卡方值的阈值，也可以选择区间的个数。若选择以阈值作为终止条件，对于大于阈值的两个区间不再合并，所以阈值越大，合并区间的次数越多，离散后的区间数量少，区间大。若选择区间个数作为终止条件，则满足区间个数时停止。本文中代码采用的是选择区间个数，即离散后离散值的个数作为终止条件。但是这个区间个数只是一个期望的个数，根据每个特征的计算结果不同，具体离散值的个数可能会有小的变动。

2.1.2　算法流程

Chi-Merge 算法的总体流程是循环遍历每一个特征及其子区间，并判断区间对预测分类目标的效率，根据卡方指标来合并区间，从而达到连续特征离散化的目的，具体流程如下。

1) for m=1:M，其中 M 是数据的特征数，接下来是分别对每个特征执行离散化。

① 选定特征 m 和对应的样本标签，把数据按特征值升序排列。

② 计算每一个特征值在不同标签下出现的次数，把每个特征值视为一个区间。

③ 判断是否要将所有特征离散化时与离散区间的个数保持一致。若是，则把给定的区间数判定为目标区间数；若不是，则把当前特征下给定的区间数判定为目标区间数。

④ While 区间数 > 目标区间数。

a. 按以下公式计算两个相邻区间的卡方值。

首先设 k 为类别数量，A_{ij} 第 i 个区间第 j 类的实例数量，则第 i 个区间的实例数量 $R_i = \sum_{j=1}^{k} A_{ij}$。第 j 类的实例数量（相邻区间意味着只有两个区间）$C_j = \sum_{i=1}^{2} A_{ij}$。总实例数 N 为 sum(R) 或 sum(C)，N 是两个区间所有实例的总数，N_i 是第 i 个区间的实例个数。

A_{ij} 的期望为 $E_{ij} = \frac{N_i \times C_j}{N}$，两个区间之间的卡方值是：$\chi^2 = \sum_{i=1}^{2}\sum_{j=1}^{k}\frac{(A_{ij} - E_{ij})^2}{E_{ij}}$。

b. 合并卡方值最小的两个区间，并把该区间对应的特征值设为小的那一个。

c. 区间个数 -1。

End

⑤ 把每个区间的特征值作为分裂点。

End

2）得到所有特征的分裂点。

3）把原数据中根据在某一个属性下，由介于两个相邻的分裂点的样本，计算它们特征值的均值。把此均值当作此区间内所有样本在该属性下的离散值。当属性值大于最大的分裂点时，计算满足该条件样本的均值，再当作此时样本的离散值。

2.2 Chi-Merge 算法的优缺点

Chi-Merge 算法可以对大多数数值特征进行处理，是区别于特征规约的另一种特征简约手段。

1. Chi-Merge 算法的优点

Chi-Merge 算法可以广泛用于各类数值类型的特征离散化问题上。计算原理是基于相邻区间卡方值最小作为合并标准，这样的合并原则计算十分简单，且具有一定的普适性。

2. Chi-Merge 算法的缺点

以卡方值最小化为合并原则意味着对特征的分布有假设前提，在实践中通常不知道特征的具体分布，所以这样的假设是有主观性的。

2.3 实例分析

本实例以 Pima 糖尿病数据的特征作为离散化的对象，考虑到特征数据的差异，对不同的特征设定不同的离散区间个数。最后观察特征离散化的结果，并将训练好的模型运用于新的特征数据。

2.3.1 数据集介绍

本实例使用 Pima 糖尿病人的经典分类数据集作为测试数据集，其中最后一列是患病与否的标签，前 8 列是一些判断病症的生理特征数据，如图 2-1 所示。

2.3.2 函数介绍

Chi_merge 算法的程序主要由两个函数构成，分别是训练函数和预测函数，下面先给出这两个函数的参数说明。

变量 - MK

MK

768x9 double

	1	2	3	4	5	6	7	8	9
1	6	148	72	35	0	33.6000	0.6270	50	1
2	1	85	66	29	0	26.6000	0.3510	31	0
3	8	183	64	0	0	23.3000	0.6720	32	1
4	1	89	66	23	94	28.1000	0.1670	21	0
5	0	137	40	35	168	43.1000	2.2880	33	1
6	5	116	74	0	0	25.6000	0.2010	30	0
7	3	78	50	32	88	31	0.2480	26	1
8	10	115	0	0	0	35.3000	0.1340	29	0
9	2	197	70	45	543	30.5000	0.1580	53	1
10	8	125	96	0	0	0	0.2320	54	1
11	4	110	92	0	0	37.6000	0.1910	30	0
12	10	168	74	0	0	38	0.5370	34	1
13	10	139	80	0	0	27.1000	1.4410	57	0
14	1	189	60	23	846	30.1000	0.3980	59	1
15	5	166	72	19	175	25.8000	0.5870	51	1

图 2-1　Pima 糖尿病数据集

1. 训练函数

Chi-Merge 训练函数的输入与输出说明如下。

```
function  mdl = chi_merge(x,y,max_interval)
```

% 输入参数。

% x:样本特征。

% y:样本标签。

% max_interval:最大区间数类型是标量或者向量。当类型是标量时,表示对于样本 x 的所有特征进行离散化时,每个特征离散后离散值的个数一样,都是 max_interval 个离散值。当类型是向量时,表示对样本的每个特征进行离散化时,离散值的数量是不同的,每个特征离散后,离散值的数量等于 max_interval 中对应位置元素的值。所以如果输入的 max_interval 是向量,那么向量的长度一定要等于特征的数量,max_interval 只是期望的离散化程度,在实际的离散化过程中,可能离散值的个数和 max_interval 中所设定的会有一些小的差异。

% 输出参数。

% mdl:是一个结构体,里面包含了模型所要输出的各个信息,有四个域,分别为记录分裂点的 split_point 域、记录离散值输出点的 conlusion 域、输出离散后的数据的 xy_new 域和记录 max_interval 是否是向量的 varia 域。

% mdl.split_point:表示每个特征下数据离散时的分裂点。mdl.split_point 是一个元胞数组,长度等于特征的个数。元胞里的每一个元素表示一个列向量,表示在该特征下的分裂点的值,值是由小到大排列的。

% mdl.conlusion:同 mdl.split_point 一样是元胞数组,输出在每两个分裂点之间的样本离散后的值。本算法采用的方法是对于在两个分裂点之间的样本,代表其的离散值是位于该区间内所有样本点在该属性下的平均值。对于大于最大分裂点的样本,其离散值是所有大于该分裂点的样本的平均值。如分裂点是[0,2],离散点是[0.75,3],表示介于分裂点左闭右开区间[0,2)的样本,代表其离散值是 0.75,大于等于分裂点 2 的样本,代表其离散值是 3。

% mdl.xy_new:新的特征离散化后的数据,最后一列是标签。

% mdl.varia:布尔值,记录 max_interval 是标量还是向量。取值为 1 时,表示 max_interval 是向量;取值为 0 时,表示 max_interval 是标量。

2. 预测函数

Chi-Merge 预测函数的输入与输出说明如下。

```
function  x_predict = chi_merge_predict(mdl,x,label)
%本函数用来把是连续特征的样本,通过已经训练好的 chi_merge 模型将特征离散化。
%输入参数。
%mdl:是由函数 chi_merge 得出的模型,用该模型来离散化数据。
%x:是要被离散化的数据,可以是矩阵也可以是行向量。当传入一个样本时,x 就是行向量;当传入多个样本时,x 就是矩阵。
%label:标量。值为 0 时,表示输入的 x 只有特征没有标签。值为非 0 时,表示输入的 x 最后的一个元素(或者是最后一列)是标签。
%输出参数。
%x_predict:是特征离散化后的 x。若 x 是行向量,它就是行向量;如果 x 是矩阵,它就是矩阵。当 label 为 0 时,输出的 x_predict 没有标签;当 label 非 0 时;输出的 x_predict 含有标签,其最后一个元素(或者是最后一列)是标签。
```

2.3.3 结果分析

本节为使用 Chi-Merge 算法的两个示例。例 1 是将每个特征离散为不同数量区间，例 2 是将每个特征离散为相同数量区间。

例 1　不同离散区间

下面使用 Pima 数据，以每个特征分离作为不同的离散点为例介绍 Chi-Merge 算法的应用。以每一个特征离散值的个数为 3、7、9、15、12、10、8、11 这 8 个数为例，执行如下代码。

```
clc,clear
xy = importdata('Pima.txt');
x = xy(:,1:end-1);
y = xy(:,end);
mdl = chi_merge(x,y,[3 7 9 15 12 10 8 11]);
```

mdl 仍然是一个结构体，但此时域 split_point 和 conlusion 是元胞数组，不是矩阵。域 varia 的值为 1，表示此时每个属性的离散程度不同，如图 2-2 所示。

元胞数组 mdl. split_point 共有 8 个元素，每个元素都是一个向量，其表示了每一个特征的分裂点，如图 2-3 所示。

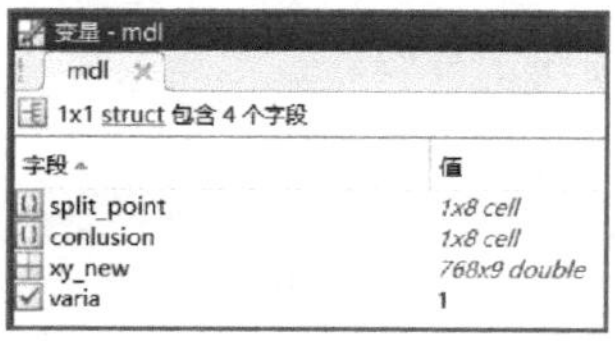

图 2-2　Chi-Merge 模型的输出

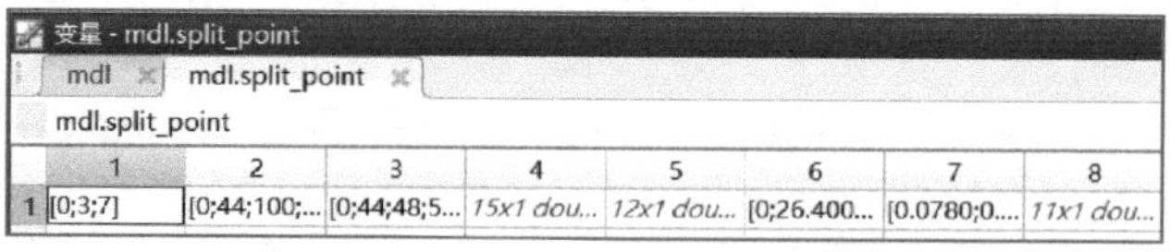

图 2-3　分裂点

元胞数组 mdl. conlusion 也有 8 个元素，元素同样也是向量，其值是连续数据离散化后的具体取值。同样在某一属性下，样本值大于 mdl. split_point 中的几个值，其离散值就取 mdl. conlusion 中的第几个值，如图 2-4 所示。

mdl. xy_new 是离散后的原数据，第 9 列为标签，如图 2-5 所示。

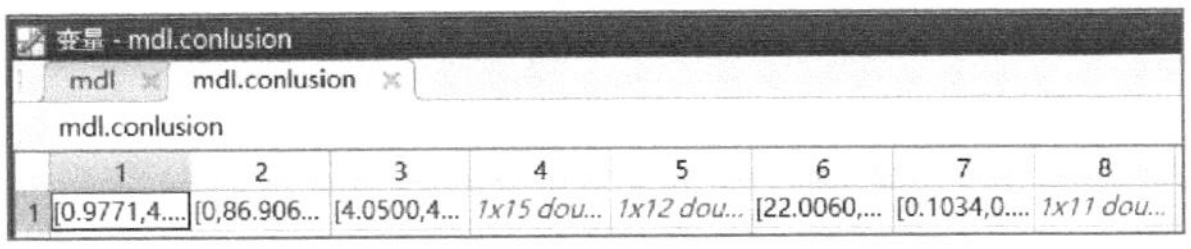

变量 - mdl.conlusion

mdl.conlusion

	1	2	3	4	5	6	7	8
1	[0.9771,4....	[0,86.906...	[4.0500,4....	1x15 dou...	1x12 dou...	[22.0060,...	[0.1034,0....	1x11 dou...

图 2-4　连续数据离散化后的值

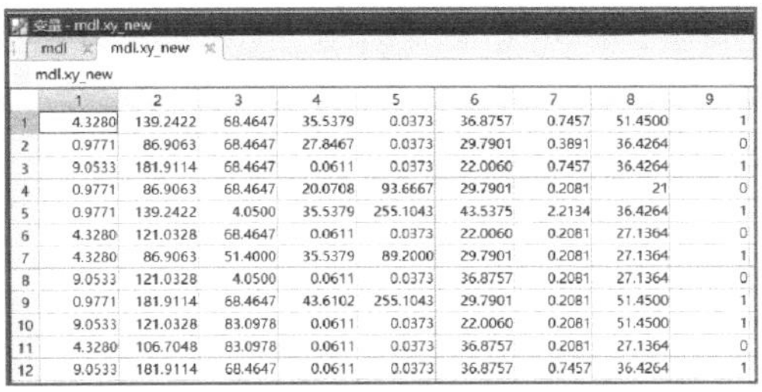

变量 - mdl.xy_new

mdl.xy_new

	1	2	3	4	5	6	7	8	9
1	4.3280	139.2422	68.4647	35.5379	0.0373	36.8757	0.7457	51.4500	1
2	0.9771	86.9063	68.4647	27.8467	0.0373	29.7901	0.3891	36.4264	0
3	9.0533	181.9114	68.4647	0.0611	0.0373	22.0060	0.7457	36.4264	1
4	0.9771	86.9063	68.4647	20.0708	93.6667	29.7901	0.2081	21	0
5	0.9771	139.2422	4.0500	35.5379	255.1043	43.5375	2.2134	36.4264	1
6	4.3280	121.0328	68.4647	0.0611	0.0373	22.0060	0.2081	27.1364	0
7	4.3280	86.9063	51.4000	35.5379	89.2000	29.7901	0.2081	27.1364	1
8	9.0533	121.0328	4.0500	0.0611	0.0373	36.8757	0.2081	27.1364	0
9	0.9771	181.9114	68.4647	43.6102	255.1043	29.7901	0.2081	51.4500	1
10	9.0533	121.0328	83.0978	0.0611	0.0373	22.0060	0.2081	51.4500	1
11	4.3280	106.7048	83.0978	0.0611	0.0373	36.8757	0.2081	27.1364	0
12	9.0533	181.9114	68.4647	0.0611	0.0373	36.8757	0.7457	36.4264	1

图 2-5　数据离散化后的原数据

例 2　相同离散区间

随机制造 3 个样本，代入例 1 中的模型，将它们离散化。使用的是带有标签的测试样本进行分析，首先执行如下代码。

```
x_test = xy([100,480,650],1:end -1) +2 * rand;
y_test = xy([100,480,650],end);
xy_test = [x_test y_test];
xy_p = chi_merge_predict(mdl,xy_test,3);
```

即将被离散化的测试数据 xy_test 见图 2-6，其中第 9 列是标签。

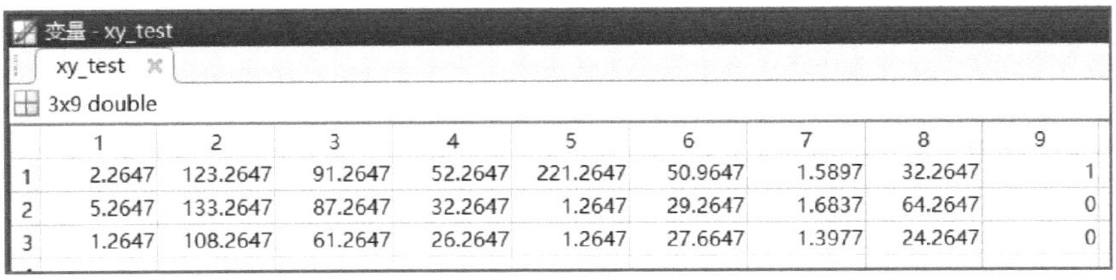

变量 - xy_test

3x9 double

	1	2	3	4	5	6	7	8	9
1	2.2647	123.2647	91.2647	52.2647	221.2647	50.9647	1.5897	32.2647	1
2	5.2647	133.2647	87.2647	32.2647	1.2647	29.2647	1.6837	64.2647	0
3	1.2647	108.2647	61.2647	26.2647	1.2647	27.6647	1.3977	24.2647	0

图 2-6　测试数据

按照训练好的模型进行离散化后的测试数据 xy_p 如图 2-7 所示。

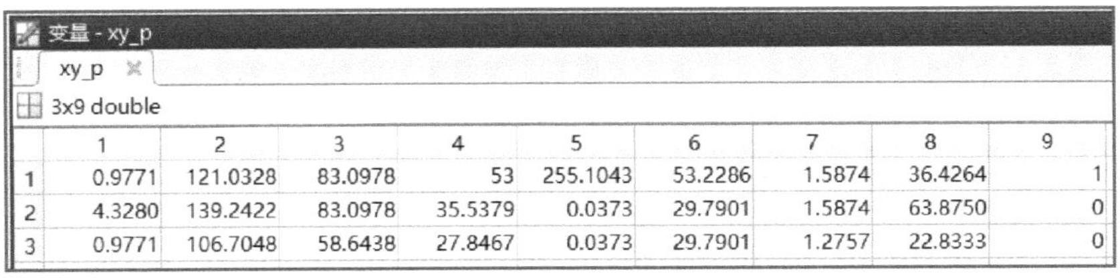

变量 - xy_p

3x9 double

	1	2	3	4	5	6	7	8	9
1	0.9771	121.0328	83.0978	53	255.1043	53.2286	1.5874	36.4264	1
2	4.3280	139.2422	83.0978	35.5379	0.0373	29.7901	1.5874	63.8750	0
3	0.9771	106.7048	58.6438	27.8467	0.0373	29.7901	1.2757	22.8333	0

图 2-7　离散化后的测试数据

接下来以原数据 xy_test 中第 1 列和第 5 列两个属性来举例说明。首先来分析第 1 列，先看表示第 1 列分裂点的向量 mdl. split_point{1}，如图 2-8 所示。

由图 2-6 得知 xy_test 第 1 列中 2.2647 和 1.2647 大于第一个数字 0，5.2647 大于前两个数字。再看表示第 1 列离散值的向量 mdl. conlusion{1,1}，如图 2-9 所示。我们得知，2.2647 和 1.2647 对应的离散值是第一个数 0.9771，5.2647 对应的离散值是第 2 个数 4.3280。

再来分析图 2-6 中 xy_test 的第 5 列，先看分裂点的向量 mdl. split_point{1,5}。由图 2-10 可知 xy_test 的第 5 列中 221.2647 大于所有的数，1.2647 只大于第 1 个数 0，接着再看表示离散值的向量 mdl. conlusion{1,5}。

变量 - mdl.split_point{1, 1}

mdl.split_point{1, 1}

	1	2
1	0	
2	3	
3	7	
4		

图 2-8　离散分裂点序号

变量 - mdl.conlusion{1, 1}

mdl.conlusion{1, 1}

	1	2	3
1	0.9771	4.3280	9.0533

图 2-9　第 1 列的离散切分点

变量 - mdl.split_point{1, 5}

mdl.split_point{1, 5}

	1	2
1	0	
2	15	
3	58	
4	59	
5	79	
6	81	
7	88	
8	92	
9	96	
10	100	
11	114	
12	144	

图 2-10　第 5 列的离散切分点序号

在图 2-11 中，221.2647 对应第 12 个数 255.1043，1.2647 对应第一个数 0.0373。

变量 - mdl.conlusion{1, 5}

mdl.conlusion{1, 5}

	1	2	3	4	5	6	7	8	9	10	11	12
1	0.0373	43.3571	58	69.5000	79	83.8462	89.2000	93.6667	97.5000	105.2759	127.2586	255.1043

图 2-11　第 5 列的离散值

以下代码表示输入的预测数据没有标签的情况（注意传入预测函数的 x_test 是没有标签的），且最后一个参数是 0。执行此代码得出的 xy_p 就是没标签的，如图 2-12 所示。

```
xy_p=chi_merge_predict (mdl, x_test, 0);
```

变量 - xy_p

xy_p

3x8 double

	1	2	3	4	5	6	7	8
1	0.9771	121.0328	83.0978	53	255.1043	53.2286	2.2134	36.4264
2	4.3280	139.2422	83.0978	35.5379	0.0373	29.7901	2.2134	63.8750
3	0.9771	106.7048	58.6438	27.8467	0.0373	29.7901	2.2134	22.8333

图 2-12　离散化的结果

2.4　代码获取

关于 Chi-Merge 算法是本书作者自主开发的特征离散化算法。本书代码中包含了完整的注释供读者学习参考。Chi-Merge 算法的主要函数有主函数 chi_merge()、特征出现次数的统计函数 chi_count()、计算卡方值的函数 chi2()和区间合并函数 combine()。调用 Chi-Merge 算法的测试程序如下。

```
clc,clear
xy=importdata('Pima.txt');
x=xy(:,1:end-1);
```

```
y=xy(:,end);
mdl=chi_merge(x,y,[3 7 9 15 12 10 8 11]);
x_test=xy([100,480,650],1:end-1)+2*rand;  %不含标签的预测数据。
y_test=xy([100,480,650],end);
xy_test=[x_test y_test];  %含标签的预测数据。
xy_p=chi_merge_predict(mdl,x_test,0);
```

读者可以扫描封底二维码，下载 Chi-Merge 算法的具体应用代码。

第3章　特征规约算法

本章主要介绍几种常见的、具有类比性的特征规约算法，从主成分分析算法（PCA）开始，依次介绍特征值分解（EVD）、奇异值分解（SVD）和交替最小二乘（ALS）算法，这几个算法原理有相似之处，但是各自有所不同。然后基于slice数据和红酒等级数据，分别运用PCA、EVD、SVD、ALS算法做一些实证比较，并将规约后的特征运用KNN回归来观察回归效果。

3.1　特征规约算法原理介绍

特征规约算法在原理上大同小异，大体思路都是提取特征矩阵的某种特征数据，比如特征值、奇异值等。然后对这些特征数据做某些微调，去掉不必要的部分，最后基于特征数据还原简化了的特征矩阵，从而达到了规约的效果。

3.1.1　特征规约算法思想

特征规约算法的思想大体类似，本节先以PCA算法为例，介绍其算法思想。

PCA（Principal Component Analysis）即主成分分析，是一种将高维数据降维，然后在低维空间中尽可能地表示原始数据的降维方法，有很多典型的应用，比如图像识别。

假设有 m 个样本组成的样本集，每个样本都是 N 维数据，如果要将其降为 r（小于 n）维，从几何上理解就是将原有含 n 个坐标轴的坐标系进行坐标变换，得到新的含 r 个坐标轴的坐标系，将 m 个点置于新坐标系中，用 r 个坐标轴方向来表示它们。从代数上理解，就是将样本各维度（n 维）的协方差矩阵（$n\times n$）转为新协方差矩阵（$r\times r$），且其具有对角矩阵形式。

进行坐标变换后，PCA的目的就是使得样本点在这些新坐标轴上的投影点尽量分散，分散程度可以用方差来表示。PCA把投影点方差最大的方向（坐标轴）定义为第一个主轴，记为 PC_1，按正交方向和方差大小依次排列，分别为 $PC_2, PC_3, \cdots, PC_r$，这 r 个主成分为规约后的新特征。

3.1.2　特征规约算法流程

本节将以PCA算法为例，介绍特征规约算法的流程，具体如下。

1）将原始数据 $\boldsymbol{X}$ 组成 n 行 m 列的矩阵，其中 n 是维数、m 是数据量。

2）将 $\boldsymbol{X}$ 的每一行（代表一个属性字段）进行零均值化，即减去这一行的均值。

3）求出协方差矩阵 $\boldsymbol{C}$（$n\times n$ 维）：

$$\boldsymbol{C} = \frac{1}{m-1}\sum_{k=1}^{m}(\boldsymbol{X}_k - \bar{\boldsymbol{X}})(\boldsymbol{X}_k - \bar{\boldsymbol{X}})^{\mathrm{T}} = \frac{1}{m-1}\sum_{k=1}^{m}\boldsymbol{X}_k\boldsymbol{X}_k^{\mathrm{T}} = \frac{1}{m-1}\boldsymbol{X}\boldsymbol{X}^{\mathrm{T}} \tag{3-1}$$

4）求出协方差矩阵的特征值及特征向量。

5）将特征向量按对应特征值的大小从上到下按行排列成矩阵，取前 r 行组成矩阵 $\boldsymbol{W}$（$r\times n$ 维）。

$$W=\begin{pmatrix} w_1{}^{T} \\ w_2{}^{T} \\ \vdots \\ w_r{}^{T} \end{pmatrix} \tag{3-2}$$

6）对原始数据 X 中的每一列数据，求其在 r 个主成分空间中的坐标 WX（$r\times m$），即降到 r 维后的数据，每一行是其一个属性字段，每一列是一个样本数据。

3.1.3 PCA 算法及相关矩阵分解

本节将介绍几种与 PCA 算法不同的特征规约算法，并比较这几种算法之间的异同。

1. 特征值分解（EVD）

主成分分析先针对原数据的各个变量求出协方差矩阵，对这个协方差矩阵（对称矩阵）求解特征值和特征向量的方法，称为特征值分解（EVD），其具体原理如下。

假设存在 $m\times m$ 的满秩矩阵 X，它有 m 个特征值λ_i，按照特征值从大到小排列，对应的单位特征向量设为w_i，则根据特征向量与特征值的定义：

$$X(w_1,w_2,\cdots,w_m)=(w_1,w_2,\cdots,w_m)\begin{bmatrix} \lambda_1 & \cdots & 0 \\ \vdots & & \vdots \\ 0 & \cdots & \lambda_m \end{bmatrix} \tag{3-3}$$

令：

$$W=(w_1,w_2,\cdots,w_m),\Lambda=\begin{bmatrix} \lambda_1 & \cdots & 0 \\ \vdots & & \vdots \\ 0 & \cdots & \lambda_m \end{bmatrix} \tag{3-4}$$

则：

$$XW=W\Lambda \tag{3-5}$$

可得到 X 的特征值分解（由于 W 中的特征向量两两正交，因此 W 为正交矩阵）：

$$\begin{aligned} &W^{-1}(XW)W^{-1}=W^{-1}(W\Lambda)W^{-1} \\ &\Rightarrow W^{-1}X=\Lambda W^{-1}\Rightarrow W^{T}X=\Lambda W^{T}\Rightarrow(w_1,w_2,\cdots,w_m)^{T}X=\Lambda(w_1,w_2,\cdots,w_m)^{T} \end{aligned} \tag{3-6}$$

以上步骤使得 W 从右乘变为左乘，以符合前文中的坐标转换矩阵的用法。由式（3-6）可以得到：

$$(w_1,w_2,\cdots,w_m)^{T}X=\Lambda(w_1,w_2,\cdots,w_m)^{T}\Rightarrow\begin{pmatrix} w_1{}^{T} \\ w_2{}^{T} \\ \vdots \\ w_m{}^{T} \end{pmatrix}X=\begin{bmatrix} \lambda_1 & \cdots & 0 \\ \vdots & & \vdots \\ 0 & \cdots & \lambda_m \end{bmatrix}\begin{pmatrix} w_1{}^{T} \\ w_2{}^{T} \\ \vdots \\ w_m{}^{T} \end{pmatrix} \tag{3-7}$$

式（3-7）中左右两边各取前 r（$r\leqslant m$）个特征向量，可以得到：

$$\begin{pmatrix} w_1{}^{T} \\ w_2{}^{T} \\ \vdots \\ w_r{}^{T} \end{pmatrix}X=\begin{bmatrix} \lambda_1 & \cdots & 0 \\ \vdots & & \vdots \\ 0 & \cdots & \lambda_r \end{bmatrix}\begin{pmatrix} w_1{}^{T} \\ w_2{}^{T} \\ \vdots \\ w_r{}^{T} \end{pmatrix} \tag{3-8}$$

由此，通过特征值分解的方法得到了主成分分析所用到的转换矩阵：

$$\boldsymbol{W}=\begin{pmatrix}\boldsymbol{w}_1^{\mathrm{T}}\\\boldsymbol{w}_2^{\mathrm{T}}\\\vdots\\\boldsymbol{w}_r^{\mathrm{T}}\end{pmatrix}\tag{3-9}$$

2. 奇异值分解（SVD）

上述特征值分解只对方阵有效，而奇异值分解（SVD）是一个能适用于任意矩阵的分解方法，它是特征值分解的一般化。假设 $\boldsymbol{X}$ 是一个 $n\times m$ 的矩阵，定义矩阵 $\boldsymbol{X}$ 的 SVD 为：

$$\boldsymbol{X}=\boldsymbol{U\Sigma}\,\boldsymbol{V}^{\mathrm{T}}$$

得到的 $\boldsymbol{U}$ 是一个 $n\times n$ 的方阵（里面的向量是正交的，$\boldsymbol{U}$ 里面的向量称为左奇异向量），$\boldsymbol{\Sigma}$ 是一个 $n\times m$ 的矩阵（除了对角线的元素都是 0，对角线上的元素称为奇异值），$\boldsymbol{V}^{\mathrm{T}}$（$\boldsymbol{V}$ 的转置）是一个 $m\times m$ 的矩阵（里面的向量也是正交的，$\boldsymbol{V}$ 里面的向量称为右奇异向量）。

那么如何求出 $\boldsymbol{U}$ 和 $\boldsymbol{V}$?

首先将$\boldsymbol{X}^{\mathrm{T}}$与 $\boldsymbol{X}$ 矩阵相乘，得到 $m\times m$ 的方阵$\boldsymbol{X}^{\mathrm{T}}\boldsymbol{X}$，对其求特征值，如下：

$$(\boldsymbol{X}^{\mathrm{T}}\boldsymbol{X})\boldsymbol{u}_i=\lambda_i\boldsymbol{u}_i\tag{3-10}$$

只取 $\boldsymbol{u}$ 使得其为单位化后的向量。

将$\boldsymbol{X}^{\mathrm{T}}\boldsymbol{u}_i$单位化，先计算向量$\boldsymbol{X}^{\mathrm{T}}\boldsymbol{u}_i$的模长：

$$(\boldsymbol{X}^{\mathrm{T}}\boldsymbol{u}_i)^{\mathrm{T}}\boldsymbol{X}^{\mathrm{T}}\boldsymbol{u}_i=\boldsymbol{u}_i^{\mathrm{T}}\boldsymbol{X}\,\boldsymbol{X}^{\mathrm{T}}\boldsymbol{u}_i=\boldsymbol{u}_i^{\mathrm{T}}\lambda_i\boldsymbol{u}_i=\lambda_i\boldsymbol{u}_i^{\mathrm{T}}\boldsymbol{u}_i=\lambda_i\tag{3-11}$$

所以有：$|\boldsymbol{X}^{\mathrm{T}}\boldsymbol{u}_i|^2=\lambda_i$，取单位向量$\boldsymbol{v}_i=\dfrac{\boldsymbol{X}^{\mathrm{T}}\boldsymbol{u}_i}{|\boldsymbol{X}^{\mathrm{T}}\boldsymbol{u}_i|}=\dfrac{1}{\sqrt{\lambda_i}}\boldsymbol{X}^{\mathrm{T}}\boldsymbol{u}_i$，因此有：

$$\begin{aligned}&\boldsymbol{X}^{\mathrm{T}}\boldsymbol{u}_i=\sqrt{\lambda_i}\boldsymbol{v}_i\Rightarrow\boldsymbol{X}^{\mathrm{T}}\boldsymbol{u}_i=\sigma_i\boldsymbol{v}_i\Rightarrow\boldsymbol{X}^{\mathrm{T}}\boldsymbol{u}_i=\sigma_i\boldsymbol{v}_i\boldsymbol{u}_i^{\mathrm{T}}\boldsymbol{u}_i\\&\Rightarrow\boldsymbol{X}^{\mathrm{T}}=\boldsymbol{v}_i[\sigma_i]\boldsymbol{u}_i^{\mathrm{T}}\Rightarrow\boldsymbol{X}=\boldsymbol{u}_i[\sigma_i]\boldsymbol{v}_i^{\mathrm{T}}\end{aligned}\tag{3-12}$$

其中$\sigma_i=\sqrt{\lambda_i}$。

对于 $\boldsymbol{X}$ 来说，如果其秩为 $r(r\leqslant\min(m,n))$，则上式中的 $i=1,2,\cdots,r$。这里得到 σi 就是矩阵 $\boldsymbol{X}$ 的奇异值，其中 $\boldsymbol{v}$ 就是 $\boldsymbol{X}$ 的右奇异向量，$\boldsymbol{u}$ 就是 $\boldsymbol{X}$ 的左奇异向量，则可以得到：

$$\boldsymbol{X}[\boldsymbol{v}_1,\boldsymbol{v}_2,\cdots,\boldsymbol{v}_r]=[\boldsymbol{u}_1,\boldsymbol{u}_2,\cdots,\boldsymbol{u}_r]\begin{bmatrix}\sigma_1&\cdots&0\\\vdots&&\vdots\\0&\cdots&\sigma_r\end{bmatrix}\tag{3-13}$$

为了得到完整的矩阵 V，当 $r<i\leqslant n$ 时，对$\{\boldsymbol{v}_1,\boldsymbol{v}_2,\cdots,\boldsymbol{v}_r\}$扩展，求出$\{\boldsymbol{v}_{r+1},\boldsymbol{v}_{r+2},\cdots,\boldsymbol{v}_m\}$，即扩展成$\{\boldsymbol{v}_1,\boldsymbol{v}_2,\cdots,\boldsymbol{v}_m\}$$m$ 维空间的单位正交基。即在 $\boldsymbol{X}^{\mathrm{T}}\boldsymbol{X}$ 的零特征值对应的特征向量空间中选取$\{\boldsymbol{v}_{r+1},\boldsymbol{v}_{r+2},\cdots,\boldsymbol{v}_m\}$，使得$(\boldsymbol{X}^{\mathrm{T}}\boldsymbol{X})\boldsymbol{v}_i=0$。

为了得到 $\boldsymbol{U}$，同样对$\{\boldsymbol{u}_1,\boldsymbol{u}_2,\cdots,\boldsymbol{u}_r\}$进行扩展，求出$\{\boldsymbol{u}_{r+1},\boldsymbol{u}_{r+2},\cdots,\boldsymbol{u}_n\}$，使得$\{\boldsymbol{u}_1,\boldsymbol{u}_2,\cdots,\boldsymbol{u}_n\}$为 n 维空间中的一组正交基。

对式（3-10）左乘 $\boldsymbol{X}$ 再结合式（3-12），可得 $\boldsymbol{X}(\boldsymbol{X}^{\mathrm{T}}\boldsymbol{X})v_i=\lambda_i\boldsymbol{X}\,\boldsymbol{v}_i\Rightarrow(\boldsymbol{X}\,\boldsymbol{X}^{\mathrm{T}})\boldsymbol{u}_i=\lambda_i\boldsymbol{u}_i$，所以$\boldsymbol{u}_i$是$\boldsymbol{X}\,\boldsymbol{X}^{\mathrm{T}}$的特征向量。即在 $\boldsymbol{X}\,\boldsymbol{X}^{\mathrm{T}}$的零特征值对应的特征向量空间中选取$\{\boldsymbol{u}_{r+1},\boldsymbol{u}_{r+2},\cdots,\boldsymbol{u}_n\}$，使得$(\boldsymbol{X}^{\mathrm{T}}\boldsymbol{X})\boldsymbol{u}_i=0$。得到了 $\boldsymbol{U}$ 和 $\boldsymbol{V}$，再由式（3-12）可得到：

因为：

$$\begin{aligned}\boldsymbol{X}_{n\times m}[\boldsymbol{v}_1,\boldsymbol{v}_2,\cdots,\boldsymbol{v}_r|\boldsymbol{v}_{r+1},\cdots,\boldsymbol{v}_m]_{m\times m}&=[\boldsymbol{X}\boldsymbol{v}_1,\boldsymbol{X}\boldsymbol{v}_2,\cdots,\boldsymbol{X}\boldsymbol{v}_r|\boldsymbol{X}\boldsymbol{v}_{r+1},\cdots,\boldsymbol{X}\boldsymbol{v}_m]_{n\times m}\\&=[\sigma_1\boldsymbol{u}_1,\sigma_2\boldsymbol{u}_2,\cdots,\sigma_r\boldsymbol{u}_r|0,\cdots,0]_{n\times m}\end{aligned}\tag{3-14}$$

又因为：

$$[\boldsymbol{u}_1,\boldsymbol{u}_2,\cdots,\boldsymbol{u}_r|\boldsymbol{u}_{r+1},\cdots,\boldsymbol{u}_n]_{n\times n}\begin{bmatrix}\sigma_1 & \cdots & 0 & 0 & \cdots & 0\\ \vdots & & \vdots & \vdots & & \vdots\\ 0 & \cdots & \sigma_r & 0 & \cdots & 0\\ 0 & \cdots & 0 & 0 & \cdots & 0\\ \vdots & & \vdots & \vdots & & \vdots\\ 0 & \cdots & 0 & 0 & \cdots & 0\end{bmatrix}_{n\times m}=[\sigma_1\boldsymbol{u}_1,\sigma_2\boldsymbol{u}_2,\cdots,\sigma_r\boldsymbol{u}_r|0,\cdots,0]_{n\times m}$$

$$\Rightarrow\boldsymbol{X}_{n\times m}[\boldsymbol{v}_1,\boldsymbol{v}_2,\cdots,\boldsymbol{v}_r|\boldsymbol{v}_{r+1},\cdots,\boldsymbol{v}_m]_{m\times m}=[\boldsymbol{u}_1,\boldsymbol{u}_2,\cdots,\boldsymbol{u}_r|\boldsymbol{u}_{r+1},\cdots,\boldsymbol{u}_n]_{n\times n}\begin{bmatrix}\sigma_1 & \cdots & 0 & 0 & \cdots & 0\\ \vdots & & \vdots & \vdots & & \vdots\\ 0 & \cdots & \sigma_r & 0 & \cdots & 0\\ 0 & \cdots & 0 & 0 & \cdots & 0\\ \vdots & & \vdots & \vdots & & \vdots\\ 0 & \cdots & 0 & 0 & \cdots & 0\end{bmatrix}_{n\times m}$$

$$\Rightarrow\boldsymbol{X}=[\boldsymbol{u}_1,\boldsymbol{u}_2,\cdots,\boldsymbol{u}_r|\boldsymbol{u}_{r+1},\cdots,\boldsymbol{u}_n]\begin{pmatrix}\sigma_1 & \cdots & 0 & 0\\ \vdots & & \vdots & 0\\ 0 & \cdots & \sigma_r & \vdots\\ 0 & \cdots & 0 & 0\end{pmatrix}\begin{bmatrix}\boldsymbol{v}_1^{\mathrm{T}}\\ \vdots\\ \boldsymbol{v}_r^{\mathrm{T}}\\ \hdashline \boldsymbol{v}_{r+1}^{\mathrm{T}}\\ \vdots\\ \boldsymbol{v}_m^{\mathrm{T}}\end{bmatrix} \tag{3-15}$$

其中$[\boldsymbol{v}_1,\boldsymbol{v}_2,\cdots,\boldsymbol{v}_r|\boldsymbol{v}_{r+1},\cdots,\boldsymbol{v}_m]^{-1}=[\boldsymbol{v}_1,\boldsymbol{v}_2,\cdots,\boldsymbol{v}_r|\boldsymbol{v}_{r+1},\cdots,\boldsymbol{v}_m]^{\mathrm{T}}$，从而可以得到矩阵$\boldsymbol{X}$的奇异值分解：

$$\boldsymbol{X}=\boldsymbol{U}\boldsymbol{\Sigma}\boldsymbol{V}^{\mathrm{T}} \tag{3-16}$$

其中$\boldsymbol{U}$是一个$n\times n$的正交阵，$\boldsymbol{V}$是一个$m\times m$的正交阵，$\boldsymbol{\Sigma}$是一个$n\times m$的对角阵。

再回顾以上过程，以另外一种角度来解读奇异值分解，会发现由于$(\boldsymbol{X}^{\mathrm{T}}\boldsymbol{X})\boldsymbol{v}_i=\lambda_i\boldsymbol{v}_i$，即$\boldsymbol{v}_i$是$\boldsymbol{X}^{\mathrm{T}}\boldsymbol{X}$的特征向量；由于$\boldsymbol{X}(\boldsymbol{X}^{\mathrm{T}}\boldsymbol{X})\boldsymbol{v}_i=\lambda_i\boldsymbol{X}\boldsymbol{v}_i\Rightarrow(\boldsymbol{X}\boldsymbol{X}^{\mathrm{T}})\boldsymbol{u}_i=\lambda_i\boldsymbol{u}_i$，即$\boldsymbol{u}_i$是$\boldsymbol{X}\boldsymbol{X}^{\mathrm{T}}$的特征向量。而且$\boldsymbol{u}_i=\dfrac{\boldsymbol{X}\boldsymbol{v}_i}{|\boldsymbol{X}\boldsymbol{v}_i|}=\dfrac{1}{\sqrt{\lambda_i}}\boldsymbol{X}\boldsymbol{v}_i$，也就是说作为$\boldsymbol{X}^{\mathrm{T}}\boldsymbol{X}$的对应于$\lambda_i$的特征向量$\boldsymbol{v}_i$，和作为$\boldsymbol{X}\boldsymbol{X}^{\mathrm{T}}$的对应于$\lambda_i$的特征向量$\boldsymbol{u}_i$之间存在着$\boldsymbol{u}_i=\dfrac{\boldsymbol{X}\boldsymbol{v}_i}{|\boldsymbol{X}\boldsymbol{v}_i|}=\dfrac{1}{\sqrt{\lambda_i}}\boldsymbol{X}\boldsymbol{v}_i$的关系。为什么会有这样的关系？这里可以拆分为两个问题，首先，为什么λ_i既是$\boldsymbol{X}^{\mathrm{T}}\boldsymbol{X}$也是$\boldsymbol{X}\boldsymbol{X}^{\mathrm{T}}$的特征值？其次，为什么两者之间对应同样的特征值的特征向量$\boldsymbol{v}_i$和$\boldsymbol{u}_i$之间存在一定的关系？

针对第一个问题，有这样的一般化的性质，即：假设$\boldsymbol{X}$是一个$m\times n$的矩阵，则$\boldsymbol{X}^{\mathrm{T}}$是一个$n\times m$的矩阵，$\boldsymbol{X}^{\mathrm{T}}\boldsymbol{X}$和$\boldsymbol{X}\boldsymbol{X}^{\mathrm{T}}$有相同的非零特征值，下面给出证明。

首先证明$r(\boldsymbol{X}^{\mathrm{T}}\boldsymbol{X})=r(\boldsymbol{X}\boldsymbol{X}^{\mathrm{T}})$。

如果$\boldsymbol{X}\boldsymbol{w}=0$，则$\boldsymbol{X}^{\mathrm{T}}\boldsymbol{X}\boldsymbol{w}=0$，所以$\boldsymbol{X}\boldsymbol{w}=0$的解都为$\boldsymbol{X}^{\mathrm{T}}\boldsymbol{X}\boldsymbol{w}=0$的解。

如果$\boldsymbol{X}^{\mathrm{T}}\boldsymbol{X}\boldsymbol{w}=0$，两边同乘以$\boldsymbol{w}^{\mathrm{T}}$可得：$\boldsymbol{w}^{\mathrm{T}}\boldsymbol{X}^{\mathrm{T}}\boldsymbol{X}\boldsymbol{w}=0\Rightarrow(\boldsymbol{X}\boldsymbol{w})^{\mathrm{T}}\boldsymbol{X}\boldsymbol{w}=0$，即$\|\boldsymbol{X}\boldsymbol{w}\|=0$。所以$\boldsymbol{X}\boldsymbol{w}=0$。所以$\boldsymbol{X}^{\mathrm{T}}\boldsymbol{X}\boldsymbol{w}=0$的解都为$\boldsymbol{X}\boldsymbol{w}=0$的解。

所以$\boldsymbol{X}\boldsymbol{w}=0$和$\boldsymbol{X}^{\mathrm{T}}\boldsymbol{X}\boldsymbol{w}=0$有相同的解空间，所以$r(\boldsymbol{X}^{\mathrm{T}}\boldsymbol{X})=r(\boldsymbol{X}\boldsymbol{X}^{\mathrm{T}})$；同理$r(\boldsymbol{X}^{\mathrm{T}}\boldsymbol{X})=r(\boldsymbol{X}\boldsymbol{X}^{\mathrm{T}})$，

所以 $r(\boldsymbol{X})=r(\boldsymbol{X}^{\mathrm{T}}\boldsymbol{X})=r(\boldsymbol{X}\boldsymbol{X}^{\mathrm{T}})=r(\boldsymbol{X}^{\mathrm{T}})$。

下面证明非零特征值相同。

假设 $\boldsymbol{w}$ 是$\boldsymbol{X}^{\mathrm{T}}\boldsymbol{X}$ 对应特征值 λ 的特征向量，则有$(\boldsymbol{X}^{\mathrm{T}}\boldsymbol{X})\boldsymbol{w}=\lambda\boldsymbol{w}$。两边同乘以 $\boldsymbol{X}$，得到$(\boldsymbol{X}\boldsymbol{X}^{\mathrm{T}})\boldsymbol{X}\boldsymbol{w}=\lambda\boldsymbol{X}\boldsymbol{w}$，因此 $\boldsymbol{X}\boldsymbol{w}$ 是 $\boldsymbol{X}\boldsymbol{X}^{\mathrm{T}}$对应于特征值 λ 的特征向量。因此可知$\boldsymbol{X}^{\mathrm{T}}\boldsymbol{X}$ 和 $\boldsymbol{X}\boldsymbol{X}^{\mathrm{T}}$有相同的非零特征值。

针对第二个问题，由于我们已经知道$\boldsymbol{X}^{\mathrm{T}}\boldsymbol{X}$ 和 $\boldsymbol{X}\boldsymbol{X}^{\mathrm{T}}$有相同的非零特征值。那么在求$\boldsymbol{X}^{\mathrm{T}}\boldsymbol{X}$ 的特征向量时只取 $\boldsymbol{v}$ 使得其为单位化后的向量，假设对应 $\boldsymbol{v}$ 的特征值为λ_i，那么 $\boldsymbol{X}\boldsymbol{X}^{\mathrm{T}}$对应于特征值$\lambda_i$的特征向量 $\boldsymbol{u}$ 应该符合$(\boldsymbol{X}\boldsymbol{X}^{\mathrm{T}})\boldsymbol{u}=\lambda_i\boldsymbol{u}$，同时因为$(\boldsymbol{X}^{\mathrm{T}}\boldsymbol{X})\boldsymbol{v}=\lambda_i\boldsymbol{v}$，所以上式左乘 $\boldsymbol{X}$ 有$(\boldsymbol{X}\boldsymbol{X}^{\mathrm{T}})\boldsymbol{X}\boldsymbol{v}=\lambda_i\boldsymbol{X}\boldsymbol{v}$，由此可知 $\boldsymbol{X}\boldsymbol{v}$ 就是 $\boldsymbol{X}\boldsymbol{X}^{\mathrm{T}}$对应特征值$\lambda_i$的特征向量。因此 $\boldsymbol{u}\propto\boldsymbol{X}\boldsymbol{v}$，所以 $\boldsymbol{u}$ 可以取成$\dfrac{\boldsymbol{X}\boldsymbol{v}}{|\boldsymbol{X}\boldsymbol{v}|}$。而 $\boldsymbol{X}\boldsymbol{v}\times\boldsymbol{X}\boldsymbol{v}=(\boldsymbol{X}\boldsymbol{v})^{\mathrm{T}}\boldsymbol{X}\boldsymbol{v}=\boldsymbol{v}^{\mathrm{T}}\boldsymbol{X}^{\mathrm{T}}\boldsymbol{X}\boldsymbol{v}=\boldsymbol{v}^{\mathrm{T}}\boldsymbol{\lambda}_i\boldsymbol{v}=\lambda_i$，因此 $\boldsymbol{u}=\dfrac{\boldsymbol{X}\boldsymbol{v}}{|\boldsymbol{X}\boldsymbol{v}|}=\dfrac{1}{\sqrt{\lambda_i}}\boldsymbol{X}\boldsymbol{v}$，因此对于每一个$\boldsymbol{u}_i$和$\boldsymbol{v}_i$，都有$\boldsymbol{u}_i\boldsymbol{s}_i\boldsymbol{v}_i^{\mathrm{T}}=\dfrac{1}{\sqrt{\lambda_i}}\boldsymbol{X}\boldsymbol{v}_i\sqrt{\lambda_i}\boldsymbol{v}_i^{\mathrm{T}}=\boldsymbol{X}$，所以 $\boldsymbol{U}\boldsymbol{S}\boldsymbol{V}^{\mathrm{T}}=\boldsymbol{X}$，奇异值分解得证。

3. 特征值分解（EVD）和奇异值分解（SVD）的关联

PCA 的全部工作简单点说，就是对原始的空间中顺序地找一组相互正交的坐标轴，第 1 个轴是使得方差最大的，第 2 个轴是在与第 1 个轴正交的平面中使得方差最大的，第 3 个轴是在与第 1、2 个轴正交的平面中方差最大的，这样假设在 N 维空间中，我们可以找到 N 个这样的坐标轴，取前 r 个去近似这个空间，这样就从一个 N 维的空间压缩到 r 维的空间了，但是我们选择的 r 个坐标轴能够使空间压缩，且使得数据的损失最小。

那么 PCA 在求解这个 r 个坐标轴时，自然而然采用的是特征值分解（EVD）。特征值分解的本质就是任何满秩方阵都可以分解对角阵和两个正交阵相乘。但是我们从奇异值分解知道，任何矩阵都可以进行奇异值分解为一个秩为 r 的矩阵和两个方阵相乘。那么特征值分解如何与奇异值分解对应起来？

回顾特征值分解中提到的一个结论，就是满秩 $m\times m$ 的矩阵 $\boldsymbol{X}$，可以得到特征向量组成的 $r\times m$ 矩阵 $\boldsymbol{W}=\begin{pmatrix}\boldsymbol{w}_1{}^{\mathrm{T}}\\ \boldsymbol{w}_2{}^{\mathrm{T}}\\ \vdots\\ \boldsymbol{w}_r{}^{\mathrm{T}}\end{pmatrix}$，使得：

$$\begin{pmatrix}\boldsymbol{w}_1{}^{\mathrm{T}}\\ \boldsymbol{w}_2{}^{\mathrm{T}}\\ \vdots\\ \boldsymbol{w}_r{}^{\mathrm{T}}\end{pmatrix}\boldsymbol{X}=\begin{bmatrix}\lambda_1 & \cdots & 0\\ \vdots & & \vdots\\ 0 & \cdots & \lambda_r\end{bmatrix}\begin{pmatrix}\boldsymbol{w}_1{}^{\mathrm{T}}\\ \boldsymbol{w}_2{}^{\mathrm{T}}\\ \vdots\\ \boldsymbol{w}_r{}^{\mathrm{T}}\end{pmatrix}=\boldsymbol{Y}_{r\times m} \tag{3-17}$$

根据基变换的矩阵表示方式，上式可以理解为 $\boldsymbol{X}(m\times m)$ 中的每一个样本（每一列为一个样本）经过 $\boldsymbol{W}(r\times m)$ 这个坐标转换矩阵的转换，得到了所有 m 个样本在新的坐标空间中坐标表示，即 $\boldsymbol{Y}(r\times m)$，$\boldsymbol{Y}$ 中每一列为一个样本，一共 m 列；每一样本含 r 个变量。

同样，对于一个 $n\times m$ 的矩阵 $\boldsymbol{X}$（每一列表示一个样本，每一行表示一个 feature），PCA 的流程告诉我们，可以先找到满秩协方差矩阵 $\boldsymbol{C}(n\times n)$，通过特征值分解求得 $r\times n$ 的坐标变换矩阵 $\boldsymbol{W}=\begin{pmatrix}\boldsymbol{w}_1{}^{\mathrm{T}}\\ \boldsymbol{w}_2{}^{\mathrm{T}}\\ \vdots\\ \boldsymbol{w}_r{}^{\mathrm{T}}\end{pmatrix}$；然后用 $\boldsymbol{W}$ 将原矩阵 $\boldsymbol{X}$ 进行坐标轴的变化，将 $\boldsymbol{X}$ 转化为 $\boldsymbol{Y}$（$r\times m$）。

即：

$$\begin{pmatrix} \boldsymbol{w}_1{}^{\mathrm{T}} \\ \boldsymbol{w}_2{}^{\mathrm{T}} \\ \vdots \\ \boldsymbol{w}_r{}^{\mathrm{T}} \end{pmatrix}(\boldsymbol{x}_1,\boldsymbol{x}_2,\cdots,\boldsymbol{x}_m) = \boldsymbol{Y}_{r\times m} \Rightarrow \boldsymbol{W}_{r\times n}\boldsymbol{X}_{n\times m} = \boldsymbol{Y}_{r\times m} \tag{3-18}$$

而由之前SVD的过程可知：

$$\boldsymbol{X}_{n\times m} = \boldsymbol{U}_{n\times r}\boldsymbol{\Sigma}_{r\times r}\boldsymbol{V}_{m\times r}{}^{\mathrm{T}} \tag{3-19}$$

对上式等式左右同时左乘 $\boldsymbol{U}$ 的转置$\boldsymbol{U}^{\mathrm{T}}{}_{r\times n}$：

$$\boldsymbol{U}_{n\times r}{}^{\mathrm{T}}\boldsymbol{X}_{n\times m} = \boldsymbol{U}_{n\times r}{}^{\mathrm{T}}\boldsymbol{U}_{n\times r}\boldsymbol{\Sigma}_{r\times r}\boldsymbol{V}_{m\times r}{}^{\mathrm{T}} = \boldsymbol{\Sigma}_{r\times r}\boldsymbol{V}_{m\times r}{}^{\mathrm{T}} = \boldsymbol{Y}_{r\times m} \tag{3-20}$$

上式因为$\boldsymbol{U}_{n\times r}$的每一列都是单位向量，所以$\boldsymbol{U}^{\mathrm{T}}_{n\times r}\boldsymbol{U}_{n\times r}$是单位矩阵。

将式（3-20）与式（3-18）对照发现，其实$\boldsymbol{U}^{\mathrm{T}}$就是 $\boldsymbol{W}$，也就是一个用于坐标变化的向量。这里是将一个 $n\times m$ 的矩阵压缩到一个 $r\times m$ 的矩阵，也就是对行进行压缩，如果想对列进行压缩（在PCA的观点下，对列进行压缩可以理解为将一些相似的样本点合并在一起，或者将一些没有太大价值的样本点去掉），该怎么办呢？同样可以写出一个通用的列压缩例子：

$$\boldsymbol{X}_{n\times m}\boldsymbol{W}_{m\times r} = \boldsymbol{Y}_{n\times r} \tag{3-21}$$

式（3-21）就把一个 m 列的矩阵压缩到一个 r 列的矩阵了，对SVD来说也是一样的，对SVD分解的式（3-19）两边右乘以 $\boldsymbol{V}$：

$$\boldsymbol{X}_{n\times m}\boldsymbol{V}_{m\times r} = \boldsymbol{U}_{n\times r}\boldsymbol{\Sigma}_{r\times r}\boldsymbol{V}^{\mathrm{T}}_{m\times r}\boldsymbol{V}_{m\times r} = \boldsymbol{U}_{n\times r}\boldsymbol{\Sigma}_{r\times r} = \boldsymbol{Y}_{n\times r} \tag{3-22}$$

这样就得到了对列进行压缩的式子。可以看出，其实PCA几乎可以说是对SVD的一个包装，如果实现了SVD，也就实现了PCA。而且更好的地方是，有了SVD，就可以得到两个方向的PCA，如果对$\boldsymbol{X}^{\mathrm{T}}\boldsymbol{X}$进行特征值分解，只能得到一个方向的PCA。

4. 交替最小二乘（ALS）原理

交替最小二乘（Alternating Least Squares）常用于基于矩阵分解的推荐系统中。例如：将用户（user）对商品（item）的评分矩阵分解为两个矩阵，一个是用户对商品隐含特征的偏好矩阵，另一个是商品所包含的隐含特征的矩阵。在这个矩阵分解的过程中，评分缺失项得到了填充，也就是说我们可以基于这个填充的评分来给用户最优商品推荐。

由于评分数据中有大量的缺失项，传统的矩阵分解SVD（奇异值分解）不方便处理这个问题，而ALS能够很好地解决这个问题。对于 $\boldsymbol{R}(m\times n)$ 的矩阵，ALS旨在找到两个低维矩阵 $\boldsymbol{X}(k\times m)$ 和矩阵 $\boldsymbol{Y}(k\times n)$，来近似逼近 $\boldsymbol{R}(m\times n)$，即：

$$\boldsymbol{R}_{m\times n} \approx \boldsymbol{X}^{\mathrm{T}}_{k\times m}\boldsymbol{Y}_{k\times n} \tag{3-23}$$

其中 $\boldsymbol{R}(m\times n)$ 代表用户对商品的评分矩阵，$\boldsymbol{X}(m\times k)$ 代表用户对隐含特征的偏好矩阵，$\boldsymbol{Y}(n\times k)$ 表示商品所包含隐含特征的矩阵，$\boldsymbol{T}$ 表示矩阵 $\boldsymbol{X}$ 的转置。实际中，一般取 $k \ll \min(m,n)$，也就是相当于降维了。这里所说的低维矩阵，有的地方也叫低秩矩阵。

为了找到使低秩矩阵 $\boldsymbol{X}$ 和 $\boldsymbol{Y}$ 尽可能地逼近 $\boldsymbol{R}$，需要最小化下面的平方误差损失函数：

$$\boldsymbol{L}(\boldsymbol{X},\boldsymbol{Y}) = \sum_{u=1}^{m}\sum_{i=1}^{n}(\boldsymbol{r}_{u,i} - \boldsymbol{x}_u^{\mathrm{T}}\boldsymbol{y}_i)^2 \tag{3-24}$$

其中$\boldsymbol{x}_u(k\times 1)$表示用户 u 的偏好的隐含特征向量，$\boldsymbol{y}_i(k\times 1)$表示商品 i 包含的隐含特征向量，$\boldsymbol{r}_{u,i}(m\times n)$表示用户 u 对商品 i 的评分，内积$\boldsymbol{x}_u^{\mathrm{T}}\boldsymbol{y}_i$是用户 u 对商品 i 的评分的近似。

损失函数一般需要加入正则化项来避免过拟合等问题，我们使用L2正则化，所以上面的公式改造为：

$$L(\boldsymbol{X},\boldsymbol{Y}) = \sum_{u=1}^{m}\sum_{i=1}^{n}(\boldsymbol{r}_{u,i} - \boldsymbol{x}_u{}^{\mathrm{T}}\boldsymbol{y}_i)^2 + \lambda(|\boldsymbol{x}_u|^2 + |\boldsymbol{y}_i|^2) \tag{3-25}$$

其中，λ 是正则化项的系数。

由于变量$\boldsymbol{x}_u^{\mathrm{T}}$和$\boldsymbol{y}_i$耦合到一起，这个问题并不好求解，所以引入了 ALS，也就是说可以先固定 $\boldsymbol{Y}$（例如随机初始化 $\boldsymbol{Y}$），然后利用公式（3-25）先求解 $\boldsymbol{X}$，接着固定 $\boldsymbol{X}$，再求解 $\boldsymbol{Y}$，如此交替往复直至收敛，即所谓的交替最小二乘法求解法。具体求解方法说明如下。

1）固定 $\boldsymbol{Y}$，将损失函数 $\boldsymbol{L}(\boldsymbol{X},\boldsymbol{Y})$ 对$\boldsymbol{x}_u$求偏导，并令导数 =0，得到：

$$\begin{aligned}
\frac{\partial L(\boldsymbol{X},\boldsymbol{Y})}{\partial \boldsymbol{x}_u} &= -2\sum_{i=1}^{n}\boldsymbol{y}_i(\boldsymbol{r}_{u,i} - \boldsymbol{x}_u{}^{\mathrm{T}}y_i) + 2\lambda\boldsymbol{x}_u \\
&= -2\sum_{i=1}^{n}\boldsymbol{y}_i\,\boldsymbol{r}_{u,i} + 2\sum_{i=1}^{n}\boldsymbol{y}_i\,\boldsymbol{x}_u{}^{\mathrm{T}}\boldsymbol{y}_i + 2\lambda\boldsymbol{x}_u \\
&= -2\left([\boldsymbol{y}_1,\boldsymbol{y}_2,\cdots,\boldsymbol{y}_n]\begin{bmatrix}\boldsymbol{r}_{u,1}\\ \boldsymbol{r}_{u,2}\\ \vdots \\ \boldsymbol{r}_{u,n}\end{bmatrix}\right) + 2\left([\boldsymbol{y}_1,\boldsymbol{y}_2,\cdots,\boldsymbol{y}_n]\begin{bmatrix}\boldsymbol{y}_1^{\mathrm{T}}\boldsymbol{x}_u\\ \boldsymbol{y}_2^{\mathrm{T}}\boldsymbol{x}_u\\ \vdots \\ \boldsymbol{y}_n^{\mathrm{T}}\boldsymbol{x}_u\end{bmatrix}\right) + 2\lambda\boldsymbol{x}_u \\
&= -2\left(\boldsymbol{Y}_{k\times n}\begin{bmatrix}\boldsymbol{r}_{u,1}\\ \boldsymbol{r}_{u,2}\\ \vdots \\ \boldsymbol{r}_{u,n}\end{bmatrix}\right) + 2\left(\boldsymbol{Y}_{k\times n}\begin{bmatrix}\boldsymbol{y}_1^{\mathrm{T}}\\ \boldsymbol{y}_2^{\mathrm{T}}\\ \vdots \\ \boldsymbol{y}_n^{\mathrm{T}}\end{bmatrix}\boldsymbol{x}_u\right) + 2\lambda\boldsymbol{x}_u \\
&= -2\boldsymbol{Y}_{k\times n}\boldsymbol{r}_{u\cdot}^{\mathrm{T}} + 2\boldsymbol{Y}_{k\times n}\boldsymbol{Y}_{k\times n}^{\mathrm{T}}\boldsymbol{x}_u + 2\lambda x_u
\end{aligned} \tag{3-26}$$

令：

$$\begin{aligned}
\frac{\partial L(\boldsymbol{X},\boldsymbol{Y})}{\partial \boldsymbol{x}_u} = 0 &\Rightarrow -2\boldsymbol{Y}_{k\times n}\boldsymbol{r}_{u\cdot}^{\mathrm{T}} + 2\boldsymbol{Y}_{k\times n}\boldsymbol{Y}_{k\times n}^{\mathrm{T}}x_u + 2\lambda\boldsymbol{x}_u = 0 \\
&\Rightarrow 2\boldsymbol{Y}_{k\times n}\boldsymbol{Y}_{k\times n}^{\mathrm{T}}\boldsymbol{x}_u + 2\lambda\boldsymbol{x}_u = 2\boldsymbol{Y}_{k\times n}\boldsymbol{r}_{u\cdot}^{\mathrm{T}} \\
&\Rightarrow \boldsymbol{x}_u = (\boldsymbol{Y}_{k\times n}\boldsymbol{Y}_{k\times n}^{\mathrm{T}} + \lambda\boldsymbol{E})^{-1}\boldsymbol{Y}_{k\times n}\boldsymbol{r}_{u\cdot}^{\mathrm{T}}
\end{aligned} \tag{3-27}$$

2）同理，固定 $\boldsymbol{X}$，可得：

$$\begin{aligned}
\frac{\partial L(\boldsymbol{X},\boldsymbol{Y})}{\partial \boldsymbol{y}_i} &= -2\sum_{n=1}^{m}\boldsymbol{x}_u(\boldsymbol{r}_{u,i} - \boldsymbol{x}_u^{\mathrm{T}}\boldsymbol{y}_i) + 2\lambda\boldsymbol{x}_u \\
&= -2[\boldsymbol{x}_1,\boldsymbol{x}_2,\cdots,\boldsymbol{x}_m]\begin{bmatrix}\boldsymbol{r}_{1,i}\\ \boldsymbol{r}_{2,i}\\ \vdots \\ \boldsymbol{r}_{m,i}\end{bmatrix} + 2\left([\boldsymbol{x}_1,\boldsymbol{x}_2,\cdots,\boldsymbol{x}_m]\begin{bmatrix}\boldsymbol{x}_1^{\mathrm{T}}\boldsymbol{y}_i\\ \boldsymbol{x}_2^{\mathrm{T}}\boldsymbol{y}_i\\ \vdots \\ \boldsymbol{x}_n^{\mathrm{T}}\boldsymbol{y}_i\end{bmatrix}\right) + 2\lambda\boldsymbol{y}_i \\
&= -2\boldsymbol{X}_{k\times m}\boldsymbol{r}_{\cdot i} + 2\boldsymbol{X}_{k\times m}\begin{bmatrix}\boldsymbol{x}_1^{\mathrm{T}}\\ \boldsymbol{x}_2^{\mathrm{T}}\\ \vdots \\ \boldsymbol{x}_m^{\mathrm{T}}\end{bmatrix}\boldsymbol{y}_i + 2\lambda\boldsymbol{y}_i \\
&= -2\boldsymbol{X}_{k\times m}\boldsymbol{r}_{\cdot i} + 2\boldsymbol{X}_{k\times m}\boldsymbol{X}_{k\times m}^{\mathrm{T}}\boldsymbol{y}_i + 2\lambda\boldsymbol{y}_i
\end{aligned} \tag{3-28}$$

令：

$$\frac{\partial L(\boldsymbol{X},\boldsymbol{Y})}{\partial \boldsymbol{y}_i}=0 \Rightarrow -2\boldsymbol{X}_{k\times m}\boldsymbol{r}_{\cdot i}+2\boldsymbol{X}_{k\times m}\boldsymbol{X}_{k\times m}^{\mathrm{T}}\boldsymbol{y}_i+2\lambda\boldsymbol{y}_i=0$$
$$\Rightarrow 2\boldsymbol{X}_{k\times m}\boldsymbol{X}_{k\times m}^{\mathrm{T}}\boldsymbol{y}_i+2\lambda\boldsymbol{y}_i=2\boldsymbol{X}_{k\times m}\boldsymbol{r}_{\cdot i}$$
$$\Rightarrow \boldsymbol{y}_i=(\boldsymbol{X}_{k\times m}\boldsymbol{X}_{k\times m}^{\mathrm{T}}+\lambda\boldsymbol{E})^{-1}\boldsymbol{X}_{k\times m}\boldsymbol{r}_{\cdot i} \tag{3-29}$$

3）迭代步骤如下。

首先随机初始化 $\boldsymbol{Y}$，利用式（3-27）更新得到 $\boldsymbol{X}$，利用式（3-29）更新 $\boldsymbol{Y}$。然后判断均方根误差（RMSE）是否小于一定的阈值，或者判断迭代次数是否达到预先设定值，如果满足其中的一条则认为 $\boldsymbol{X},\boldsymbol{Y}$ 分解完毕。

$$\boldsymbol{R}^{\sim}_{m\times n}=\boldsymbol{X}_{k\times m}^{\mathrm{T}}\boldsymbol{Y}_{k\times n}\quad RMSE=\sqrt{\frac{\sum(R-\hat{R})^2}{N}} \tag{3-30}$$

r_{ui}（矩阵 $\boldsymbol{R}$（$m\times n$）的元素）表示用户 u 对商品 i 的评分，是一个数。

得到 $\boldsymbol{X},\boldsymbol{Y}$ 后，令 $\boldsymbol{L}_{m\times k}=\boldsymbol{X}_{k\times m}^{\mathrm{T}}$，$\boldsymbol{R}_{n\times k}=\boldsymbol{Y}_{k\times n}^{\mathrm{T}}$，$\boldsymbol{L}$ 和 $\boldsymbol{R}$ 就是对应于代码中的 $\boldsymbol{L}$ 和 $\boldsymbol{R}$。接下去对 $\boldsymbol{L}$、$\boldsymbol{R}$ 进行变换，使得 $\boldsymbol{L}$ 中的所有样本均值为 $\boldsymbol{0}$，即：

$$\overline{L}=\frac{1}{m}\sum_{i=1}^{m}L_{i\cdot}=0_{1\times k} \tag{3-31}$$

同时 $\boldsymbol{L}$ 中所有样本各个维度之间的协方差矩阵为对角阵，即：

$$\boldsymbol{C}=\frac{1}{m-1}\sum_{i=1}^{m}(\boldsymbol{L}_i-\overline{\boldsymbol{L}})^{\mathrm{T}}(\boldsymbol{L}_i-\overline{\boldsymbol{L}})=\frac{1}{m-1}\sum_{i=1}^{m}\boldsymbol{L}_i^{\mathrm{T}}\boldsymbol{L}_i=\frac{1}{m-1}[\boldsymbol{L}_1^{\mathrm{T}},\boldsymbol{L}_2^{\mathrm{T}},\cdots,\boldsymbol{L}_m^{\mathrm{T}}]\begin{bmatrix}\boldsymbol{L}_1\\ \boldsymbol{L}_2\\ \vdots\\ \boldsymbol{L}_m\end{bmatrix}=\frac{1}{m-1}\boldsymbol{L}^{\mathrm{T}}\boldsymbol{L}$$
$$=\mathrm{diag}(\boldsymbol{s}) \tag{3-32}$$

$\boldsymbol{L}_i$代表矩阵 $\boldsymbol{L}$ 的第 i 行，$\overline{\boldsymbol{L}}$是所有$\boldsymbol{L}_i$的平均行向量，$\mathrm{diag}(\boldsymbol{s})$是对角阵，其中的每个对角线元素$\boldsymbol{s}_i$分别对应 $\boldsymbol{L}$ 中一列$\boldsymbol{L}_i$的方差。

另外，还需要使变换后 $\boldsymbol{R}$ 的各列互相正交，且每个列向量均为单位向量，即：

$$\boldsymbol{R}^{\mathrm{T}}\boldsymbol{R}=\boldsymbol{I}\text{，其中 }\boldsymbol{I}\text{ 为单位矩阵} \tag{3-33}$$

为了实现上述目标，可由下述步骤实现：

对 $\boldsymbol{L}$ 进行中心化：$\boldsymbol{L}_i\leftarrow\boldsymbol{L}_i-\overline{\boldsymbol{L}}$，其中 $\overline{\boldsymbol{L}}=\frac{1}{m}\sum_{i=1}^{m}\boldsymbol{L}_i$。

对 $\boldsymbol{L}$ 和 $\boldsymbol{R}$ 进行调整：

$$\boldsymbol{L}_{pca}=\boldsymbol{LUD}_x^{\frac{1}{2}}\boldsymbol{V} \tag{3-34}$$

$$\boldsymbol{R}_{pca}=\boldsymbol{RUD}_x^{\frac{-1}{2}}\boldsymbol{V} \tag{3-35}$$

其中 $\boldsymbol{U}$、$\boldsymbol{D}_x$通过对$\boldsymbol{R}^{\mathrm{T}}\boldsymbol{R}$ 进行特征值分解得到，分别为特征向量矩阵和特征值矩阵，$\boldsymbol{R}^{\mathrm{T}}\boldsymbol{R}=\boldsymbol{UD}_x\boldsymbol{U}^{\mathrm{T}}$；$\boldsymbol{V}$ 也通过特征值分解得到，$\boldsymbol{D}_x^{1/2}\boldsymbol{U}^{\mathrm{T}}\boldsymbol{L}^{\mathrm{T}}\boldsymbol{LUD}_x^{1/2}=\boldsymbol{VD}_w\boldsymbol{V}^{\mathrm{T}}$；

由此可知新的 $\boldsymbol{L}$ 和 $\boldsymbol{R}$ 满足式（3-32）和式（3-33）两个条件，因为：

$$\boldsymbol{L}_{pca}^{\mathrm{T}}\boldsymbol{L}_{pca}=(\boldsymbol{LUD}_x^{1/2}\boldsymbol{V})^{\mathrm{T}}\boldsymbol{LUD}_x^{1/2}\boldsymbol{V}=\boldsymbol{V}^{\mathrm{T}}\boldsymbol{D}_x^{1/2}\boldsymbol{U}^{\mathrm{T}}\boldsymbol{L}^{\mathrm{T}}\boldsymbol{LUD}_x^{1/2}\boldsymbol{V}=\boldsymbol{V}^{\mathrm{T}}(\boldsymbol{D}_x^{1/2}\boldsymbol{U}^{\mathrm{T}}\boldsymbol{L}^{\mathrm{T}}\boldsymbol{LUD}_x^{1/2})\boldsymbol{V}=\boldsymbol{V}^{\mathrm{T}}$$
$$(\boldsymbol{VD}_w\boldsymbol{V}^{\mathrm{T}})\boldsymbol{V}=\boldsymbol{D}_w,\boldsymbol{R}_{pca}^{\mathrm{T}}\boldsymbol{R}_{pca}=(\boldsymbol{RUD}_x^{-1/2}\boldsymbol{V})^{\mathrm{T}}\boldsymbol{RUD}_x^{-1/2}\boldsymbol{V}=\boldsymbol{V}^{\mathrm{T}}\boldsymbol{D}_x^{-1/2}\boldsymbol{U}^{\mathrm{T}}(\boldsymbol{R}^{\mathrm{T}}\boldsymbol{R})\boldsymbol{UD}_x^{-1/2}\boldsymbol{V}=\boldsymbol{V}^{\mathrm{T}}$$
$$\boldsymbol{D}_x^{-1/2}\boldsymbol{U}^{\mathrm{T}}(\boldsymbol{UD}_x\boldsymbol{U}^{\mathrm{T}})\boldsymbol{UD}_x^{-1/2}\boldsymbol{V}=\boldsymbol{VD}_x^{-1/2}\boldsymbol{D}_x\boldsymbol{D}_x^{-1/2}\boldsymbol{V}=\boldsymbol{V}^{\mathrm{T}}\boldsymbol{V}=\boldsymbol{I} \tag{3-36}$$

3.2 几种特征规约算法的优缺点

综合学习了几种特征规约算法后，我们发现 PCA 的数学原理相对简单，ALS 的数学原理最为复杂。下面列举几点，进行综合比较分析。

1. 优点

数学原理上，PCA 算法最为简单，容易理解。算法通用性上，PCA 需要基于协方差矩阵这一方阵，而 SVD 可以针对普通矩阵，ALS 可以针对有缺失数据的矩阵。算法性能上，PCA 和 SVD 都是矩阵运算，速度比较快。综合来看，三种算法各有优点。

2. 缺点

与优点相对，ALS 算法在数学上最为复杂，理解较为困难。算法通用性上，PCA 算法针对非线性特征比较弱，所以演化出了核 PCA 算法。而相比之下，ALS 算法在性能上比 PCA 和 SVD 更有优势，但由于需要交替更新两个矩阵，所以计算量较大。

3.3 特征规约算法实例分析

PCA 是 MATLAB 自带的算法，并且根据参数选择不同，可以任选 PCA、SVD、ALS。本案例以 slice 数据和红酒等级数据为例，进行特征规约，然后将规约和未规约的特征数据分别代入 KNN 分类算法，从而比较出特征规约在分类算法中的应用价值。

3.3.1 数据集介绍

本次测试使用的是 slice 数据集和红酒等级数据集。slice 数据集有许多 0 维，可以用于测试数据规约算法对于 0 维的处理能力。红酒等级数据则是离散数据和连续数据都有的一个案例。这两种数据集都有一定的特点，是较好的算法测试对象。

1. slice 数据集

该训练数据集有 50000 条“切片”数据，测试数据集有 3500 条数据。每一条数据是一个 386 维的向量，其中最后 1 维数据是待回归的标签。在图 3-1 的 slice 数据集中，每一行为一条数据，最后一列为标签，其他列都是属性。

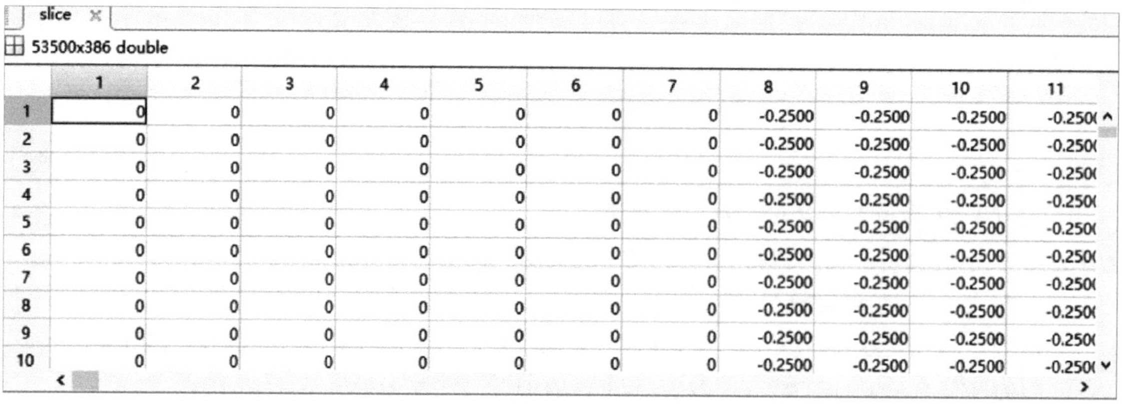
slice
53500x386 double

	1	2	3	4	5	6	7	8	9	10	11
1	0	0	0	0	0	0	0	-0.2500	-0.2500	-0.2500	-0.250
2	0	0	0	0	0	0	0	-0.2500	-0.2500	-0.2500	-0.250
3	0	0	0	0	0	0	0	-0.2500	-0.2500	-0.2500	-0.250
4	0	0	0	0	0	0	0	-0.2500	-0.2500	-0.2500	-0.250
5	0	0	0	0	0	0	0	-0.2500	-0.2500	-0.2500	-0.250
6	0	0	0	0	0	0	0	-0.2500	-0.2500	-0.2500	-0.250
7	0	0	0	0	0	0	0	-0.2500	-0.2500	-0.2500	-0.250
8	0	0	0	0	0	0	0	-0.2500	-0.2500	-0.2500	-0.250
9	0	0	0	0	0	0	0	-0.2500	-0.2500	-0.2500	-0.250
10	0	0	0	0	0	0	0	-0.2500	-0.2500	-0.2500	-0.250

图 3-1 slice 数据集

2. “红酒等级”数据集

该训练数据集有 1000 条红酒数据，测试数据集有 599 条数据。每一条数据是一个 12 维的向量，其中最后 1 维数据是待回归的属性值（红酒评分）。在图 3-2 的红酒等级数据中，第一行是维度名称，其余每一行为一条数据。

1	fixed acidity";"volatile acidity";"citric acid";"residual sugar";"chlorides";"free sulfur dioxide";"total sulfur dioxide";"density";"pH";"sulphates";"alcohol";"quality"
2	7.4;0.7;0;1.9;0.076;11;34;0.9978;3.51;0.56;9.4;5
3	7.8;0.88;0;2.6;0.098;25;67;0.9968;3.2;0.68;9.8;5
4	7.8;0.76;0.04;2.3;0.092;15;54;0.997;3.26;0.65;9.8;5
5	11.2;0.28;0.56;1.9;0.075;17;60;0.998;3.16;0.58;9.8;6
6	7.4;0.7;0;1.9;0.076;11;34;0.9978;3.51;0.56;9.4;5
7	7.4;0.66;0;1.8;0.075;13;40;0.9978;3.51;0.56;9.4;5
8	7.9;0.6;0.06;1.6;0.069;15;59;0.9964;3.3;0.46;9.4;5
9	7.3;0.65;0;1.2;0.065;15;21;0.9946;3.39;0.47;10;7
10	7.8;0.58;0.02;2;0.073;9;18;0.9968;3.36;0.57;9.5;7

图 3-2　红酒等级数据

3.3.2　函数介绍

PCA 算法的输入和输出较为简单，且该算法内部集成了多个数据规约的不同方法。下面详细介绍该函数的使用。

```
[COEFF, SCORE] =pca(X)
```

函数的输入 X 为 n 行 p 列的数据矩阵，每一行是一个样本，每一列代表一个属性字段。

函数的输出 COEFF 是 p 行 r 列的矩阵，每一列是一个新的属性字段。SCORE 是原数据 X 在 *COEFF* 空间中的坐标表示，为 n 行 r 列矩阵。

我们也可在调用 pca( ) 时加入一些控制参数，以 name/value 对的形式作为函数输入，具体如下。

```
[COEFF, SCORE] =pca(X,'PARAM1',val1,'PARAM2',val2)
```

其中 PARAM1 和 PARAM2 都是参数名称，val1 和 val2 是参数对应的值。

1. svd 的输出量

svd 最多的输出量有 6 个，调用方式如下。

```
[COEFF,SCORE,LATENT,TSQUARED,EXPLAINED,MU] =pca(X,'Algorithm','svd')
```

当采用的 Algorithm 为 svd（默认，可不输入）时，函数的输出分别如下。

- *COEFF*：右奇异矩阵，即转换矩阵，为 p 行 r 列的矩阵，每一列是一个新的属性字段。r 为指定的新坐标空间中的维度（由 'NumComponents' 参数指定）。
- *SCORE* 是原数据 *X* 在 *COEFF* 空间中的坐标表示，为 n 行 r 列矩阵。
- *LATENT* 是一个 p 行 1 列的向量，代表新坐标中各个主成分方向的重要程度。由 $LATENT_i=\sigma_i^2/DOF$（$i=1,2,\cdots,p$）计算得到，其中 *DOF* 为自由度，一般取 $n-1$。
- *TSQUARED* 是一个 n 行 1 列的向量，由 *localTSquared* 函数得到，该函数的作用是计算每一个样本的霍特林 T 平方统计量。
- *EXPLAINED* 是一个 p 行 1 列的向量，代表新坐标中各个主成分方向的方差占总方差的比例，由 $EXPLAINED_i = 100 \times \dfrac{LATENT_i}{\sum_{i=1}^{p} LATENT_i}$（$i=1,2,\cdots,p$）计算得到。

- *MU* 为一个 1 行 *p* 列的行向量，代表所有 *n* 个样本的均值。

2. eig 的输出量

当采用的 Algorithm 为 eig 时，函数的输出分别如下。

- *COEFF*：对输入数据 *X* 经中心化后的协方差矩阵求特征向量得到为 *p* 行 *r* 列的矩阵，每一列是一个新的属性字段。*r* 为指定的新坐标空间中的维度（由 NumComponents 参数指定）。
- *SCORE* 是原数据 *X* 在 *COEFF* 空间中的坐标表示，为 *n* 行 *r* 列矩阵，经过 $SCORE = X \times COEFF$ 计算得到。
- *LATENT* 是一个 *p* 行 1 列的向量，代表新坐标中各个主成分方向的重要程度。通过对输入数据 *X* 经中心化后的协方差矩阵求特征值得到。
- *TSQUARED* 是一个 *n* 行 1 列的向量，由 *localTSquared* 函数得到，该函数的作用是计算每一个样本的霍特林 *T* 平方统计量。
- *EXPLAINED* 是一个 *p* 行 1 列的向量，代表新坐标中各个主成分方向的方差占总方差的比例，由 $EXPLAINED_i = 100 \times \dfrac{LATENT_i}{\sum_{i=1}^{p} LATENT_i}$ $(i = 1, 2, \cdots, p)$ 计算得到。
- *MU* 为一个 1 行 *p* 列的行向量，代表所有 *n* 个样本的均值。

3. als 的输出量

当采用的 Algorithm 为 ls 时，采用了一个 $[L, R] = alsmf(X)$ 函数来获得原数据矩阵 *X* 的左因子矩阵 *L*（*n* 行 *r* 列）和右因子矩阵 *R*（*p* 行 *r* 列），主函数的输出分别如下。

- *COEFF*：为 *p* 行 *r* 列的坐标转换矩阵，每一列是一个新的属性字段。*r* 为指定的新坐标空间中的维度（由 NumComponents 参数指定），$COEFF = R$。
- *SCORE* 是原数据 *X* 在 *COEFF* 空间中的坐标表示，为 *n* 行 *r* 列矩阵，$SCORE = L$。
- *LATENT* 是一个 *r* 行 1 列的向量，代表新坐标中各个主成分方向的重要程度。
- *TSQUARED* 是一个 *n* 行 1 列的向量，由 *localTSquared* 函数得到，该函数的作用是计算每一个样本的霍特林 *T* 平方统计量。
- *EXPLAINED* 是一个 *r* 行 1 列的向量，代表新坐标中各个主成分方向的方差占总方差的比例，由 $EXPLAINED_i = 100 \times \dfrac{LATENT_i}{\sum_{i=1}^{r} LATENT_i}$ $(i = 1, 2, \cdots, r)$ 计算得到。
- *MU* 为一个 1 行 *p* 列的行向量，代表所有 *n* 个样本的均值。

3.3.3 结果分析

slice 数据集有着大量的特征冗余，经过 PCA 处理后，最终提取了 3 个有效特征，大大减少了特征数量。将原始数据和 PCA 处理后的数据都用 KNN 算法比较，处理后的数据预测结果更加稳定。同样，将红酒等级数据也用 PCA 算法处理，用三种不同的特征规约算法处理，再用 KNN 算法测试，预测结果基本一致。

1. slice 数据主成分分析

slice 数据有着 385 维特征以及大量的特征冗余，所以对 slice 数据切分训练集和预测集以后，再进行 svd 分解规约，然后用 KNN 回归进行准确率预测，并将其可视化。特征规约算法的使用代码如下。

```
%%slice_localization
    clear
load 'slice';
train=slice(1:end,1:385);
[coeff, score, latent, tsquared, explained] = pca(train,'NumComponents',3,'Algorithm',
'svd');

    isplot=1;
    di = 1;
    K = 19;
    isclassify = 0;

    testLabels=slice(50001:end,386);
    trainLabels=slice(1:50000,386);
    TestSet =score(50001:end,1:3);
    trainSet=score(1:50000,1:3);
    dimensions=size(trainSet,2);
```

输入的 train 就是由训练数据集的前 385 列构成，train 的每一行都是一个训练样本，每一列都是样本的一个属性字段，pca(train)就是对 53500 个样本的 365 个属性字段进行主成分分析。

在图 3-3 中，输出的 coeff 为 385×3 的矩阵，每一列都是一个主成分，即新空间中的每个主成分都是由原 385 维空间中的向量表示。

在图 3-4 中，输出的 score 为 53500×3 的矩阵，每一行是一个样本，即每个样本在主成分构成的新空间中都由一个 1×3 的行向量表示。

在图 3-5 中，函数的输出 latent 是 385×1 的列向量，每个元素代表 x 的协方差矩阵的一个特征值，而且这些特征值按从大到小排列，代表着每一个特征的重要度。

coeff
385x3 double

	1	2	3
1	1.0000	-0.0037	0.0013
2	1.3313e-05	-0.0117	0.0097
3	-7.5347e-05	-0.0161	0.0163
4	-1.2466e-04	-0.0360	0.0445
5	-3.8888e-04	-0.0491	0.0711
6	-0.0010	-0.0464	0.0274
7	-1.0759e-04	-0.0054	-0.0209
8	2.4678e-04	-0.0026	-0.0489
9	1.5737e-04	-0.0040	0.0012
10	-1.0853e-04	-5.0126e-04	0.0417
11	1.6561e-04	-0.0041	0.0061
12	-4.0281e-05	-0.0102	0.0092
13	-4.6268e-05	-0.0119	0.0151

图 3-3　规约后的主成分

score
53500x3 double

	1	2	3
1	-47.0916	-1.2176	1.5575
2	-47.0913	-1.2887	1.6618
3	-47.0913	-1.2961	1.6923
4	-47.0901	-1.1941	1.7973
5	-47.0901	-1.1744	1.8752
6	-47.0900	-1.1856	1.9008
7	-47.0903	-1.2439	1.9859
8	-47.0904	-1.2428	2.1516
9	-47.0904	-1.2387	2.2016
10	-47.0914	-1.3205	1.6574
11	-47.0902	-1.5143	1.1793
12	-47.0916	-1.2909	1.6299
13	-47.0839	-2.0408	0.1520

图 3-4　规约后的新样本

latent
385x1 double

	1	2	3
1	751.5702		
2	8.0545		
3	2.6893		
4	2.2804		
5	1.3252		
6	1.1694		
7	1.0207		
8	0.7111		
9	0.6956		
10	0.5337		
11	0.4631		
12	0.4259		
13	0.3867		

图 3-5　特征重要度

在图 3-6 中，输出的 tsquared 是 53500 ×1 的列向量，其每个元素是每个样本的霍特林 T 平方统计量。

在图 3-7 中，explained 是 385 ×1 的向量，其每个元素都是对应主成分上方差占所有主成分总方差的比率。

tsquared
53500x1 double

	1	2	3
1	302.9749		
2	253.7257		
3	258.1682		
4	299.7464		
5	310.0904		
6	303.0285		
7	301.3744		
8	283.8713		
9	277.4799		
10	1.3768e+03		
11	410.7186		
12	1.2354e+03		
13	383.7843		

图 3-6　霍特林 T 平方统计量

explained
385x1 double

	1	2	3
1	95.7435		
2	1.0261		
3	0.3426		
4	0.2905		
5	0.1688		
6	0.1490		
7	0.1300		
8	0.0906		
9	0.0886		
10	0.0680		
11	0.0590		
12	0.0543		
13	0.0493		

图 3-7　主成分的方差占比

在图 3-8 中，mu 是 1 ×385 的向量，其为样本均值。

mu
1x385 double

	1	2	3	4	5	6	7	8	9	10	11
1	47.0757	0.0596	0.0716	0.1458	0.2187	0.2748	0.2762	0.2045	0.0623	-0.0420	-0.2316
2											

图 3-8　样本均值

2. slice 数据主成分分析和 KNN 回归预测结果

下面先用原数据应用 KNN 回归预测，接着对 slice 数据的预测集进行 PCA 规约，然后再一次运用 KNN 回归进行预测，比较一下两次的差别。

首先，对原数据进行 KNN 回归，并代入测试集，观察回归结果，代码如下。

```
isplot =1;
di = 1;
K = 19;
isclassify = 0;

testLabels = slice(50001:end,386);
trainLabels = slice(1:50000,386);
TestSet =slice(50001:end,1:385);
trainSet = slice(1:50000,1:385);
dimensions = size(trainSet,2);
tic
```

```
    regression = KNN(TestSet,trainSet,trainLabels,dimensions,K, di, isplot, isclas-
sify,testLabels);
    toc
```

由图 3-9 和图 3-10 可以看出，回归结果不尽如人意，由于有大量特征冗余，耗费了 91.87 秒的时间，且拟合优度只有 0.296。

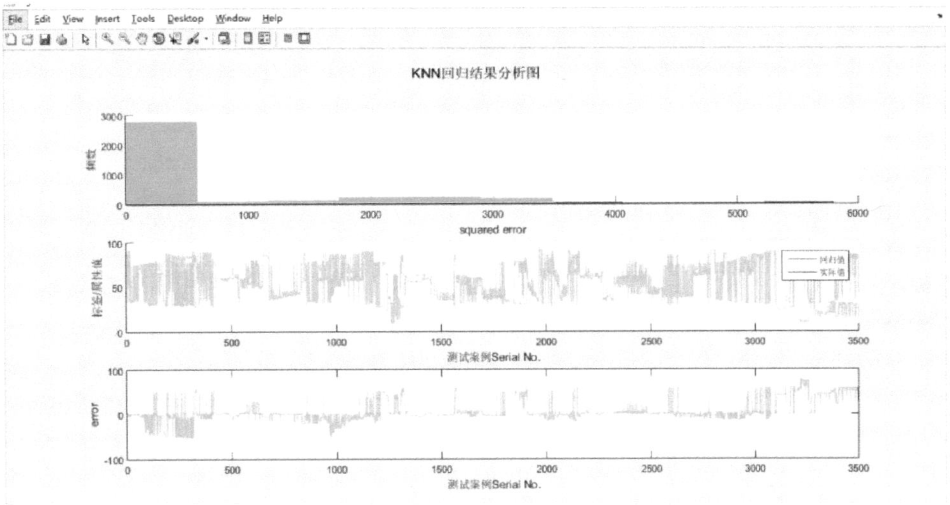

图 3-9 KNN 原始数据 KNN 回归的预测结果

```
Command Window
  >> clear
     load 'slice';
     isplot=1; %是否画出可视化图，1为画图，0为不画图;
     di = 1; %距离方案，1为欧拉距离，2为曼哈顿距离，3为夹角余弦;
     K = 19; %knn近邻个数;
     isclassify = 0; %isclassify=1为分类，isclassify=0为回归;

     testLabels=slice(50001:end,386);
     trainLabels=slice(1:50000,386);
     TestSet =slice(50001:end,1:385);
     trainSet=slice(1:50000,1:385);
     dimensions=size(trainSet,2);
     tic
     regression  = KNN(TestSet,trainSet,trainLabels,dimensions,K, di, isplot, isclassify,testLabels);
     toc
     0.2960

  Elapsed time is 91.871747 seconds.
fx >>
```

图 3-10 原始数据 KNN 回归结果

接着，对 PCA 规约后的特征进行 KNN 回归，代码如下。

```
testLabels = slice(50001:end,386);
trainLabels = slice(1:50000,386);
TestSet  = score(50001:end,1:3);
trainSet = score(1:50000,1:3);
dimensions = size(trainSet,2);
tic
```

```
        regression2  =  KNN(TestSet, trainSet, trainLabels, dimensions, K, di, isplot,
isclassify,testLabels);
      toc
```

由图 3-11 和图 3-12 可以看出，slice 数据经过 PCA 降维后再进行 KNN 回归得到的 regression2，比直接应用 KNN 回归得到的 regression 效果提升显著，从运行效率和拟合优度上都有明显提升。

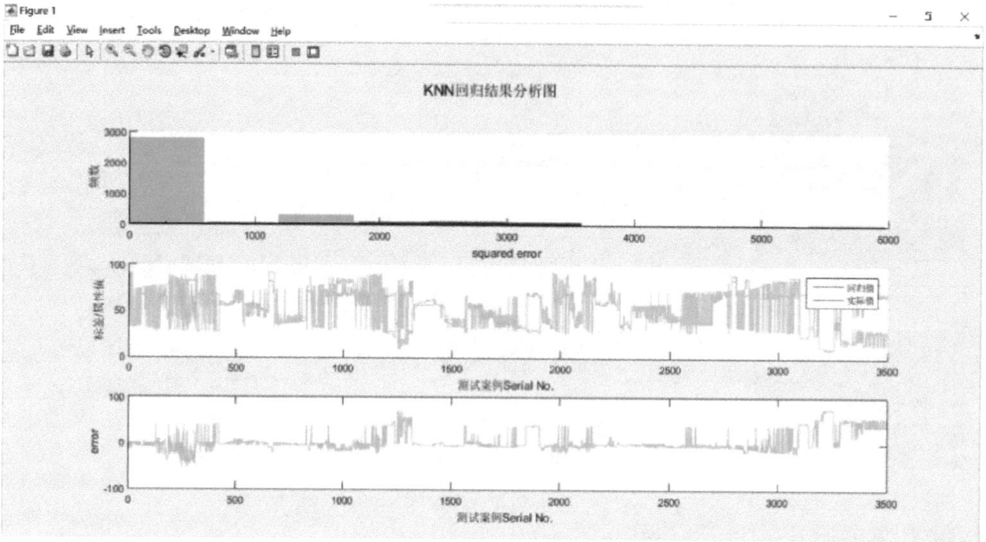

图 3-11　PCA 规约数据的 KNN 回归预测结果

```
Command Window
>> train=slice(1:end,1:385);
   [coeff, score, latent, tsquared, explained] = pca(train,'NumComponents',3,'Algorithm','svd');
   testLabels=slice(50001:end,386);
   trainLabels=slice(1:50000,386);
   TestSet =score(50001:end,1:3);
   trainSet=score(1:50000,1:3);
   dimensions=size(trainSet,2);
   tic
   regression2 = KNN(TestSet,trainSet,trainLabels,dimensions,K, di, isplot, isclassify,testLabels);
   toc
Warning: Columns of X are linearly dependent to within machine precision.
Using only the first 374 components to compute TSQUARED.
> In pca>localTSquared (line 406)
  In pca (line 254)
   0.4241

Elapsed time is 6.262636 seconds.
fx >>
```

图 3-12　规约数据 KNN 回归结果

得到的 KNN 的回归结果和 PCA + KNN 的回归结果对比，如图 3-13 所示。可以看出 PCA + KNN 的结果更加稳健。

3. EVD、SVD 和 ALS 方法的对比

在主成分分析中，调用 pca( )时该函数使用的默认算法是奇异值分解，如果想改变算法，则应当在调用时加入参数名和参数值。本小节利用红酒数据进行回归，代码如下。

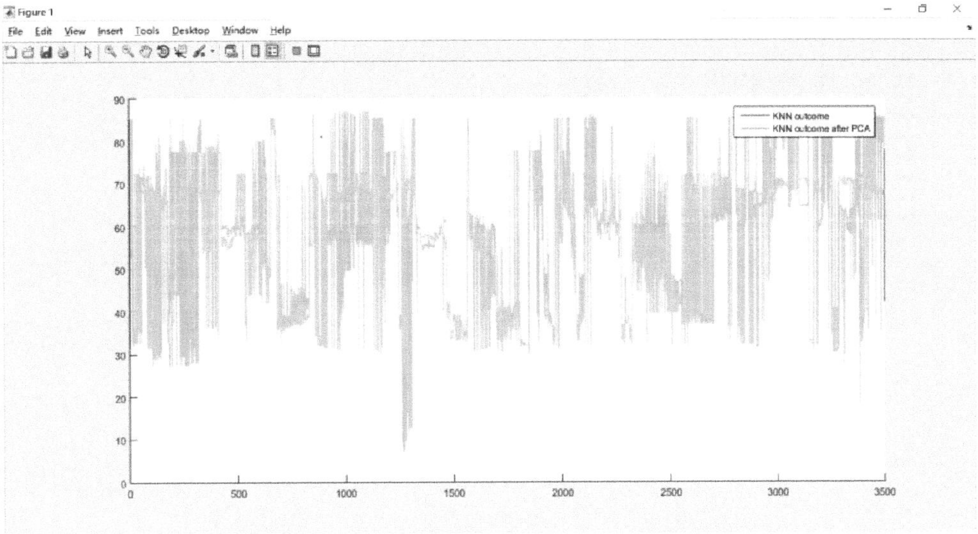

图 3-13　KNN 与 PCA + KNN 回归结果对比

```
%% redwine regression
    load Wine;
    train = A(:,1:11);
    [coeff, score, latent, tsquared, explained] = pca(train,'NumComponents',5);
    isplot =1;
    di = 1;
    K = 15;
    isclassify = 0;
    testLabels = A(1001:1599,12);
    TestSet = score(1001:1599,1:5);
    trainLabels = A(1:1000,12);
    trainSet = score(1:1000,1:5);
    dimensions = size(trainSet,2);
    tic
     regression1 = KNN (TestSet, trainSet, trainLabels, dimensions, K, di, isplot,
isclassify,testLabels);
    toc

    [coeff, score, latent, tsquared, explained] = pca(train, 'Algorithm', 'eig','
NumComponents',5);
    testLabels = A(1001:1599,12);
    TestSet = score(1001:1599,1:5);
    trainLabels = A(1:1000,12);
    trainSet = score(1:1000,1:5);
    dimensions = size(trainSet,2);
    tic
     regression2 = KNN (TestSet, trainSet, trainLabels, dimensions, K, di, isplot,
isclassify,testLabels);
    toc
```

```
    [coeff, score, latent, tsquared, explained] = pca(train, 'Algorithm', 'als','
NumComponents',5);
    testLabels = A(1001:1599,12);
    TestSet = score(1001:1599,1:5);
    trainLabels = A(1:1000,12);
    trainSet = score(1:1000,1:5);
    dimensions=size(trainSet,2);

    tic
     regression3 = KNN (TestSet, trainSet, trainLabels, dimensions, K, di, isplot,
isclassify,testLabels);
    toc

%compare three algorithms
figure(1)
    hold on
    plot(1:length(regression1),regression1,'k');
    plot(1:length(regression2),regression2,'r');
    plot(1:length(regression3),regression3,'b');
    legend('KNN outcome after EIG','KNN outcome after SVD','KNN outcome after ALS');
    hold off
```

在对原始红酒数据上述主成分分析提取主成分后，再进行 KNN 回归分析。通过对比发现，三种方法得到的预测结果一致，如图 3-14 所示。

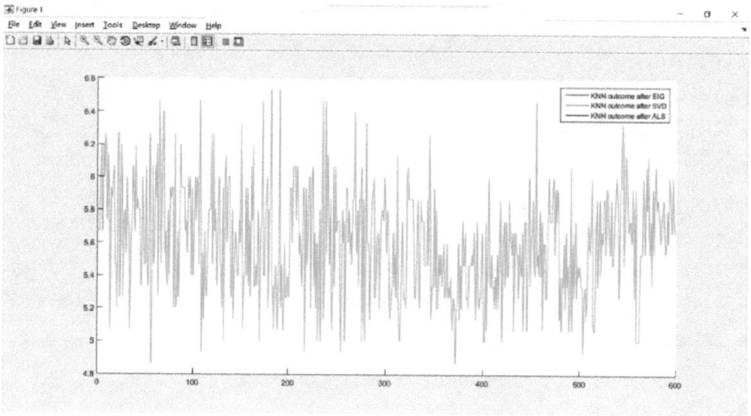

图 3-14　三种规约方法对比

3.4　代码获取

PCA 是 MATLAB 自带的算法，本书对该算法代码添加了详细的注释，方便大家学习参考。读者可以扫描封底二维码，下载 PCA 注释版程序代码。

第二篇

分类和聚类算法

分类算法通常是将研究对象分类为已知类别的几个类，属于监督算法；聚类算法通常是根据数据本身的某种特征或规律和聚类算法设定的某些先验性的规则来决定对象的分类。两者都是以类别划分为最终目的，但依据的原理和是否需要训练标签是其显著的区别。

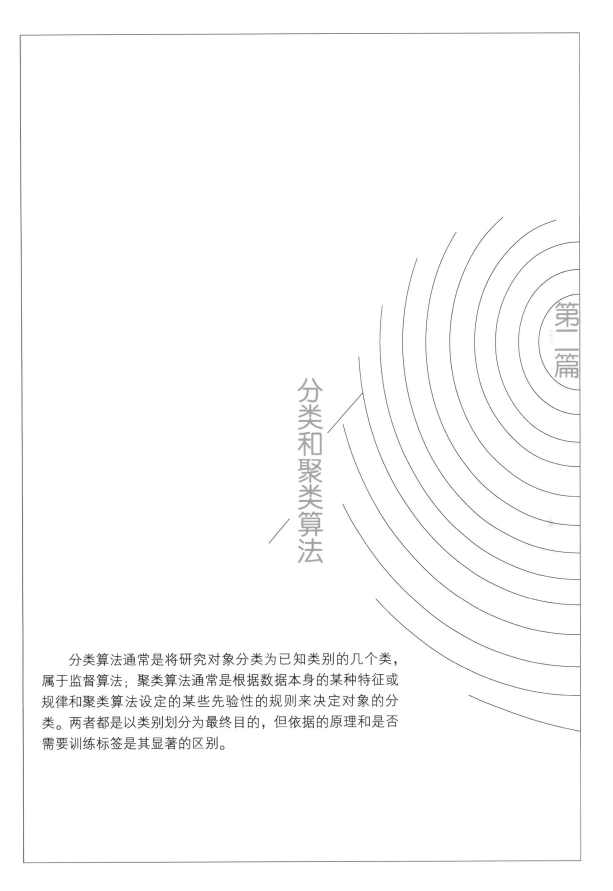

第 4 章　KNN 算法

KNN（K-Nearest Neighbor）最邻近分类算法是数据挖掘分类技术中最常见的算法之一，其指导思想是“近朱者赤，近墨者黑”，即由数据的邻居来推断出数据的类别，实现原理：为了判断未知样本的类别，以所有已知类别的样本作为参照，计算未知样本与所有已知样本的距离，从中选取与未知样本距离最近的 k 个已知样本，根据少数服从多数的投票法则（majority voting），将未知样本与 k 个最邻近样本中所属类别占比较多的归为一类。

本章将介绍 KNN 的基本原理和算法流程，并以手写体数据、鸢尾花数据和红酒品级数据作为案例来测试 KNN 算法的实用性，并分析该算法的优点和缺点。

4.1　原理介绍

KNN 算法又称 K 近邻分类（k-nearest neighbor classification）算法，是根据不同特征值之间的距离来进行分类的一种机器学习方法，是一种简单但懒惰的算法。KNN 算法的训练数据都是有标签的数据，即训练的数据都有自己的类别，主要应用领域是对未知事物进行分类，也可以用于回归。

4.1.1　算法思想

KNN 算法用于分类的核心思想是：存在一个训练样本集，并且样本集中每个数据都存在标签（分类）。输入没有标签的新数据后，将新数据的每个特征与样本集中数据对应的特征进行比较，算法提取样本集中特征最相似数据（最近邻）的分类标签。最后，选择 k 个最相似数据中出现次数最多的分类，作为新数据的分类。

KNN 算法用于回归的核心思想是：找到近邻的 k 个样本，然后取平均值作为未知样本的值，对其进行预测。

4.1.2　算法流程

KNN 算法是分类算法中的基础算法，可以简单将该算法归结为以下三步。

1）算距离：给定未知对象，计算它与训练集中的每个对象的距离。

2）找近邻：圈定距离最近的 k 个训练对象，作为未知对象的近邻。

3）做分类：在这 k 个近邻中出现次数最多的类别就是测试对象的预测类别。

4.2　KNN 算法的核心知识

KNN 算法虽然简单，但有几个核心知识点需要特别注意。首先是关于“远近”概念的度量方法；其次是 K 值，即近邻数量的选择；第三是 K 个近邻的选择，即参数 K 的选择。

4.2.1　距离或相似度的衡量

在 KNN 算法中常使用欧氏距离、曼哈顿距离和夹角余弦来计算距离，从而衡量各个对象之间的非相似度。在实际应用中，使用哪一种衡量方法需要具体情况具体分析。对于关系型数据，常使用欧氏距离；对于文本分类来说，使用夹角余弦（cosine）来计算相似度比欧式（Euclidean）距离更合适。

- 欧式距离为：$d(x,y) = \sqrt{\sum_{k=1}^{n}(x_k - y_k)^2}$，MATLAB代码为：d = pdist([x; y], 'euclidean')。
- 曼哈顿距离为：$d(x,y) = \sum_{k=1}^{n}|x_k - y_k|$，MATLAB代码为：d = pdist([x; y], 'cityblock')。
- 夹角余弦为：$\cos<x,y> = \frac{x \cdot y}{|x||y|}$，MATLAB代码为：d = 1 - pdist([x; y], 'cosine')。

4.2.2 *K*值的选取

在KNN算法中*K*值的选取非常重要，一般来说，我们只选择样本数据集中前*K*个最相似的数据，这就是*K*近邻算法中*K*值的出处（通常$K<20$）。

如果*K*值选大了，求出来的*K*最近邻集合可能包含了太多隶属于其他类别的样本点，不具有代表性；如果*K*值选小了，结果对噪声样本点很敏感。根据实际经验，*K*值一般为奇数，并且一般低于训练样本数的平方根。

4.2.3 *K*个邻近样本的选取

在KNN算法中，整个样本集中的每一个样本都要与待测样本进行距离计算，然后在其中取*K*个最近邻。但是会带来巨大的距离计算量，这也是懒惰算法所带来的计算成本。改进方案有两个：一是对样本集进行组织与整理，分群分层，尽可能将计算压缩到在接近测试样本邻域的小范围内，避免盲目地与训练样本集中每个样本进行距离计算，例如KD树方法；另一个是在原有样本集中挑选出对分类计算有效的样本，使样本总数合理地减少，以同时达到既减少计算量，又减少存储量的双重效果，例如压缩近邻算法。

4.3 KNN算法的优缺点

每个算法都有其优缺点，KNN算法也不例外，本节将分别对KNN算法的优缺点进行介绍。

1. KNN算法的优点

1）简单，易于理解，易于实现，无须估计参数和训练。

2）适合对稀有事件进行分类（例如当客户流失率低于0.5%，构造流失预测模型）。

3）特别适合多分类问题（multi-modal，对象具有多个类别标签）。

2. KNN算法的缺点

1）懒惰算法，对测试样本分类时的计算量大，内存开销大。

2）可解释性较差，无法给出决策树那样的规则。

3）KNN算法在分类时最主要的不足是：当样本不平衡，如一个类的样本容量很大，而其他类样本容量很小时，有可能导致当输入一个新样本时，该样本的 K 个邻居中大容量类的样本占多数。该算法只计算“最近的”邻居样本，当某一类样本数量很大时，那么这类样本并不接近目标样本，或者这类样本很靠近目标样本。

4.4 实例分析

本节将通过“手写体”数据集、“红酒等级”数据集和“鸢尾花”数据集，来分别介绍 KNN 算法的实际应用。

4.4.1 数据集介绍

本小节将以“手写体”数据集和“鸢尾花”数据集来测试 KNN 算法的分类效果，以“红酒等级”数据集用来测试 KNN 算法的回归效果。

1. “手写体”分类数据集

训练数据集大约 2000 个样本，每个数字大概有 200 个样本。测试数据大概有 900 个样本，由于每个样本都是一个 32×32 的数字，如图 4-1 所示。我们将其转换为 1×1024 的矩阵，方便应用 KNN 算法。

```
00000000000011111000000000000000
00000000001111111000000000000000
00000000011111111100000000000000
00000000111111111110000000000000
00000001111111111111000000000000
00000011111110111111100000000000
00000011111100011111110000000000
00000011111100001111110000000000
00000111111100000111111000000000
00000111111100000011111000000000
00000111111000000011111100000000
00000111111000000000111111000000
00000111111000000000011111000000
00000111111000000000011111100000
00000111111000000000011111100000
00000111111000000000001111100000
00000111111000000000001111100000
00000111111000000000001111100000
00000111111000000000001111100000
00000111111000000000001111100000
00000111110000000000001111100000
00000011111100000000001111100000
00000011111100000000011111000000
00000001111110000000111111100000
00000000111110000000111111000000
```

图 4-1 手写字数据

2. “红酒等级”回归数据集

训练数据集有 1000 条红酒数据，测试数据集有 599 条数据。每一条数据是一个 12 维的向量，其中最后 1 维数据是待回归的属性值（红酒评分）。在图 4-2 的红酒等级数据中，第一行是维度名称，其余每一行为一条数据。

1	fixed acidity";"volatile acidity";"citric acid";"residual sugar";"chlorides";"free sulfur dioxide";"total sulfur dioxide";"density";"pH";"sulphates";"alcohol";"quality"
2	7.4;0.7;0;1.9;0.076;11;34;0.9978;3.51;0.56;9.4;5
3	7.8;0.88;0;2.6;0.098;25;67;0.9968;3.2;0.68;9.8;5
4	7.8;0.76;0.04;2.3;0.092;15;54;0.997;3.26;0.65;9.8;5
5	11.2;0.28;0.56;1.9;0.075;17;60;0.998;3.16;0.58;9.8;6
6	7.4;0.7;0;1.9;0.076;11;34;0.9978;3.51;0.56;9.4;5
7	7.4;0.66;0;1.8;0.075;13;40;0.9978;3.51;0.56;9.4;5
8	7.9;0.6;0.06;1.6;0.069;15;59;0.9964;3.3;0.46;9.4;5
9	7.3;0.65;0;1.2;0.065;15;21;0.9946;3.39;0.47;10;7
10	7.8;0.58;0.02;2;0.073;9;18;0.9968;3.36;0.57;9.5;7

图 4-2 红酒等级数据

3. “鸢尾花”分类数据集

鸢尾花分类数据集一共 150 条数据，随机选取 100 条作为训练数据集，其余 50 条作为测试数据集。每一条数据是一个 5 维的向量，其中最后 1 维是待分类的属性值（鸢尾花类别），数据如图 4-3 所示。

1	5.1,3.5,1.4,0.2,Iris-setosa
2	4.9,3.0,1.4,0.2,Iris-setosa
3	4.7,3.2,1.3,0.2,Iris-setosa
4	4.6,3.1,1.5,0.2,Iris-setosa
5	5.0,3.6,1.4,0.2,Iris-setosa
6	5.4,3.9,1.7,0.4,Iris-setosa
7	4.6,3.4,1.4,0.3,Iris-setosa
8	5.0,3.4,1.5,0.2,Iris-setosa
9	4.4,2.9,1.4,0.2,Iris-setosa
10	4.9,3.1,1.5,0.1,Iris-setosa
11	5.4,3.7,1.5,0.2,Iris-setosa
12	4.8,3.4,1.6,0.2,Iris-setosa
13	4.8,3.0,1.4,0.1,Iris-setosa

图 4-3 鸢尾花数据

4.4.2 函数介绍

KNN 算法将训练与预测合为一个函数，具备分类和回归两种功能，该函数的代码调用如下。

```
resultLabel = KNN(inx,test_labels,data,labels,dimensions,k,di,isplot,isClassify)
```

函数的输入 inx 为测试数据集，test_labels 是测试数据标签，data 为训练数据集，labels 为训练数据标签，dimensions 是数据维度，K 是 K 近邻的个数，di 决定 KNN 中的距离公式，isplot 决定了是否调出可视化结果，isClassify 决定了是分类还是回归。

函数的输出是测试数据的标签（分类问题）或者属性值（回归问题），在两个测试案例中，我们选取 K 都为 15。

4.4.3 结果分析

本节给出了手写字识别的 KNN 分类结果和红酒等级数据 KNN 回归拟合的结果。虽然都是 KNN 算法，但回归问题和分类问题有所区别，其评价标准和输出结果形式也有所区别。

1. 手写体数字识别结果

结果显示，$K=15$ 时手写数字测试的识别准确率达到 97.36%，不同的 K 值所取得的识别准确率有所不同。图 4-4 给出了所有 0 ~ 9 的数字文件预测正确和预测错误的手写字的 K 近邻中的标签分布。

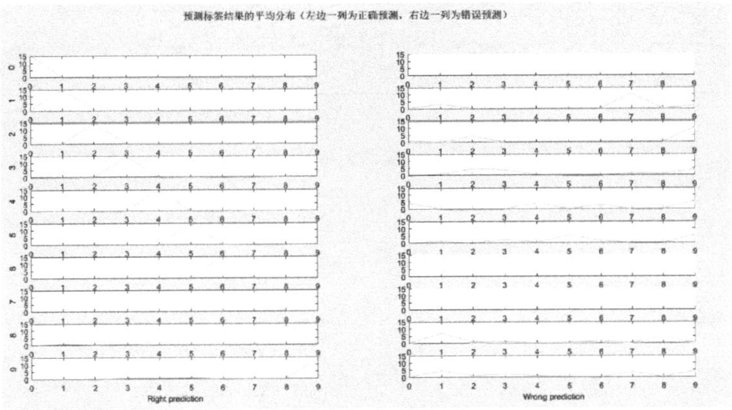

图 4-4　KNN 预测手写字的正确与错误标签的频数

2. 红酒等级回归结果

$K=15$ 时，测试数据的红酒等级回归结果与实际等级对比，如图 4-5 所示。

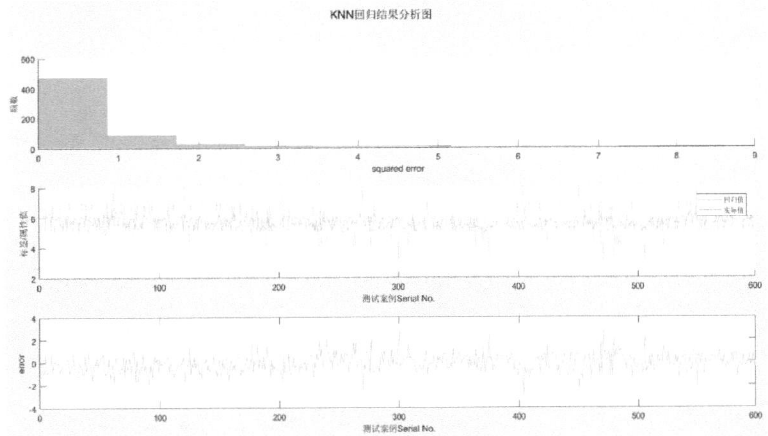

图 4-5　KNN 对红酒等级回归预测的结果分析

3. 鸢尾花分类结果

$K=15$ 时，图 4-6 给出了 3 类鸢尾花的预测正确和预测错误的测试数据的 K 近邻中的标签分布。

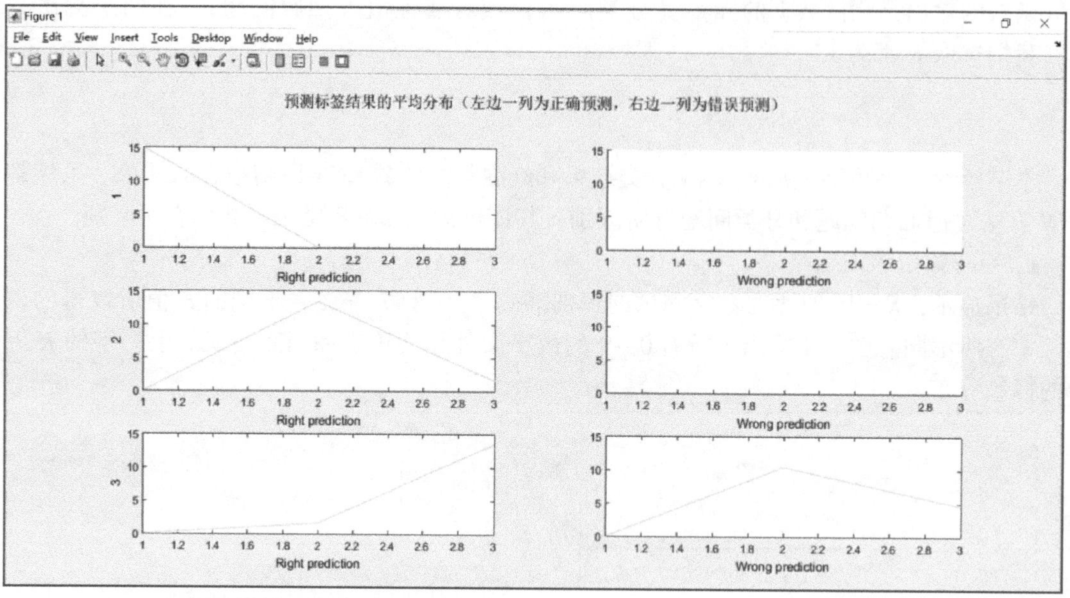

图 4-6　KNN 预测鸢尾花的正确与错误标签的频数

4.5　代码获取

读者可以扫描封底二维码下载上一节示例的程序代码，该代码由两部分组成，包括 KNN 算法代码和测试算法的案例代码。

第 5 章　K-Means 算法

K-Means 算法是聚类算法中相对比较基础的一种，它假设将某些数据分为不同的类别，在相同的类别中数据之间的距离应该都很近，也就是说离得越近的数据应该越相似，而不同类别的数据则相对较远，也就越不相似。物以类聚，靠得近的东西是同一类。这样的假设是十分符合人类直觉的，正是建立在这样的直观逻辑上，K-Means 算法易于理解。而“靠得近”又是一个值得深入思考的技术点，对算法的创新也往往基于这个点展开，本章将介绍 K-Means 算法，用最常见的欧氏距离来度量样本的远近。

5.1　原理介绍

本节将讲述 K-Means 算法的主要原理，详细介绍其算法步骤和数学原理，并运用算法的一些技巧，最后对其优缺点做简要说明。

5.1.1　算法思想

K-Means 算法属于非监督学习，在训练模型时不需要输入样本的标签，只需要输入特征就行。K-Means 算法把各类样本的均值点当成中心点，通过样本与各中心点的距离来判断样本属于哪一类，常用的距离是欧氏距离。在训练过程中各类样本的中心点在不断地变化，使得模型训练迭代停止的条件可以是下列三者之一。

1）中心点不再变动。

2）各样本点到其中心点的距离之和几乎不变。

3）各个样本的归类情况不变。

整个训练的目的是使各个样本到其所属的中心点距离之和最小，因此可以将其定义为算法的损失函数，公式如下。

$$J(\mu,r) = \sum_{n=1}^{N}\sum_{k=1}^{K} r_{nk}\|x_n - \mu_k\|^2 \tag{5-1}$$

其中r_{nk}取 0 或 1，当样本 n 属于 k 这一类时取 1，否则取 0。$\|x_n - u_k\|^2$是样本 x 到每一类的中心点距离的平方。训练 K-Means 的目的就是使该损失函数最小。

5.1.2　算法流程

K-Means 算法是聚类算法中比较简单的一种，整个算法是流程式的，可以通过以下几个简单的步骤来概括。

1）随机选取 k 个样本点作为初始的中心点。

2）计算每个样本点到 k 个中心点的距离，样本点离哪个中心点最近，就把该样本点归为哪一类，并记录此次分类情况。

3）将样本分为 k 类后，计算每一类中各个点的均值点，并把其作为新的中心点。

4）计算每个样本点到新的中心点的距离，并记录分类情况，然后与上一次计算的分类情况对比，若每一类分类结果都相同，则模型训练结束，得出各类的中心点和分类情况，否则再重复 3)、4）步骤。

5.1.3 *k* 值的选取

在 K-Means 的使用中，需要知道数据应该分为几类，即 *k* 取多少。但实际运用时，很多时候是不知道数据到底有几类，这就涉及 *k* 应该取多少的问题。本书建议可以使用“肘点法”来确定 *k* 的值，即 *k* 取不同的值，然后分别训练 K-Means 模型，随着 *k* 的增加，损失函数递减，但是递减的速度会减缓，由快变缓那一刻的点即为 *k* 取值的点，具体见后文的实例分析。

5.2 K-Means 算法的优点与缺点

K-Means 算法是聚类算法中较为基础的一种，常常作为教学案例来说明聚类算法的思想和意义。

5.2.1 K-Means 算法的优点

K-Means 算法的优点是由其简单性所带来的，可以概括为以下三点。

第一，是解决聚类问题的一种经典算法，简单、快速。

第二，对处理大数据集，K-Means 算法保持可伸缩性和高效率。

第三，当结果簇是密集的，K-Means 算法的效果较好。

5.2.2 K-Means 算法的缺点

正是由于 K-Means 算法的简单性，也随之带来了一系列的缺陷，可以概括为以下四点。

第一，K-Means 算法属于“硬聚类”，即对样本的分类是非黑即白的。样本属于其中某一类，就不能属于另一类。对于此问题的改进有高斯混合算法和模糊 K-Means 等。

第二，K-Means 算法中每一类中心点的位置容易受该类异常点影响，对噪声的免疫性差，因此产生了 K-Centers 算法，该算法在选择中心点时，不是简单将平均值作为中心点，而是选择离每类平均值最近的样本点作为中心点，避免了均值点容易受离群值干扰的问题。

第三，训练时必须指定应该把数据聚成几类，无法让系统自己判断类数。

第四，对于成团状的数据区分度好，对于成带状或环状的数据区分度不好。

5.3 实例分析

本节将使用 MATLAB 自带的鸢尾花 Iris 数据集，对鸢尾花种类进行聚类，根据鸢尾花的特征变量来预测鸢尾花属于哪一类品种。

5.3.1 数据集介绍

鸢尾花 Iris 数据集共 150 个样本，每个样本即为一朵花。数据集包含 4 个特征变量，分别对应花萼长度、花萼宽度、花瓣长度和花瓣宽度，1 个类变量对应鸢尾花的三个亚属，分别是山鸢尾（Iris-setosa)、变色鸢尾（Iris-versicolor）和弗吉尼亚鸢尾（Iris-virginica)，每类鸢尾花各 50 个样本。

本小节将根据鸢尾花的 4 个特征变量对其进行聚类分析，预测鸢尾花卉属于哪一品种。图 5-1 截取了鸢尾花数据集的部分数据，数据中前面 4 列为特征变量，第 5 列为待分类的属性值，最后一列指出了鸢尾花属于哪一类。

```
5.1,3.5,1.4,0.2,Iris-setosa
4.9,3.0,1.4,0.2,Iris-setosa
4.7,3.2,1.3,0.2,Iris-setosa
4.6,3.1,1.5,0.2,Iris-setosa
5.0,3.6,1.4,0.2,Iris-setosa
5.4,3.9,1.7,0.4,Iris-setosa
4.6,3.4,1.4,0.3,Iris-setosa
5.0,3.4,1.5,0.2,Iris-setosa
4.4,2.9,1.4,0.2,Iris-setosa
4.9,3.1,1.5,0.1,Iris-setosa
```

图 5-1 鸢尾花（Iris）数据集示例

5.3.2 函数介绍

根据 5.1.2 小节介绍的 K-Means 算法流程，我们可以把整个算法切分为多个函数。下面将对主函数进行介绍，具体如下（其他函数会在本章最后给出代码）。

```
[xy,c,loss,record_c] = K-MeansCluster(m,k,isRand)
```

函数的输入值中 m 是训练模型的数据，由于是非监督学习，所以无须指定样本标签，K 是把数据分为几类，isRand 是指选择初始中心点时是否随机选择样本点为初始中心点，若 isRand 的值不为 0（默认值），随机选择。若 isRand 的值为 0，则选择前 k 个样本点作为初始中心点。

输出参数中 xy 是训练的结果，是一个矩阵，每行代表一个样本，最后一列是各样本的归类情况，前面若干列是原数据。c 是最后得到的各类的中心点，每行是一个中心点。loss 是模型的损失函数值，record_c 是元胞数组，记录了每次迭代时的中心点，数组的长度为 k，每个元素是一个矩阵，每行是每次迭代时中心点。

5.3.3 *K* 的选择

为了确定 k 的值，把 k 从 1 取到 20 来分别训练模型，所计算的损失函数随 k 的变化如图 5-2 所示。

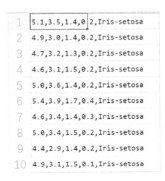

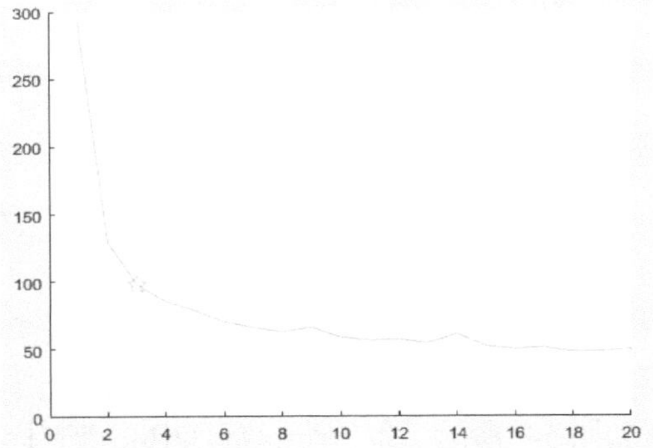

图 5-2 手肘法中 k 的选择

其中，折线表示损失函数，五角星为 k 取 3 时损失函数上的点，观察可知，该点就是肘点。当然，在选用的这个数据中，本案例已经事先知道了样本总共分为 3 类。

5.3.4 训练结果分析

为了将聚类结果可视化，本小节选取了样本的前两个属性绘图，如图 5-3 所示。

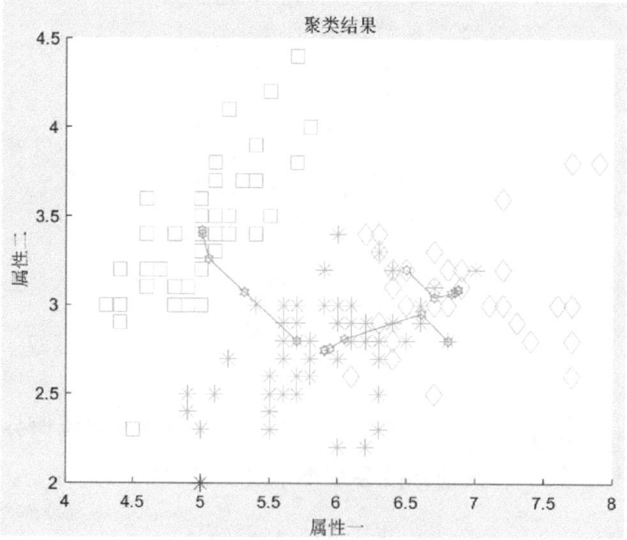

图 5-3　聚类中心的移动过程

其中，横坐标是属性一，纵坐标是属性二。图中正方形、星型、菱形分别代表每一类样本，轨迹密集处的点是每一类的中心收敛点，黑色的线是各中心点在每次迭代时的运动轨迹。从图中也可以看出，刚开始迭代时中心点的移动幅度大，随着迭代次数的增加，移动幅度递减，直至收敛。由于本图只选取了样本的前两个特征，所以图中不同类之间的点会有交叉。

分类结果的输出量 xy 随机显示了其中的 5 行，如图 5-4 所示。最后得到的各类中心点 c，每行是一个中心点，如图 5-5 所示。

```
>> rr=randperm(size(xy,1));
>> xy(rr(1:5),:)

ans =

    7.7000    2.6000    6.9000    2.3000    3.0000
    5.0000    2.0000    3.5000    1.0000    1.0000
    4.9000    3.1000    1.5000    0.1000    2.0000
    5.0000    3.4000    1.6000    0.4000    2.0000
    5.2000    3.4000    1.4000    0.2000    2.0000
```

图 5-4　随机选择 5 个分类结果展示

3x4 double

	1	2	3	4
1	5.9016	2.7484	4.3935	1.4339
2	5.0060	3.4180	1.4640	0.2440
3	6.8500	3.0737	5.7421	2.0711
4				

图 5-5　分类中心

记录中心点运动轨迹的 record_c 如图 5-6 所示。三个矩阵代表了三类中心点的运动情况，第 1、2 类的矩阵有 7 行，说明这两类的中心点运动了 7 次，第 3 类的矩阵有 8 行，说明该类的中心点运动了 8 次，可以从图 5-3 的中心点运动轨迹中看出。

元胞数组的第一个元素如图 5-7 所示。每一个行都是中心点坐标，行顺次往下代表了中心点修正的轨迹。

1x3 cell

	1	2	3
1	7x4 double	7x4 double	8x4 double
2			

图 5-6　分类中心的移动记录

record_c{1, 1}

	1	2	3	4
1	6.7500	3.2250	5.4750	2.1500
2	6.3569	2.9397	5.0690	1.8190
3	6.1532	2.8636	4.8052	1.6545
4	6.0600	2.8200	4.6440	1.5680
5	5.9687	2.7687	4.4851	1.4672
6	5.9323	2.7554	4.4292	1.4385
7	5.9016	2.7484	4.3935	1.4339
8				

图 5-7　分类中心的移动记录

5.4　代码介绍

本节给出 K-Means 算法的核心函数，主要包括 K-Means 的训练函数及其中用于度量两点距离的函数。

5.4.1　K-Means 训练的函数代码

训练函数是算法核心思想的体现。除了数据以外，最主要的核心参数是需要事先指定聚类的类别数，下面先给出 K-Means 训练函数的代码。

```
function [xy,c,loss,record_c] = kMeansCluster (m,k,isRand)
%m 是没有标签的数据,k 是中心个数。
%isRand 不为 0 时,表示初始的中心点随机地从样本中选取;若为 0,则选取前几个样本点作为初始的中心点。
%xy 是训练数据与对应分类的拼接,其最后一列是每个样本的聚类情况。
%c 是中心点,loss 是每个点到其中心点的距离之和。

record_c = cell(1,k);
ifnargin <3,        isRand =1;   end  %默认初始中心点随机选择。
ifnargin <2,        k =1;         end  %默认中心点个数为 1。
[maxRow, maxCol] = size(m);

    %选择初始中心点。
    if is Rand,
        p =randperm(size(m,1));  %打乱样本的行索引。
        for i =1:k
            c(i,:) =m(p(i),:);     %随机选取中心点。
        end
    else
        for i =1:k
            c(i,:) =m(i,:);          %把前几个样本列为中心点。
        end
    end
    for i =1:k  %记录每个中心点。
```

```
        record_c{1,i} = c(i,:);
    end
    temp = zeros(maxRow,1);  % 初始化存放每个点分类情况的向量。
    while 1,
        d = DistMatrix(m,c); % 计算每个点与当前中心点的距离矩阵,d 的行是每个样本,列是样本与那一列所表示的中心点的距离。
        [z,g] = min(d,[],2); % z 是距离矩阵中每行的最小值,也就是样本点与其中心点之间的距离。
        % z 是最小值在哪一列,也就是一个样本属于哪一类。
        if g = = temp,           % 判断此次聚类的结果与上次是否相同。
            break;               % 若相似,跳出循环,聚类结束。
        else
            temp = g;            % 若不相似,保存当前聚类结果。
        end
        fori = 1:k
            f = find(g = = i); % 属于第 i 类的点的行索引。
            if f                % 行索引非空时,更新当前这一类点的中心点。
                c(i,:) = mean(m(find(g = = i),:),1);
            end
  record_c{1,i} = [record_c{1,i};c(i,:)];
        end
    end
    xy = [m,g];
    loss = sum(z);
end
```

5.4.2 计算距离矩阵的函数代码

在 K-Means 算法中需要反复计算每两个点之间的距离，虽然度量距离的方法不止一种，但欧氏距离是最常用的一种，DistMatrix 是两个样本点的欧氏距离计算函数，下面给出具体代码。

```
function d = DistMatrix(A,B)
% A,B 每行都是一个样本点,本函数计算 A 中的每一行与 B 中的每一行的距离。
% d 是距离矩阵,d 的每一行表示 A 中每行所代表的样本点,d 的每一列表示 A 中的样本。
% 与 B 中每一行的距离,d 的行数等于 A 的行数,d 的列数 = B 的列数 = A 的列数。
  [hA,wA] = size(A);      % ha 代表样本数,wa wb 相等,表示数据的特征数。
  [hB,wB] = size(B);  % 在 K-Means 中,hb 表示中心点个数。
  if wA ~ = wB,  % A 的列数必须等于 B 的列数。
    error(' second dimension of A and B must be the same');
  end
  for k = 1:wA% k 表示每一个属性。
    C{k} = repmat(A(:,k),1,hB); % 对应特征 K 时,Ck 矩阵的每一行是样本,每一列对应一个 B 中的点,值为样本在 k 特征下的属性值。
```

```
      D{k} = repmat(B(:,k),1,hA); % 对应特征 K 时,Dk 矩阵的每一行是 B 中的点,每一列对应一个样本,值为 B 中的点在特征 K 下的属性值。
    end
    S = zeros(hA,hB);  % 初始化距离矩阵。
    for k = 1:wA
      S = S + (C{k} - D{k}').^2;% 把每个特征上对应坐标差的平方求和。
    end
    d = sqrt(S); % 开方得到距离矩阵。
```

5.4.3 分析模型的代码

本节以鸢尾花数据为例，运用 K-Means 算法尝试做一次案例研究。鸢尾花数据有 3 个类别 4 个属性，运用 K-Means 聚类以后，简单对数据集的前两个属性可视化，来观察聚类效果，以下是调用 K-Means 算法和可视化的主函数代码。

```
clc,clear;
Xy = xlsread('iris.xls');
X = Xy(:,1:4);
Y = Xy(:,5);
%% 确定 K 的值。
  for k = 1:20;
      [ ~, ~,L] = kMeansCluster (X,k,1);
      loss(k) = L;
  end
  hold on
  plot(loss)
  plot(3,loss(3),'pr','markersize',12)
  hold off
%% 模型训练及可视化。
[xy,c, ~,record_c] = kMeansCluster (X,3,1);
x1 = X(xy(:,end) = =1,:); % 属于第 1 类样本的。
x2 = X(xy(:,end) = =2,:);
x3 = X(xy(:,end) = =3,:);
hold on
plot(x1(:,1),x1(:,2),'b* ',x2(:,1),x2(:,2),'gp',x3(:,1),x3(:,2),'ro')% 画出每个样本。
plot(record_c{1,1}(:,1),record_c{1,1}(:,2),'k-h') % 画出中心点在每次迭代时的轨迹。
plot(record_c{1,2}(:,1),record_c{1,2}(:,2),'k-h')
plot(record_c{1,3}(:,1),record_c{1,3}(:,2),'k-h')
xlabel('属性一');
ylabel('属性二');
title('聚类结果');
hold off
```

5.5 代码获取

本章中所有的源代码，都可以通过扫描封底二维码查看和下载，包括 K-Means 训练函数的代码、计算距离矩阵的函数代码以及分析模型的代码等。

第6章 高斯混合聚类算法

GMM（高斯混合聚类）是一种常见的聚类算法，和K-Means算法很像，但GMM算法是通过训练获得类别的成分概率密度函数而非直接是类别，简单地说，K-Means算法的结果是每个数据点被assign到其中某一个cluster，而GMM则给出这些数据点被assign到每个cluster的概率，所以比较K-Means算法，这种分类方式又称作soft assignment。

每个GMM由K个Gaussian分布组成，每个Gaussian称为一个Component，这些Component线性加成在一起就组成了GMM的概率密度函数。假定样本数据是由GMM生成出来的，那么只要根据数据推出GMM的概率分布就可以了，然后GMM的K个Component实际上就对应了K个cluster。这就是GMM的聚类原理。

本章将详细介绍GMM算法的数学流程，并详细推导了GMM算法各个参数的迭代过程，然后对GMM算法与K-Means算法进行了对比，最后给出测试代码。

6.1 原理介绍

高斯混合聚类算法是假设训练数据服从不同的正态分布组合的一种算法。基于这一核心假设，本节推导了该算法的参数收敛过程，主要是各个正态分布的均值、方差以及每一个正态分布的权重，最后比较了K-Means聚类算法和GMM算法的区别和联系。

6.1.1 算法思想

现实中，有大量的随机变量服从高斯分布，如男性与女性的身高分布。男女身高是两个变量，分别服从不同参数的高斯分布（μ_k、δ_k，$k=1,2$），且两者相互独立。在这种情况下，可用GMM表示整个变量总体（两个变量的混合）的分布情况。

已知一维高斯概率密度函数为：

$$N(x_n,\mu_k,\delta_k)=\frac{1}{\sqrt{2\pi}\delta_k}\mathrm{e}^{-\frac{(x_n-\mu_k)^2}{2\delta_k^2}} \tag{6-1}$$

GMM的概率密度函数为：

$$p(x_n,Q_k,\mu_k,\delta_k)=\sum_{k=1}^{K}Q_kN(x_n,\mu_k,\delta_k),\sum_{k=1}^{K}Q_k=1 \tag{6-2}$$

其中K为高斯分布的个数，系数Q_k为某变量的分布服从第k个高斯分布的概率（即男、女身高混合样本中男性与女性的样本量占比），GMM的概率密度函数混合示意图如图6-1所示。为了使GMM的概率密度函数合规，其概率密度函数必须具有正则性，因此有约束条件$\sum_{k=1}^{K}Q_k=1$。

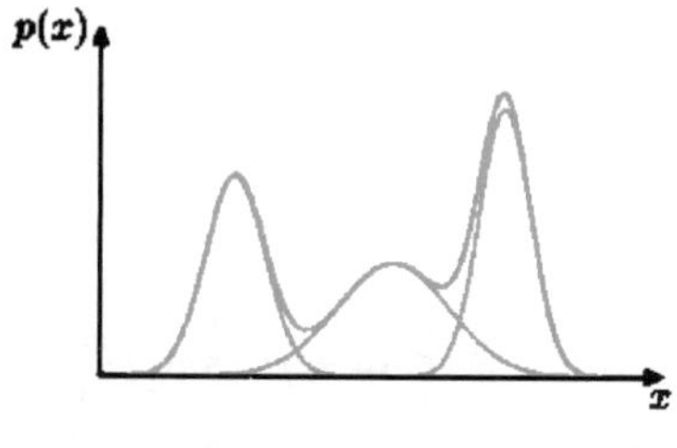

图6-1 概率密度函数混合示意图

为了从混合样本中聚类出服从不同高斯分布的样本，可以利用EM算法对各个高斯概率密度函数的参数（Q_k、μ_k与

δ_k）进行似然函数极大化迭代求解。通过限制迭代次数或设立参数变化率收敛条件得到参数结果，进而完成聚类。

6.1.2 算法流程

高斯混合聚类算法的流程中最重要的步骤是 EM 算法，GMM 算法大致流程如图 6-2 所示。大致可以归结为以下几个步骤。

第 1 步：设定Q_k、μ_k与δ_k的初值。

第 2 步：建立对数似然函数，并结合Q_k等约束条件求解似然函数的极大值。

第 3 步：求解隐变量γ_{nk}，γ_{nk}为第 n 个样本x_n所服从的概率密度函数为第 k 个概率密度$Q_kN(x_n,\mu_k,\delta_k)$的可能性，即x_n属于第 k 个聚类结果的概率。该步骤为 EM 算法的 E 步。

第 4 步：给定γ_{nk}求解各个参数Q_k、μ_k与δ_k，这一步是 M 步。

第 5 步：迭代更新γ_{nk}，然后再一次求解各个参数Q_k、μ_k与δ_k，直至达到收敛条件。

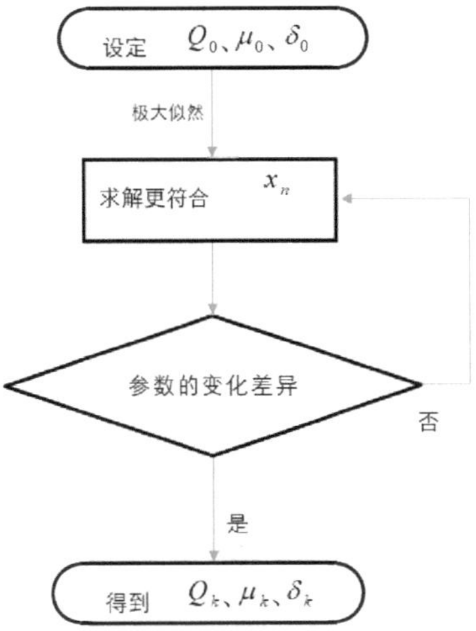

图 6-2　GMM 算法流程图

6.1.3 EM 算法理论与 GMM 参数推导

由 GMM 概率密度 $P(x_n,Q_k,\mu_k,\delta_k)=\sum_{k=1}^{K}Q_kN(x_n,\mu_k,\delta_k)$ 可得，其对数似然函数为：

$$\mathrm{Ln}\left(\prod_{n=1}^{N}\left[\sum_{k=1}^{K}Q_kN(x_n,\mu_k,\delta_k)\right]\right) \tag{6-3}$$

结合Q_k的约束条件，给出拉格朗日乘数法的求极大值目标函数：

$$\begin{aligned}&\mathrm{Ln}\left(\prod_{n=1}^{N}\left[\sum_{k=1}^{K}Q_kN(x_n,\mu_k,\delta_k)\right]\right)+\lambda\left(\sum_{k=1}^{K}Q_k-1\right)\\&=\sum_{n=1}^{N}\left[\mathrm{Ln}\left(\sum_{k=1}^{K}Q_kN(x_n,\mu_k,\delta_k)\right)\right]+\lambda\left(\sum_{k=1}^{K}Q_k-1\right)\end{aligned} \tag{6-4}$$

对μ_k（$k=1,2,\cdots$）求导得：

$$\sum_{n=1}^{N}\left[\frac{1}{\sum_{k=1}^{K}Q_kN(x_n,\mu_k,\delta_k)}\times\frac{\partial\sum_{k=1}^{K}Q_kN(x_n,\mu_k,\delta_k)}{\partial\mu_k}\right] \tag{6-5}$$

由求导链式法则得：

$$=\sum_{n=1}^{N}\left[\frac{1}{\sum_{k=1}^{K}Q_kN(x_n,\mu_k,\delta_k)}\times\frac{\partial\sum_{k=1}^{K}Q_k\frac{1}{\sqrt{2\pi}\,\delta_k}\mathrm{e}^{-\frac{(x_n-\mu_k)^2}{2\delta_k^2}}}{\partial\mu_k}\right] \tag{6-6}$$

因为 $\sum_{k=1}^{K}Q_k\frac{1}{\sqrt{2\pi}\,\delta_k}\mathrm{e}^{-\frac{(x_n-\mu_k)^2}{2\delta_k^2}}$ 中每一项只有一种μ_k，异名求导为 0，所以有：

$$= \sum_{n=1}^{N}\left[\frac{1}{\sum_{k=1}^{K} Q_k N(x_n,\mu_k,\delta_k)} \times Q_k \frac{1}{\sqrt{2\pi}\,\delta_k} \mathrm{e}^{-\frac{(x_n-\mu_k)^2}{2\delta_k^2}} \times \frac{\partial\left[-\frac{(x_n-\mu_k)^2}{2\delta_k^2}\right]}{\partial \mu_k}\right]$$

$$= \sum_{n=1}^{N}\left[\frac{1}{\sum_{k=1}^{K} Q_k N(x_n,\mu_k,\delta_k)} \times Q_k \frac{1}{\sqrt{2\pi}\,\delta_k} \mathrm{e}^{-\frac{(x_n-\mu_k)^2}{2\delta_k^2}} \times \left(\frac{1}{2\delta_k^2}\right) \times 2(x_n-\mu_k)\right] \tag{6-7}$$

$$= \sum_{n=1}^{N}\left[\frac{Q_k N(x_n,\mu_k,\delta_k)\,\frac{x_n-\mu_k}{\delta_k^2}}{\sum_{k=1}^{K} Q_k N(x_n,\mu_k,\delta_k)}\right]$$

为求极大值，令该导函数为 0，则：

$$\sum_{n=1}^{N}\left[\frac{Q_k N(x_n,\mu_k,\delta_k)\,\frac{x_n-\mu_k}{\delta_k^2}}{\sum_{k=1}^{K} Q_k N(x_n,\mu_k,\delta_k)}\right] = 0, \tag{6-8}$$

即：

$$\sum_{n=1}^{N}\left[\frac{Q_k N(x_n,\mu_k,\delta_k)(x_n-\mu_k)}{\sum_{k=1}^{K} Q_k N(x_n,\mu_k,\delta_k)}\right] = 0 \tag{6-9}$$

令 $\gamma_{nk} = \frac{Q_k N(x_n,\mu_k,\delta_k)}{\sum_{k=1}^{K} Q_k N(x_n,\mu_k,\delta_k)}$，$\gamma_{nk}$为第 n 个样本x_n所服从的概率密度函数为第 k 个概率密度 $Q_k N(x_n,\mu_k,\delta_k)$的可能性，即$x_n$属于第 k 个聚类结果的概率（一般把γ_{nk}的计算称作 E 步）。则有：

$$\sum_{n=1}^{N} \gamma_{nk} x_n = \sum_{n=1}^{N} \gamma_{nk} \mu_n$$
$$\sum_{n=1}^{N} \gamma_{nk} x_n = \mu_n \sum_{n=1}^{N} \gamma_{nk} \tag{6-10}$$

故：

$$\mu_k = \frac{\sum_{n=1}^{N} \gamma_{nk} x_n}{\sum_{n=1}^{N} \gamma_{nk}} \tag{6-11}$$

再将原目标函数 $\sum_{n=1}^{N}\left[\mathrm{Ln}\left(\sum_{k=1}^{K} Q_k N(x_n,\mu_k,\delta_k)\right)\right] + \lambda\left(\sum_{k=1}^{K} Q_k - 1\right)$ 对δ_k 求导得：

$$\sum_{n=1}^{N}\left[\frac{1}{\sum_{k=1}^{K} Q_k N(x_n,\mu_k,\delta_k)} \times \frac{\partial \sum_{k=1}^{K} Q_k N(x_n,\mu_k,\delta_k)}{\partial \delta_k}\right]$$

$$= \sum_{n=1}^{N}\left[\frac{1}{\sum_{k=1}^{K} Q_k N(x_n,\mu_k,\delta_k)} \times \frac{\partial \sum_{k=1}^{K} Q_k \frac{1}{\sqrt{2\pi}\,\delta_k} e^{-\frac{(x_n-\mu_k)^2}{2\delta_k^2}}}{\partial \delta_k}\right] \tag{6-12}$$

因为 $\sum_{k=1}^{K} Q_k \frac{1}{\sqrt{2\pi}\,\delta_k} e^{-\frac{(x_n-\mu_k)^2}{2\delta_k^2}}$ 中每一项只有一种δ_k，异名求导为0，所以有：

$$= \sum_{n=1}^{N}\left[\frac{1}{\sum_{k=1}^{K} Q_k N(x_n,\mu_k,\delta_k)} \times Q_k\left[\frac{\partial \frac{1}{\sqrt{2\pi}\,\delta_k}}{\partial \delta_k} \times e^{-\frac{(x_n-\mu_k)^2}{2\delta_k^2}} + \frac{1}{\sqrt{2\pi}\,\delta_k} \times \frac{\partial e^{-\frac{(x_n-\mu_k)^2}{2\delta_k^2}}}{\partial \delta_k}\right]\right]$$

$$= \sum_{n=1}^{N}\left[\frac{1}{\sum_{k=1}^{K} Q_k N(x_n,\mu_k,\delta_k)} \times Q_k\left[-\frac{1}{\sqrt{2\pi}\,\delta_k^2} \times e^{-\frac{(x_n-\mu_k)^2}{2\delta_k^2}} + \frac{1}{\sqrt{2\pi}\,\delta_k} \times e^{-\frac{(x_n-\mu_k)^2}{2\delta_k^2}} \times \frac{\partial^{-\frac{(x_n-\mu_k)^2}{2\delta_k^2}}}{\partial \delta_k}\right]\right]$$

$$= \sum_{n=1}^{N}\left[\frac{1}{\sum_{k=1}^{K} Q_k N(x_n,\mu_k,\delta_k)} \times Q_k\left[-\frac{1}{\sqrt{2\pi}\,\delta_k^2} \times e^{-\frac{(x_n-\mu_k)^2}{2\delta_k^2}} + \frac{1}{\sqrt{2\pi}\,\delta_k} \times e^{-\frac{(x_n-\mu_k)^2}{2\delta_k^2}} \times \frac{(x_n-\mu_k)^2}{2} \times 2 \times \frac{1}{\delta_k^{3}}\right]\right]$$

$$= \sum_{n=1}^{N}\left[\frac{1}{\sum_{k=1}^{K} Q_k N(x_n,\mu_k,\delta_k)} \times Q_k\left[-\frac{1}{\delta_k}N(x_n,\mu_k,\delta_k) + N(x_n,\mu_k,\delta_k) \times \frac{(x_n-\mu_k)^2}{\delta_k^{3}}\right]\right]$$

$$= \sum_{n=1}^{N}\left[\frac{Q_k N(x_n,\mu_k,\delta_k)}{\sum_{k=1}^{K} Q_k N(x_n,\mu_k,\delta_k)} \times \left[-\frac{1}{\delta_k} + \frac{(x_n-\mu_k)^2}{\delta_k^{3}}\right]\right] \tag{6-13}$$

为求极大值，令该导函数为0，则：

$$\sum_{n=1}^{N}\left[\frac{Q_k N(x_n,\mu_k,\delta_k)}{\sum_{k=1}^{K} Q_k N(x_n,\mu_k,\delta_k)} \times \left[-\frac{1}{\delta_k} + \frac{(x_n-\mu_k)^2}{\delta_k^{3}}\right]\right] = 0 \tag{6-14}$$

代入 $\gamma_{nk} = \frac{Q_k N(x_n,\mu_k,\delta_k)}{\sum_{k=1}^{K} Q_k N(x_n,\mu_k,\delta_k)}$，得

$$\sum_{n=1}^{N}\left[\gamma_{nk}\left[-\frac{1}{\delta_k} + \frac{(x_n-\mu_k)^2}{\delta_k^3}\right]\right] = 0 \tag{6-15}$$

即：

$$\sum_{n=1}^{N}\left[\gamma_{nk}\left[-\frac{1}{\delta_k} + \frac{(x_n-\mu_k)^2}{\delta_k^{3}}\right]\right] = 0 \tag{6-16}$$

故：

$$\delta_k^2 = \frac{\sum_{n=1}^{N} \gamma_{nk} (x_n - \mu_k)^2}{\sum_{n=1}^{N} \gamma_{nk}} \tag{6-17}$$

再将原目标函数 $\sum_{n=1}^{N}[\mathrm{Ln}(\sum_{k=1}^{K} Q_k N(x_n, \mu_k, \delta_k))] + \lambda(\sum_{k=1}^{K} Q_k - 1)$ 对 Q_k 求导，因为 $\sum_{k=1}^{K} Q_k \frac{1}{\sqrt{2\pi}\delta_k} \mathrm{e}^{-\frac{(x_n-\mu_k)^2}{2\delta_k^2}}$ 中每一项只有一种 Q_k，异名求导为 0，所以得：

$$\sum_{n=1}^{N}\left[\frac{N(x_n,\mu_k,\delta_k)}{\sum_{k=1}^{K} Q_k N(x_n,\mu_k,\delta_k)}\right] + \lambda \tag{6-18}$$

为求极大值，令该导函数为 0，则：$\sum_{n=1}^{N}\left[\frac{N(x_n,\mu_k,\delta_k)}{\sum_{k=1}^{K} Q_k N(x_n,\mu_k,\delta_k)}\right] + \lambda = 0$，即：

$$\sum_{n=1}^{N}\left[\frac{N(x_n,\mu_k,\delta_k)}{\sum_{k=1}^{K} Q_k N(x_n,\mu_k,\delta_k)}\right] = -\lambda \tag{6-19}$$

两边同乘 Q_k 得：$\sum_{n=1}^{N}\left[\frac{Q_k N(x_n,\mu_k,\delta_k)}{\sum_{k=1}^{K} Q_k N(x_n,\mu_k,\delta_k)}\right] = -\lambda Q_k$ (6-20)

代入 $\gamma_{nk} = \frac{Q_k N(x_n,\mu_k,\delta_k)}{\sum_{k=1}^{K} Q_k N(x_n,\mu_k,\delta_k)}$ 得：$\sum_{n=1}^{N} \gamma_{nk} = -\lambda Q_k$

则：$Q_k = \frac{\sum_{n=1}^{N} \gamma_{nk}}{-\lambda}$

将 $\sum_{n=1}^{N} \gamma_{nk} = -\lambda Q_k$ 两边对 k 求和得：

$$\sum_{k=1}^{K}\sum_{n=1}^{N} \gamma_{nk} = -\lambda \sum_{1}^{K} Q_k \tag{6-21}$$

即：

$$\sum_{k=1}^{K}\sum_{n=1}^{N}\left[\frac{Q_k N(x_n,\mu_k,\delta_k)}{\sum_{k=1}^{K} Q_k N(x_n,\mu_k,\delta_k)}\right] = -\lambda \sum_{k=1}^{K} Q_k \tag{6-22}$$

式（6-20）因为 k 与 n 相互无关，故可交换求和顺序得：

$$\sum_{n=1}^{N}\sum_{k=1}^{K}\left[\frac{Q_k N(x_n,\mu_k,\delta_k)}{\sum_{k=1}^{K} Q_k N(x_n,\mu_k,\delta_k)}\right] = -\lambda \sum_{k=1}^{K} Q_k$$

$$\sum_{n=1}^{N} 1 = -\lambda \times 1 \tag{6-23}$$

即：$-\lambda = N$

因此：$Q_k = \frac{\sum_{n=1}^{N} \gamma_{nk}}{N}$

经此求得的$\mu_k=\frac{\sum_{n=1}^{N}\gamma_{nk}x_n}{\sum_{n=1}^{N}\gamma_{nk}}$、$\delta_k^2=\frac{\sum_{n=1}^{N}\gamma_{nk}(x_n-\mu_k)^2}{\sum_{n=1}^{N}\gamma_{nk}}$与$Q_k=\frac{\sum_{n=1}^{N}\gamma_{nk}}{N}$是符合约束条件的，在似然函数达到极大时估计得到的参数值（一般把极大似然参数估计称作 M 步）。因此，每一次迭代求得的μ_k、δ_k与Q_k都是这一次（$t+1$ 时刻）在上一次（t 时刻）的基础上对该三项参数的更新，即严格地写：

$$\mu_k^{(t+1)}=\frac{\sum_{n=1}^{N}\gamma_{nk}^{(t)}x_n}{\sum_{n=1}^{N}\gamma_{nk}^{(t)}},(\delta_k^2)^{(t+1)}=\frac{\sum_{n=1}^{N}\gamma_{nk}^{(t)}(x_n-\mu_k)^2}{\sum_{n=1}^{N}\gamma_{nk}^{(t)}},Q_k^{(t+1)}=\frac{\sum_{n=1}^{N}\gamma_{nk}^{(t)}}{N},$$

$$\gamma_{nk}^{(t)}=\frac{Q_k^{(t)}N(x_n,\mu_k^{(t)},\delta_k^{(t)})}{\sum_{k=1}^{K}Q_k^{(t)}N(x_n,\mu_k^{(t)},\delta_k^{(t)})} \tag{6-24}$$

故在第一次迭代之前，需要人为给出各参数的初始值，同时也给定了聚类的个数。当某次迭代后参数的变化量小于一定程度时，认为当前参数为 GMM 参数的极大似然估计结果，也可以预先设定迭代次数，迭代完毕后的参数即估计结果。最后，根据γ_{nk}得到每个样本点的聚类结果。

另外，根据$\mu_k=\frac{\sum_{n=1}^{N}\gamma_{nk}x_n}{\sum_{n=1}^{N}\gamma_{nk}}$，$\delta_k^2=\frac{\sum_{n=1}^{N}\gamma_{nk}(x_n-\mu_k)^2}{\sum_{n=1}^{N}\gamma_{nk}}$，$Q_k=\frac{\sum_{n=1}^{N}\gamma_{nk}}{N}$可知每一次迭代后参数的变化由且只由$\gamma_{nk}$的变化引起。参数的收敛意味着$\gamma_{nk}$的稳定，而$\gamma_{nk}$表示第 n 个样本点x_n属于第 k 个聚类结果的概率。因此，最终某样本点x_n的类别应为$\{k|\gamma_{nk}=\max\{\gamma_{nk},k=1,2,\cdots,K\}\}$。

6.1.4 EM 聚类与 K-Means 聚类的对比

在算法思想上，EM 与 K-Means 具有较高的相似性，我们通过表格来进行对比，如表 6-1 所示。

表 6-1 EM 与 K-Means 聚类对比

K-Means 核心步骤	EM 核心步骤
① 设定初始类中心位置	① 给定初始概率密度函数参数
② 计算各样本点与类中心的距离 ③ 将各样本点划分到与其距离最近的类中心的类中	② 计算各样本点服从某预设概率密度函数的概率，即被分为某类的概率（EM 算法认为样本点被分到哪一个类别都是可能的，只是概率不同。因此在迭代结束之前每一次迭代的分类结果可由一个概率矩阵表示，而不会将每个样本点实际地分为某类）
④ 根据聚类结果重新计算类中心位置	③ 利用各样本点的分类概率与极大似然估计法重新计算概率密度函数参数
返回第② 步，并迭代	返回第② 步，并迭代

另外，传统的 K-Means 将样本点与类中心点的欧式距离作为样本点聚类的评判标准。这必然使得聚类结果中每个类的范围呈圆形（三维是球状），这样的设定不一定是合理的。

在图 6-3 中，两个圈是 K-Means 的分类方法，但是右上条块的部分点就会被划分到左下的圈中，因为它与左下的类中心在距离上更接近，按理应该被分为左下类，但这明显不符合样本总体的视觉感受。如果知道这些样本所服从的概率密度函数形式，则可以利用 EM 算法进行更合理地聚类。

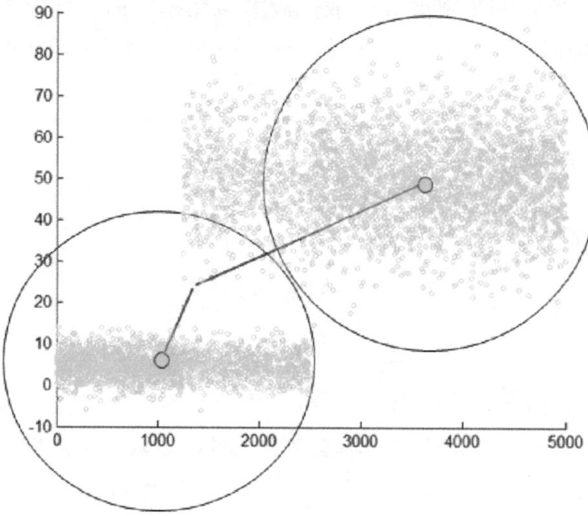

图 6-3　K-Means 聚类算法的缺陷

6.2　高斯混合聚类算法的优缺点

高斯混合聚类是一种十分经典的聚类算法，也可以说是对 K-Means 算法的一种改进，在实践中有着广泛的运用，本节将对这一算法的优缺点进行简要介绍。

1. 高斯混合聚类算法的优点

GMM 是聚类算法中较为典型的一种，其优点如下。

1）相比 K-Means 的“硬聚类”，GMM 以概率密度作为划分依据，实现了一种“软聚类”。

2）基于 EM 算法，参数迭代是自组织的，计算效率也相对较高。

3）不仅可以得到聚类结果，也可以得到分布参数等有助于分析的参数。

2. 高斯混合聚类算法的缺点

GMM 假设前提过于理想化，聚类效果好坏很大程度上取决于原始数据，其缺点如下。

1）对于分布的假设基于正态分布，这在实践中常常不成立，或只是近似成立。

2）迭代可能陷入局部最优。

3）实践中对于计算特征共线性等问题，会导致计算过程出现偏倚。

6.3　实例分析

了解了 GMM 算法的原理及优缺点后，本节将对这一算法进行实际的应用。首先用正态分布生成模拟数据，并可视化展示模拟数据，然后用 GMM 的部分核心展示聚类的收敛过程，并可视化展示聚类效果，最后再给出完整的 GMM 代码。

6.3.1 数据集介绍

本节将使用模拟生成的数据来进行测试，首先通过人为设定均值和标准差来随机生成三种正态分布随机数，并画图对三种类别的点进行观察，代码如下。

```
% 设置三种类型的数据参数。
phi1 = 0.2; mu1 = 5; sigma1 = 3;
phi2 = 0.4; mu2 = 20; sigma2 = 5;
phi3 = 0.4; mu3 = 50; sigma3 = 10;

% 生成 5000 个点。
N = 5000;
x = zeros(N,1);
class = zeros(N,1);
fori = 1 : N
    rate = rand;
    if rate < = phi1
        x(i) = normrnd(mu1,sigma1);
        class(i) =1;
    elseif rate < = phi1 +phi2
        x(i) = normrnd(mu2,sigma2);
        class(i) =2;
    else
        x(i) = normrnd(mu3,sigma3);
        class(i) =3;
    end
end
hold on
x1 =x;
x1(class ~ =1) =nan;
scatter(1:length(x),x1,'s')
x2 =x;
x2(class ~ =2) =nan;
scatter(1:length(x),x2,'d')
x3 =x;
x3(class ~ =3) =nan;
scatter(1:length(x),x3,'p')
xlabel('观测点序号')
ylabel('数据值')
title('三种一维正态分布模拟数据')
```

图 6-4 为将以上代码生成的随机数可视化的效果，五角星、菱形和方形分别是三种随机数的标识。

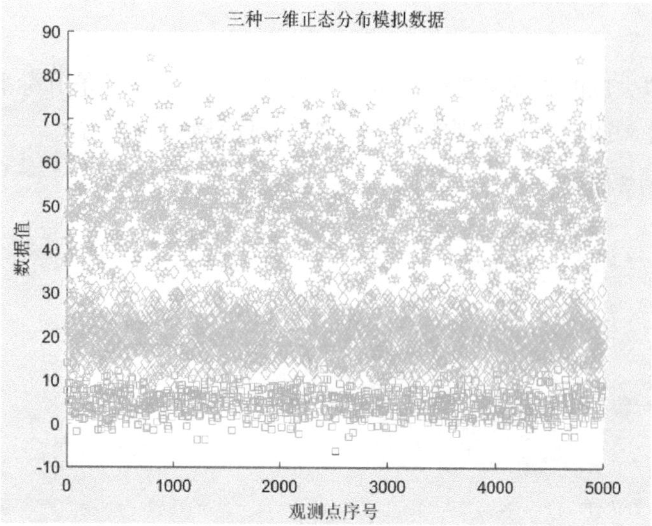

图 6-4　生成的模拟数据测试样本学习过程

6.3.2　函数介绍

GMM 算法理论并不复杂，核心参数是预设的分布个数。本小节将对 GMM 算法的函数进行介绍，具体如下。

```
function varargout = gmm(X, K_or_centroids,converge,n_nonsingular,disp)
% ==================================================================
% Project Title:K-MeansCluster
% Group: 李一郁量化团队。
% Contact Info: 2975056631@ qq. com
% 函数输入。
% X:N 行 D 列样本,其中 N 为样本点个数,D 为每一个样本点的维数。
% K_or_centroids:聚类个数或者预设的类中心(K 行 D 列,K 为类中心个数,即聚类个数)。
% converge:EM 迭代收敛条件,若属于(0,1),则认为当参数 mu 与 pi 的最大变化量小于 converge 时停止迭代;若是大于等于 1 的整数,则认为进行 converge 次迭代后停止。
% n_nonsingular:聚类结果成功收敛的要求次数(聚类迭代过程中不出现奇异矩阵求逆情况的成功次数)。之后要在这 n_nonsingular 个成功聚类的结果中选一个最优结果。
% disp:是否显示 mu、sigma 和 pi 的迭代变化过程,1 为显示,0 为不显示。mu 的迭代过程为 D * K 条线;sigma 的迭代过程为 D * D * K 条线;pi 的迭代过程为 K 条线。
% 函数输出。
% 输出参数个数为 1 时,输出聚类结果(N 行 1 列)。
% 输出参数个数为 2 时,输出聚类结果以及模型,模型包括参数 mu、sigma 和 pi 的迭代过程以及所有样本点的聚类概率。
```

6.3.3　学习过程

GMM 算法的代码分为训练和预测两部分，其中最主要的是训练部分，分为 E 步和 M 步，本小节将该算法的主要过程抽取出来，形成以下代码，其中 for 循环部分是 GMM 的训练过程。

```
%学习过程,参数初始化。
mu = [0, 5, 10];
sigma = [5, 5, 5];
phi = [0.33, 0.33, 0.34];
w = zeros(N,3);

T = 100;                    %限制迭代次数。
mu_ = zeros(T+1,3);
sigma_ = zeros(T+1,3);
phi_ = zeros(T+1,3);
mu_(1,:) = mu;
sigma_(1,:) = sigma;
phi_(1,:) = phi;

for t = 1 : T
    % E步
    for k = 1 : 3
        w(:,k) = phi(k) * normpdf(x,mu(k),sigma(k));
    end
    w = w./repmat(sum(w,2),[1 3]);                      %本文中的 yita(nk)

    % M步
    for k = 1 : 3
        mu(k) = w(:,k)' * x / sum(w(:,k));
        sigma(k) =sqrt(w(:,k)' * ((x - mu(k)).* (x - mu(k))) / sum(w(:,k)));
        phi(k) = sum(w(:,k)) / N;
    end
    mu_(t+1,:) = mu;        %记录三项参数的迭代过程。
    sigma_(t+1,:) = sigma;
    phi_(t+1,:) = phi;
end
figure(1); subplot(2,2,1); plot(phi_); title('\phi');
figure(1); subplot(2,2,2); plot(mu_); title('\mu');
figure(1); subplot(2,2,3); plot(sigma_); title('\sigma');

figure(2);
class=cellfun(@find,mat2cell(round(w),ones(length(w),1),3))
hold on
x1=x;
x1(class~=1)=nan;
scatter(1:length(x),x1,'s')
x2=x;
x2(class~=2)=nan;
scatter(1:length(x),x2,'d')
x3=x;
x3(class~=3)=nan;
scatter(1:length(x),x3,'p')
xlabel('观测点序号')
ylabel('数据值')
title('三种一维正态分布模拟数据')
```

图 6-5 展示了参数迭代过程（ϕ 即本文中的 Q）。我们看到，最后的参数计算结果与生成样本点所用的参数几乎一致。

图 6-6 展示了确定分类的参数γ_{nk}的最终结果（部分）。每个样本的类别归属概率相差大，类别划分明确。

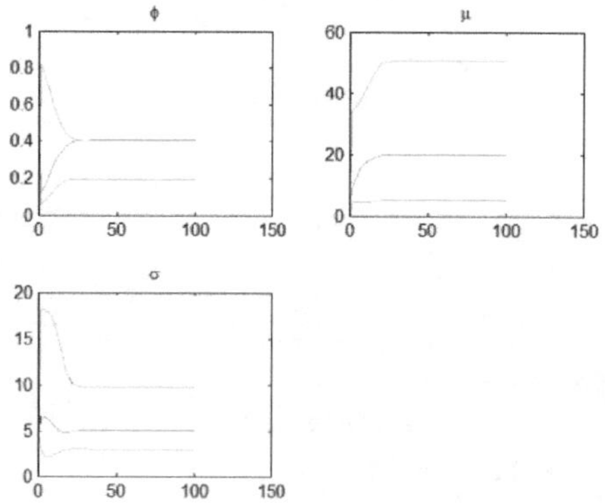

图 6-5　GMM 参数迭代过程

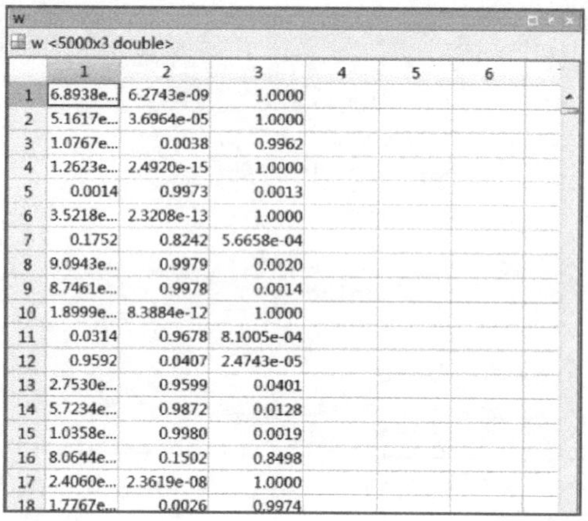

w <5000x3 double>

	1	2	3	4	5	6
1	6.8938e...	6.2743e-09	1.0000			
2	5.1617e...	3.6964e-05	1.0000			
3	1.0767e...	0.0038	0.9962			
4	1.2623e...	2.4920e-15	1.0000			
5	0.0014	0.9973	0.0013			
6	3.5218e...	2.3208e-13	1.0000			
7	0.1752	0.8242	5.6658e-04			
8	9.0943e...	0.9979	0.0020			
9	8.7461e...	0.9978	0.0014			
10	1.8999e...	8.3884e-12	1.0000			
11	0.0314	0.9678	8.1005e-04			
12	0.9592	0.0407	2.4743e-05			
13	2.7530e...	0.9599	0.0401			
14	5.7234e...	0.9872	0.0128			
15	1.0358e...	0.9980	0.0019			
16	8.0644e...	0.1502	0.8498			
17	2.4060e...	2.3619e-08	1.0000			
18	1.7767e...	0.0026	0.9974			

图 6-6　GMM 聚类结果

6.3.4　样本聚类结果

图 6-7 是 GMM 训练结果的展示，横轴是训练样本的序号，纵轴是样本点数据值，因为构造数据时假定的正态分布均值不同，从图中也确实看到了明显的样本分层。五角星、菱形、方形分别代表三类样本，可以看到样本被较好地聚类为 3 类。

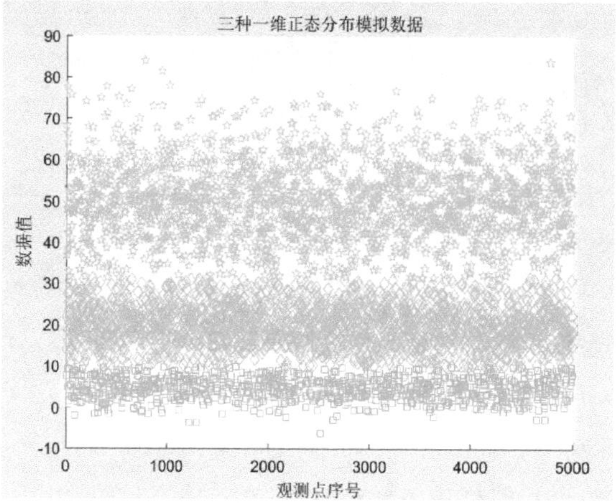

图 6-7　聚类结果可视化

6.4　代码获取

完整的高斯混合聚类算法的相关代码，读者可以通过扫描封底二维码下载得到。

第 7 章　ISODATA 算法

ISODATA 算法是一种聚类算法，与 K-Means 算法有相似之处，即聚类中心也是通过样本均值的迭代计算来决定的。但 ISODATA 算法加入了一些试探性步骤，在迭代的过程中样本的类别数量是变化的，因为在迭代的过程中根据每个类的一些性质对该类进行“分裂”或与其他类“合并”的操作，即自组织。

7.1　原理介绍

ISODATA 算法全称为 Iterative Self Organizing Data Analysis Techniques Algorithm，即迭代自组织数据分析方法。ISODATA 算法通过设置初始参数而引入人机对话环节，并使用归并和分裂等机制，当两类聚中心小于某个阈值时，将它们合并为一类。当某类的标准差大于某一阈值时或其样本数目超过某一阈值时，将其分裂为两类，在某类样本数目小于某一阈值时，将其取消。这样根据初始类聚中心和设定的类别数目等参数迭代，最终得到一个比较理想的分类结果。

7.1.1　算法思想

ISODATA 算法和 K-Means 算法的思想一样，也是通过计算与中心点的距离来判断样本点到底属于哪一类，但是 ISODATA 在 K-Means 的基础上增加了很多环节。首先 ISODATA 算法会给每一类设定一个样本容量的阈值，每次给样本聚完类后，ISODATA 算法会对每一类的样本容量做统计，对于样本容量小于阈值的类，将其删除，并把该类所属的样本与其他的聚类中心点进行距离计算、分类。其次，在每次更新完聚类中心点后，ISODATA 算法会根据每一类的一些指标，比如每一类中所有样本点与其所属中心点的平均距离、同一类样本点中各特征的标准差、不同类的中心点之间的距离等指标，来判断是否要把某类分裂或者把某两类合并。

ISODATA 算法的损失函数和 K-Means 算法的损失函数一样，都是为了使各样本点到其所属的中心点的距离之和最小，损失函数如下。

$$J(\mu, r) = \sum_{n=1}^{N} \sum_{k=1}^{K} r_{nk} \|x_n - \mu_k\|^2 \tag{7-1}$$

其中r_{nk}取 0 或 1，当样本 n 属于 k 这一类时取 1，否则取 0。$\|x_n - \mu_k\|^2$是样本 x 到每一类的中心点距离的平方。我们训练 ISODATA 算法的目的就是使得该损失函数最小。

7.1.2　算法流程

ISODATA 算法是一种启发性的聚类算法，需要先给定一些算法参数，这些算法参数会极大地影响算法的性能，这也是使用 ISODATA 算法的一个难点。然后按照一定规则，不断地分裂和合并类别，最终达到稳定，具体步骤如下。

1)输入几个参数(阈值):①期望的类别数 desired_k；②每一类中的最小样本数 minimum_n；③每类的最大标准差 maximum_variance，标准差大于此阈值的类考虑分裂；④类与类之间的最小距离 minimum_d，小于此最小距离的两个类考虑合并；⑤分裂中心点时，对于中心点的调整幅度 bias。

2）随机选取 desired_k 个点作为初始的中心点，并按照 K-Means 算法的方法对每个点进行聚类，聚类结果是 result（$N\times1$），$N\times1$ 的列向量，值是每个样本所属的类，并把 result 赋值给 temp。

3）Fori =1:iteration，iteration 是给定的迭代次数。

① 统计每一类的样本容量，并把样本容量小于 minimum_n 的类删除（不是删除该类下的样本点）。

② 若执行了①步，则把所有样本按上一步保留下来的中心点进行分类，分类结果 result 复制给 temp，反之直接进入第③步。

③ 把每类下的所有样本点求均值，得到每类新的中心点，记录聚类结果 result。

④ 计算每类中样本距离该类中心点的平均距离 class_ave_dis，该变量是一个行向量，长度是类的数量，元素是该类的样本点到中心点的平均距离。再计算所有样本到其各自所属中心点的平均距离以各类的样本数量为权重的加权平均距离 total_ave_dis。比如：a1、a2、a3 到中心点 a 类的三个距离，加上 b1、b2、b3 到 b 类中心点的三个距离除以 6（即总共 6 个点），这就是 total_ave_dis。

⑤ 判断 i == iteration，若达到最大迭代次数则跳出循环。否则执行第⑥步。

⑥ 判断“当前类别数大于期望类别数的两倍”或者“当前是偶数次迭代并且当前类别数大于期望类别数的一半”。若是，则把其中的两类合并，得到合并后的中心点。若不是，则进行分裂，执行第⑦步。下面先介绍合并类的具体过程。

a. 计算每类中心点，两两之间的距离。选择距离最小的两个中心点，判断该距离是否小于阈值 minimum_d，若是则合并这两类，反之不合并。

b. 合并的公式：$c_{new}=\dfrac{n_p c_p + n_q c_q}{n_p + n_q}$，即把两类中心点按照其所拥有的样本点数量进行加权平均，再把结果赋值给其中一个点，另一个点删除。

⑦ 若⑥中 a 和 b 的条件均不满足，则执行分裂中心点操作，得到新的中心点。

a. 分别计算每类中所有样本在各个分量（样本特征）上的标准差，选择标准差最大的那个 max_std，记录其在哪一类，是哪个分量，假设是第 c 类的第 j 个分量。

b. 若 max_std 大于阈值 maximum_variance，并且第 c 类内部的平均距离 class_ave_dis(c) 大于 total_ave_dis，或者当前类别数小于期望类别数的一半，则执行分裂操作，反之不执行。

c. 执行分裂操作时，新的中心点除第 j 个分量外，其余分量均和第 c 类中心点的分量相等，但是这两个中心点的第 j 个分量都要做出变化。一个是在原有的分量上加上 bias × max_std，另一个是在原有的分量上减去 bias × max_std。

⑧ 由新的中心点得到新的聚类结果 result，并判断 result 与 temp，若相等跳出循环，模型训练结束，若不相等，则把 result 赋值给 temp。

7.2 ISODATA 算法的优缺点

ISODATA 是一种经典聚类算法，数学原理简单，具有人机交互的特性，但对于使用者的研究经验有一定要求，参数操作比较复杂，优点和缺点列举如下。

1. ISODATA 算法的优点

ISODATA 是一种动态聚类，且数学原理并不复杂，可以在聚类过程中自动调整类别个数和类别中心，使聚类结果能更加靠近客观真实的聚类结果。算法有分裂和合并两种操作，是一种试探式的算法。

2. ISODATA 算法的缺点

ISODATA 算法需要设置的参数比较多，参数值不好确定。不同的参数之间相互影响，而且参数的值和聚类的样本集合也有关系，要得到好的聚类结果，需要有好的初始设置值，需要反复地实验和研究经验。

7.3 实例分析

本节将采用经典分类数据集鸢尾花数据作为 ISODATA 聚类算法的测试。因为 ISADATA 算法的特点在于参数较多，实验需要通过多次调整参数进行比较，所以本案例会以不同的参数组合进行多次实验，综合比较认识该算法。

7.3.1 函数介绍

ISODATA 是一个聚类算法，它的调节参数比较复杂，涉及多个合并分裂操作，迭代终止条件也有多个，具体代码如下。

```
function mdl = ISODATA(data, iteration, desired_k, minimum_n, maximum_variance, minimum_d, bias)
%输入参数。
%data 是没有标签的数据，类型是矩阵。
%iteration 最大迭代次数，整型变量。
%desired_k 期望的中心点个数，整型变量。
%minimum_n 每一类的最小样本数，小于该数的类删除，并把属于此类的样本归入其他类，整型变量。
%maximum_variance 设定的标准差阈值，大于此阈值的考虑把该类拆开成两个类，标量。
%minimum_d 设定的最小距离，类与类的中心点距离小于此距离的考虑合并类，标量。
%bias 分裂中心点时，对于中心点的调整幅度，是介于 0 ~ 1 的小数。
%输出参数。
%mdl 其中包含如下几个域。
%mdl.xy 数据集及标签，矩阵，每行是一个样本，最后一列是每个样本的聚类结果，前若干列是标准化后的原数据。
%mdl.raw_xy 数据集及标签，矩阵，每行是一个样本，最后一列是每个样本的聚类结果，前若干列是原数据。
%mdl.c 各类的中心点。矩阵，每行是一个中心点，数据是消除量纲后的标准化数据。
%mdl.raw_c 各类的中心点，数据类型和 c 一样，数据是未消除量纲的原始数据。
%mdl.iter 模型训练完以后的迭代次数。
%mdl.delclass_count 统计删除样本容量较少的类的次数。
%mdl.combine_count 对类进行合并操作的次数统计。
%mdl.split_count 对类进行分裂操作的次数统计。
```

7.3.2 数据介绍

本案例所使用的数据是 iris 数据，该数据总共有 150 个样本，分三类，每类 50 个样本。数据有 4 个特征，如图 7-1 所示。

5.1	3.5	1.4	0.2	1
4.9	3	1.4	0.2	1
4.7	3.2	1.3	0.2	1
4.6	3.1	1.5	0.2	1
5	3.6	1.4	0.2	1
5.4	3.9	1.7	0.4	1
4.6	3.4	1.4	0.3	1
5	3.4	1.5	0.2	1
4.4	2.9	1.4	0.2	1
4.9	3.1	1.5	0.1	1
5.4	3.7	1.5	0.2	1
4.8	3.4	1.6	0.2	1
4.8	3	1.4	0.1	1
4.3	3	1.1	0.1	1
5.8	4	1.2	0.2	1
5.7	4.4	1.5	0.4	1

图 7-1　鸢尾花数据

7.3.3　训练结果

读取鸢尾花数据集，ISODATA 不需要训练标签，所以只提取特征数据，然后执行以下代码进行训练。

```
XY=xlsread('iris.xls');
x=XY(:,1:end-1);
mdl = ISODATA(x, 100, 3, 10,0.75,1.5,0.5);
```

对函数的参数进行设置时，最大迭代数设为 100；期望中心点数为 3；每类最小样本数为 10；类内最大标准差为 0.75；类与类的最小距离为 1.5；分裂中心点时，对于中心点的调整幅度为 0.5。执行结果如图 7-2 所示。

结构体 mdl 中包含了模型所要输出的各个值，如图 7-3 所示。其中 c 是数据标准化后的中心点，3 行表示有三个中心点，4 列说明数据特征是 4 个。combine_count=1，说明在训练过程中执行了一次合并类的操作；delclass_count=0，说明在训练过程中没有删除样本容量少的类；iter 是模型训练终止时的迭代次数；raw_c 也是中心点坐标，与 c 不同的是，raw_c 的数据是未标准化的原始数据；raw_xy 是原数据及其聚类结果，split_count=1，说明在训练过程中执行了 1 次分裂类的操作；xy 是标准化后的原数据及其聚类结果。

变量 mdl.c 是标准化后的数据的聚类中心点，如图 7-4 所示。

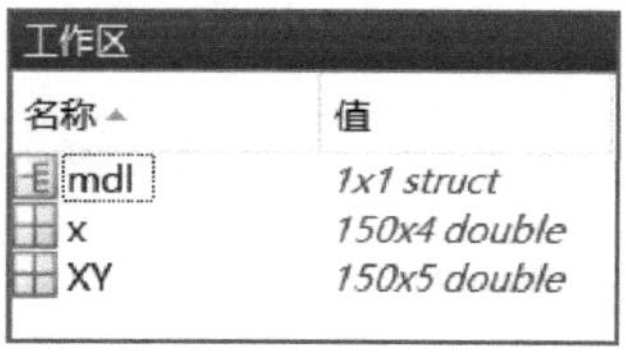

图 7-2　输出结构

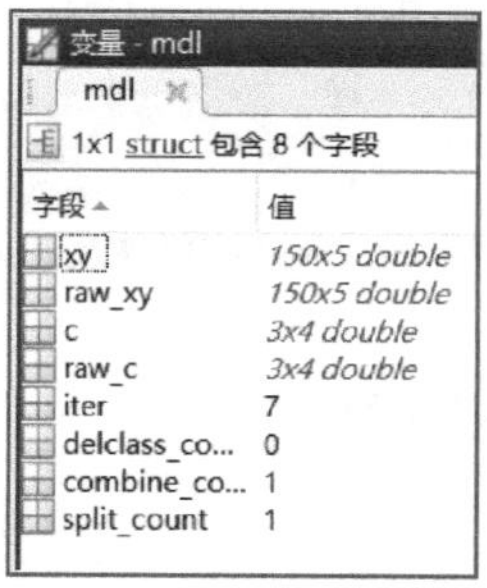

图 7-3　mdl 的内部结构

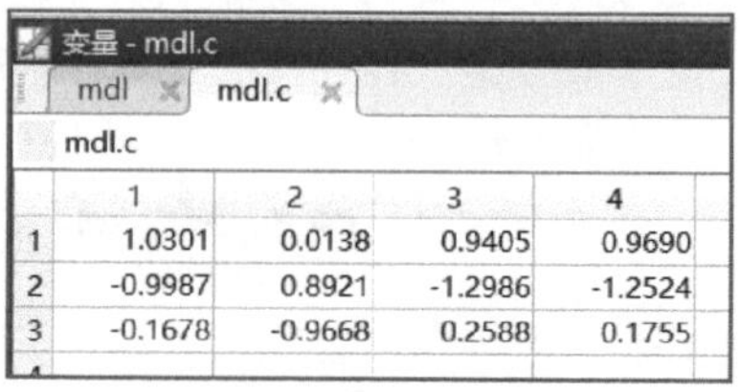

图 7-4　标准化数据的中心

关于变量 mdl. raw_c，图 7-5 为原数据的聚类中心点。图 7-6 中，标准化数据的聚类结果 mdl. xy 是各个样本点的聚类类别。

变量 - mdl.raw_c

mdl.raw_c

	1	2	3	4
1	6.6964	3.0600	5.4182	1.9382
2	5.0163	3.4408	1.4673	0.2429
3	5.7043	2.6348	4.2152	1.3326

图 7-5　原数据的中心

变量 - mdl.xy

mdl.xy

	1	2	3	4	5
49	-0.6561	1.4899	-1.2801	-1.3086	2
50	-1.0184	0.5674	-1.3368	-1.3086	2
51	1.3968	0.3367	0.5335	0.2638	1
52	0.6722	0.3367	0.4202	0.3948	1
53	1.2761	0.1061	0.6469	0.3948	1
54	-0.4146	-1.7390	0.1368	0.1328	3
55	0.7930	-0.5858	0.4768	0.3948	1
56	-0.1731	-0.5858	0.4202	0.1328	3
57	0.5515	0.5674	0.5335	0.5259	1
58	-1.1392	-1.5083	-0.2600	-0.2603	3

图 7-6　标准化数据聚类结果

mdl. raw_xy 是原始数据的聚类结果，如图 7-7 所示。图 7-8 为聚类的结果，图中使用的是数据的前两个特征。左上图是原始数据聚类后的情况，右上图是原始数据。左下图是标准化后的聚类数据，右下图是标准化后的原始数据。左边两个图中的黑色五角星是每个类的中心点，从图中可以看出聚类的效果还是明显的。

变量 - mdl.raw_xy

mdl.raw_xy

	1	2	3	4	5
49	5.3000	3.7000	1.5000	0.2000	2
50	5	3.3000	1.4000	0.2000	2
51	7	3.2000	4.7000	1.4000	1
52	6.4000	3.2000	4.5000	1.5000	1
53	6.9000	3.1000	4.9000	1.5000	1
54	5.5000	2.3000	4	1.3000	3
55	6.5000	2.8000	4.6000	1.5000	1
56	5.7000	2.8000	4.5000	1.3000	3
57	6.3000	3.3000	4.7000	1.6000	1
58	4.9000	2.4000	3.3000	1	3

图 7-7　原始数据的聚类结果

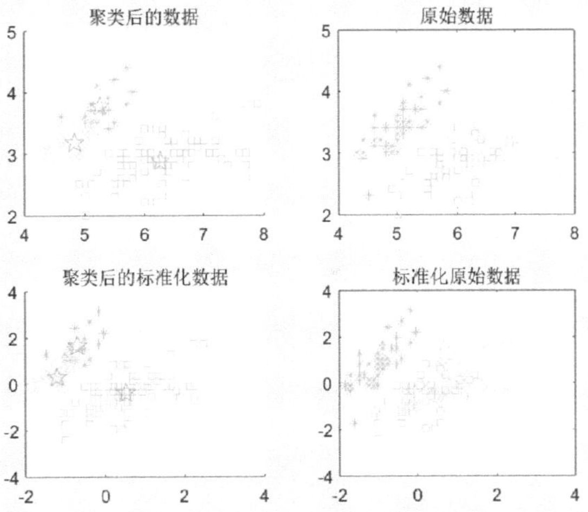

图 7-8　鸢尾花数据的可视化

7.3.4　其他参数下的聚类结果

由于此算法参数较多，聚类结果容易受参数影响，下面再给出其他参数下的聚类结果。

例 1　参数组合 1

首先尝试 3 个类别、最小类内样本 10 个样本的参数情况，调用代码如下。

```
mdl = ISODATA(x, 200, 3, 10,0.5,1,0.5);
```

此时最大迭代数为 200，类内最大标准差为 0.5，类与类的最小距离为 1，结果如图 7-9 所示。迭代了 6 次，得到三个中心点，对类执行了 0 次分裂操作，0 次合并操作，0 次删除操作，如图 7-10 所示。

中心点 mdl. c，如图 7-11 所示。中心点 mdl. raw_c，如图 7-12 所示。

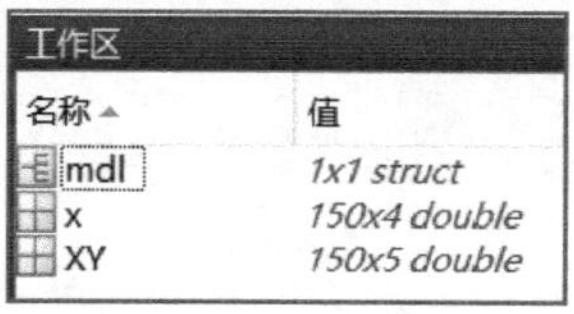

名称	值
mdl	1x1 struct
x	150x4 double
XY	150x5 double

图 7-9　例 1 聚类结果

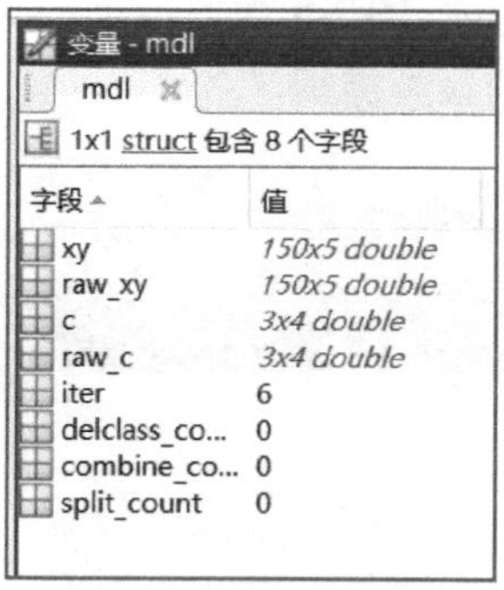

字段	值
xy	150x5 double
raw_xy	150x5 double
c	3x4 double
raw_c	3x4 double
iter	6
delclass_co...	0
combine_co...	0
split_count	0

图 7-10　例 1 聚类的过程参数

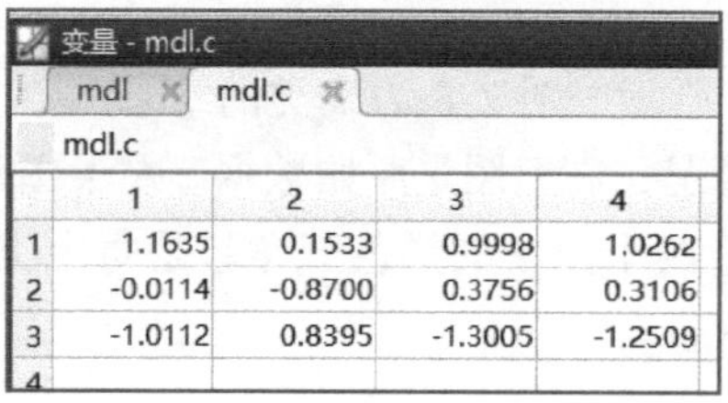

	1	2	3	4
1	1.1635	0.1533	0.9998	1.0262
2	-0.0114	-0.8700	0.3756	0.3106
3	-1.0112	0.8395	-1.3005	-1.2509

图 7-11　例 1 的标准化数据聚类中心

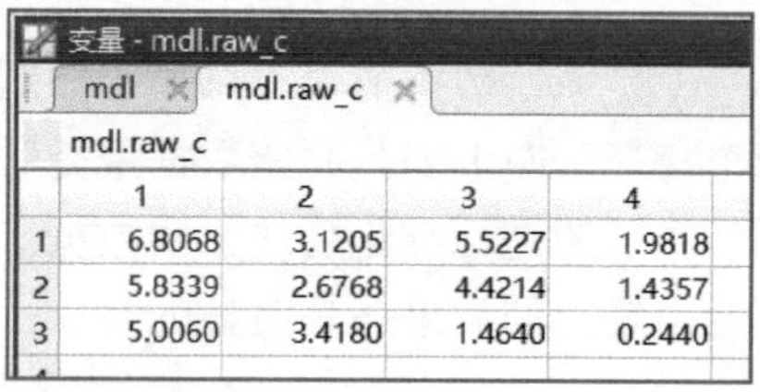

	1	2	3	4
1	6.8068	3.1205	5.5227	1.9818
2	5.8339	2.6768	4.4214	1.4357
3	5.0060	3.4180	1.4640	0.2440

图 7-12　例 1 的原始数据聚类中心

总体来说这次训练得到的中心点，与上次相比差别不大，聚类效果如图 7-13 所示。

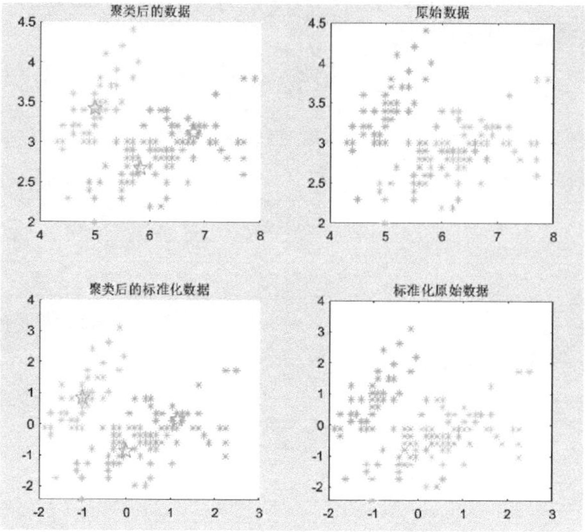

图 7-13　例 1 的聚类结果可视化

例 2　参数组合 2

在这次实验中，将期望类别调到 10 个类别，根据经验，这个类别数明显是过多的，但是可以测试 ISODATA 算法的合并类别功能，调用代码如下。

```
mdl = ISODATA(x, 200,10, 10,0.6,2.5,0.5);
```

此时最大迭代数为 200，期望类数为 10 个类，类内最小样本容量为 10，类内最大标准差为 0.6，类与类的最小距离为 2.5，结果如图 7-14 所示。

图 7-15 中迭代了 200 次，得到五个中心点，对类执行了 195 次分裂操作，4 次合并操作，196 次删除操作。可知即使初始类别数选大了，最终得到的类别数量会向实际值靠拢。聚类效果如图 7-16 所示。

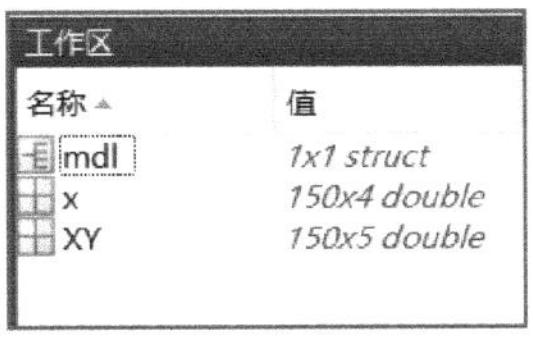

图 7-14　例 2 的聚类结果

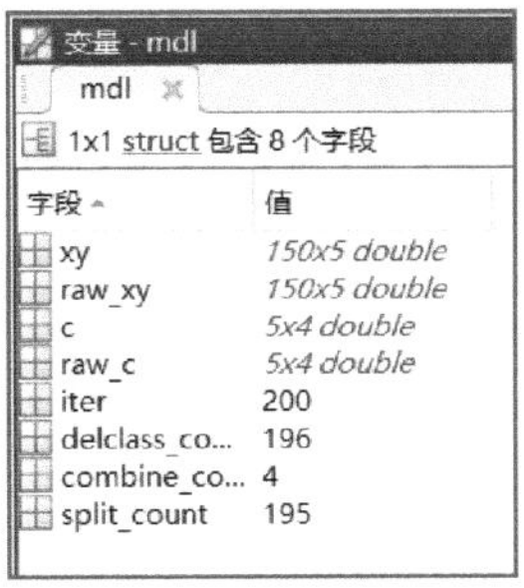

图 7-15　例 2 聚类的过程参数

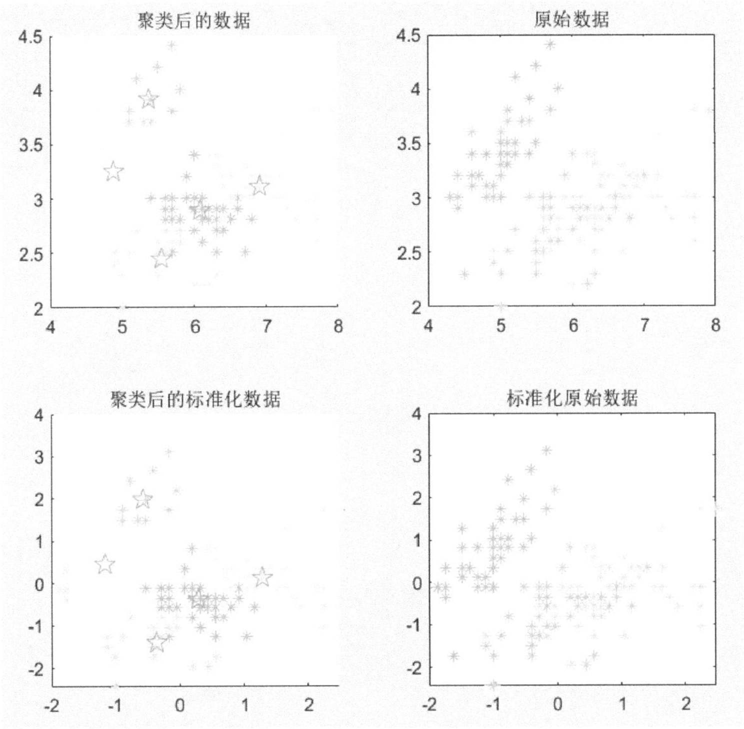

图 7-16　例 2 的聚类结果可视化

例 3　参数组合 3

本次实验进一步调大期望类别数量，达到 30 个，观察 ISODATA 算法的稳定性，调用代码如下。

```
mdl = ISODATA(x, 200,30, 10,0.6,2.5,0.5);
```

此时最大迭代数 200，期望类数是 30 个类，类内最小样本容量是 10，类内最大标准差 0.6，类与类的最小距离 2.5，结果如图 7-17 所示。可以看到，哪怕期望的类数是 30 个，最后还是会靠近实际类数 3，如图 7-18 所示。

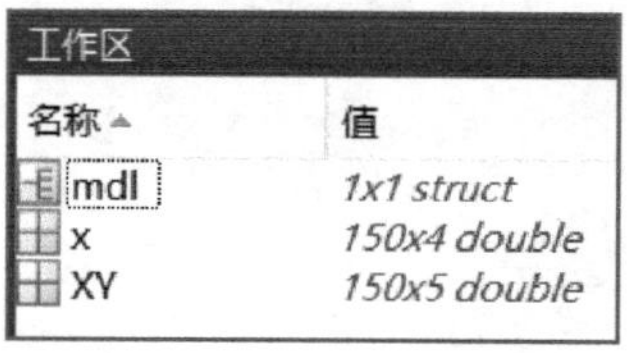

图 7-17　例 3 的聚类结果

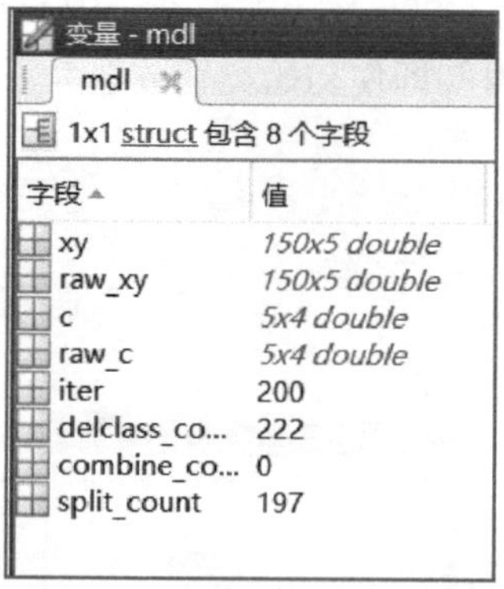

图 7-18　例 3 聚类的过程参数

聚类效果图如图 7-19 所示。

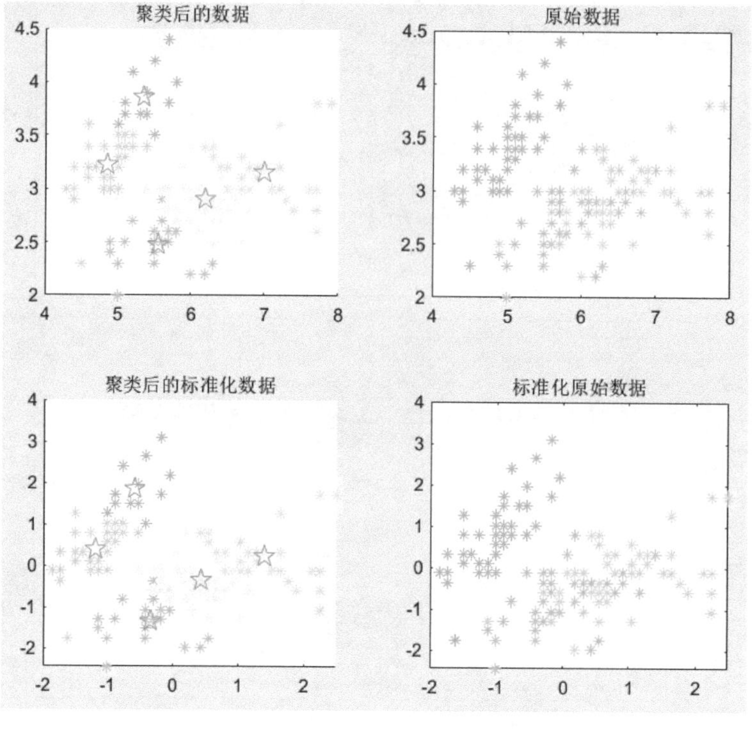

图 7-19　例 3 的聚类结果可视化

例 4　参数组合 4

如果实验将类别数调得过大，这次直接调到 50，调用代码如下。此时算法会出现结果上的偏差、这意味着在调用 ISODATA 算法时，虽然算法本身有着一定的鲁棒性，但是参数设置太过于偏离真实情况的话，依然对预测是不利的。

```
mdl = ISODATA(x, 200,50, 10,0.6,2.5,0.5);
```

此时期望类数是 50 个类，类内最小样本容量是 10，结果如图 7-20 所示。

特别注意的是，当期望类别数量非常大，而每类的最小样本数量又没有足够小时，模型会一次性删除所有类，所以得不到中心点。

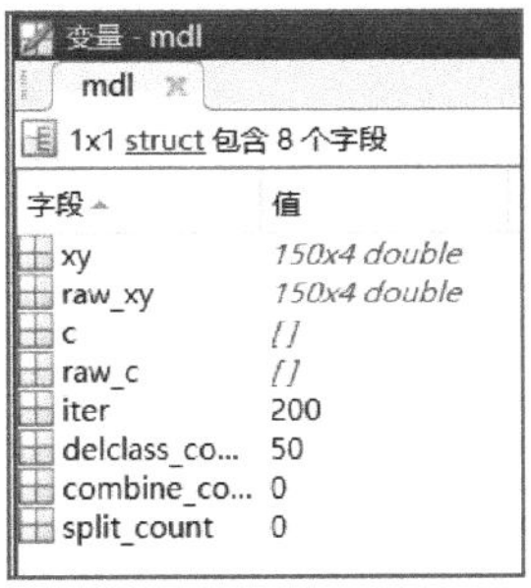

图 7-20　例 4 聚类的过程参数

7.4　代码介绍

经过以上几次试验，ISODATA 算法的功能已经有了大致的了解，本节将给出鸢尾花测试的主函数代码。

7.4.1　鸢尾花数据测试代码

ISODATA 算法运用鸢尾花数据的案例代码如下，并附上原始数据与标准化数据的聚类结果可视化对比。

```
clc;clear;
%%建立模型
XY=xlsread('iris.xls');
x=XY(:,1:end-1);
mdl= ISODATA(x, 200,50, 10,0.6,2.5,0.5);

%%绘图
c=mdl.c;
raw_c=mdl.raw_c;
y=mdl.xy(:,end); %xy是训练出来的聚类结果。
Y=XY(:,end); %XY是原始数据。
z_X=zscore(XY(:,1:end-1));
xn=cell(1,size(c,1));   %存放由每类样本的前两个特征组成的矩阵,标准化后的数据。
raw_xn=cell(1,size(c,1));   %存放由每类样本的前两个特征组成的矩阵,原始数据。
for k=1:size(c,1)
xn{k}=mdl.xy(y==k,1:2);
raw_xn{k}=mdl.raw_xy(y==k,1:2);
end
x01=XY(Y==1,1:2);   %原始数据中对应第1、2、3类样本的前两个特征。
x02=XY(Y==2,1:2);
x03=XY(Y==3,1:2);
zx01=z_X(Y==1,1:2);   %标准化数据中对应第1、2、3类样本的前两个特征。
zx02=z_X(Y==2,1:2);
```

```
zx03 = z_X(Y = =3,1:2);
color_cell = {'*b','*r','*g','*y','*c'}; %每类样本点的颜色。
subplot(2,2,1)  %画聚类结果的图。
hold on
for k =1:size(c,1)
  plot(raw_xn{k}(:,1),raw_xn{k}(:,2),color_cell{k}) %画样本点。
  plot(raw_c(k,1),raw_c(k,2),'kp','markersize',12)  %画中心点。
end
hold off
title('聚类后的数据')
subplot(2,2,2)  %画原始数据的图。
plot(x01(:,1),x01(:,2),'*b',x02(:,1),x02(:,2),'*r',x03(:,1),x03(:,2),'*g')
title('原始数据')
subplot(2,2,3)
hold on
for k =1:size(c,1)
    plot(xn{k}(:,1),xn{k}(:,2),color_cell{k}) %画样本点。
    plot(c(k,1),c(k,2),'kp','markersize',12)  %画中心点。
end
hold off
title('聚类后的标准化数据')
subplot(2,2,4)
plot(zx01(:,1),zx01(:,2),'*b',zx02(:,1),zx02(:,2),'*r',zx03(:,1),zx03(:,2),'*g
')
title('标准化原始数据')
```

7.4.2 代码获取

ISODATA 算法的核心函数有多个，主要包括计算距离的函数 DistMatri()、判断分裂的函数 ISODATA_split()、判断合并的函数 ISODATA_combine()以及算法的主函数 ISODATA()。读者可扫描封底二维码下载 ISODATA 程序代码。

第 8 章　谱聚类算法

谱聚类（Spectral Clustering，SC）是一种基于图论的聚类方法。该算法的数学原理相对简单，但是应用十分广泛，算法最初用于计算机视觉、VLSI 设计等领域，最近才开始用于机器学习中，并迅速成为国际上机器学习领域的研究热点。本章最后将通过案例形式将该算法与 K-Means 算法进行对比，比较两者的优缺点。

8.1　原理介绍

谱聚类是从图论中演化出来的算法，后来在聚类中得到了广泛应用，其主要思想是把所有数据看作空间中的点，这些点之间可以用边连接起来。距离较远的两个点之间的边权重值较低，而距离较近的两个点之间的边权重值较高，通过对所有数据点组成的图进行切图，让切图后不同的子图间边权重和尽可能低，而子图内的边权重和尽可能高，从而达到聚类的目的。

8.1.1　算法思想

本节首先给出一些图论方面的基础知识，包括无向权重图、邻接矩阵、拉普拉斯矩阵、无向图切图。随后介绍 Ratio Cut 和 Normalized Cut 两种切图方法。最后，基于这些基础知识，再给出谱聚类的算法流程。

1. 谱聚类的基础一：无向权重图

谱聚类算法建立在图论中的谱图理论基础上，其本质是将聚类问题转化为图的最优划分问题。

数学中，一般用点的集合 V 和边的集合 E 来描述图 G，记为 $G(V,E)$。在谱聚类中，将待聚类的数据集里所有的点作为一张图 G 中的顶点 V。对于 V 中的任意两点 v_i 和 v_j 所连接的边，定义权重 $w_{ij}>0$ 代表两点之间的距离，若两点之间没有边连接，则 $w_{ij}=0$。另外，构造的图 G 是无向图，有 $w_{ij}=w_{ji}$。

对于任意一个点 v_i 来说，定义该点的“度”：$d_i=\sum_{j=1}^{n}w_{ij}$，利用每个点“度”的定义，可以得到一个 $n\times n$ 的对角矩阵 $\boldsymbol{D}$，即：

$$\boldsymbol{D}=\begin{pmatrix} d_1 & 0 & \cdots & 0 \\ 0 & d_2 & \cdots & 0 \\ \vdots & \vdots & & \vdots \\ 0 & 0 & \cdots & d_n \end{pmatrix} \tag{8-1}$$

同样可以得到 $n\times n$ 的邻接矩阵 $\boldsymbol{W}$，其中第 i 行第 j 列的元素就是权重 w_{ij}：

$$\boldsymbol{W}=\begin{pmatrix} w_{11} & w_{12} & \cdots & w_{n1} \\ w_{21} & w_{22} & \cdots & w_{2n} \\ \vdots & \vdots & & \vdots \\ w_{n1} & w_{n2} & \cdots & w_{nn} \end{pmatrix} \tag{8-2}$$

2. 谱聚类的基础二：邻接矩阵

邻接矩阵其元素是顶点 x_i 和 x_j 之间的边的权重w_{ij}，那么如何得到所有的权重值呢？在谱聚类中一般由点对之间的距离来得到权重值，两点之间距离s_{ij}越大，对应权重w_{ij}越小，反之亦然。因此可以定义一种从相似矩阵 $\boldsymbol{S}$ 到邻接矩阵 $\boldsymbol{W}$ 的映射。

在实际应用中，普遍使用的是全连接法来建立邻接矩阵，所有的点的权重都大于 0，并且用核函数来定义边权重，有多项式核函数、高斯核函数和 Sigmoid 核函数。最常用的是高斯核函数 RBF，此时相似矩阵和邻接矩阵相同，即：

$$w_{ij}=s_{ij}=\exp\left(-\frac{\|x_i-x_j\|_2^2}{2\sigma^2}\right) \tag{8-3}$$

其中 w_{ij}为邻接矩阵的第 i 行第 j 列元素，s_{ij}为相似矩阵的第 i 行第 j 列元素，x_i和 x_j分别为第 i 个和第 j 个数据，σ 为高斯核函数的宽度参数。

3. 谱聚类的基础三：拉普拉斯矩阵

根据上述得到的邻接矩阵 $\boldsymbol{W}$ 和度矩阵 $\boldsymbol{D}$，定义拉普拉斯矩阵 $\boldsymbol{L}=\boldsymbol{D}-\boldsymbol{W}$。拉普拉斯矩阵有一些很好的性质，具体如下。

1）对于任意一个 $n\times1$ 维的向量 $\boldsymbol{f}$，可以得到如下等式：

$$\boldsymbol{f}^{\mathrm{T}}\boldsymbol{L}\boldsymbol{f}=\frac{1}{2}\sum_{i=1}^{n}\sum_{j=1}^{n}w_{ij}(f_i-f_j)^2 \tag{8-4}$$

2）拉普拉斯矩阵 $\boldsymbol{L}$ 是对称矩阵，而且是半正定的。

3）拉普拉斯矩阵 $\boldsymbol{L}$ 的所有特征值都是非负实数，$0=\lambda_1\leqslant\lambda_2\leqslant\cdots\leqslant\lambda_n$。

4）$\boldsymbol{L}$ 的 0 特征值对应特征向量是全为常数的向量$(a,a,\cdots,a)^{\mathrm{T}}$，其中 a 为非 0 常数。

性质 1 可由下述公式得到：

$$\begin{aligned}
\boldsymbol{f}^{\mathrm{T}}\boldsymbol{L}\boldsymbol{f}&=\boldsymbol{f}^{\mathrm{T}}\boldsymbol{D}\boldsymbol{f}-\boldsymbol{f}^{\mathrm{T}}\boldsymbol{W}\boldsymbol{f}\\
&=(f_1,f_2,\cdots,f_n)\begin{bmatrix}d_1&&&\\&d_2&&\\&&\ddots&\\&&&d_n\end{bmatrix}\begin{pmatrix}f_1\\f_2\\\vdots\\f_n\end{pmatrix}-(f_1,f_2,\cdots,f_n)\begin{bmatrix}w_{11}&w_{12}&\cdots&w_{1n}\\w_{21}&w_{22}&\cdots&w_{2n}\\\vdots&\vdots&&\vdots\\w_{n1}&w_{n2}&\cdots&w_{nn}\end{bmatrix}\begin{pmatrix}f_1\\f_2\\\vdots\\f_n\end{pmatrix}\\
&=(f_1d_1,f_2d_2,\cdots,f_nd_n)\begin{pmatrix}f_1\\f_2\\\vdots\\f_n\end{pmatrix}-\left(\sum_{i=1}^{n}w_{i1}f_i,\sum_{i=1}^{n}w_{i2}f_i,\cdots,\sum_{i=1}^{n}w_{in}f_i\right)\begin{pmatrix}f_1\\f_2\\\vdots\\f_n\end{pmatrix} \qquad (8\text{-}5)\\
&=\sum_{i=1}^{n}d_if_i^2-\sum_{j=1}^{n}f_j\sum_{i=1}^{n}w_{ij}f_i\\
&=\sum_{i=1}^{n}d_if_i^2-\sum_{j=1}^{n}\sum_{i=1}^{n}w_{ij}f_jf_i\\
&=\frac{1}{2}\left(\sum_{i=1}^{n}d_if_i^2-2\sum_{j=1}^{n}\sum_{i=1}^{n}w_{ij}f_jf_i+\sum_{j=1}^{n}d_jf_j^2\right)
\end{aligned}$$

代入 $d_i=\sum_{j=1}^{n}w_{ij}$，可得：

$$\frac{1}{2}\left(\sum_{i=1}^{n}d_if_i^2-2\sum_{j=1}^{n}\sum_{i=1}^{n}w_{ij}f_jf_i+\sum_{j=1}^{n}d_jf_j^2\right)$$

$$= \frac{1}{2}\left(\sum_{i=1}^{n}\sum_{j=1}^{n} w_{ij} f_i^2 - 2\sum_{j=1}^{n}\sum_{i=1}^{n} w_{ij} f_j f_i + \sum_{j=1}^{n}\sum_{i=1}^{n} w_{ji} f_j^2\right)$$

$$= \frac{1}{2}\left(\sum_{i=1}^{n}\sum_{j=1}^{n} w_{ij} f_i^2 - 2\sum_{i=1}^{n}\sum_{j=1}^{n} w_{ij} f_j f_i + \sum_{i=1}^{n}\sum_{j=1}^{n} w_{ij} f_j^2\right)$$

$$= \frac{1}{2}\sum_{i=1}^{n}\sum_{j=1}^{n} w_{ij}(f_i - f_j)^2 \tag{8-6}$$

由此得到性质 1，而且显然对于任意 $\boldsymbol{f}$，有 $\boldsymbol{f}^{\mathrm{T}}\boldsymbol{L}\boldsymbol{f}\geqslant 0$。

由于 $\boldsymbol{D}$、$\boldsymbol{W}$ 都是对称矩阵，因此 $\boldsymbol{L}$ 也是对称矩阵，根据正定矩阵的定义，由 $\boldsymbol{f}^{\mathrm{T}}\boldsymbol{L}\boldsymbol{f}\geqslant 0$ 可知 L 为半正定矩阵，因此性质 2 得证。

对于性质 3，根据特征向量（非零）定义，$\boldsymbol{L}\boldsymbol{f}=\lambda\boldsymbol{f}$，等式两边同时左乘 $\boldsymbol{f}^{\mathrm{T}}$，可得 $\boldsymbol{f}^{\mathrm{T}}\boldsymbol{L}\boldsymbol{f}=\boldsymbol{f}^{\mathrm{T}}\lambda\boldsymbol{f}=\lambda\boldsymbol{f}^{\mathrm{T}}\boldsymbol{f}$，因为 $\lambda\boldsymbol{f}^{\mathrm{T}}\boldsymbol{f}\geqslant 0$，又因为 $\boldsymbol{f}^{\mathrm{T}}\boldsymbol{f}$ 是一个正实数，所以 $\lambda\geqslant 0$。因为性质 3 得证。

对于性质 4，由上面的推导可知，只有当 $\lambda=0$ 时，$\boldsymbol{f}^{\mathrm{T}}\boldsymbol{L}\boldsymbol{f}=0$，则 $\frac{1}{2}\sum_{i=1}^{n}\sum_{j=1}^{n} w_{ij}(f_i - f_j)^2 = 0$。

5）所以“2. 谱聚类的基础二：邻接矩阵”中所有边的权重都大于 0，即 $w_{ij}>0$，因为 $f_i = f_j(i=1,2,\cdots n;j=1,2,\cdots n)$。即 f 是全为常数的向量 $(a,a,\cdots,a)^{\mathrm{T}}$，其中 a 为非 0 常数。由此性质 4 得证。

4. 谱聚类的基础四：无向图切图

一个经常被研究的问题是无向图的切图（Graph Cut），我们的目标是将图 $G(V,E)$ 切成相互没有连接的 k 个子图（sub-Graph，点的集合）：$A_1,A_2,\cdots,A_k$，它们满足 $A_i\cap A_j=\varnothing$，且 $A_1\cup A_2\cup\cdots\cup A_k=V$。

对于任意两个子图 A 和 B，$A,B\subset V$，$A\cap B=\varnothing$，定义 A 和 B 之间的切图权重（cut）为：

$$cut(A,B) = \sum_{i\in A, j\in B} w_{ij} \tag{8-7}$$

即 A 和 B 两个子图之间被切断的边的权值总和被称为 cut 值。

而对于 k 个子图点的集合：$A_1,A_2,\cdots,A_k$，定义对应该集合的切图（cut）为：

$cut(A_1,A_2,\cdots,A_k) = \frac{1}{2}\sum_{i=1}^{k} cut(A_i,\overline{A_i})$，其中 $\overline{A_i}$ 是 A_i 的补集。

谱聚类就是将数据映射为图上的点，并对这张图进行边的切割，让切图后不同的子图间边权重和尽可能变得低，而子图内的边权重和尽可能变得高，那么现在的问题是如何切图实现上述目标？

一个自然的想法就是最小化 $cut(A_1,A_2,\cdots,A_k)$，即那些被切断的边的权值之和最小，直观上我们可以知道，权重比较大的边没有被切断，表示比较相似的点被保留在了同一个 sub-Graph 中，而彼此之间联系不大的点则被分割开来，因此这样一种分割是比较好的。

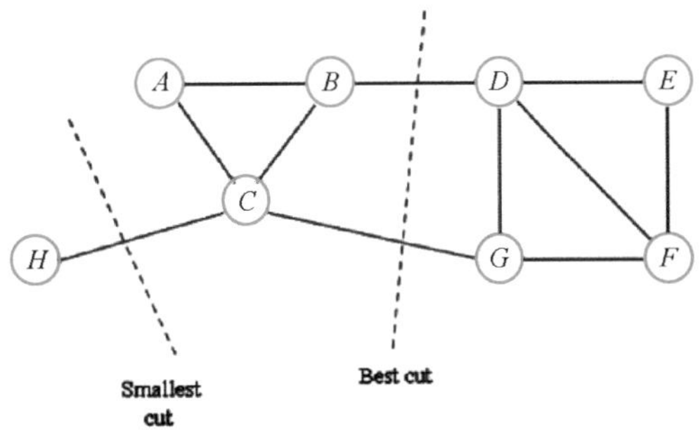

图 8-1　切图示例

但是可以发现这种切图方式存在问题，容易切出孤立点 H 点，如图 8-1 所示。

选择一个权重最小的边缘点，比如 C 和 H 之

间进行 *cut*，这样可以最小化 $cut(A_1,A_2,\cdots,A_k)$，但不是最优的切图。我们通常更希望分割出来的区域（的大小）要相对均匀一些，而不是一些很大的区块和一些几乎是孤立的点。为此，又有许多替代的算法提出来，如 Ratio Cut、Normalized Cut 等，从而找到类似图中 Best cut 这样的最优切图。

8.1.2 谱聚类的切图聚类

为了避免最小切图导致的切图效果不佳，需要对每个子图的规模做出限定，一般有 RatioCut 和 Normalized Cut 两种切图方式。

1. RatioCut 切图

RatioCut 切图方式不光考虑最小化 $cut(A_1,A_2,\cdots,A_k)$，还同时考虑最大化每个子图点的个数，即：

$$RatioCut(A_1,A_2,\cdots,A_k) = \frac{1}{2}\sum_{j=1}^{k}\frac{cut(A_j,\overline{A_j})}{|A_j|} \tag{8-8}$$

其中$|A_j|$表示A_j组中的顶点个数。那么如何最小化这个 *RatioCut* 函数？

首先引入矩阵 $\boldsymbol{H}=(\boldsymbol{h}_1,\boldsymbol{h}_2,\boldsymbol{h}_3,\cdots,\boldsymbol{h}_j)$，$j=1,2,\cdots,k$，对于任意一个向量$\boldsymbol{h}_j$，它是一个 n 维向量（n 为样本数），定义$\boldsymbol{h}_{ij}$为：

$$\boldsymbol{h}_{ij}=\begin{cases}0 & v_i\notin A_j\\ \dfrac{1}{\sqrt{|\boldsymbol{A}_j|}} & v_i\in A_j\end{cases} \tag{8-9}$$

则可以对实数$\boldsymbol{h}_j^{\mathrm{T}}\boldsymbol{L}\,\boldsymbol{h}_j$进行如下分解：

根据“谱聚类的基础三：拉普拉斯矩阵”性质 1：$\boldsymbol{f}^{\mathrm{T}}\boldsymbol{L}\boldsymbol{f}=\frac{1}{2}\sum_{i=1}^{n}\sum_{j=1}^{n}w_{ij}(f_i-f_j)^2$，可得：

$$\boldsymbol{h}_j^{\mathrm{T}}\boldsymbol{L}\,\boldsymbol{h}_j=\frac{1}{2}\sum_{p=1}^{n}\sum_{q=1}^{n}w_{pq}(h_{pj}-h_{qj})^2 \tag{8-10}$$

根据指示向量的定义，可知若 $p,q\notin A_j$，则$h_{pj}=h_{qj}=0$；若 $p,q\in A_j$，则$h_{pj}=h_{qj}=\dfrac{1}{\sqrt{|A_j|}}$，因此可以略去不考虑，整理得：

$$\begin{aligned}\boldsymbol{h}_j^{\mathrm{T}}\boldsymbol{L}\boldsymbol{h}_j&=\frac{1}{2}\sum_{p=1}^{n}\sum_{q=1}^{n}w_{pq}(h_{pj}-h_{qj})^2\\&=\frac{1}{2}\Big(\sum_{p\in A_j}\sum_{q\notin A_j}w_{pq}(h_{pj}-h_{qj})^2+\sum_{p\notin A_j}\sum_{q\in A_j}w_{pq}(h_{pj}-h_{qj})^2\Big)\\&=\frac{1}{2}\left(\sum_{p\in A_j}\sum_{q\notin A_j}w_{pq}\left(\frac{1}{\sqrt{|A_j|}}-0\right)^2+\sum_{p\notin A_j}\sum_{q\in A_j}w_{pq}\left(0-\frac{1}{\sqrt{|A_j|}}\right)^2\right)\\&=\frac{1}{2}\left(\sum_{p\in A_j}\sum_{q\in\overline{A_j}}w_{pq}\frac{1}{|A_j|}+\sum_{p\in\overline{A_j}}\sum_{q\in A_j}w_{pq}\frac{1}{|A_j|}\right)\\&=\frac{1}{2}\frac{1}{|A_j|}(cut(A_j,\overline{A_j})+cut(\overline{A_j},A_j))=\frac{cut(A_j,\overline{A_j})}{|A_j|}\end{aligned} \tag{8-11}$$

结合 *RatioCut* 定义，可知：

$$RatioCut(A_1,A_2,\cdots,A_k)=\frac{1}{2}\sum_{j=1}^{k}\frac{cut(A_j,\overline{A_j})}{|A_j|}=\frac{1}{2}\sum_{j=1}^{k}\boldsymbol{h}_j^{\mathrm{T}}\boldsymbol{L}\boldsymbol{h}_j=\frac{1}{2}\sum_{j=1}^{k}(\boldsymbol{H}^{\mathrm{T}}\boldsymbol{L}\boldsymbol{H})_{jj}=\frac{1}{2}\mathrm{tr}(\boldsymbol{H}^{\mathrm{T}}\boldsymbol{L}\boldsymbol{H}) \tag{8-12}$$

其中：

$$H^{\mathrm{T}}LH=\begin{pmatrix} h_1{}^{\mathrm{T}}Lh_1 & h_1{}^{\mathrm{T}}Lh_2 & \cdots & h_1{}^{\mathrm{T}}Lh_k \\ h_2{}^{\mathrm{T}}Lh_1 & h_2{}^{\mathrm{T}}Lh_2 & \cdots & h_2{}^{\mathrm{T}}Lh_k \\ \vdots & \vdots & & \vdots \\ h_k{}^{\mathrm{T}}Lh_1 & h_k{}^{\mathrm{T}}Lh_2 & \cdots & h_k{}^{\mathrm{T}}Lh_k \end{pmatrix} \tag{8-13}$$

而 $\mathrm{tr}(H^{\mathrm{T}}LH)$ 指的是矩阵 $H^{\mathrm{T}}LH$ 的迹，迹的定义是：方阵主对角线元素的和。也就是说，要最小化 RatioCut，等价于最小化 $\mathrm{tr}(H^{\mathrm{T}}LH)$，同时：

$$H^{\mathrm{T}}H=\begin{pmatrix} h_{11} & h_{21} & \cdots & h_{n1} \\ h_{12} & h_{22} & \cdots & h_{n2} \\ \vdots & \vdots & & \vdots \\ h_{1k} & h_{2k} & \cdots & h_{nk} \end{pmatrix}_{k\times n}\begin{pmatrix} h_{11} & h_{12} & \cdots & h_{1k} \\ h_{21} & h_{22} & \cdots & h_{2k} \\ \vdots & \vdots & & \vdots \\ h_{n1} & h_{n2} & \cdots & h_{nk} \end{pmatrix}_{n\times k}=\begin{pmatrix} h_1{}^{\mathrm{T}}h_1 & h_1{}^{\mathrm{T}}h_2 & \cdots & h_1{}^{\mathrm{T}}h_k \\ h_2{}^{\mathrm{T}}h_1 & h_2{}^{\mathrm{T}}h_2 & \cdots & h_2{}^{\mathrm{T}}h_k \\ \vdots & \vdots & & \vdots \\ h_k{}^{\mathrm{T}}h_1 & h_k{}^{\mathrm{T}}h_2 & \cdots & h_k{}^{\mathrm{T}}h_k \end{pmatrix}_{k\times k} \tag{8-14}$$

其中向量 $h_j(j=1,2,\cdots,k)$ 是一个 n 维列向量（n 为样本数），即矩阵 H 的第 j 列。对矩阵 H 不同的两列向量进行内积，结果为0，即 $h_p{}^{\mathrm{T}}h_q=0,\text{if } p\neq q$（这可由 h_{ij} 定义得到）。因此，$H^{\mathrm{T}}H$ 是一个对角矩阵。

$H^{\mathrm{T}}H$ 的对角线元素为矩阵 H 的任意列向量与其自身内积，计算可得：

$$h_p{}^{\mathrm{T}}h_p=\sum_{i=1}^{n}h_{ip}{}^2=\overbrace{\frac{1}{\sqrt{|A_p|}}\cdot\frac{1}{\sqrt{|A_p|}}+\cdots+\frac{1}{\sqrt{|A_p|}}\cdot\frac{1}{\sqrt{|A_p|}}}^{|A_p|\text{项}}+\overbrace{0\cdot0+\cdots+0\cdot0}^{n-|A_p|\text{项}}=1 \tag{8-15}$$

因此，$H^{\mathrm{T}}H$ 是一个单位矩阵。至此，我们要最小化 *RatioCut* 的目标可以表示如下：

$$\underbrace{\arg\min}_{H\in\mathbf{R}^{n\times k}}\mathrm{tr}(H^{\mathrm{T}}LH),\text{s. t. } H^{\mathrm{T}}H=I,\text{且 } H \text{ 由(8-9)式定义} \tag{8-16}$$

其中 I 是单位矩阵，L 是拉普拉斯矩阵。

即找到满足上述条件的矩阵 H 就实现了最优的分割，矩阵 H 中每一列为一个类，该列中不为0的那些元素所在的行标签代表的数据（顶点）就属于该列所代表的类。

注意到 H 矩阵里面的每一个指示向量都是 n 维的，向量中每个变量的取值为0或者 $\frac{1}{\sqrt{|A_j|}}$，就有 2^n 种取值，有 k 个子图的话就有 k 个指示向量，共有 $k\times2^n$ 种 H，因此找到满足上面优化目标的 H 是随着 k 和 2^n 增加的。那么有没有其他办法加快速度呢？

对上面式（8-16）进行条件的宽松，将 H 中的元素设置为可以取任意实数，因此式（8-16）变为：

$$\underbrace{\arg\min}_{H\in\mathbf{R}^{n\times k}}\mathrm{tr}(H^{\mathrm{T}}LH),\text{s. t. } H^{\mathrm{T}}H=I \tag{8-17}$$

这是一个标准的迹最小化问题，可由 Rayleigh-Ritz 原理得到其解是由 L 的最小的前 k 个特征值，所对应的特征向量按列组成的矩阵 V，图8-2为 Rayleigh-Ritz 公式。

(1) (Rayleigh-Ritz theorem)
A ($m\times m$) Hermitian:

$$\lambda_{min}(A)=\min\left\{\frac{x^HAx}{x^Hx}:x\ (m\times1),\ x\neq0\right\},$$

$$\lambda_{max}(A)=\max\left\{\frac{x^HAx}{x^Hx}:x\ (m\times1),\ x\neq0\right\}.$$

(2) (Rayleigh-Ritz theorem for real matrices)
A ($m\times m$) real symmetric:

$$\lambda_{min}(A)=\min\left\{\frac{x'Ax}{x'x}:x\ (m\times1)\text{ real},\ x\neq0\right\},$$

$$\lambda_{max}(A)=\max\left\{\frac{x'Ax}{x'x}:x\ (m\times1)\text{ real},\ x\neq0\right\}.$$

图8-2　Rayleigh-Ritz 公式

下面将对上述结论进行证明，为了求解先来考虑：

$$\underbrace{\arg\min}_{H\in\mathbf{R}^{n\times k}}\boldsymbol{h}^{\mathrm{T}}\boldsymbol{L}\boldsymbol{h}, \text{s. t. } \boldsymbol{h}^{\mathrm{T}}\boldsymbol{h}=1 \tag{8-18}$$

对（8-18）式应用拉格朗日乘数法可得：$\boldsymbol{L}_p=\boldsymbol{h}^{\mathrm{T}}\boldsymbol{L}\boldsymbol{h}-\boldsymbol{\lambda}(\boldsymbol{h}^{\mathrm{T}}\boldsymbol{h}-1)$，上式对 $\boldsymbol{h}$ 求导可得：

$$\because\ \boldsymbol{h}^{\mathrm{T}}\boldsymbol{L}\boldsymbol{h}=(h_1,h_2,\cdots,h_n)\begin{pmatrix}L_{11} & L_{12} & \cdots & L_{1n}\\ L_{21} & L_{22} & \cdots & L_{2n}\\ \vdots & \vdots & & \vdots\\ L_{n1} & L_{n2} & \cdots & L_{nn}\end{pmatrix}\begin{pmatrix}h_1\\ h_2\\ \vdots\\ h_n\end{pmatrix}=\left(\sum_{i=1}^{n}h_iL_{i1},\sum_{i=1}^{n}h_iL_{i2},\cdots,\sum_{i=1}^{n}h_iL_{in}\right)\begin{pmatrix}h_1\\ h_2\\ \vdots\\ h_n\end{pmatrix}$$

$$=\sum_{k=1}^{n}h_k\sum_{i=1}^{n}h_iL_{ik}$$

$$\therefore\ \frac{\partial(\boldsymbol{h}^{\mathrm{T}}\boldsymbol{L}\boldsymbol{h})}{\partial\boldsymbol{h}}=\begin{pmatrix}\dfrac{\partial(\boldsymbol{h}^{\mathrm{T}}\boldsymbol{L}\boldsymbol{h})}{\partial h_1}\\ \dfrac{\partial(\boldsymbol{h}^{\mathrm{T}}\boldsymbol{L}\boldsymbol{h})}{\partial h_2}\\ \vdots\\ \dfrac{\partial(\boldsymbol{h}^{\mathrm{T}}\boldsymbol{L}\boldsymbol{h})}{\partial h_n}\end{pmatrix}=\begin{pmatrix}\sum\limits_{i\neq1}^{n}h_iL_{i1}+2h_1L_{11}+\sum\limits_{k\neq1}^{n}h_kL_{1k}\\ \sum\limits_{i\neq2}^{n}h_iL_{i2}+2h_2L_{22}+\sum\limits_{k\neq2}^{n}h_kL_{2k}\\ \vdots\\ \sum\limits_{i\neq n}^{n}h_iL_{in}+2h_nL_{nn}+\sum\limits_{k\neq n}^{n}h_kL_{nk}\end{pmatrix}=\begin{pmatrix}\sum\limits_{i=1}^{n}h_iL_{i1}+\sum\limits_{k=1}^{n}h_kL_{1k}\\ \sum\limits_{i=1}^{n}h_iL_{i2}+\sum\limits_{k=1}^{n}h_kL_{2k}\\ \vdots\\ \sum\limits_{i=1}^{n}h_iL_{in}+\sum\limits_{k=1}^{n}h_kL_{nk}\end{pmatrix}$$

$$=\begin{pmatrix}(L_{11},L_{21},\cdots,L_{n1})\begin{pmatrix}h_1\\ h_2\\ \vdots\\ h_n\end{pmatrix}\\ (L_{12},L_{22},\cdots,L_{n2})\begin{pmatrix}h_1\\ h_2\\ \vdots\\ h_n\end{pmatrix}\\ \vdots\\ (L_{1n},L_{2n},\cdots,L_{nn})\begin{pmatrix}h_1\\ h_2\\ \vdots\\ h_n\end{pmatrix}\end{pmatrix}+\begin{pmatrix}(L_{11},L_{12},\cdots,L_{1n})\begin{pmatrix}h_1\\ h_2\\ \vdots\\ h_n\end{pmatrix}\\ (L_{21},L_{22},\cdots,L_{2n})\begin{pmatrix}h_1\\ h_2\\ \vdots\\ h_n\end{pmatrix}\\ \vdots\\ (L_{n1},L_{n2},\cdots,L_{nn})\begin{pmatrix}h_1\\ h_2\\ \vdots\\ h_n\end{pmatrix}\end{pmatrix}=\begin{pmatrix}L_{11},L_{21},\cdots,L_{n1}\\ L_{12},L_{22},\cdots,L_{n2}\\ \vdots\quad\vdots\quad\quad\vdots\\ L_{1n},L_{2n},\cdots,L_{nn}\end{pmatrix}\begin{pmatrix}h_1\\ h_2\\ \vdots\\ h_n\end{pmatrix}+$$

$$\begin{pmatrix}L_{11},L_{12},\cdots,L_{1n}\\ L_{21},L_{22},\cdots,L_{2n}\\ \vdots\\ L_{n1},L_{n2},\cdots,L_{nn}\end{pmatrix}\begin{pmatrix}h_1\\ h_2\\ \vdots\\ h_n\end{pmatrix}$$

$$=\boldsymbol{L}^{\mathrm{T}}\boldsymbol{h}+\boldsymbol{L}\boldsymbol{h}$$

$$=2\boldsymbol{L}\boldsymbol{h}$$

$$\frac{\partial(\boldsymbol{h}^{\mathrm{T}}\boldsymbol{h})}{\partial \boldsymbol{h}}=\begin{pmatrix}\dfrac{\partial(\boldsymbol{h}^{\mathrm{T}}\boldsymbol{h})}{\partial \boldsymbol{h}_1}\\ \dfrac{\partial(\boldsymbol{h}^{\mathrm{T}}\boldsymbol{h})}{\partial \boldsymbol{h}_2}\\ \vdots\\ \dfrac{\partial(\boldsymbol{h}^{\mathrm{T}}\boldsymbol{h})}{\partial h_n}\end{pmatrix}=2\boldsymbol{h}\Rightarrow\frac{\partial L_p}{\partial \boldsymbol{h}}=2\boldsymbol{L}\boldsymbol{h}-2\lambda\boldsymbol{h}$$

$$\frac{\partial L_p}{\partial \boldsymbol{h}}=2\boldsymbol{L}\boldsymbol{h}-2\lambda\boldsymbol{h}=0\Rightarrow\boldsymbol{L}\boldsymbol{h}=\lambda\boldsymbol{h} \tag{8-19}$$

即满足$\frac{\partial L_p}{\partial \boldsymbol{h}}=0$ 的向量 $\boldsymbol{h}$ 就是 $\boldsymbol{L}$ 对应于特征值 λ（不为 0）的特征向量。

设 $\boldsymbol{R}(\boldsymbol{L},\boldsymbol{h})=\boldsymbol{h}^{\mathrm{T}}\boldsymbol{L}\boldsymbol{h}$，将 $\boldsymbol{L}\boldsymbol{h}=\lambda\boldsymbol{h}$ 代入，得到：

$$\boldsymbol{R}(\boldsymbol{L},\boldsymbol{h})=\boldsymbol{h}^{\mathrm{T}}\boldsymbol{L}\boldsymbol{h}=\frac{\boldsymbol{h}^{\mathrm{T}}\boldsymbol{L}\boldsymbol{h}}{\boldsymbol{h}^{\mathrm{T}}\boldsymbol{h}}=\frac{\boldsymbol{h}^{\mathrm{T}}\lambda\boldsymbol{h}}{\boldsymbol{h}^{\mathrm{T}}\boldsymbol{h}}=\lambda \tag{8-20}$$

因此，由式（8-19）、式（8-20）可知，$\boldsymbol{L}$ 的特征向量$(\boldsymbol{h}_1,\boldsymbol{h}_2,\boldsymbol{h}_3,\cdots,\boldsymbol{h}_j)$就是使得瑞利商 $R(\boldsymbol{L},\boldsymbol{h})=\frac{\boldsymbol{h}^{\mathrm{T}}\boldsymbol{L}\boldsymbol{h}}{\boldsymbol{h}^{\mathrm{T}}\boldsymbol{h}}$取得极值的那些 n 维空间点，且对应的瑞利商的取值刚好是对应的特征值$\boldsymbol{\lambda}_1$，$\boldsymbol{\lambda}_2,\cdots,\boldsymbol{\lambda}_n$。由此可知，式（8-17）的解 $\boldsymbol{V}$ 是由 $\boldsymbol{D}$ 的最小前 k 个特征值所对应的特征向量按列组成的矩阵。

而根据前述指示向量的定义，可知若 $p,q\notin A_j$，则$h_{pj}=h_{qj}=0$；若 $p,q\in A_j$，则$h_{pj}=h_{qj}=\frac{1}{\sqrt{|A_j|}}$，得到了矩阵 $\boldsymbol{H}$ 就知道了分类。但由于得到的 $\boldsymbol{V}$ 的元素是任意实数，因此需要将矩阵 $\boldsymbol{V}$ 转换为只包含离散值的矩阵，通常的做法就是对 $\boldsymbol{V}$ 的所有行进行 K-Means 聚类。具体做法是：将每一行（一个数据点）的各个特征（k 个）作为数据属性，应用 $K=k$ 的K-Means聚类来将所有行分为 k 类。

总结以上，通过放松约束条件，将 $\min(\mathrm{tr}(\boldsymbol{H}^{\mathrm{T}}\boldsymbol{L}\boldsymbol{H}))=\sum_{j=1}^{k}\boldsymbol{h}_j{}^{\mathrm{T}}\boldsymbol{L}\boldsymbol{h}_j$ 转换为找到 $\boldsymbol{L}$ 的 k 个最小的特征值，一般来说，k 远远小于 n，也就是说，此时进行了维度规约，将维度从 n 降到了 k，从而近似可以解决这个 NP 难的问题。

通过找到 $\boldsymbol{L}$ 的最小的 k 个特征值，可以得到对应的 k 个特征向量，这 k 个特征向量组成一个 $n\times k$ 维度的矩阵，即为我们的 $\boldsymbol{V}$。一般需要对 $\boldsymbol{V}$ 矩阵按行做标准化，即：

$$v_{ij}^{*}=\frac{v_{ij}}{\left(\sum_{t=1}^{k}v_{it}^{2}\right)^{1/2}} \tag{8-21}$$

至此，我们发现谱聚类中最终分割的环节还是 K-Means 等传统聚类方法，不同之处在于其应用拉普拉斯矩阵 $\boldsymbol{L}$ 的特征向量，来构造了一个新的数据矩阵（每个特征向量是 $n\times1$ 维，其中每个元素代表对应数据点在该特征向量所表示的维度上的属性值），而且这是经过降维后的数据，极大地加快了后续聚类的速度，即 k 个特征向量组成的矩阵 $\boldsymbol{V}(n\times k)$就是新的数据。相比之下，PCA 中对协方差矩阵求得的特征向量，是坐标变换矩阵 $\boldsymbol{W}(k\times m)$，其每个特征向量是 $1\times m$ 维，代表用原坐标系表示的新的坐标轴方向，即$\boldsymbol{W}_{k\times m}\times\boldsymbol{X}_{m\times n}=\boldsymbol{Y}_{k\times n}$，其中 n 是数据个数、m 是维数、k 是新维数。

2. NormalizedCut 切图

NormalizedCut 切图方式和 RatioCut 切图方式类似，定义如下：

$$NCut(\boldsymbol{A}_1,\boldsymbol{A}_2,\cdots,\boldsymbol{A}_k)=\frac{1}{2}\sum_{j=1}^{k}\frac{cut(\boldsymbol{A}_j,\overline{\boldsymbol{A}_j})}{vol(\boldsymbol{A}_j)} \tag{8-22}$$

其中 $vol(\boldsymbol{A}_j)=\sum_{i\in \boldsymbol{A}_j}\sum_{k=1}^{n}w_{ik}$，$n$ 为顶点个数，即$\boldsymbol{A}_j$中所有点出发的边权重和。改进是因为不一定集合中的样本个数多就意味着权重大，因此一般 NormalizedCut 比 RatioCut 更优。

相应地，指示向量 $\boldsymbol{h}$ 也进行了改进：

$$\boldsymbol{h}_{ij}=\begin{cases}0 & v_i\notin \boldsymbol{A}_j\\ \dfrac{1}{\sqrt{vol(\boldsymbol{A}_j)}} & v_i\in \boldsymbol{A}_j\end{cases} \tag{8-23}$$

因此有：

$$\begin{aligned}\boldsymbol{h}_j^{\mathrm{T}}\boldsymbol{L}\boldsymbol{h}_j &=\frac{1}{2}\sum_{p=1}^{n}\sum_{q=1}^{n}w_{pq}(\boldsymbol{h}_{pj}-\boldsymbol{h}_{qj})^2\\ &=\frac{1}{2}\Big(\sum_{p\in \boldsymbol{A}_j}\sum_{q\notin \boldsymbol{A}_j}w_{pq}(\boldsymbol{h}_{pj}-\boldsymbol{h}_{qj})^2+\sum_{p\notin \boldsymbol{A}_j}\sum_{q\in \boldsymbol{A}_j}w_{pq}(\boldsymbol{h}_{pj}-\boldsymbol{h}_{qj})^2\Big)\\ &=\frac{1}{2}\left(\sum_{p\in \boldsymbol{A}_j}\sum_{q\notin \boldsymbol{A}_j}w_{pq}\left(\frac{1}{\sqrt{vol(\boldsymbol{A}_j)}}-0\right)^2+\sum_{p\notin \boldsymbol{A}_j}\sum_{q\in \boldsymbol{A}_j}w_{pq}\left(0-\frac{1}{\sqrt{vol(\boldsymbol{A}_j)}}\right)^2\right)\\ &=\frac{1}{2}\left(\sum_{p\in \boldsymbol{A}_j}\sum_{q\in \overline{\boldsymbol{A}_j}}w_{pq}\frac{1}{vol(\boldsymbol{A}_j)}+\sum_{p\in \overline{\boldsymbol{A}_j}}\sum_{q\in \boldsymbol{A}_j}w_{pq}\frac{1}{vol(\boldsymbol{A}_j)}\right)\\ &=\frac{1}{2}\frac{1}{vol(\boldsymbol{A}_j)}(cut(\boldsymbol{A}_j,\overline{\boldsymbol{A}_j})+cut(\overline{\boldsymbol{A}_j},\boldsymbol{A}_j))=\frac{cut(\boldsymbol{A}_j,\overline{\boldsymbol{A}_j})}{vol(\boldsymbol{A}_j)}\end{aligned} \tag{8-24}$$

同样道理，优化目标就是最小化 $\mathrm{tr}(\boldsymbol{H}^{\mathrm{T}}\boldsymbol{L}\boldsymbol{H})$，因为：

$$NCut(\boldsymbol{A}_1,\boldsymbol{A}_2,\cdots,\boldsymbol{A}_k)=\frac{1}{2}\sum_{j=1}^{k}\frac{cut(\boldsymbol{A}_j,\overline{\boldsymbol{A}_j})}{vol(\boldsymbol{A}_j)}=\frac{1}{2}\sum_{j=1}^{k}\boldsymbol{h}_j^{\mathrm{T}}\boldsymbol{L}\boldsymbol{h}_j=\frac{1}{2}\sum_{j=1}^{k}(\boldsymbol{H}^{\mathrm{T}}\boldsymbol{L}\boldsymbol{H})_{jj}=\frac{1}{2}\mathrm{tr}(\boldsymbol{H}^{\mathrm{T}}\boldsymbol{L}\boldsymbol{H}) \tag{8-25}$$

通过化简发现$\boldsymbol{h}_p^{\mathrm{T}}\boldsymbol{D}\boldsymbol{h}_p=1$，因为：

$$\boldsymbol{h}_p^{\mathrm{T}}\boldsymbol{D}\boldsymbol{h}_p=(h_{1p},h_{2p},\cdots,h_{np})\begin{pmatrix}d_1 & 0 & \cdots & 0\\ 0 & d_2 & \cdots & 0\\ \vdots & \vdots & & \vdots\\ 0 & 0 & \cdots & d_n\end{pmatrix}\begin{pmatrix}h_{1p}\\ h_{2p}\\ \vdots\\ h_{np}\end{pmatrix}=(h_{1p}d_1,h_{2p}d_2,\cdots,h_{np}d_n)\begin{pmatrix}h_{1p}\\ h_{2p}\\ \vdots\\ h_{np}\end{pmatrix}$$

$$=\sum_{i=1}^{n}h_{ip}{}^2d_i$$

$$=\Big(\overbrace{\sum_{i\in \boldsymbol{A}_p}d_i}^{|\boldsymbol{A}_p|\text{项}}\Big)\frac{1}{\sqrt{vol(\boldsymbol{A}_p)}}\cdot\frac{1}{\sqrt{vol(\boldsymbol{A}_p)}}+\overbrace{0\cdot 0+\cdots+0\cdot 0}^{n-|\boldsymbol{A}_p|\text{项}}=\Big(\overbrace{\sum_{i\in \boldsymbol{A}_p}d_i}^{|\boldsymbol{A}_p|\text{项}}\Big)\frac{1}{vol(\boldsymbol{A}_p)}=$$

$$\frac{1}{vol(\boldsymbol{A}_p)}\sum_{i\in \boldsymbol{A}_p}\sum_{j=1}^{n}w_{ij}$$

$$\because vol(\boldsymbol{A}_j)=\sum_{i\in \boldsymbol{A}_j}w_i,$$

$$\therefore \sum_{i\in \boldsymbol{A}_p}\sum_{j=1}^{n}w_{ij}=vol(\boldsymbol{A}_p)$$

$$\therefore\ \boldsymbol{h}_p^{\mathrm{T}}\boldsymbol{D}\boldsymbol{h}_p = \frac{1}{vol(\boldsymbol{A}_p)}\sum_{i\in \boldsymbol{A}_p}\sum_{j=1}^{n} w_{ij} = 1 \tag{8-26}$$

因此，$\boldsymbol{H}^{\mathrm{T}}\boldsymbol{D}\boldsymbol{H}$ 是一个单位矩阵。

至此，要最小化 NormalizedCut 的目标，可以表示为：

$\underbrace{\arg\min\operatorname{tr}\ (\boldsymbol{H}^{\mathrm{T}}\boldsymbol{L}\boldsymbol{H})}_{\mathbf{H}\in\mathbf{R}^{n\times k}}$，s. t. $\boldsymbol{H}^{\mathrm{T}}\boldsymbol{D}\boldsymbol{H}=\boldsymbol{I}$，且 $\boldsymbol{H}$ 由式（8-22）定义

其中 $\boldsymbol{I}$ 是单位矩阵，$\boldsymbol{L}$ 是拉普拉斯矩阵。

$\boldsymbol{H}$ 中的指示向量 $\boldsymbol{h}$ 并不是标准正交基，因此要将指示向量矩阵 $\boldsymbol{H}$ 进行如下变换：

令 $\boldsymbol{H}=\boldsymbol{D}^{-1/2}\boldsymbol{F}$，则 $\boldsymbol{I}=\boldsymbol{H}^{\mathrm{T}}\boldsymbol{D}\boldsymbol{H}=(\boldsymbol{D}^{-1/2}\boldsymbol{F})^{\mathrm{T}}\boldsymbol{D}\boldsymbol{D}^{-1/2}\boldsymbol{F}=\boldsymbol{F}^{\mathrm{T}}\boldsymbol{F}$，即通过此种方法得到的 $\boldsymbol{F}$ 是单位正交基组成的矩阵。因此优化目标表示成下述：

$\underbrace{\arg\min\operatorname{tr}(\boldsymbol{F}^{\mathrm{T}}\boldsymbol{D}^{-\frac{1}{2}}\boldsymbol{L}\boldsymbol{D}^{-\frac{1}{2}}\boldsymbol{F})}_{\boldsymbol{H}\in\mathbf{R}^{n\times k}}$，s. t. $\boldsymbol{F}^{\mathrm{T}}\boldsymbol{F}=\boldsymbol{I}$，$\boldsymbol{F}$ 由 $\boldsymbol{H}=\boldsymbol{D}^{-\frac{1}{2}}\boldsymbol{F}$ 得到，且 $\boldsymbol{H}$ 由式（8-23）定义

这样就化成了和 *RatioCut* 中对应部分一样的形式，只不过 $\boldsymbol{L}$ 变成了 $\boldsymbol{D}^{-1/2}\boldsymbol{L}\boldsymbol{D}^{-1/2}$，即 $\boldsymbol{L}$ 进行了变换。同理，只要求 $\boldsymbol{D}^{-1/2}\boldsymbol{L}\boldsymbol{D}^{-1/2}$ 的前 k 个最小特征值，求出对应特征向量，并标准化得到最后的矩阵 $\boldsymbol{F}$，$\boldsymbol{F}$ 就是 n 行 k 列的矩阵，并对 $\boldsymbol{F}$ 进行一次传统聚类即可。

8.1.3 算法流程

根据谱聚类算法的思想，可以得到 unnormalized 谱聚类和 normalized 谱聚类，前者比后者简单。本节将介绍 unnormalized 谱聚类的几个步骤（假设要分 k 个类），具体如下。

1）建立 similarity graph，并用 $\boldsymbol{W}$ 表示 similarity graph 的带权邻接矩阵。

2）计算 unnormalized graph Laplacian matrix $\boldsymbol{L}$（$\boldsymbol{L}=\boldsymbol{D}-\boldsymbol{W}$，其中 $\boldsymbol{D}$ 是 degree matrix）。

3）计算 $\boldsymbol{L}$ 的前 k 个最小的特征向量。

4）把这 k 个特征向量排列在一起组成一个 $N\times k$ 的矩阵，将其中每一行看作 k 维空间中的一个向量，并使用 K-Means 算法进行聚类。

8.2 聚类普算法的优缺点

谱聚类算法相比 K-Means、GMM 等算法多了一步对样本“本质”的提取，这简化了聚类的计算复杂度，也有利于聚类问题的深入，其优缺点总结如下。

1. 聚类普算法的优点

1）Spectral Clustering 只需要数据之间的相似度矩阵就可以了，不必像 K-Means 算法那样要求数据必须是 N 维欧氏空间中的向量。

2）由于抓住了主要矛盾，忽略了次要的东西，因此比传统的聚类算法更加健壮一些，对于不规则的误差数据不是那么敏感，而且聚类性能也要更好一些。

3）计算复杂度比 K-Means 算法要小，特别是在处理文本数据或者图像数据等维度非常高的数据时。

2. 聚类普算法的缺点

1）如果最终聚类的维度非常高，则由于降维的幅度不够，谱聚类的运行速度和最后的聚类效果均不好。

2）聚类效果依赖于相似矩阵，不同的相似矩阵得到的最终聚类效果可能很不同。

8.3 实例分析

本实例以鸢尾花数据集和平面点集数据集作为测试数据集，并与 K-Means 算法做一个性能比较。读者可以从本节的实例中看出谱聚类算法相对于传统 K-Means 算法的优势。

8.3.1 数据集介绍

鸢尾花数据集是经典的分类问题的测试数据集，也可以用于聚类问题。平面点集数据集是经典的非线性分类问题的测试数据，用该数据集比较容易测试出谱聚类与 K-Means 算法的性能区别。

1. 鸢尾花数据集

鸢尾花分类数据集一共 150 条数据，每一条数据是一个 5 维的向量，其中最后 1 维是待分类的属性值（鸢尾花类别），一共有 3 类鸢尾花，数据如图 8-3 所示。

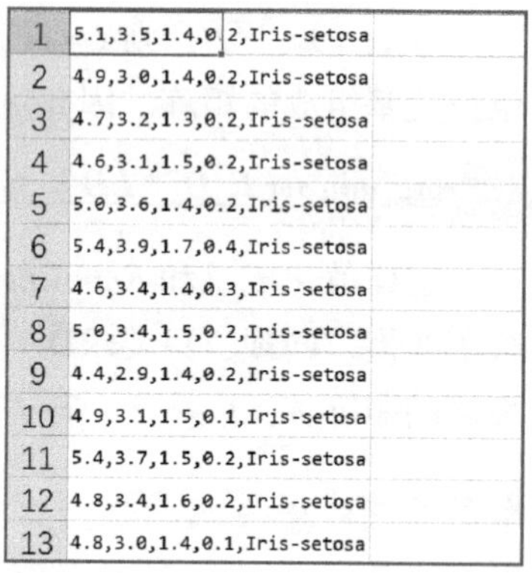

1	5.1,3.5,1.4,0.2,Iris-setosa
2	4.9,3.0,1.4,0.2,Iris-setosa
3	4.7,3.2,1.3,0.2,Iris-setosa
4	4.6,3.1,1.5,0.2,Iris-setosa
5	5.0,3.6,1.4,0.2,Iris-setosa
6	5.4,3.9,1.7,0.4,Iris-setosa
7	4.6,3.4,1.4,0.3,Iris-setosa
8	5.0,3.4,1.5,0.2,Iris-setosa
9	4.4,2.9,1.4,0.2,Iris-setosa
10	4.9,3.1,1.5,0.1,Iris-setosa
11	5.4,3.7,1.5,0.2,Iris-setosa
12	4.8,3.4,1.6,0.2,Iris-setosa
13	4.8,3.0,1.4,0.1,Iris-setosa

图 8-3 鸢尾花数据样例

2. 平面数据点集

平面数据点集是一个二维点集，如图 8-4 所示。图 8-5 是对该点集的可视化，看到是一个线性不可分的二维点集。

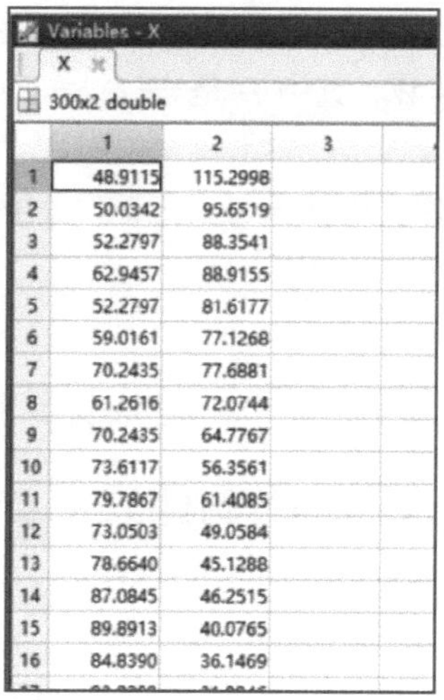

Variables - X

X

300x2 double

	1	2	3
1	48.9115	115.2998	
2	50.0342	95.6519	
3	52.2797	88.3541	
4	62.9457	88.9155	
5	52.2797	81.6177	
6	59.0161	77.1268	
7	70.2435	77.6881	
8	61.2616	72.0744	
9	70.2435	64.7767	
10	73.6117	56.3561	
11	79.7867	61.4085	
12	73.0503	49.0584	
13	78.6640	45.1288	
14	87.0845	46.2515	
15	89.8913	40.0765	
16	84.8390	36.1469	

图 8-4 二维点集

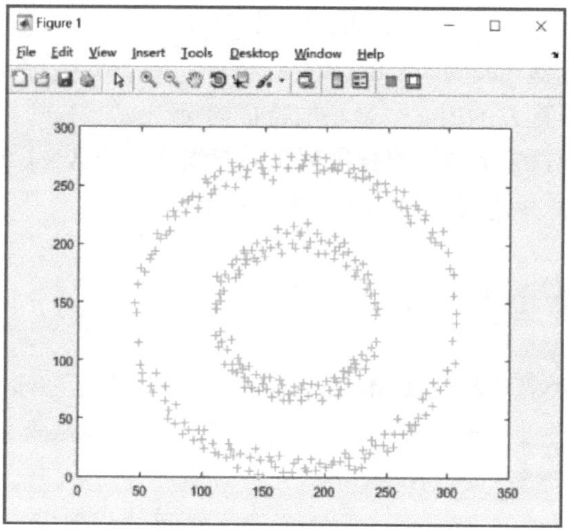

图 8-5 二维点集的可视化

8.3.2 函数介绍

谱聚类算法的两个核心函数分别是 spectral_clustering( ) 和 neighbor_matrix( )，前者是谱聚类的主函数，后者是计算邻接矩阵的函数，调用代码如下。

```
ID = spectral_clustering(x,k)
```

函数的输入 x 为原始数据，是 $n \times p$ 的矩阵，每一行代表一个数据点，k 是要聚类的类别数；函数的输出 ID 是数据集的聚类标签。

计算普聚类算法中，有一个邻接矩阵的中间步骤需要计算，下面的函数是计算邻接矩阵的代码调用。

```
w = neighbor_matrix(x)
```

函数的输入 x 为原始数据，是 n×p 的矩阵，每一行代表一个数据点；函数的输出 w 是数据集的邻接矩阵。

8.3.3 结果分析

本节将分别给出鸢尾花数据集的测试效果和平面点集数据集的测试效果。在鸢尾花数据集中，谱聚类和 K-Means 算法的分类准确率相当，而在平面点集数据集中两者的差别就比较明显了。

1. 鸢尾花数据集聚类结果

图 8-6 给出了针对鸢尾花数据集应用谱聚类算法后，所得到的聚类标签准确度为 0.8933。图 8-7 给出了调用 MATLAB 自带的 K-Means() 函数所得到的聚类标签准确度，也是 0.8933。

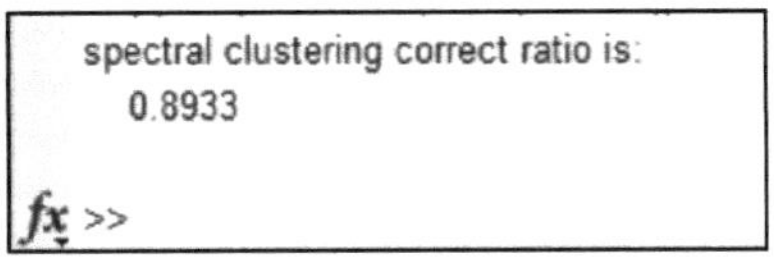

图 8-6 谱聚类准确率

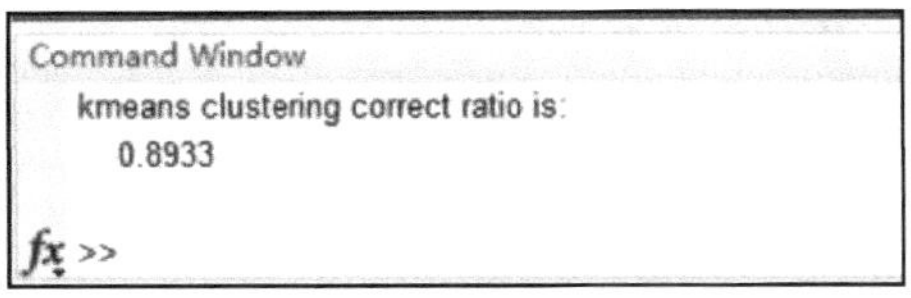

图 8-7 K-Means 算法准确率

虽然两个算法的准确率相当，但是谱聚类算法可以用比 K-Means 算法更少的数据量，它只需要数据相关性矩阵就够了，测试代码如下。

```
%% example 1 - 鸢尾花聚类对比
% spectral clustering
clear
loadfisheriris;
k = 3;
sigma = 1;
ID = spectral_clustering(meas,k,sigma);

label = categorical(species);
labels = grp2idx(label);
disp('spectral clustering correct ratio is: ');
disp(sum(ID = = labels)/size(labels,1));

% K-Means test
clear
loadfisheriris;
k = 3;
ID  = K-Means(meas, k);

new_ID = zeros(size(ID,1),1);
```

```
temp = ID(1);
idx = zeros(3,1);
index = 1;
idx(temp) = index;
new_ID(1) =index;
fori=2:size(ID,1)
    if ID(i) = =temp;
        new_ID(i) =index;
    else
        if idx(ID(i)) = =0
            temp=ID(i);
            index=index+1;
            idx(temp) = index;
            new_ID(i) =index;
        else
            new_ID(i) =idx(ID(i));
        end
    end
end
label=categorical(species);
labels=grp2idx(label);
disp('K-Means clustering correct ratio is: ');
disp(sum(new_ID= =labels)/size(labels,1));
```

2. 平面数据集聚类结果

图 8-8a 给出了针对平面数据集应用谱聚类算法后，得到的聚类结果，完全达到了我们想要的聚类效果；图 8-8b 给出了针对平面数据集应用 K-Means 聚类算法后，得到的聚类结果，聚类效果并不理想。

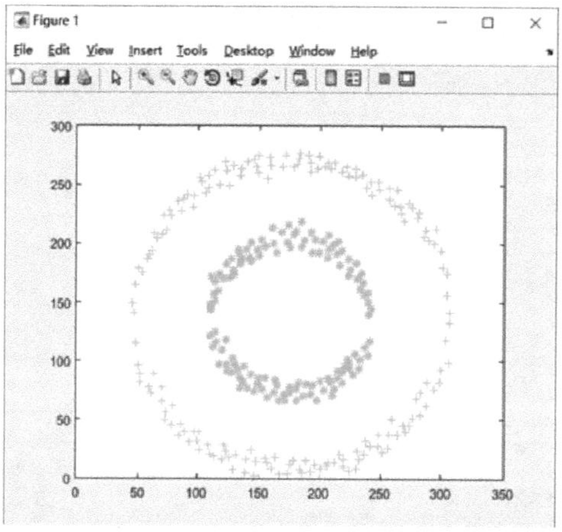

a)

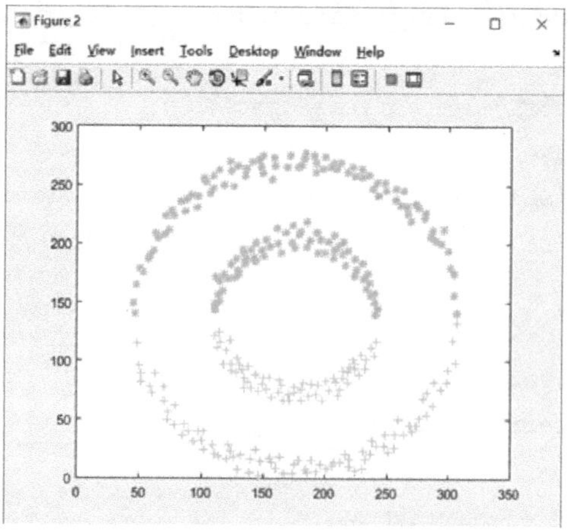

b)

图 8-8 谱聚类和 K-Means 算法对比

以上测试结果的对比展示了谱聚类相对 K-Means 的优势所在，在线性可分的数据集上，K-Means 算法是基于欧氏距离的硬分类，所以谱聚类的优势不明显，但是一旦到了线性不可分的数据集上，基于点集的相似度矩阵的谱聚类就比线性距离更加抓住了核心点，优势十分明显，测试代码如下。

```
% spectral_clustering
clear
load('circledata.mat');
X = data';
plot(X(:,1),X(:,2),'b+')
k = 2;
sigma = 1;
ID = spectral_clustering(X,k,sigma);

figure(1);
plot(X(ID = =1,1),X(ID = =1,2),'r+', X(ID = =2,1),X(ID = =2,2),'b*');

% K-Means
clear
load('circledata.mat');
X = data';
k = 2;
ID  = K-Means(X, k);
figure(2);
plot(X(ID = =1,1),X(ID = =1,2),'r+', X(ID = =2,1),X(ID = =2,2),'b*');
```

8.3.4 代码获取

谱聚类算法主要有 neighbor_matrix( ) 和 spectral_clustering( ) 两个核心函数，读者可扫描封底二维码下载谱聚类算法的应用程序代码。

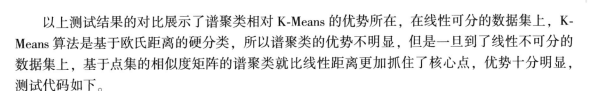

第二篇

神经网络算法

神经网络算法是当下较为热门的机器学习分支方向。神经网络有着许多不同的分类，一般公认的有 DNN、CNN、RNN 三种。DNN 是深度神经网络，指有着多层次复杂结构的网络类型，主要在隐含层有许多复杂结构。本篇介绍的 BP 神经网络和径向基神经网络是基本的 3 层网络，只有一个隐含层，作为深入神经网络的一种入门。而 Hopfield 和 LSTM 两个算法都属于 RNN，即循环神经网络，前者是较为经典的 RNN，后者是在时间序列问题上有着经典表现的 RNN，本篇也将分别介绍。CNN 是卷积神经网络，目前在图像识别领域有着较为广泛的运用，Hopfield 神经网络也可以在一定程度上处理图像识别问题。

第 9 章　BP 神经网络与径向基神经网络算法

BP 神经网络和径向基神经网络是两种最为常见的神经网络类型，都是基于前向反馈和误差传递来进行网络神经元节点的权值调整。本章将对这两种神经网络算法的前馈过程和权值调整过程给出详细的数学说明，逐步推导了权值误差修正的过程并给出计算公式，最后给出了 MATLAB 中两者算法的代码案例。

9.1　原理介绍

本节讲述神经网络算法的主要原理，详细介绍其算法步骤、数学原理以及运用算法的一些技巧，最后对其缺陷做出简要说明。

9.1.1　算法思想

BP 神经网络和径向基神经网络都是多层感知器的一种，是一种按误差反向传播（简称误差反传）训练的多层前馈网络，其基本思想是梯度下降法，利用梯度搜索技术，以期使网络的实际输出值和期望输出值的误差均方差为最小。

BP 神经网络的隐含层节点采用输入模式与权向量的内积作为激活函数的自变量，而激活函数采用 sigmoid( ) 函数。各个节点对 BP 网络的输出具有同等地位的影响，因此 BP 神经网络是对非线性映射的全局逼近。

径向基神经网络的隐含层节点采用输入模式与中心向量的距离（如欧式距离）作为函数的自变量，并使用径向基函数（如 gaussian( ) 函数）作为激活函数。神经元的输入离径向基函数中心越远，神经元的激活程度就越低（高斯函数）。径向基网络的输出与部分参数有关，因此径向基神经网络具有“局部映射”特性。

9.1.2　算法流程

BP 神经网络和径向基神经网络在计算上略有不同，这里给出两者的共同流程，包括下面几个步骤。

1. 网络的初始化

BP 神经网络和径向基神经网络都是层次结构的网络类型，为了网络训练不受到极端初始值的影响，通常会随机化各层之间的权值。

2. 输入层

接受样本数据输入并通过输入层计算输出。

3. 隐含层

接受输入层的输出，通过隐含层计算隐含层输出。

4. 输出层

接受隐含层的输出，通过输出层计算输出层的输出，即最终的预测标签。

5. 误差的计算

计算预测结果和真实标签的误差。

6. 权值的更新

根据误差修正公式计算新的网络权值。

7. 偏置的更新

根据误差修正公式计算新的网络权值偏置项。

8. 判断算法迭代是否结束

根据迭代次数或误差收敛情况判断是否结束网络训练。

9.1.3 BP神经网络与径向基神经网络结构说明

本节先从BP神经网络和径向基神经网络的网络结构开始说明，图9-1描述的是一个三层的BP神经网络，网络接受的训练数据是由 N 个 D 维向量组成的样本矩阵。D、H 和 O 分别是输入层、隐含层和输出层的神经元个数，两个权值偏置矩阵分别是隐含层与输出层的重要参数。

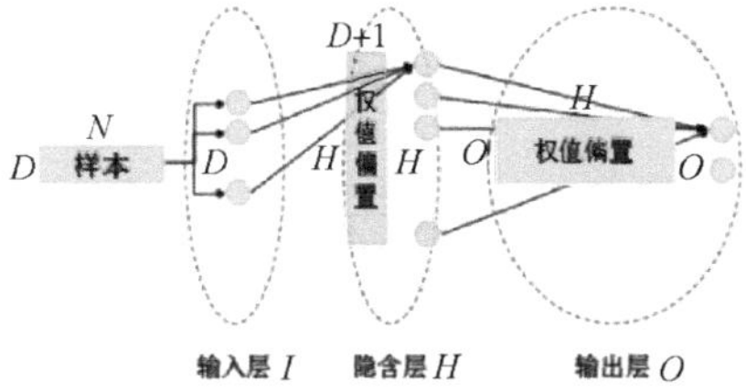

图9-1　三层BP神经网络结构

其中○：1 ▭（上标 N）［每一个神经元得到的数据都是(1,N)维］。

径向基网络也是一个三层的前馈神经网络，它与三层的BP网络不同点在于隐含层，如图9-2所示。

$G(\|X-\boldsymbol{C}_h\|)$ 为径向基函数；X 为输入层I的输出；$\boldsymbol{C}_h$ 为隐含层 **H** 中第 h 个神经元的径向基函数的中心向量，它是D行1列的向量。隐含层 **H** 无激活函数。因此，隐含层 **H** 的输出是输入层I的输出经过 **H** 个径向基函数映射的结果。两者分别是一种径向基函数，如图9-3所示。

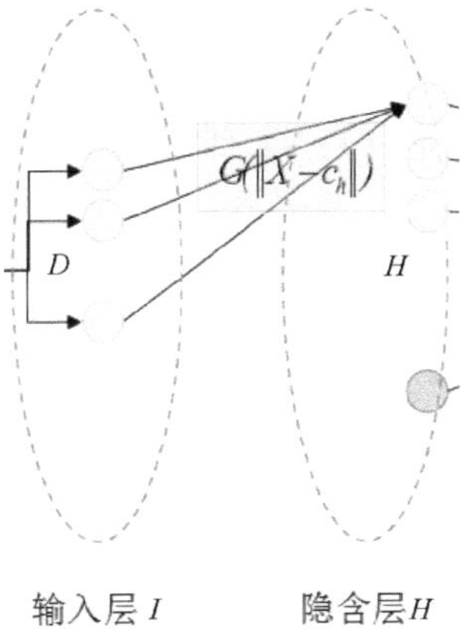

图9-2　径向基神经网络的隐藏层结构

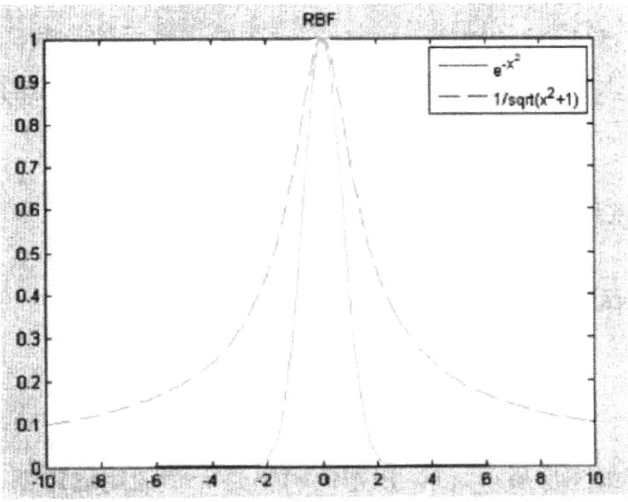

图9-3　径向基函数

图9-3中 x 为1维变量，中心向量为原点，所以 e^{-x^2} 与 $\frac{-1}{\sqrt{x^2+1}}$ 可以分别看成是 $e^{-\|x-0\|_2}$ 与

$\frac{-1}{\sqrt{\|x-0\|_2+1}}$。因此，它们都是 x 关于中心点欧氏距离的函数，满足径向基函数要求。

径向基函数由两个参数决定，即中心向量与标准差。因此在训练径向基网络时，需要学习得到的参数有隐含层各神经元的径向基函数的中心向量与标准差以及输出层的权值偏置矩阵。

关于两种神经网络的前馈过程，BP 神经网络和径向基神经网络在计算隐含层的相关步骤略有不同，但总体上两者的前馈形式是相似的，所以本节将两者一同介绍。

在进行具体计算过程介绍之前，先给出各个计算符号的定义，表 9-1 所示。矩阵变量名为中文拼音手写字母，下标为矩阵的行列。

表 9-1　各变量符号说明

变量符号	D N 样本	D+1 N 样本	D+1 H 权值偏置	N H 隐含层的输入	N H 隐含层的输出	N O 输出层的输入	N O 输出层的输出
说明	$YB_{D\times N}$	$YB_{(D+1)\times N}$	$QZPZ_{H\times(D+1)}$	$YHCSR_{H\times N}$	$YHCSC_{H\times N}$	$SCCSR_{O\times N}$	$SCCSC_{O\times N}$

前馈步骤如下。

1）将 N 个 D 维样本的每一维传入输入层的每个节点。

2）数据从输入层传入隐含层：首先合并权值偏置，即在 $YB_{D\times N}$ 末尾增加一行，该行元素全为 1，得到 $YB_{(D+1)\times N}$。再利用隐含层的权值偏置矩阵进行公式的运算。

$$QZPZ_{H\times(D+1)}\times YB_{(D+1)\times N}=YHCSR_{H\times N} \tag{9-1}$$

得到的（H,N）维矩阵的每一行是对应每一个隐含层神经元得到的数据信息。另外，该层权值偏置矩阵中代表偏置的最后一列元素必须全部相同。

3）隐含层的输入到隐含层的输出：将隐含层的输入矩阵经过激活函数映射，得到隐含层的输出，即进行公式运算。

$$\mathrm{sigmoid}(YHCSR_{H\times N})=YHCSC_{H\times N} \tag{9-2}$$

在径向基网络中，前两步被以下公式所代表的过程替代。

$$[\mathrm{G}(\|YB_{D\times N}-C_1\|);\mathrm{G}(\|YB_{D\times N}-C_2\|);\cdots;\mathrm{G}(\|YB_{D\times N}-C_H\|)]=YHCSC_{H\times N} \tag{9-3}$$

C_i 是 D 行 1 列的列向量，需要填充 N 次，与 $YB_{D\times N}$ 计算，$\|YB_{D\times N}-C_i\|$ 表示按列计算每个样本点与第 i 个径向基函数中心向量的欧氏距离［该式的结果是（$1,N$）维］，然后再将这 H 个（$1,N$）作为隐含层的输出。

4）隐含层的输出到输出层的输入：利用隐含层的输出矩阵与输出层的权值偏置矩阵按公式进行运算。

$$QZPZ_{O\times H}\times YHCSC_{H\times N}=SCCSR_{O\times N} \tag{9-4}$$

得到的（O,N）维矩阵的每一行，是对应每一个输出层神经元得到的数据信息。

5）输出层的输入到输出层的输出：将隐含层的输入矩阵经过激活函数映射，得到隐含层的输出，即按公式进行运算。

$$\mathrm{purelin}(SCCSR_{O\times N})=SCCSC_{O\times N} \tag{9-5}$$

9.1.4　误差反向传递（含权值偏置调整）

以 9.1.3 小节中提到的三层 BP 网络为例，进行误差反向传递与权值偏置调整的推导，多层 BP 网络的这两个计算过程可以同理得到。下面的算例也将沿用上文设立的激活函数，这两个激活函数分别是隐含层与输出层最常用的激活函数，也是 MATLAB 原码的默认值。对于使用其他激活函数的 BP 网络，也可以将其激活函数直接替代到以下算例过程，完成推导。因为任何激活函数都是几乎处处可导（对于 ReLU 这种在有限点处不可导的激活函数，其在不可导点的导数会被人为规定，如 ReLU 激活函数在 0 点的导数被规定为其导函数在 0 点的右极限 1）。

用 u 和 v 分别代表某一层的输入和输出，如u_H^1表示隐含层输入矩阵的第一列。设网络输出层的实际输出为$Y_O=[v_O^1,v_O^2,\cdots,v_O^N]$，样本标签为 $L=[l_1,l_2,\cdots,l_N]$，η 为学习率，网络输出层的误差表达式为：

$$e=\frac{1}{2}\sum_{i=1}^{N}(l_i-v_O^i)^2 \tag{9-6}$$

9.1.5 调整输出层的权值偏置矩阵

根据梯度下降法（*traingd*），权值偏置矩阵的调整为：

$$\Delta w_O=-\eta\frac{\partial e}{\partial w_O} \tag{9-7}$$

调整后该层的权值偏置矩阵为：

$$w_O^{new}=\Delta w_O+w_O \tag{9-8}$$

根据求导链式法则可以得到公式：

$$\frac{\partial e}{\partial w_O}=\frac{\partial e}{\partial(l_i-v_O^i)}\times\frac{\partial(l_i-v_O^i)}{\partial v_O^i}\times\frac{\partial v_O^i}{\partial u_O^i}\times\frac{\partial u_O^i}{\partial w_O}(i=1,2,\cdots,N) \tag{9-9}$$

又因为 e 根据 MSE（最小均方误差）的定义表达式为以下公式：

$$e=\frac{1}{2}\sum_{i=1}^{N}(l_i-v_O^i)^2 \tag{9-10}$$

所以可以得到：

$$\frac{\partial e}{\partial w_O}=\frac{\partial e}{\partial(l_i-v_O^i)}\times\frac{\partial(l_i-v_O^i)}{\partial v_O^i}\times\frac{\partial v_O^i}{\partial u_O^i}\times\frac{\partial u_O^i}{\partial w_O}=(l_i-v_O^i)\times(-1)\times purelin'(u_O^i)\times v_H^i(i=1,2,\cdots,N) \tag{9-11}$$

再得到如下公式：

$$\Delta w_O=-\eta\frac{\partial e}{\partial w_O} \tag{9-12}$$

得：

$$\Delta w_O=\eta(l_i-v_O^i)\times purelin'(u_O^i)\times v_H^i(i=1,2,\cdots,N) \tag{9-13}$$

在$\frac{\partial e}{\partial w_O}=\frac{\partial e}{\partial(l_i-v_O^i)}\times\frac{\partial(l_i-v_O^i)}{\partial v_O^i}\times\frac{\partial v_O^i}{\partial u_O^i}\times\frac{\partial u_O^i}{\partial w_O}(i=1,2,\cdots,N)$中引入局部负梯度$\delta_O^i$（网络最终误差对某层的输入的负导数）。

$$\delta_O^i=-\frac{\partial e}{\partial u_O^i}=-\frac{\partial e}{\partial(l_i-v_O^i)}\times\frac{\partial(l_i-v_O^i)}{\partial v_O^i}\times\frac{\partial v_O^i}{\partial u_O^i}=-\frac{\partial e}{\partial(l_i-v_O^i)}\times(-1)\times\frac{\partial v_O^i}{\partial u_O^i} \tag{9-14}$$

将公式（9-14）$\delta_O^i=-\frac{\partial e}{\partial(l_i-v_O^i)}\times(-1)\times\frac{\partial v_O^i}{\partial u_O^i}$代入$\frac{\partial e}{\partial w_O}$，可以得：

$$\frac{\partial e}{\partial w_O}=-\delta_O^i\times\frac{\partial u_O^i}{\partial w_O}=-\delta_O^i\times v_H^i \tag{9-15}$$

因为$e=\frac{1}{2}\sum_{i=1}^{N}(l_i-v_O^i)^2$，输出层激活函数是purelin，所以根据$\delta_O^i=-\frac{\partial e}{\partial(l_i-v_O^i)}\times(-1)*\frac{\partial v_O^i}{\partial u_O^i}$可以得：

$$\delta_O^i=-(l_i-v_O^i)\times(-1)\times purelin'(u_O^i) \tag{9-16}$$

因为$\Delta w_O=-\eta\frac{\partial e}{\partial w_O}$和$\frac{\partial e}{\partial w_O}=-\delta_O^i\times v_H^i$，所以可以得：

$$\Delta w_O=-\eta\times(-\delta_O^i)\times v_H^i=\eta\,\delta_O^i v_H^i \tag{9-17}$$

公式（9-18）（9-19）（9-20）成立。

$$w_O^{new}=\Delta w_O+w_O \tag{9-18}$$

$$\Delta w_O=-\eta\times(-\delta_O^i)\times v_H^i=\eta\,\delta_O^i v_H^i \tag{9-19}$$

$$\delta_O^i=-(l_i-v_O^i)\times(-1)\times purelin'(u_O^i) \tag{9-20}$$

所以该层经过调整的权值偏置矩阵为公式：

$$w_O^{new}=\eta(l_i-v_O^i)\times purelin'(u_O^i)\times v_H^i+w_O(i=1,2,\cdots,N) \tag{9-21}$$

9.1.6 调整隐含层权值偏置矩阵

与上一节中权值调整公式相似，$\Delta w_O=-\eta\times(-\delta_O^i)\times v_H^i=\eta\,\delta_O^i v_H^i(i=1,2,\cdots,N)$，$w_O^{new}=\Delta w_O+w_O$对于隐含层的权值偏置矩阵调整量有$\Delta w_H=-\eta\times(-\delta_H^i)\times v_I^i=\eta\,\delta_H^i v_I^i(i=1,2,\cdots,N)$，$w_H^{new}=\Delta w_H+w_H$。

其中：

$$\delta_H^i=-\frac{\partial e}{\partial u_H^i}=-\frac{\partial\frac{1}{2}\sum_{i=1}^{N}(l_i-v_O^i)^2}{\partial v_H^i}\times\frac{\partial v_H^i}{\partial u_H^i} \tag{9-22}$$

因为隐含层的激活函数设为sigmoid，所以可以得：

$$\delta_H^i=-\frac{\partial\frac{1}{2}\sum_{i=1}^{N}(l_i-v_O^i)^2}{\partial v_H^i}\times \mathrm{sigmoid}'(u_H^i)(i=1,2,\cdots,N) \tag{9-23}$$

因为$\frac{\partial\frac{1}{2}\sum_{i=1}^{N}(l_i-v_O^i)^2}{\partial v_H^i}=\frac{\partial\frac{1}{2}\sum_{i=1}^{N}(l_i-v_O^i)^2}{\partial(l_i-v_O^i)}\times\frac{\partial(l_i-v_O^i)}{\partial v_O^i}\times\frac{\partial v_O^i}{\partial u_O^i}\times\frac{\partial u_O^i}{\partial v_H^i}$

$$=(l_i-v_O^i)\times(-1)\times purelin'(u_O^i)\times w_O$$

因此，根据式（9-24）~式（9-27），可得到式（9-28）和式（9-29）。

$$\Delta w_H=-\eta\times(-\delta_H^i)\times v_I^i=\eta\,\delta_H^i v_I^i \tag{9-24}$$

$$\delta_H^i=-\frac{\partial\frac{1}{2}\sum_{i=1}^{N}(l_i-v_O^i)^2}{\partial v_H^i}\times\frac{\partial v_H^i}{\partial u_H^i} \tag{9-25}$$

$$\frac{\partial v_H^i}{\partial u_H^i}=\mathrm{sigmoid}'(u_H^i) \tag{9-26}$$

$$\frac{\partial\frac{1}{2}\sum_{i=1}^{N}(l_i-v_O^i)^2}{\partial v_H^i}=(l_i-v_O^i)\times(-1)\times purelin'(u_O^i)\times w_O \tag{9-27}$$

$$\Delta w_H = \eta \times (-1) \times (l_i - v_O^i) \times (-1) \times purelin'(u_O^i) \times w_O \times \text{sigmoid}'(u_H^i) \times v_I^i (i=1,2,\cdots,N) \tag{9-28}$$

$$w_H^{new} = \Delta w_H + w_H \tag{9-29}$$

至此，权值偏置矩阵调整过程完成。

9.1.7 径向基神经网络

与BP神经网络相比，在径向基网络中，隐含层中径向基函数的中心向量、标准差的调整量计算方式是相同的，只是在利用求导链式法则时，移除激活函数sigmoid的求导过程，并分别计算损失函数关于径向基函数中心向量每一维以及标准差的微分值。

在MATLAB的nnet函数中，网络的训练函数默认使用Levenberg－Marquardt法（trainlm），这是一种将梯度下降法与牛顿法相结合的算法。

设网络关于其输出层输出的损失函数为$L(v_O^i)$，其在二阶泰勒展开下在l_i处的近似表达式为：

$$L(v_O^i) \approx L(l_i) + L'(l_i)(v_O^i - l_i) + \frac{1}{2}L''(l_i)(v_O^i - l_i)^2 (i=1,2,\cdots,N) \tag{9-30}$$

公式（9-30）中，$L'(l_i)$与$L''(l_i)$分别为Jacobian矩阵与Hessian矩阵的第i列。

为求$L(v_O^i)$极小值，令其导函数为0，则公式（9-31）和（9-32）成立。

$$\frac{\partial L(v_O^i)}{\partial v_O^i} = L'(l_i) + L''(l_i)(v_O^i - l_i) = 0 \tag{9-31}$$

$$v_O^i = \frac{-L'(l_i)}{L''(l_i)} + l_i \tag{9-32}$$

这个新计算得到的v_O^i是v_O^i的变化目标，可以用以下公式表示。

$$_{(new)}v_O^i = \frac{-L'(l_i)}{L''(l_i)} + l_i \tag{9-33}$$

因此$\Delta v_O^i = {}_{(new)}v_O^i - v_O^i$。以上过程是利用牛顿法的思想。

在得到Δv_O^i后，再根据梯度下降法的思想利用链式求导法则，则反向求得每一层的权值偏置调整量，完成网络的权值偏置调整，过程如下。

$$\begin{aligned}\frac{\partial \Delta v_O^i}{\partial w_O} &= \frac{\partial({}_{(new)}v_O^i - v_O^i)}{\partial v_O^i} \times \frac{\partial v_O^i}{\partial u_O^i} \times \frac{\partial u_O^i}{\partial w_O} \\ &= -1 \times purelin'(v_O^i) \times v_H^i\end{aligned} \tag{9-34}$$

*trainlm*的输出层权值调整量为$\Delta w_O = -\eta \dfrac{\partial \Delta v_O^i}{\partial w_O}$（与*traingd*的$\Delta w_O$不同），所以可以得到以下公式。

$$\Delta w_O = \eta \times purelin'(v_O^i) \times v_H^i \tag{9-35}$$

隐含层的权值调整量可同理得。

拟牛顿法（*trainbfgs*）又称为修正牛顿法，“修正”一词的意义在于改进Hessian矩阵的计算方法，它利用前一次网络调整的损失函数的Hessian矩阵推算当前网络调整时需用到的损失函数的Hessian矩阵。

$$L(v_O^i) \approx L({}_{(old)}v_O^i) + L'({}_{(old)}v_O^i)(v_O^i - {}_{(old)}v_O^i) + \frac{1}{2}L''({}_{(old)}v_O^i)(v_O^i - {}_{(old)}v_O^i)^2 (i=1,2,\cdots,N) \tag{9-36}$$

与牛顿法同理可得以下公式。

$$_{(new)}v_O^i=\frac{-L'(_{(old)}v_O^i)}{L''(_{(old)}v_O^i)}+_{(old)}v_O^i \tag{9-37}$$

在保证沿着极小化损失函数的方向迭代权值偏置矩阵时，$_{(old)}v_O^i$一定会趋于l_i。因此，拟牛顿法最终也能收敛到牛顿法的结果附近。

$$L(_{(old-1)}v_O^i)\approx L(_{(old)}v_O^i)+L'(_{(old)}v_O^i)(_{(old-1)}v_O^i-_{(old)}v_O^i)+\frac{1}{2}L''(_{(old)}v_O^i)(_{(old-1)}v_O^i-_{(old)}v_O^i)^2 \tag{9-38}$$

公式（9-38）两边对$(old-1)v_O^i$求导得以下公式。

$$L'(_{(old-1)}v_O^i)\approx L'(_{(old)}v_O^i)+L''(_{(old)}v_O^i)(_{(old-1)}v_O^i-_{(old)}v_O^i) \tag{9-39}$$

故以下公式成立。

$$L''(_{(old)}v_O^i)\approx\frac{L'(_{(old-1)}v_O^i)-L'(_{(old)}v_O^i)}{(_{(old-1)}v_O^i-_{(old)}v_O^i)}=\frac{L'(_{(old)}v_O^i)-L'(_{(old-1)}v_O^i)}{(_{(old)}v_O^i-_{(old-1)}v_O^i)} \tag{9-40}$$

令：

$$_{(old-1)}y=L'(_{(old)}v_O^i)_{i=1\sim N}-L'(_{(old-1)}v_O^i)_{i=1\sim N} \tag{9-41}$$

$$_{(old-1)}s=(_{(old)}v_O^i)_{i=1\sim N}-(_{(old-1)}v_O^i)_{i=1\sim N} \tag{9-42}$$

因此得：

$$L''(_{(old)}v_O^i)_{i=1\sim N}=\frac{_{(old-1)}y}{_{(old-1)}s} \tag{9-43}$$

在计算$L''(v_O^i)_{i=1\sim N}$（v_O的 **Hessian** 矩阵）时，拟牛顿法认为$L''(v_O^i)_{i=1\sim N}$是可以由$L''(_{(old)}v_O^i)_{i=1\sim N}$以一个表达式近似计算得到，因为$L''(v_O^i)_{i=1\sim N}$是对称阵，所以假设近似推导表达式如下。

$$L''(v_O^i)_{i=1\sim N}=L''(_{(old)}v_O^i)_{i=1\sim N}+auu^{\mathrm{T}}+bvv^{\mathrm{T}} \tag{9-44}$$

公式（9-44）两边同乘以$_{(old)}s$，得：

$$L''(v_O^i)_{i=1\sim N}\times_{(old)}s=L''(_{(old)}v_O^i)_{i=1\sim N}\times_{(old)}s+auu^{\mathrm{T}}_{(old)}s+bvv^{\mathrm{T}}_{(old)}s \tag{9-45}$$

因为$L''(v_O^i)_{i=1\sim N}=\frac{_{(old)}y}{_{(old)}s}$，所以以下公式成立。

$$L''(v_O^i)_{i=1\sim N}\times_{(old)}s=L''(_{(old)}v_O^i)_{i=1\sim N}\times_{(old)}s+auu^{\mathrm{T}}_{(old)}s+bvv^{\mathrm{T}}_{(old)}s=_{(old)}y \tag{9-46}$$

令公式（9-44）中$u=_{(old)}y$、$v=L''(_{(old)}v_O^i)_{i=1\sim N}\times_{(old)}s$，得：

$$L''(_{(old)}v_O^i)_{i=1\sim N}\times_{(old)}s+a_{(old)}y\ _{(old)}y^{\mathrm{T}}_{(old)}s+b\,L''(_{(old)}v_O^i)_{i=1\sim N}\times_{(old)}s\times(L''(_{(old)}v_O^i)_{i=1\sim N}\times_{(old)}s)^{\mathrm{T}}_{(old)}s=_{(old)}y \tag{9-47}$$

代入公式（9-47）的一个显式解，可得以下公式。

$$a\ _{(old)}y^{\mathrm{T}}_{(old)}s=1;b\,L''(_{(old)}v_O^i)_{i=1\sim N}\times_{(old)}s\times_{(old)}s=-1 \tag{9-48}$$

代入得：$L'(_{(old)}V_O^i)_{i=1\sim N}\times_{(old)}s+y_{(old)}-L''(_{(old)}v_O^i)_{i=1\sim N}\times_{(old)}s=y_{(old)}$

反解出$a=\frac{1}{y^{\mathrm{T}}_{(old)}s}$、$b=\frac{-1}{L''(_{(old)}v_O^i)_{i=1\sim N}\times_{(old)}s\times_{(old)}s}$后，与$u=_{(old)}y$、$v=L''(_{(old)}v_O^i)_{i=1\sim N}\times_{(old)}s$一起代入$L''(v_O^i)_{i=1\sim N}=L''(_{(old)}v_O^i)_{i=1\sim N}+auu^{\mathrm{T}}+bvv^{\mathrm{T}}$得到根据前一次 Hessian 矩阵推算当前 Hessian 矩阵的公式。

因此，$v_O^i=\frac{-L'(_{(old)}v_O^i)}{L''(_{(old)}v_O^i)}+_{(old)}v_O^i$中的$L''(_{(old)}v_O^i)$不需要对当前损失函数求二阶导得到，只需

在上一次$L''({}_{(old-1)}v_O^i)$的基础上进行推算得到近似结果。

得到v_O^i后，求得$\Delta v_O^i = v_O^i - {}_{(old)}v_O^i$，再根据梯度下降法的思想，利用求导链式法则反向求得每一层的权值偏置调整量，完成网络的权值偏置调整。具体方法与 trainlm 最后部分一致。

9.2 BP 和径向基神经网络算法的优缺点

BP 和径向基神经网络算法有着相似的前馈和反馈流程，但是在隐含层的相关计算上略有不同。一般经验上，径向基神经网络的性能比 BP 神经网络略高，下面分别介绍两者的优缺点。

9.2.1 BP 神经网络和径向基神经网络的优点

BP 神经网络和径向基神经网络有许多相似之处，首先总结一下两者的优点。

1. BP 神经网络的优点

BP 神经网络实质上实现了一个从输入到输出的映射功能，而数学理论已证明它具有实现任何复杂非线性映射的功能。这使得 BP 神经网络特别适合求解内部机制复杂的问题。BP 神经网络能通过学习带正确答案的实例集自动提取“合理的”求解规则，即具有自学习能力，所以具有一定的推广和概括能力。

2. 径向基神经网络的优点

径向基神经网络引入了径向基函数，获得了更广的映射范围，具有唯一最佳逼近的特性，且无局部极小问题存在，也具有较强的输入和输出映射功能，并且理论证明在前向网络中径向基神经网络是完成映射功能的最优网络，学习过程收敛速度快。

9.2.2 BP 神经网络和径向基神经网络的缺点

BP 和径向基神经网络也各有一些缺点，但是径向基神经网络对 BP 神经网络有一些改进。

1. BP 神经网络的缺点

BP 神经网络是神经网络算法中较为基础的一种，所以缺点也相对更多一些。

1）由于 BP 算法本质上为梯度下降法，而它所要优化的目标函数又非常复杂，因此，必然会出现“锯齿形现象”，这使得 BP 算法低效。

2）其次，存在麻痹现象。由于优化的目标函数很复杂，BP 神经网络必然会在神经元输出接近 0 或 1 的情况下出现一些平坦区，在这些区域内权值误差改变很小，使训练过程几乎停顿。

3）从数学角度看，BP 算法为一种局部搜索的优化方法，但它要解决的问题为求解复杂非线性函数的全局极值，因此，算法很有可能陷入局部极值，使训练失败。

4）网络的逼近、推广能力同学习样本的典型性密切相关，而从问题中选取典型样本实例组成训练集是一个很困难的问题。

5）难以解决应用问题的实例规模和网络规模间的矛盾。这涉及网络容量的可能性与可行性的关系问题，即学习复杂性问题。

6）网络结构的选择尚无一种统一而完整的理论指导，一般只能由经验选定。为此，有人称神经网络的结构选择为一种艺术。而网络的结构直接影响网络的逼近能力及推广性质。因此，应用中如何选择合适的网络结构是一个重要的问题。

2. 径向基神经网络的缺点

径向基神经网络是对传统多层感知器类型神经网络的一种改进，但依然存在一些缺点。

1）与其他神经网络一样，可解释性存在困难，没能力来解释自己的推理过程和推理依据。

2）把一切问题的特征都变为数字，把一切推理都变为数值计算，其结果势必丢失信息。

3）理论和学习算法还有待于进一步完善和提高。

4）径向基神经网络的非线性映射能力体现在隐含层的基函数上，而基函数的特性主要由基函数的中心确定，从数据点中任意选取中心构造出来的径向基神经网络的性能显然是不能令人满意的。

9.3 实例分析

BP 神经网络和径向基神经网络都是 MATLAB 自带的算法，MATLAB 提供了可视化操作的 App，可以以界面形式设置网络的参数。由于算法本身比较成熟，本节主要演示如何对网络结构进行设置，在对案例所使用的数据集进行介绍之后，给出两个网络的调用案例。

9.3.1 数据集介绍

本案例使用的数据集没有明确的实际意义，是人为制造的测试数据。数据主要包括图 9-4 的 200×2 的训练特征，以及图 9-5 的 0、1 分类标签数据。

traind
200x2 double

	1	2
1	177.8000	74.6000
2	183.7000	105.2000
3	168.2000	83.8000
4	175.7000	102.4000
5	177.5000	79.3000
6	185.6000	87.4000
7	168.7000	67.5000
8	165.5000	75.5000
9	178	90.8000
10	179.5000	56
11	171.4000	82.1000
12	173.9000	62.7000
13	166.3000	60.6000

图 9-4 训练特征

trainl
1x200 double

	1	2	3	4	5	6
1	1	1	1	1	1	
2						

图 9-5 训练标签

9.3.2 BP 神经网络使用

BP 神经网络是 MATLAB 自带的算法，且专门为不善于编程的使用者开发了简单易用的 App。BP 神经网络既可以在 MATLAB 脚本和函数中被调用，也可以直接使用 App 手动运行。本节实例分析，按照常见的 BP 神经网络设置进行了一次算法的运用，并利用 App 的界面显示训练过程和结果。

本案例的数据集是人为构造的一个示例性数据，算法设置采用常规的优化方法、激活函数和两个隐含层等，具体训练过程代码如下。

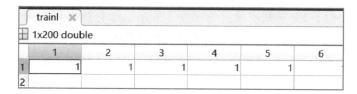

```
%训练数据。
load('ANN 测试数据.mat')
%设计网络。
net=feedforwardnet([3,2],'traingd');%生成一个有两个隐含层的四层神经网络(3、2 分别是第 1 个隐含层与第 2 个隐含层的神经元个数),指定训练函数为梯度下降法。
net.layerConnect(3,1)=1;%令第 1 个隐含层与输出层之间有直接的连接,即两者之间有权值偏置矩阵。
net.biasConnect(2,1)=1;%令第 2 个隐含层具有偏置(0 表示不具有)。
net.trainFcn='trainlm'%令该网络的训练方法改为 LM 法。
net.layers{2,1}.initFcn='initwb';%设第 2 个隐含层的权值偏置矩阵初始化方法为 initwb。
net.layers{2,1}.transferFcn='tansig';%设第 2 个隐含层的激活函数为 tansig。
net.layers{3,1}.transferFcn='purelin';%设第 2 个隐含层的激活函数为 purelin。
%训练网络。
net=train(net,traind',trainl);%traind 为训练样本(每一行为一个样本),trainl 为标签。
```

训练完成时跳出结果，如图 9-6 所示。

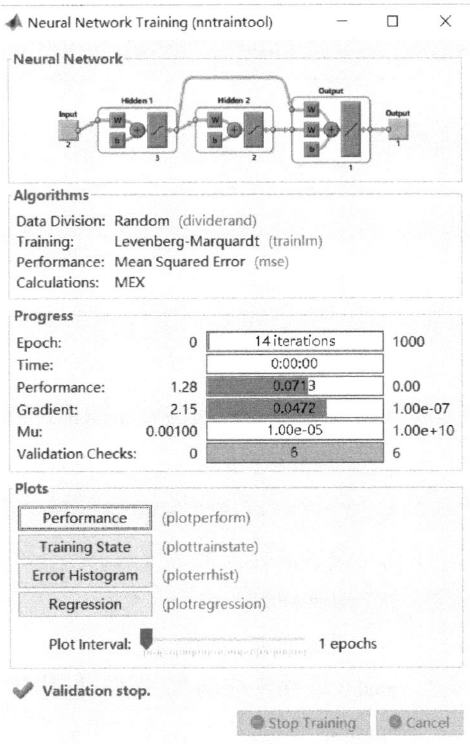

图 9-6　BP 神经网络的训练结果

框内的 6 个指标中有 5 个（除 Time）都是控制网络训练结束的参数项，其中任何一项达到预设最大值都会停止训练。训练前这些参数的最大值都可以在 net. trainParam 参数下修改。

图 9-7 中的进度条表示本次训练停止的原因是 Validation Checks 达到预设最大值。下面对图 9-6 中 6 个指标的含义进行介绍。

1）Validation Checks：值为 6，表示网络连续 6 次权值偏置调整后在验证集中的 loss 不下降。

2）Epoch：值为 14 iterations，表示网络进行了 13 次迭代训练。

3）Time：值若为 1s，表示训练耗时为 1s。

4）Performance：值为 0. 0713，表示网络性能函数的计算结果，默认为 mse。

5）Gradient：值为 0. 0472，表示输出层网络误差反向传递时的梯度值。

6）Mu：值为 1. 00e－05，表示学习率。Mu 是误差精度参数，用于给神经网络的权重再加一个调制，这样可以避免在网络训练的过程中陷入局部最小值，其范围为 0～1。

将训练完的网络通过 sim 函数用于预测，通过下面的代码，可以得到预测结果。因为网络是随机初始化的，并且参数可以人为选择，所以每次训练的具体结果数值可能会不一样，此处仅供参考。

```
%测试结果。
test_out=sim (net, testd');
```

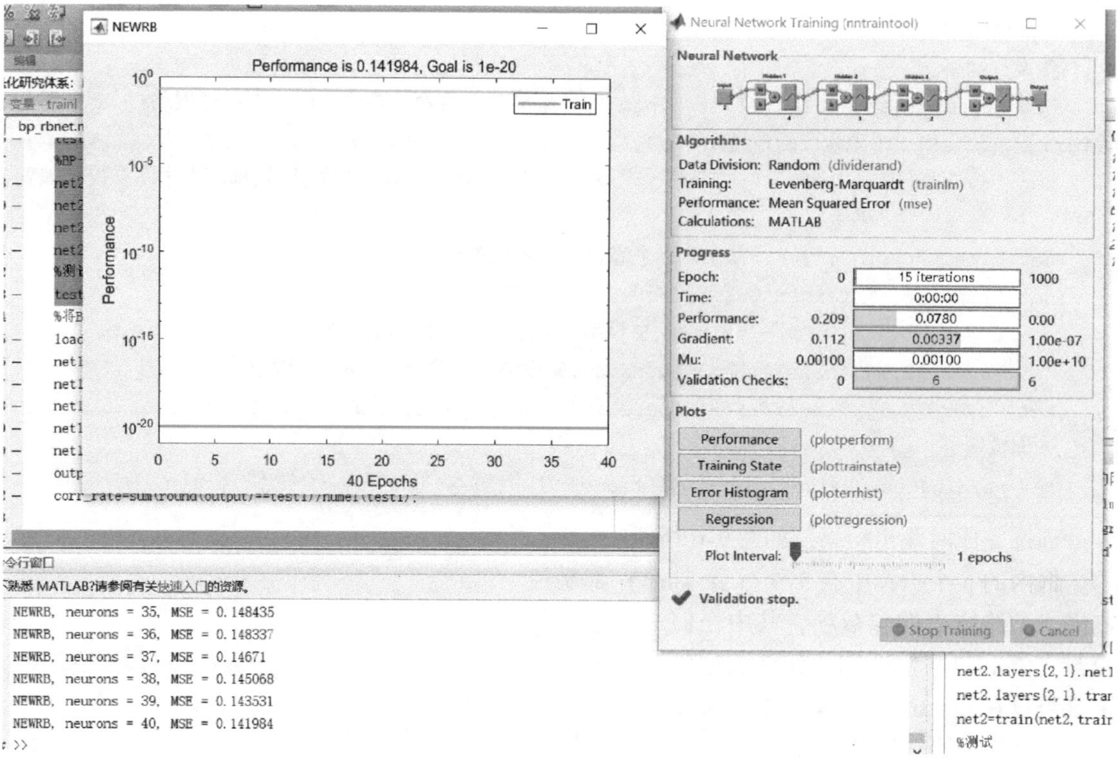

图 9-7　BP 神经网络训练结果

9.3.3　径向基神经网络的应用

径向基神经网络的调用更加简单，直接调用 MATLAB 自带的 newrb( ) 函数即可。

```
%生成径向基函数并初始化。
net =newrb(P,T,goal,spread,MN,DF)
```

下面对函数的输入参数进行介绍。

- P：训练样本。
- T：训练样本 P 的标签。
- goal：网络性能函数，判断网络是否收敛的阈值。
- spread：径向基函数的宽度系数，对于波动大的样本 spread 取值太大会使拟合结粗糙不准确；对于波动小的样本 spread 取值太小会使网络过拟合，默认值为 1。
- MN：隐含层神经元个数，默认值为训练样本的个数，即 P 的列数。
- DF：newrb 函数生成径向基网络时，逐步增加隐含层神经元并对其中径向基函数的中心向量与标准差初始化时网络的误差情况展示，每增加 DF 个神经元时的网络损失。

仍然使用之前的训练数据，执行 net = newrb (traind´,trainl);的结果如图 9-8 所示。

可以看到随着径向基网络中隐含层节点的个数逐渐增加达到预设值，网络在初始化阶段的误差不断减小，即网络初始化过程也是预训练过程。

同样，运用 sim 函数即可将训练完的径向基网络用于预测，具体如下。

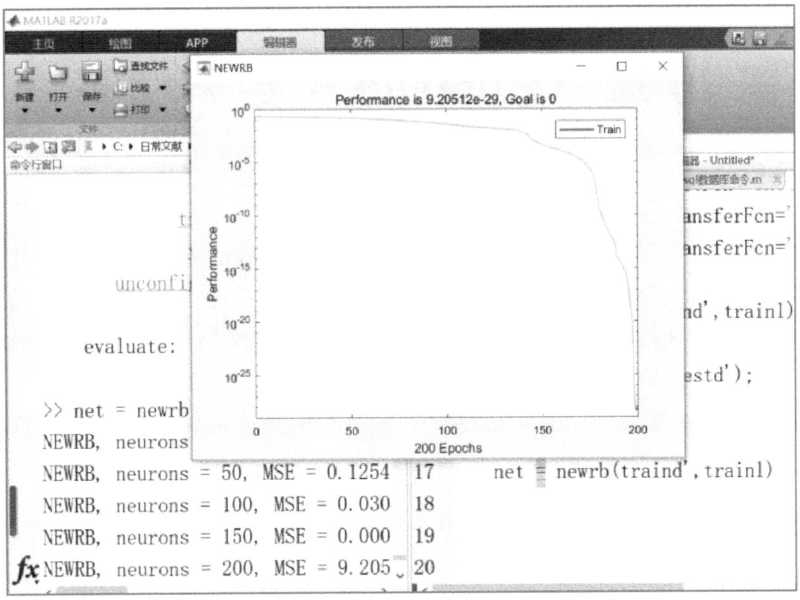

图9-8　径向基神经网络的训练结果

```
%测试训练结果。
output=sim(net1,testd');
corr_rate=sum (round (output) ==testl) /numel (testl);
```

总体预测准确率大约为81.67%，结果如图9-9所示。

```
>> corr_rate

corr_rate =

    0.8167
```

图9-9　径向基神经网络的预测结果

9.4　代码获取

本章所有的源代码，读者都可以通过扫描封底二维码查看和下载，包括前面所提到的BP神经网络以及径向神经网络实例的代码。

第 10 章　Hopfield 神经网络算法

Hopfield 神经网络是一种典型的循环神经网络，它保证了向局部极小的收敛，但收敛到错误的局部极小值（local minimum）而非全局极小（global minimum）的情况也可能发生。之所以被称为循环神经网络，是因为 Hopfield 神经网络的输出端又会反馈到其输入端，在输入的激励下，其输出会产生不断的状态变化，这个反馈过程会一直反复进行。假如 Hopfield 神经网络是一个收敛的稳定网络，则该反馈与迭代的计算过程所产生的变化越来越小，一旦达到稳定的平衡状态，Hopfield 网络就会输出一个稳定的恒值。本章先证明网络收敛性，然后给出权值计算的过程说明。

10.1　原理介绍

循环神经网络（Recurrent Neural Network，RNN）是一类以序列（sequence）数据为输入，在序列的演进方向进行递归（recursion），且所有节点（循环单元）按链式连接的递归神经网络（recursive neural network）。

Hopfield 是最典型的循环神经网络之一，为了简明扼要地说明该神经网络算法，本节以 3 个神经元的网络作为图例，详细介绍网络如何趋于收敛的训练的数学过程，并补充了正交权值法等数学知识。

10.1.1　算法思想

Hopfield 网络是一种循环神经网络，主要用于联想记忆，一般 Hopfield 网络是一个单层网络，有 n 个神经元节点，每个神经元的输出均接到其他神经元的输入。各节点没有自反馈。每个节点都可处于一种可能的状态（1 或 -1），即当该神经元所受的刺激超过其阈值时，神经元就处于一种状态（比如 1），否则神经元就始终处于另一状态（比如 -1）。通过训练网络权值，使得网络接受输入后能够收敛到目标值。

10.1.2　算法流程

Hopfield 神经网络算法流程比较简单，主要基于循环迭代，具体可以归结为以下几步。

1）数据输入。

2）根据初始化权值计算神经元的值。

3）将数据输出输入激活函数。

4）根据激活函数输出与目标值的误差调整权值。

5）直到输出收敛。

10.1.3　Hopfield 神经网络结构

Hopfield 网络是典型的循环神经网络，下面以最简单的 3 个神经元的网络结构来理解 Hopfield 神经网络结构，如图 10-1 所示。

其中，v_i表示第 i 个神经元的当前值；w_{ij}表示第 i 个神经元与第 j 个神经元间的权重，$w_{ij}=w_{ji}$，$w_{ii}=0$。

以单神经元的变化为例，图 10-2 给出了神经元 1 的一次变化过程。其中，f_i是第 i 个神经元的激活函数。其他神经元的变化过程与神经元 1 类似，只是涉及的权值与激活函数不同。

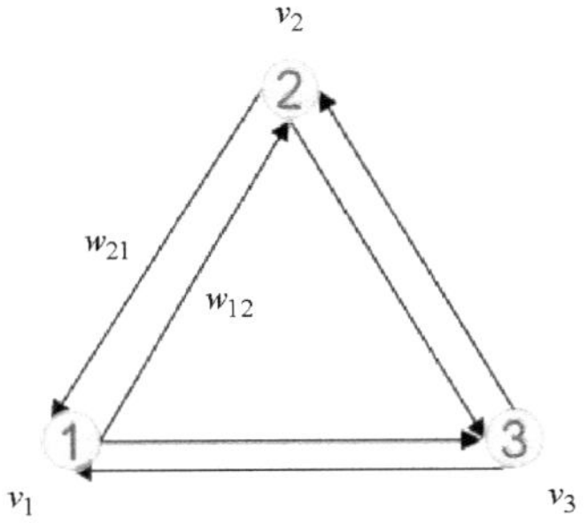

图 10-1　三个神经元的 Hopfield 网络结构

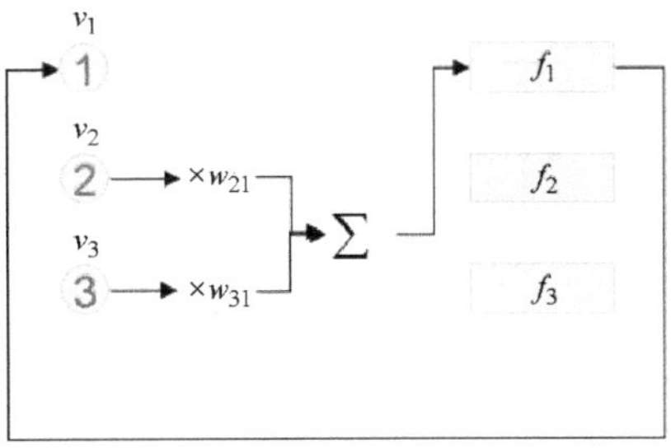

图 10-2　神经元运行过程

10.1.4　离散 Hopfield 网络能量函数收敛性证明

一般在 Hopfield 网络常用的激活函数为符号函数：

$$\operatorname{sgn}(x)=\begin{cases}-1 & x<\theta \\ 1 & x\geqslant\theta\end{cases}$$

因此，神经元的值满足$v_i\in\{-1,1\}$。网络能量函数定义为：

$$E=\sum_{i=1}^{n}\theta_i v_i-\frac{1}{2}\sum_{i=1}^{n}\sum_{j=1}^{n}w_{ij}v_j v_i \tag{10-1}$$

其中，θ_i为第 i 个神经元的激活函数的阈值。其他符号沿用 Hopfield 网络结构图中的符号。在 Hopfield 网络中，θ_i为常数（常为0）、W_{ij}为常数、$v_i\in\{-1,1\}$，因此 E 具有明显下界：w_{ji}。

计算当网络中第 k 个节点的值v_k在下一时刻变为$_{(new)}v_k$时 E 的变化函数 ΔE。

先考虑 E 的左边部分 $\sum_{i=1}^{n}\theta_i v_i$ 的变化情况。

当v_k变为$_{(new)}v_k$时，$\sum_{i=1}^{n}\theta_i v_i$ 变为 $\sum_{i\neq k}^{n}(\theta_i v_i+\theta_{k(new)}v_k)$。

再考虑 E 的右边部分 $\frac{1}{2}\sum_{i=1}^{n}\sum_{j=1}^{n}w_{ij}v_j v_i$ 的变化情况。

$\frac{1}{2}\sum_{i=1}^{n}\sum_{j=1}^{n}w_{ij}v_j v_i$ 的展开结果为$\frac{1}{2}\times\square$，$\square$如下。

$w_{11}v_1v_1$ +	$w_{12}v_1v_2$ +	…	$+w_{1k}v_1v_k$ +	…	$+w_{1n}v_1v_n$ +
$w_{21}v_2v_1$ +	$w_{22}v_2v_2$ +		$+w_{2k}v_2v_k$ +		$+w_{2n}v_2v_n$ +
⋮	⋮		⋮		⋮
$w_{k1}v_kv_1$ +	$w_{k2}v_kv_2$ +		$+w_{kk}v_kv_k$ +		$+w_{kn}v_kv_n$ +
⋮	⋮		⋮		⋮
$w_{n1}v_nv_1$ +	$w_{n2}v_nv_2$ +	…	$+w_{nk}v_nv_k$ +	…	$+w_{nn}v_nv_n$ +

$\square$中的阴影背景部分是所有涉及v_k的项。因此，当v_k变为$_{(new)}v_k$时，$\square$的变化即阴影背景部分的v_k被$_{(new)}v_k$替代。因此$\frac{1}{2}\times\square$变为$\frac{1}{2}\times\square\mid v_k={}_{(new)}v_k$。

因为$E=\sum_{i=1}^{n}\theta_i v_i-\frac{1}{2}\times\square$，所以

$$\Delta E=\sum_{i\neq k}^{n}(\theta_i v_i+\theta_{k(new)}v_k)-\frac{1}{2}\times\square\mid v_k=\theta_{k(new)}v_k-\theta_k v_k+\left(\sum_{i=1}^{n}\theta_i v_i-\frac{1}{2}\times\square\right) \tag{10-2}$$

令$\Delta v_k={}_{(new)}v_k-v_k$，则

$$\Delta E=\theta_k\Delta v_k-\frac{1}{2}\left(\sum_{i\neq k}w_{ik}v_i\Delta v_k+\sum_{i\neq k}w_{ki}v_i\Delta v_k+w_{kk}\Delta v_k^2\right) \tag{10-3}$$

由 Hopfield 网络结构图可知，两神经元间的权值无方向性，即$w_{ij}=w_{ji}$；每个神经元不具有自反馈，即$w_{ii}=0$。因此：

$$\Delta E=\theta_k\Delta v_k-\sum_{i\neq k}w_{ik}v_i\Delta v_k=\Delta v_k\left(\theta_k-\sum_{i\neq k}w_{ik}v_i\right) \tag{10-4}$$

下面讨论 E 的单调性。

情况 1：第 k 个神经元的值v_k从 -1 变为 1

观察$\Delta E=\Delta v_k\left(\theta_k-\sum_{i\neq k}w_{ik}v_i\right)$，当$v_k$从 -1 变为 1 时，$\Delta v_k=2>0$。因为：

$$_{(new)}v_k=\begin{cases}-1 & \sum_{i\neq k}w_{ik}v_i<\theta_k\\ 1 & \sum_{i\neq k}w_{ik}v_i>\theta_k\end{cases} \tag{10-5}$$

所以当v_k从 -1 变为 1 时，有$\sum_{i\neq k}w_{ik}v_i>\theta_k$，即$\theta_k-\sum_{i\neq k}w_{ik}v_i<0$。因此：

$$\Delta E<0\quad v_k=-1,{}_{(new)}v_k=1 \tag{10-6}$$

情况 2：第 k 个神经元的值v_k从 1 变为 -1

同理可得：

$$\Delta v_k=-2<0,\theta_k-\sum_{i\neq k}w_{ik}v_i>0 \tag{10-7}$$

仍然有：

$$\Delta E<0\quad v_k=1,{}_{(new)}v_k=-1 \tag{10-8}$$

情况 3：没有神经元发生变化

$$\Delta E=0\quad v_k={}_{(new)}v_k \tag{10-9}$$

综上所述，离散 Hopfield 网络运行过程中，每一个神经元的值发生变化都会使得能量函数 E 单调递减或不变。又因为 E 有下界，所以 Hopfield 网络的运行过程是 E 不断减小，逼近某一下界的过程，即 $\Delta E\to 0$ 的过程。从$\Delta E=\Delta v_k\left(\theta_k-\sum_{i\neq k}w_{ik}v_i\right)$来看，当$\Delta v_k\to 0$时$\Delta E\to 0$，所以网络输出值就会趋于稳定。

因为 E 单调递减（或不变），能随网络迭代无限次计算出结果，即 E 的单调过程是无限的，且有下界，则 E 随网络迭代次数 t 的变化情况如图 10-3 所示。

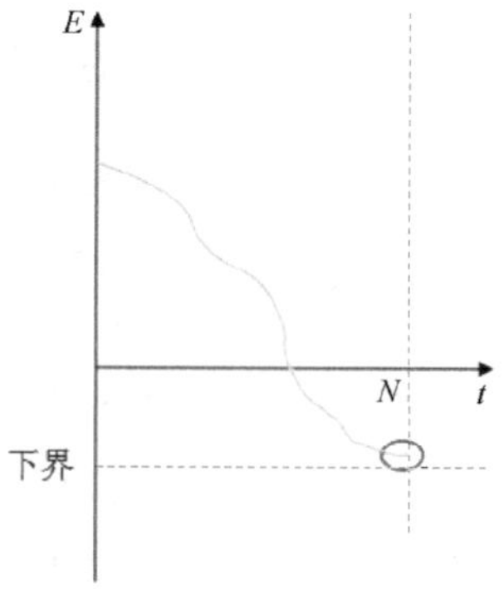

图 10-3 Hopfield 网络的能量下界

一定存在一个 N，使得网络从 $N+1$ 次迭代起，之后每次的 ΔE 全为 0，至此网络的输出达到收敛。

10.2 Hopfield 神经网络算法的优点与缺点

Hopfield 作为典型的循环神经网络，有以下特有的优点和缺点。

1. 优点

Hopfield 神经网络是较为简单的 RNN，简单地归结以下几个优点。

1）只有不动点吸引子，没有其他类型的吸引子。

2）网络状态的演化趋于某个局部最小值。

2. 缺点

相比更为复杂的 RNN，Hopfield 神经网络有许多显而易见的缺点。

1）很难精确地分析 Hopfield 神经网络的性能。

2）网络结构设计没有通用方法。

3）这类网络的动力学结构过于简单。

10.3 正交法权值计算

假设有 P 个吸引子（网络处于稳态时的 p 种理想输出）：$\boldsymbol{x}_1,\boldsymbol{x}_2,\cdots,\boldsymbol{x}_P$。其中，每个吸引子是 N 维列向量。

构造 $N\times(P-1)$ 维矩阵 $\boldsymbol{A}$：

$$\boldsymbol{A}=(\boldsymbol{x}_1-\boldsymbol{x}_P,\boldsymbol{x}_2-\boldsymbol{x}_P,\cdots,\boldsymbol{x}_{P-1}-\boldsymbol{x}_P) \tag{10-10}$$

对 $\boldsymbol{A}$ 做奇异值分解，如图 10-4 所示。

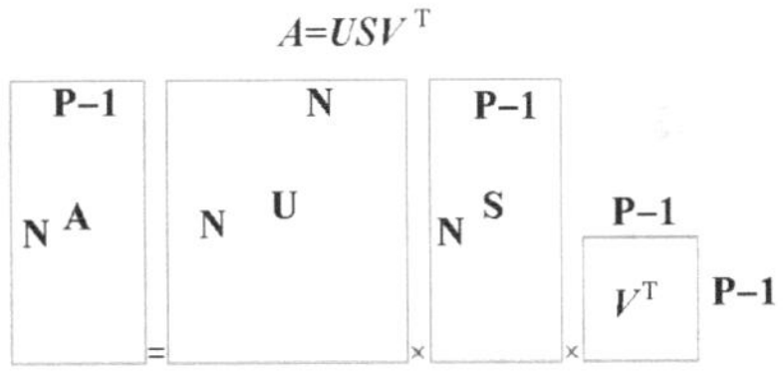

图 10-4 奇异值分解的矩阵示例

其中 $\boldsymbol{U}$ 是一个单位正交阵。$\boldsymbol{U}$ 中任意一列或一行与其自身的点积为 1，即模长为单位模长；$\boldsymbol{U}$ 中任意一列（或一行）与另外一列（或一行）的点积为 0，即两两正交；$\boldsymbol{U}\boldsymbol{U}^{\mathrm{T}}=\boldsymbol{E}$（$\boldsymbol{E}$ 为单位阵）。

设 $\boldsymbol{U}$ 由 N 个列向量组成：

$$\boldsymbol{U}=(\boldsymbol{u}_1,\boldsymbol{u}_2,\cdots,\boldsymbol{u}_N) \tag{10-11}$$

设 K 为 $\boldsymbol{A}$ 的秩，则$\boldsymbol{u}_1,\boldsymbol{u}_2,\cdots,\boldsymbol{u}_K$为 $\boldsymbol{A}$ 的一组正交基。令 $\boldsymbol{W}_p=\sum_{i=1}^{K}\boldsymbol{u}_i\boldsymbol{u}_i^{\mathrm{T}}$、$\boldsymbol{W}_m=\sum_{i=K+1}^{N}\boldsymbol{u}_i\boldsymbol{u}_i^{\mathrm{T}}$。

网络权值矩阵为：

$$\boldsymbol{W}_t=\boldsymbol{W}_P-T\boldsymbol{W}_m \tag{10-12}$$

其中，T 为可调参数。

网络的偏置向量为：

$$\boldsymbol{b}_t=\boldsymbol{x}_P-\boldsymbol{W}_t\boldsymbol{x}_P \tag{10-13}$$

10.4 正交法权值计算的吸引情况说明

首先，$\boldsymbol{W}_t$显然满足对称性，即神经元 i 与神经元 j 的连接权w_{ij}等于神经元 j 与神经元 i 的连接权w_{ij}。对于网络的一个输入 $\boldsymbol{Z}$，在经过权值偏置变换过的结果为$\boldsymbol{W}_t\boldsymbol{Z}+\boldsymbol{b}_t$。对于这点，下面用一个简单例子进行说明。

设 $\boldsymbol{Z}=\begin{pmatrix}z_1\\z_2\\z_3\end{pmatrix}$、$\boldsymbol{W}_t=\begin{pmatrix}w_{11}&w_{12}&w_{13}\\w_{21}&w_{22}&w_{23}\\w_{31}&w_{32}&w_{33}\end{pmatrix}$、$\boldsymbol{b}_t=\begin{pmatrix}b_1\\b_2\\b_3\end{pmatrix}$，网络的第 1 个神经元初始值为$z_1$。根据 Hopfield 网络工作流程，第 1 个神经元下一时刻的值为第 2 个神经元的初始值乘以第 2 个神经元与第 1 个神经元的连接权加上第 3 个神经元的初始值乘以第 3 个神经元的初始值乘以第 3 个神经元与第 1 个神经元的连接权加上第 1 个神经元的偏置。

$$f(w_{11}z_1+w_{21}z_2+w_{31}z_3+b_1)=f(w_{11}z_1+w_{12}z_2+w_{13}z_3+b_1)$$
$$=f\left((w_{11},w_{12},w_{13})\times\begin{pmatrix}z_1\\z_2\\z_3\end{pmatrix}+b_1\right) \tag{10-14}$$

其中f为激活函数。

因此，对于网络的一个输入$\boldsymbol{Z}$，下一时刻的网络输出为$f(\boldsymbol{W}_t\boldsymbol{Z}+\boldsymbol{b}_t)$，由于$\boldsymbol{W}_t\boldsymbol{Z}+\boldsymbol{b}_t$是$N\times 1$的（$N$为单个输入的维数，即网络神经元个数），所以这里的$f$表示对$\boldsymbol{W}_t\boldsymbol{Z}+\boldsymbol{b}_t$的每一行进行$f$映射，$f(\boldsymbol{W}_t\boldsymbol{Z}+\boldsymbol{b}_t)$的结果也是$N\times 1$的。

下面讨论三种输入下的网络收敛情况，网络输入为前$P-1$个预设吸引子之一，设输入为$\boldsymbol{x}_i,\boldsymbol{i}\in 1,2,\cdots,P-1$，网络的下一时刻输出以下公式。

$$\boldsymbol{y}_i=f(\boldsymbol{W}_t\boldsymbol{x}_i+\boldsymbol{b}_t) \tag{10-15}$$

代入$\boldsymbol{W}_t=\boldsymbol{W}_P-T\boldsymbol{W}_m$，$\boldsymbol{b}_t=\boldsymbol{x}_P-\boldsymbol{W}_t\boldsymbol{x}_P$，得：

$$\begin{aligned}\boldsymbol{y}_i&=f(\boldsymbol{W}_p\boldsymbol{x}_i-T\boldsymbol{W}_m\boldsymbol{x}_i+\boldsymbol{x}_P-\boldsymbol{W}_p\boldsymbol{x}_P+T\boldsymbol{W}_m\boldsymbol{x}_P)\\&=f(\boldsymbol{W}_p(\boldsymbol{x}_i-\boldsymbol{x}_P)-T\boldsymbol{W}_m(\boldsymbol{x}_i-\boldsymbol{x}_P)+\boldsymbol{x}_P)\\&=f((\boldsymbol{W}_p-T\boldsymbol{W}_m)(\boldsymbol{x}_i-\boldsymbol{x}_P)+\boldsymbol{x}_P)\end{aligned} \tag{10-16}$$

（$\boldsymbol{x}_i-\boldsymbol{x}_P$）为$A$的第$i$列。因为$\boldsymbol{u}_1,\boldsymbol{u}_2,\cdots,\boldsymbol{u}_K$是$A$的一组正交基，所以存在一组系数$a_1,a_2,\cdots,a_K$使得以下公式成立。

$$(\boldsymbol{x}_i-\boldsymbol{x}_P)=a_1\boldsymbol{u}_1+a_2\boldsymbol{u}_2+,\cdots,a_K\boldsymbol{u}_K \tag{10-17}$$

将 $\boldsymbol{W}_p=\sum_{i=1}^{K}\boldsymbol{u}_i\boldsymbol{u}_i^{\mathrm{T}}$、$\boldsymbol{W}_m=\sum_{i=K+1}^{N}\boldsymbol{u}_i\boldsymbol{u}_i^{\mathrm{T}}$、$(\boldsymbol{x}_i-\boldsymbol{x}_P)=a_1u_1+a_2u_2+,\cdots,a_K\boldsymbol{u}_K$代入$(\boldsymbol{W}_p-T\boldsymbol{W}_m)(\boldsymbol{x}_i-\boldsymbol{x}_P)$得：

$$(\boldsymbol{W}_p-T\boldsymbol{W}_m)(\boldsymbol{x}_i-\boldsymbol{x}_P)=\left(\sum_{j=1}^{K}\boldsymbol{u}_j\boldsymbol{u}_j^{\mathrm{T}}-T\sum_{j=K+1}^{N}\boldsymbol{u}_j\boldsymbol{u}_j^{\mathrm{T}}\right)\sum_{j=1}^{K}a_j\boldsymbol{u}_j \tag{10-18}$$

公式（10-18）中$\left(\sum_{j=1}^{K}\boldsymbol{u}_j\boldsymbol{u}_j^{\mathrm{T}}-T\sum_{j=K+1}^{N}\boldsymbol{u}_j\boldsymbol{u}_j^{\mathrm{T}}\right)\sum_{j=1}^{K}a_j\boldsymbol{u}_j=\sum_{j=1}^{K}a_j\boldsymbol{u}_j$，接下来举例说明这个结论。

设单位正交阵$\boldsymbol{U}=\begin{pmatrix}u_{11}&u_{12}&u_{13}\\u_{21}&u_{22}&u_{23}\\u_{31}&u_{32}&u_{33}\end{pmatrix}$、$K=2$、$\boldsymbol{u}_i=\begin{pmatrix}u_{1i}\\u_{2i}\\u_{3i}\end{pmatrix}$，即要说明的等式为：

$$\left(\sum_{j=1}^{2}\boldsymbol{u}_j\boldsymbol{u}_j^{\mathrm{T}}-T\sum_{j=3}^{3}\boldsymbol{u}_j\boldsymbol{u}_j^{\mathrm{T}}\right)\sum_{j=1}^{2}a_j\boldsymbol{u}_j=\sum_{j=1}^{2}a_j\boldsymbol{u}_j$$

$$\begin{pmatrix} u_{12}^2 & u_{12}u_{22} & u_{12}u_{32} \\ u_{22}u_{12} & u_{22}^2 & u_{22}u_{32} \\ u_{32}u_{12} & u_{32}u_{22} & u_{32}^2 \end{pmatrix} - T\begin{pmatrix} u_{13}^2 & u_{13}u_{23} & u_{13}u_{33} \\ u_{23}u_{13} & u_{23}^2 & u_{23}u_{33} \\ u_{33}u_{13} & u_{33}u_{23} & u_{33}^2 \end{pmatrix}\Bigg) \times \left(a_1\begin{pmatrix} u_{11} \\ u_{21} \\ u_{31} \end{pmatrix} + a_2\begin{pmatrix} u_{12} \\ u_{22} \\ u_{32} \end{pmatrix}\right)$$

$$= \begin{pmatrix} u_{11}^2 + u_{12}^2 - Tu_{13}^2 & u_{11}u_{21} + u_{12}u_{22} - Tu_{13}u_{23} & u_{11}u_{31} + u_{12}u_{32} - Tu_{13}u_{33} \\ u_{21}u_{11} + u_{22}u_{12} - Tu_{23}u_{13} & u_{21}^2 + u_{22}^2 - Tu_{23}^2 & u_{21}u_{31} + u_{22}u_{32} - Tu_{23}u_{33} \\ u_{31}u_{11} + u_{32}u_{12} - Tu_{33}u_{13} & u_{31}u_{21} + u_{32}u_{22} - Tu_{33}u_{23} & u_{31}^2 + u_{32}^2 - Tu_{33}^2 \end{pmatrix} \times \left(a_1\begin{pmatrix} u_{11} \\ u_{21} \\ u_{31} \end{pmatrix} + a_2\begin{pmatrix} u_{12} \\ u_{22} \\ u_{32} \end{pmatrix}\right) \tag{10-19}$$

将上式的$\left(a_1\begin{pmatrix} u_{11} \\ u_{21} \\ u_{31} \end{pmatrix} + a_2\begin{pmatrix} u_{12} \\ u_{22} \\ u_{32} \end{pmatrix}\right)$展开得：

$$= \begin{pmatrix} u_{11}^2 + u_{12}^2 - Tu_{13}^2 & u_{11}u_{21} + u_{12}u_{22} - Tu_{13}u_{23} & u_{11}u_{31} + u_{12}u_{32} - Tu_{13}u_{33} \\ u_{21}u_{11} + u_{22}u_{12} - Tu_{23}u_{13} & u_{21}^2 + u_{22}^2 - Tu_{23}^2 & u_{21}u_{31} + u_{22}u_{32} - Tu_{23}u_{33} \\ u_{31}u_{11} + u_{32}u_{12} - Tu_{33}u_{13} & u_{31}u_{21} + u_{32}u_{22} - Tu_{33}u_{23} & u_{31}^2 + u_{32}^2 - Tu_{33}^2 \end{pmatrix} \times$$
$$a_1\begin{pmatrix} u_{11} \\ u_{21} \\ u_{31} \end{pmatrix} + \begin{pmatrix} u_{11}^2 + u_{12}^2 - Tu_{13}^2 & u_{11}u_{21} + u_{12}u_{22} - Tu_{13}u_{23} & u_{11}u_{31} + u_{12}u_{32} - Tu_{13}u_{33} \\ u_{21}u_{11} + u_{22}u_{12} - Tu_{23}u_{13} & u_{21}^2 + u_{22}^2 - Tu_{23}^2 & u_{21}u_{31} + u_{22}u_{32} - Tu_{23}u_{33} \\ u_{31}u_{11} + u_{32}u_{12} - Tu_{33}u_{13} & u_{31}u_{21} + u_{32}u_{22} - Tu_{33}u_{23} & u_{31}^2 + u_{32}^2 - Tu_{33}^2 \end{pmatrix}$$
$$\times a_2\begin{pmatrix} u_{12} \\ u_{22} \\ u_{32} \end{pmatrix} \tag{10-20}$$

公式（10-20）的左半部分：

$$= \begin{pmatrix} u_{11}^2 + u_{12}^2 - Tu_{13}^2 & u_{11}u_{21} + u_{12}u_{22} - Tu_{13}u_{23} & u_{11}u_{31} + u_{12}u_{32} - Tu_{13}u_{33} \\ u_{21}u_{11} + u_{22}u_{12} - Tu_{23}u_{13} & u_{21}^2 + u_{22}^2 - Tu_{23}^2 & u_{21}u_{31} + u_{22}u_{32} - Tu_{23}u_{33} \\ u_{31}u_{11} + u_{32}u_{12} - Tu_{33}u_{13} & u_{31}u_{21} + u_{32}u_{22} - Tu_{33}u_{23} & u_{31}^2 + u_{32}^2 - Tu_{33}^2 \end{pmatrix} \times a_1\begin{pmatrix} u_{11} \\ u_{21} \\ u_{31} \end{pmatrix}$$

$$= a_1\begin{pmatrix} (u_{11}^2 + u_{12}^2 - Tu_{13}^2)u_{11} + (u_{11}u_{21} + u_{12}u_{22} - Tu_{13}u_{23})u_{21} + (u_{11}u_{31} + u_{12}u_{32} - Tu_{13}u_{33})u_{31} \\ (u_{21}u_{11} + u_{22}u_{12} - Tu_{23}u_{13})u_{11} + (u_{21}^2 + u_{22}^2 - Tu_{23}^2)u_{21} + (u_{21}u_{31} + u_{22}u_{32} - Tu_{23}u_{33})u_{31} \\ (u_{31}u_{11} + u_{32}u_{12} - Tu_{33}u_{13})u_{11} + (u_{31}u_{21} + u_{32}u_{22} - Tu_{33}u_{23})u_{21} + (u_{31}^2 + u_{32}^2 - Tu_{33}^2)u_{31} \end{pmatrix}$$

$$= a_1\begin{pmatrix} u_{11}^3 + u_{12}^2u_{11} - Tu_{13}^2u_{11} + u_{11}u_{21}^2 + u_{12}u_{22}u_{21} - Tu_{13}u_{23}u_{21} + u_{11}u_{31}^2 + u_{12}u_{32}u_{31} - Tu_{13}u_{33}u_{31} \\ u_{21}u_{11}^2 + u_{22}u_{12}u_{11} - Tu_{23}u_{13}u_{11} + u_{21}^3 + u_{22}^2u_{21} - Tu_{23}^2u_{21} + u_{21}u_{31}^2 + u_{22}u_{32}u_{31} - Tu_{23}u_{33}u_{31} \\ u_{31}u_{11}^2 + u_{32}u_{12}u_{11} - Tu_{33}u_{13}u_{11} + u_{31}u_{21}^2 + u_{32}u_{22}u_{21} - Tu_{33}u_{23}u_{21} + u_{31}^3 + u_{32}^2u_{31} - Tu_{33}^2u_{31} \end{pmatrix}$$

移项得：

$$= a_1\begin{pmatrix} u_{11}^3 + u_{11}u_{21}^2 + u_{11}u_{31}^2 + u_{12}^2u_{11} + u_{12}u_{22}u_{21} + u_{12}u_{32}u_{31} - Tu_{13}(u_{13}u_{11} + u_{23}u_{21} + u_{33}u_{31}) \\ u_{21}u_{11}^2 + u_{21}^3 + u_{21}u_{31}^2 + u_{22}u_{12}u_{11} + u_{22}^2u_{21} + u_{22}u_{32}u_{31} - Tu_{23}(u_{23}u_{21} + u_{13}u_{11} + u_{33}u_{31}) \\ u_{31}u_{11}^2 + u_{31}u_{21}^2 + u_{31}^3 + u_{32}u_{12}u_{11} + u_{32}u_{22}u_{21} + u_{32}^2u_{31} - Tu_{33}(u_{23}u_{21} + u_{13}u_{11} + u_{33}u_{31}) \end{pmatrix}$$

$$
= a_1\begin{pmatrix} u_{11}(u_{11}^2+u_{21}^2+u_{31}^2)+u_{12}(u_12u_{11}+u_{22}u_{21}+u_{32}u_{31})-Tu_{13}(u_{13}u_{11}+u_{23}u_{21}+u_{33}u_{31}) \\ u_{21}(u_{11}^2+u_{21}^2+u_{31}^2)+u_{22}(u_12u_{11}+u_{22}u_{21}+u_{32}u_{31})-Tu_{23}(u_{13}u_{11}+u_{23}u_{21}+u_{33}u_{31}) \\ u_{31}(u_{11}^2+u_{21}^2+u_{31}^2)+u_{32}(u_12u_{11}+u_{22}u_{21}+u_{32}u_{31})-Tu_{33}(u_{13}u_{11}+u_{23}u_{21}+u_{33}u_{31}) \end{pmatrix}
$$

$$
= a_1\begin{pmatrix} u_{11}\langle \boldsymbol{u}_1\cdot\boldsymbol{u}_1\rangle+u_{12}\langle \boldsymbol{u}_1\cdot\boldsymbol{u}_2\rangle-Tu_{13}\langle \boldsymbol{u}_1\cdot\boldsymbol{u}_3\rangle \\ u_{21}\langle \boldsymbol{u}_1\cdot\boldsymbol{u}_1\rangle+u_{22}\langle \boldsymbol{u}_1\cdot\boldsymbol{u}_2\rangle-Tu_{23}\langle \boldsymbol{u}_1\cdot\boldsymbol{u}_3\rangle \\ u_{31}\langle \boldsymbol{u}_1\cdot\boldsymbol{u}_1\rangle+u_{32}\langle \boldsymbol{u}_1\cdot\boldsymbol{u}_2\rangle-Tu_{33}\langle \boldsymbol{u}_1\cdot\boldsymbol{u}_3\rangle \end{pmatrix}
$$

因为 U 是单位正交阵，故$\langle \boldsymbol{u}_i\cdot\boldsymbol{u}_i\rangle=1$、$\langle \boldsymbol{u}_i\cdot\boldsymbol{u}_j\rangle=0$。

因此 $a_1\begin{pmatrix} u_{11}\langle \boldsymbol{u}_1\cdot\boldsymbol{u}_1\rangle+u_{12}\langle \boldsymbol{u}_1\cdot\boldsymbol{u}_2\rangle-Tu_{13}\langle \boldsymbol{u}_1\cdot\boldsymbol{u}_3\rangle \\ u_{21}\langle \boldsymbol{u}_1\cdot\boldsymbol{u}_1\rangle+u_{22}\langle \boldsymbol{u}_1\cdot\boldsymbol{u}_2\rangle-Tu_{23}\langle \boldsymbol{u}_1\cdot\boldsymbol{u}_3\rangle \\ u_{31}\langle \boldsymbol{u}_1\cdot\boldsymbol{u}_1\rangle+u_{32}\langle \boldsymbol{u}_1\cdot\boldsymbol{u}_2\rangle-Tu_{33}\langle \boldsymbol{u}_1\cdot\boldsymbol{u}_3\rangle \end{pmatrix}=a_1\begin{pmatrix}u_{11}\\u_{21}\\u_{31}\end{pmatrix}$。

同样处理公式（10-19）右半部：

$$
\begin{pmatrix} u_{11}^2u_{12}^2-Tu_{13}^2 & u_{11}u_{21}+u_{12}u_{22}-Tu_{13}u_{23} & u_{11}u_{31}+u_{12}u_{32}-Tu_{13}u_{33} \\ u_{21}u_{11}+u_{22}u_{12}-Tu_{23}u_{13} & u_{21}^2+u_{22}^2-Tu_{23}^2 & u_{21}u_{31}+u_{22}u_{32}-Tu_{23}u_{33} \\ u_{31}u_{11}+u_{32}u_{12}-Tu_{33}u_{13} & u_{31}u_{21}+u_{32}u_{22}-Tu_{33}u_{23} & u_{31}^2+u_{32}^2-Tu_{33}^2 \end{pmatrix}\times a_2\begin{pmatrix}u_{12}\\u_{22}\\u_{32}\end{pmatrix}
$$

$$
= a_2\begin{pmatrix} (u_{11}^2+u_{12}^2-Tu_{13}^2)u_{12}+(u_{11}u_{21}+u_{12}u_{22}-Tu_{13}u_{23})u_{22}+(u_{11}u_{31}+u_{12}u_{32}-Tu_{13}u_{33})u_{32} \\ (u_{21}u_{11}+u_{22}u_{12}-Tu_{23}u_{13})u_{12}+(u_{21}^2+u_{22}^2-Tu_{23}^2)u_{22}+(u_{21}u_{31}+u_{22}u_{32}-Tu_{23}u_{33})u_{32} \\ (u_{31}u_{11}+u_{32}u_{12}-Tu_{33}u_{13})u_{12}+(u_{31}u_{21}+u_{32}u_{22}-Tu_{33}u_{23})u_{22}+(u_{31}^2+u_{32}^2-Tu_{33}^2)u_{32} \end{pmatrix}
$$

$$
= a_2\begin{pmatrix} u_{11}^2u_{12}+u_{12}^3-Tu_{13}^2u_{12}+u_{11}u_{21}u_{22}+u_{12}u_{22}^2-Tu_{13}u_{23}u_{22}+u_{11}u_{31}u_{32}+u_{12}u_{32}^2-Tu_{13}u_{33}u_{32} \\ u_{21}u_{11}u_{12}+u_{22}u_{12}^2-Tu_{23}u_{13}u_{12}+u_{21}^2u_{22}+u_{22}^3-Tu_{23}^2u_{22}+u_{21}u_{31}u_{32}+u_{22}u_{32}^2-Tu_{23}u_{33}u_{32} \\ u_{31}u_{11}u_{12}+u_{32}u_{12}^2-Tu_{33}u_{13}u_{12}+u_{31}u_{21}u_{22}+u_{32}u_{22}^2-Tu_{33}u_{23}u_{22}+u_{31}^2u_{32}+u_{32}^3-Tu_{33}^2u_{32} \end{pmatrix}
$$

移项得：

$$
= a_2\begin{pmatrix} u_{12}^3+u_{12}u_{22}^2+u_{12}u_{32}^2+u_{11}^2u_{12}+u_{11}u_{21}u_{22}+u_{11}u_{31}u_{32}-Tu_{13}u_{23}u_{22}-Tu_{13}^2u_{12}-Tu_{13}u_{33}u_{32} \\ u_{22}u_{12}^2+u_{22}u_{32}^2+u_{22}^3+u_{21}u_{11}u_{12}+u_{21}^2u_{22}+u_{21}u_{31}u_{32}-Tu_{23}^2u_{22}-Tu_{23}u_{13}u_{12}-Tu_{23}u_{33}u_{32} \\ u_{32}u_{12}^2+u_{32}u_{22}^2+u_{32}^3+u_{31}u_{11}u_{12}+u_{31}u_{21}u_{22}+u_{31}^2u_{32}-u_{33}u_{23}u_{22}-u_{33}u_{13}u_{12}-u_{33}^2u_{32} \end{pmatrix}
$$

$$
= a_2\begin{pmatrix} u_{12}\langle \boldsymbol{u}_2\cdot\boldsymbol{u}_2\rangle+u_{11}\langle \boldsymbol{u}_1\cdot\boldsymbol{u}_2\rangle-Tu_{13}\langle \boldsymbol{u}_2\cdot\boldsymbol{u}_3\rangle \\ u_{22}\langle \boldsymbol{u}_2\cdot\boldsymbol{u}_2\rangle+u_{21}\langle \boldsymbol{u}_1\cdot\boldsymbol{u}_2\rangle-Tu_{23}\langle \boldsymbol{u}_2\cdot\boldsymbol{u}_3\rangle \\ u_{32}\langle \boldsymbol{u}_2\cdot\boldsymbol{u}_2\rangle+u_{31}\langle \boldsymbol{u}_1\cdot\boldsymbol{u}_2\rangle-Tu_{33}\langle \boldsymbol{u}_2\cdot\boldsymbol{u}_3\rangle \end{pmatrix}=a_2\begin{pmatrix}u_{12}\\u_{22}\\u_{32}\end{pmatrix}
$$

将左右两部分相加，即得：

$$
= \begin{pmatrix} u_{11}^2+u_{12}^2-Tu_{13}^2 & u_{11}u_{21}+u_{12}u_{22}-Tu_{13}u_{23} & u_{11}u_{31}+u_{12}u_{32}-Tu_{13}u_{33} \\ u_{21}u_{11}+u_{22}u_{12}-Tu_{23}u_{13} & u_{21}^2+u_{22}^2-Tu_{23}^2 & u_{21}u_{31}+u_{22}u_{32}-Tu_{23}u_{33} \\ u_{31}u_{11}+u_{32}u_{12}-Tu_{33}u_{13} & u_{31}u_{21}+u_{32}u_{22}-Tu_{33}u_{23} & u_{31}^2+u_{32}^2-Tu_{33}^2 \end{pmatrix}\times
$$

$$
\left(a_1\begin{pmatrix}u_{11}\\u_{21}\\u_{31}\end{pmatrix}+a_2\begin{pmatrix}u_{12}\\u_{22}\\u_{32}\end{pmatrix}\right)=a_1\begin{pmatrix}u_{11}\\u_{21}\\u_{31}\end{pmatrix}+a_2\begin{pmatrix}u_{12}\\u_{22}\\u_{32}\end{pmatrix}
$$

即以下公式成立。

$$\left(\sum_{j=1}^{2} \boldsymbol{u}_j \boldsymbol{u}_j^{\mathrm{T}} - T\sum_{j=3}^{3} \boldsymbol{u}_j \boldsymbol{u}_j^{\mathrm{T}}\right)\sum_{j=1}^{2} a_j \boldsymbol{u}_j = \sum_{j=1}^{2} a_j \boldsymbol{u}_j \tag{10-21}$$

扩展到 K 时，以下公式也成立。

$$\left(\sum_{j=1}^{K} \boldsymbol{u}_j \boldsymbol{u}_j^{\mathrm{T}} - T\sum_{j=K+1}^{N} \boldsymbol{u}_j \boldsymbol{u}_j^{\mathrm{T}}\right)\sum_{j=1}^{K} a_j \boldsymbol{u}_j = \sum_{j=1}^{K} a_j \boldsymbol{u}_j \tag{10-22}$$

因此以下公式成立。

$$(\boldsymbol{W}_p - T\boldsymbol{W}_m)(\boldsymbol{x}_i - \boldsymbol{x}_P) = \left(\sum_{j=1}^{K} \boldsymbol{u}_j \boldsymbol{u}_j^{\mathrm{T}} - T\sum_{j=K+1}^{N} \boldsymbol{u}_j \boldsymbol{u}_j^{\mathrm{T}}\right)\sum_{j=1}^{K} a_j \boldsymbol{u}_j = \sum_{j=1}^{K} a_j \boldsymbol{u}_j \tag{10-23}$$

因为 $\sum_{j=1}^{K} a_j \boldsymbol{u}_j = (\boldsymbol{x}_i - \boldsymbol{x}_P)$，所以以下公式成立。

$$(\boldsymbol{W}_p - T\boldsymbol{W}_m)(\boldsymbol{x}_i - \boldsymbol{x}_P) = (\boldsymbol{x}_i - \boldsymbol{x}_P) \tag{10-24}$$

将公式（10-24）结论代入 $\boldsymbol{y}_i = f((\boldsymbol{W}_p - T\boldsymbol{W}_m)(\boldsymbol{x}_i - \boldsymbol{x}_P) + \boldsymbol{x}_P)$，则得：

$$\begin{aligned}\boldsymbol{y}_i &= f((\boldsymbol{x}_i - \boldsymbol{x}_P) + \boldsymbol{x}_P) \\ &= f(\boldsymbol{x}_i)\end{aligned} \tag{10-25}$$

f 在离散 Hopfield 中一般为符号函数 $sgn()$，即取值为 1 和 -1，在连续 Hopfield 中激活函数如图 10-5 所示。

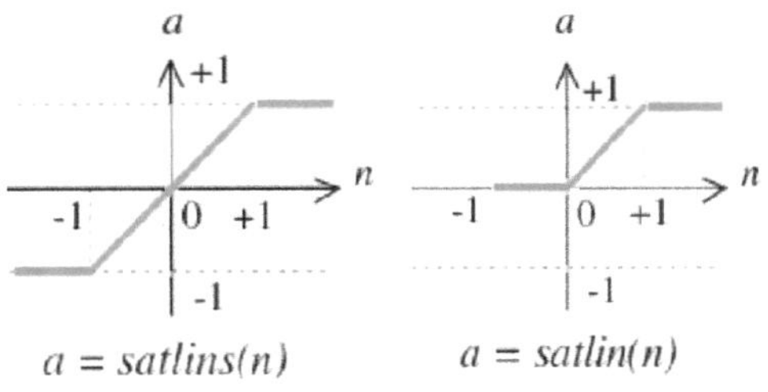

图 10-5　连续 Hopfield 网络的激活函数

当网络趋于稳定时，$f(\boldsymbol{x}_i) = \boldsymbol{x}_i$，因此将 $\boldsymbol{x}_i$ 作为输入时，输出等于输入，而 $\boldsymbol{x}_i$ 是前 $P-1$ 个吸引子之一，因此它理应也确实吸引到自身。

网络输入为第 P 个预设吸引子，网络的输出可以用以下公式表示。

$$\begin{aligned}\boldsymbol{y}_P &= f((\boldsymbol{W}_p - T\boldsymbol{W}_m)(\boldsymbol{x}_P - \boldsymbol{x}_P) + \boldsymbol{x}_P) \\ &= f(\boldsymbol{x}_P)\end{aligned} \tag{10-26}$$

当 f 为上述离散或连续 Hopfield 的激活函数时，它也理应且确实吸引到自身。

网络输入为非吸引子 $\tilde{x}$，网络的输出为公式：

$$\tilde{\boldsymbol{y}} = f((\boldsymbol{W}_p - T\boldsymbol{W}_m)(\tilde{\boldsymbol{x}} - \boldsymbol{x}_P) + \boldsymbol{x}_P) \tag{10-27}$$

因为 T 不能取 -1（T 默认值为 10），所以 $\boldsymbol{W}_p - T\boldsymbol{W}_m$ 不是单位阵。又因为 T 是可变常量，且 $\tilde{\boldsymbol{x}} - \boldsymbol{x}_P \notin \boldsymbol{u}_i$，$i \in 1,2,3$，所以 $(\boldsymbol{W}_p - T\boldsymbol{W}_m)(\tilde{\boldsymbol{x}} - \boldsymbol{x}_P) \neq \tilde{\boldsymbol{x}} - \boldsymbol{x}_P$。

故 $\tilde{\boldsymbol{y}} \neq f(\tilde{\boldsymbol{x}})$，即非吸引子作为输入时一般不会收敛到自身，但也可能出现收敛到自身的情况，这种情况下的 $\tilde{\boldsymbol{x}}$ 为伪稳定点。

10.5　实例分析

Hopfield 是 MATLAB 自带的算法，本节将以实例简明扼要地介绍如何调用该算法。

1. 数据集介绍

Hopfield 需要设置吸引子，本案例人为构造 3 个二维点作为吸引子，如图 10-6 所示。

```
>> a1=[-1,1];
a2=[1,-1];
a3=[1,1];
```

图 10-6　三个吸引子

2. 函数介绍

Hopfield 是 MATLAB 自带的算法，其函数调用如下。

```
function out1 =newhop(varargin)
```

3. 结果分析

Hopfield 神经网络也是 MATLAB 自带的算法，数据是人为简单构造的 3 个二维点。下面以 3 个神经元构成的网络作为小案例，调用一次该算法作为示例，观察网络收敛的效果，代码如下。

```
a1 =[ -1,1]; %a1、a2、a3 为网络的三个吸引子。
a2 =[1, -1];
a3 =[1,1];
T =[a1',a2',a3']; %每一列是一个吸引子。
  net =newhop(T); %基于以上吸引子创建 Hopfield 网络。
  x1 =[ -0.6,0.7]; %测试网络时使用的 3 个网络输入。
  x2 =[0.7, -1];
  x3 =[0.6,0.8];
  Y = sim(net,3,[],[x1',x2',x3']); %用该网络计算每个输入经过网络收敛得到的值。第二个参数 3 表示有 3 个网络输入;第三个参数[]表示网络输入无延迟。
```

在图 10-7 中可见，预测结果是 Y 矩阵，每一列代表一个吸引子坐标。四舍五入后与初始输入的 3 个吸引子坐标一致。这说明 Hopfield 良好地将数据进行拟合了。

```
Y =

   -0.6971    0.8133    0.6971
    0.8133   -1.0000    0.9295

>> round(Y)

ans =

    -1     1     1
     1    -1     1
```

图 10-7　收敛结果

10.6　代码获取

10.5 节案例是一个调用 Hopfield 的典型脚本，假设了具有 3 个吸引子的循环网络结构，并用 Hopfield 网络计算权值直至收敛，最后做出预测。读者可以扫描封底二维码进行查看。

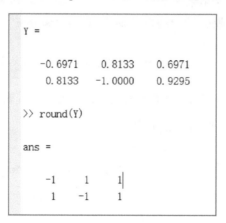

第 11 章　LSTM 长短期记忆网络算法

人对一个问题的思考不会完全从头开始。比如在阅读文章时，会根据之前理解过的信息来理解下面看到的文字。在理解当前文字的时候，并不会忘记之前看过的文字，从头思考当前文字的含义。

传统的神经网络并不能做到这一点，这是在对这种序列信息（如语音）进行预测时的一个缺点。比如想对电影中的每个片段进行事件分类，传统的神经网络是很难通过利用前面的事件信息来对后面事件进行分类。

而循环神经网络（简称 RNNs）可以通过不停地将信息循环操作，保证信息持续存在，从而解决上述问题。本章讲述的 LSTM 是 RNN 的一种，在时间序列问题中有着广泛的应用。

11.1　原理介绍

长短期记忆（Long Short-Term Memory，LSTM）是一种特殊的 RNN，主要是为了解决长序列训练过程中的梯度消失和梯度爆炸问题。它拥有特殊的网络结构，能够避免一般 RNN 的长期依赖问题，在长期时间序列的处理中拥有独特优势。

11.1.1　算法思想

LSTM 是一种特殊结构的循环神经网络，内部主要有三个阶段：第一个阶段是忘记阶段，主要是对上一个节点传进来的输入进行选择性忘记，也就是会“忘记不重要的，记住重要的”；第二个阶段是选择记忆阶段，即有选择地进行记忆；最后是输出阶段，这个阶段决定哪些将会被当成当前状态的输出。更具体地说，它经由初始门、输入门、遗忘门、输出门构成了整个循环，LSTM 前馈过程框架整体结构如图 11-1 所示。

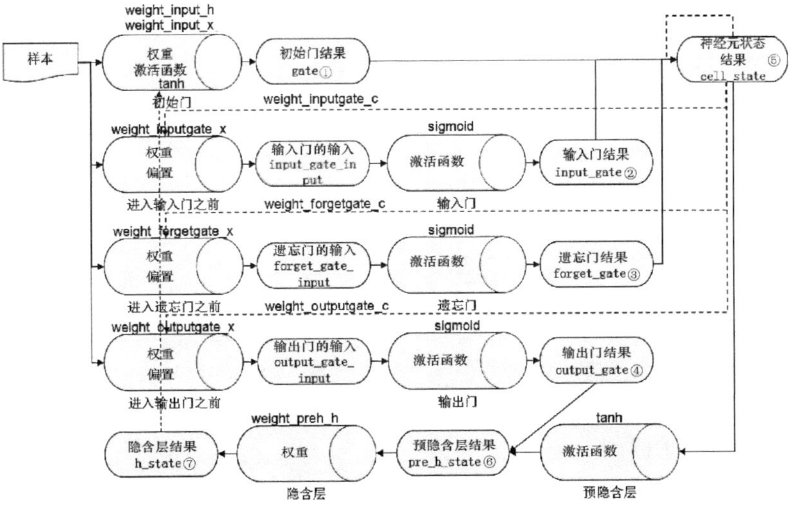

图 11-1　LSTM 前馈过程框架整体结构图

图 11-1 中实线表示第二及以后时刻样本进入才涉及的过程；虚线表示延迟一期产生影响的过程。

下面将对图 11-1 中计算①~⑦结果的公式进行简单说明，详细公式将在下文讲到。

1）第一时刻：初始门结果 = 激活函数（样本 × 权重矩阵）——参见式（11-1）。

第二及以后时刻：初始门结果 = 激活函数（样本 × 权重矩阵 + 上一期隐含层结果 × 权重矩阵）——参见式（11-9）。

2）第一时刻：输入门结果 = 激活函数（样本 × 权重矩阵 + 偏置）——参见式（11-2）、（11-44）。

第二及以后时刻：输入门结果 = 激活函数（样本 × 权重矩阵 + 上一期神经元状态结果 × 权重矩阵 + 偏置）——参见式（11-10）、（11-13）。

3）第二及以后时刻：遗忘门结果 = 激活函数（样本 × 权重矩阵 + 上一期神经元状态结果 × 权重矩阵 + 偏置）——参见式（11-11）、（11-14）。

4）第一时刻：输出门结果 = 激活函数（样本 × 权重矩阵 + 偏置）——参见式（11-3）、（11-5）。

第二及以后时刻：输出门结果 = 激活函数（样本 × 权重矩阵 + 上一期神经元状态结果 × 权重矩阵 + 偏置）——参见式（11-12）、（11-15）。

5）第一时刻：神经元状态结果 = 输入门结果 × 初始门结果——参见式（11-6）。

第二及以后时刻：神经元状态结果 = 输入门结果 × 初始门结果 + 上一期神经元状态结果 × 遗忘门结果——参见式（11-16）。

6）预隐含层结果 = 激活函数（神经元状态结果） × 输出门结果——参见式（11-7）或（11-17）。

7）隐含层结果 = 预隐含层结果 × 权重矩阵——参见式（11-8）或（11-18）。

11.1.2 算法流程

长短期记忆网络整个训练过程的流程如下。

```
For 每次迭代
    For 每个样本(时刻)
    If 第一个样本(第一时刻)
        1)计算初始门的值
        2)计算输入门的输入
        3)计算输出门的输入
        4)计算输入门的值
        5)计算输出门的值
        6)初始化遗忘门的值
        7)初始化遗忘门的输入
        8)初始化神经元状态值
    Else(第二及以后样本)
        1)计算初始门的值
        2)计算输入门的输入
        3)计算输出门的输入
```

```
        4)计算遗忘门的输入
        5)计算输入门的值
        6)计算输出门的值
        7)计算遗忘门的值
        8)计算神经元状态值
        End
        1)计算预隐含层状态值
        2)计算隐含层状态值(预测结果)
        3)计算误差
        4)更新权值偏置
            ① 更新 Weight_preh_h
            ② 更新 Weight_outputgate_x
            ③ 更新 Bias_output_gate
            ④ 更新 Weight_inputgate_x
            ⑤ 更新 Bias_input_gate
            If 第二及以后样本 (第二及以后时刻)
                a. 更新 Weight_input_x
                b. 更新 Weight_forgetgate_x
                c. 更新 Bias_forget_gate
                d. 更新 Weight_inputgate_c
                e. 更新 Weight_forgetgate_c
                f. 更新 Weight_outputgate_c
                g. 更新 Weight_input_h
            Else 第一个样本 (第一时刻)
                a. 更新 Weight_input_x
        End
        5) 计算样本平均误差
        6) 判断是否终止训练
    End
End
```

11.2 LSTM 的数学推导和说明

本节将详细讲解 LSTM 的数学推导过程。首先给出数据集符号的申明，然后基于 11.1.1 小节给出的 LSTM 流程图逐步讲解前馈过程和权值调整过程。其中，权值调整过程是 LSTM 的核心点，会给出详细的计算公式。

11.2.1 数据集符号申明

LSTM 通常在时间序列的预测上有一定的优势，本例的解说和计算将以图形化的方式来表达矩阵，下面是训练集和测试集的矩阵符号。

训练集（N 个样本，每个样本 S 维）：

标签集（N 个标签，每个标签 D 维）：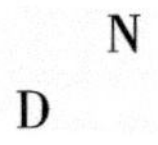

11.2.2 训练过程

LSTM 的训练过程分为前馈过程和权值调整过程两部分。

1. 前馈过程

前馈过程的目的在于计算网络每次迭代后预测结果与真实标签间的误差。在 LSTM 中，前馈过程分为第一时刻的前馈过程和第二及以后的前馈过程两部分。

（1）第一时刻的前馈过程

第一时刻指的是第一个样本输入网络时。第一时刻与第二及以后时刻的前馈过程有所区别是因为：

在第一时刻遗忘门不参与流程，而会在之后的时刻中起作用。

在第一时刻的过程中不利用也无法利用前一时刻的信息，而在之后的过程中前一时刻的信息参与当前时刻的计算过程。具体过程如下：

先取出第一个样本 $\begin{matrix} 1 \\ S \end{matrix}$，将其转置后（ 1 S ）作为第一时刻对 LSTM 网络的输入。

计算初始门（gate）的当前值：

$$\text{gate} = \tanh\left(\begin{matrix} 1 & S \end{matrix} \times \underset{\text{Weight\_input\_x}}{\begin{matrix} & C \\ S & \end{matrix}} \right) = \underset{\text{gate}}{\begin{matrix} & C \\ 1 & \end{matrix}} \tag{11-1}$$

其中 C 为神经元个数。

计算输入门的输入（input_gate_input）：

$$\text{input\_gate\_input} = \begin{matrix} 1 & S \end{matrix} \times \underset{\text{Weight\_inputgate\_x}}{\begin{matrix} & C \\ S & \end{matrix}} + \underset{\text{Bias inputgate}}{\begin{matrix} & C \\ 1 & \end{matrix}} = \underset{\text{Input\_gate\_input}}{\begin{matrix} & C \\ 1 & \end{matrix}} \tag{11-2}$$

计算输出门的输入（output_gate_input）：

$$\text{output\_gate\_input} = \begin{matrix} 1 & S \end{matrix} \times \underset{\text{Weight\_outputgate\_x}}{\begin{matrix} & C \\ S & \end{matrix}} + \underset{\text{Bias\_outputgate}}{\begin{matrix} & C \\ 1 & \end{matrix}} = \underset{\text{Output\_gate\_input}}{\begin{matrix} & C \\ 1 & \end{matrix}} \tag{11-3}$$

计算输入门的值（input_gata）：

$$\text{Input\_gate} = \text{sigmoid}\left(\underset{\text{Input\_gate\_input}}{\begin{matrix} & C \\ 1 & \end{matrix}} \right) = \underset{\text{Input\_gate}}{\begin{matrix} & C \\ 1 & \end{matrix}} \tag{11-4}$$

计算输出门的值（output_gate）：

$$\text{Output\_gate} = \text{sigmoid}\left(\underset{\text{Output\_gate\_input}}{\begin{matrix} & C \\ 1 & \end{matrix}} \right) = \underset{\text{Output\_gate}}{\begin{matrix} & C \\ 1 & \end{matrix}} \tag{11-5}$$

计算神经元状态值（cell_state）：

$$\text{Cell\_state} = \underset{\text{Input\_gate}}{\begin{matrix} & C \\ 1 & \end{matrix}} . \times \underset{\text{gate}}{\begin{matrix} & C \\ 1 & \end{matrix}} = \underset{\text{Cell\_state}}{\begin{matrix} & C \\ 1 & \end{matrix}} \tag{11-6}$$

计算隐含层预状态值（pre_h_state）：

$$\text{Pre\_h\_state} = \tanh\left(\underset{\text{Cell\_state}}{\begin{matrix} & C \\ 1 & \end{matrix}} . \times \underset{\text{Output\_gate}}{\begin{matrix} & C \\ 1 & \end{matrix}} = \underset{\text{Pre\_h\_state}}{\begin{matrix} & C \\ 1 & \end{matrix}} \right. \tag{11-7}$$

计算隐含层状态值（h_state）：

$$H\_state = 1\ \overset{C}{Pre\_h\_state} \times \begin{matrix} D \\ Weigh \\ Ct\_preh \\ \_h \end{matrix} = 1\ \overset{D}{H\_state} \tag{11-8}$$

H_state 即本次迭代的预测结果，将其与该样本的标签对比可以得到误差，利用误差反向传递进行权值调整，相关过程将在后续权值调整内容中详细介绍。

（2）第二及以后时刻的前馈过程

前馈过程主要基于 11.1.1 小节的流程图，以计算各个门的值和各层神经元状态值为线索进行。

取出第 M 个样本：$\begin{matrix} 1 \\ S \end{matrix}$，将其转置后（1 S）作为第 M 时刻对 LSTM 网络的输入。

第一步，计算初始门（gate）的当前值：

$$gate = \tanh(1\quad S \times S\ \overset{C}{Weight\_input\_x} + H\ \begin{matrix} D \\ 1 \\ H\_state(t-1) \end{matrix} \times D\ \begin{matrix} C \\ Weight\_input \\ \_h \end{matrix}) = 1\ \overset{C}{gate} \tag{11-9}$$

其中 C 为神经元个数，$\begin{matrix} D \\ 1 \\ H\_state\ (t-1) \end{matrix}$ 表示前一时刻的隐含层状态。

第二步，计算输入门的输入（input_gate_input）：

$$input\_gate\_input = 1\quad S \times S\ \overset{C}{Weight\_inputgate\_x} + 1\ \overset{C}{Cell\_state\ (t-1)} \times \begin{matrix} C \\ C \end{matrix}\ \begin{matrix} Weight\_ \\ inputgat \\ e\_c \end{matrix} + 1\ \overset{C}{Bias\ inputgate} = 1\ \overset{C}{Input\_gate\_input} \tag{11-10}$$

其中，$1\ \overset{C}{Cell\_state(t-1)}$ 表示前一时刻的神经元状态。

第三步，计算遗忘门的输入（forget_gate_input）：

$$Forget\_gate\_input = 1\quad S \times S\ \begin{matrix} C \\ Weight\_forgetg \\ ate\_x \end{matrix} + 1\ \overset{C}{Cell\_state\ (t-1)} \times C\ \begin{matrix} C \\ Weight\_ \\ forgetga \\ te\_c \end{matrix} + 1\ \overset{C}{Bias\_forgetgete} = 1\ \overset{C}{Forget\_gate\_input} \tag{11-11}$$

第四步，计算输出门的输入（output_gate_input）：

$$\text{Output\_gate\_input} = 1\quad S \times S\ \underset{\text{Weight\_outputgate\_x}}{C} + 1\ \underset{\text{Cell\_state (t-1)}}{C} \times C\ \text{Weigth\_outputgate\_c} + 1\ \underset{\text{Bias\_outputgate}}{C} = 1\ \underset{\text{output\_gate\_input}}{C} \tag{11-12}$$

第五步，计算输入门的值（input_gate）：

$$\text{Input\_gate} = \text{sigmoid}\left(1\ \underset{\text{Input\_gate\_input}}{C}\right) = 1\ \underset{\text{Input\_gate}}{C} \tag{11-13}$$

第六步，计算遗忘门的值（forget_gate）：

$$\text{Forget\_gate} = \text{sigmoid}\left(1\ \underset{\text{Forget\_gate\_input}}{C}\right) = 1\ \underset{\text{Forget\_gate}}{C} \tag{11-14}$$

第七步，计算输出门的值（output_gate）：

$$\text{Output\_gate} = \text{sigmoid}\left(1\ \underset{\text{Output\_gate\_input}}{C}\right) = 1\ \underset{\text{Output\_gate}}{C} \tag{11-15}$$

第八步，计算神经元状态值（cell_state）：

$$\text{Cell\_state} = 1\ \underset{\text{input\_gate}}{C} .\times 1\ \underset{\text{gate}}{C} + 1\ \underset{\text{Cell\_state(t-1)}}{C} .\times 1\ \underset{\text{Forget\_gate}}{C} = 1\ \underset{\text{Cell\_state}}{C} \tag{11-16}$$

第九步，计算隐含层预状态值（pre_h_state）：

$$\text{Pre\_h\_state} = \tanh\left(1\ \underset{\text{Cell\_state}}{C}\right) .\times 1\ \underset{\text{Output\_gate}}{C} = 1\ \underset{\text{Pre\_h\_state}}{C} \tag{11-17}$$

第十步，计算隐含层状态值（h_state）：

$$\text{H\_state} = 1\ \underset{\text{Pre\_h\_state}}{C} \times C\ \underset{\text{Weight\_preh\_h}}{D} = 1\ \underset{\text{H\_state}}{D} \tag{11-18}$$

2. 权值偏置调整过程

虽然在本文中将权值调整过程与前馈过程分开介绍，但在 LSTM 的训练过程中总是一次前馈过程紧接着一次权值调整过程，再一次前馈过程……直到训练停止。

权值调整的核心是利用前馈过程得到的误差，并基于求导链式法则反向传递误差，最终结合学习率得到各权值矩阵的调整量。由于前馈过程在第一时刻和后续时刻是不同的，且后续时刻的前馈过程更为复杂，因此以第二及以后时刻的权值调整为例进行详细介绍。第一时刻的权值调整过程可同理得。

从前馈过程可知，其对每一个输入的训练样本都产生一个标签预测结果为 $1\ \underset{\text{H\_state}}{D}$，此时的最终误差 E 定义如下：

$$E = \left(1\ \underset{\text{H\_state}}{D} - 1\ \underset{\text{label}}{D}\right).\hat{}2 = 1\ \underset{\text{e}}{D}.\hat{}2 \tag{11-19}$$

其中，1 D label 表示样本的真实标签。从上式可以看出，E 反映的是标签在各维度上的偏差。

计算式（11-18）中 weight_preh_h 的调整量Δ_1：

$$\Delta_1 = -\eta \frac{\partial E}{\partial e} \frac{\partial e}{\partial H\_state} \frac{\partial H\_state}{\partial weight\_preh\_h} \tag{11-20}$$

由于 H_state = 1 C Pre_h_state × 1 D Weigh t_preh _h = 1 D H_state，

故：

$\Delta_1 = -\eta \times 2 \times$ 1 De × 1 C Pre_h_state，其中 η 为学习率。

计算式（11-12）中 weight_outputgate_x 的调整量Δ_2：

因为：

Pre_h_state = tanh（1 C Cell_state）. × 1 C Output_gate（11-21）

Output_gate = sigmoid（1 C Output_gate_input）= 1 C Output_gate（11-22）

$\Delta_2 = -\eta \frac{\partial E}{\partial e} \frac{\partial e}{\partial H\_state} \frac{\partial H\_state}{\partial pre\_h\_state} \frac{\partial pre\_h\_state}{\partial output\_gate} \frac{\partial output\_gate}{\partial output\_gate\_input} \frac{\partial output\_gate\_input}{\partial weight\_outputgate\_x}$，故：

Δ_2 =（$-\eta$ × C D Weigh t_preh _h × 2 × 1 De . × tanh（C Cell_state 1）. × sigmoid′（C Output _gate_i nput 1）× 1 S）T（11-23）

其中，1 S 为样本。

计算式（11-12）中 bias_outputgate 的调整量Δ_{b2}：

因为：

$$\Delta_{b2} = -\eta \frac{\partial E}{\partial e} \frac{\partial e}{\partial H\_state} \frac{\partial H\_state}{\partial pre\_h\_state} \frac{\partial pre\_h\_state}{\partial output\_gate} \frac{\partial output\_gate}{\partial output\_gate\_input} \frac{\partial output\_gate\_input}{\partial bias\_output\_gate} \tag{11-24}$$

故：

Δ_{b2} =（$-\eta$ × C D Weigh t_preh _h × 2 × 1 D_e . × tanh（C Cell_state 1）. × sigmoid′（C Output _gate_i nput 1）× 1）T（11-25）

计算式（11-10）中 weight_inputgate_x 的调整量Δ_3。

因为：

$$H\_state = 1\ \mathrm{C}\ Pre\_h\_state \times \mathrm{C}\ \mathrm{D}\ Weight\_preh\_h = 1\ \mathrm{D}\ H\_state \tag{11-26}$$

$$Pre\_h\_state = \tanh(1\ \mathrm{C}\ Cell\_state) .\times 1\ \mathrm{C}\ Output\_gate = 1\ \mathrm{C}\ Pre\_h\_state \tag{11-27}$$

$$Cell\_state = 1\ \mathrm{C}\ input\_gate .\times 1\ \mathrm{C}\ gate + 1\ \mathrm{C}\ Cell\_state(t-1) .\times 1\ \mathrm{C}\ Forget\_gate = 1\ \mathrm{C}\ Cell\_state \tag{11-28}$$

$$Input\_gate = \mathrm{sigmoid}(1\ \mathrm{C}\ Input\_gate\_input) = 1\ \mathrm{C}\ Input\_gate \tag{11-29}$$

$$input\_gate\_input = 1\ \mathrm{S} \times \mathrm{S}\ \mathrm{C}\ Weight\_inputgate\_x + 1\ \mathrm{C}\ Cell\_state(t-1) \times \mathrm{C}\ \mathrm{C}\ Weight\_inputgate\_c + 1\ \mathrm{C}\ Bias\ inputgate = 1\ \mathrm{C}\ Input\_gate\_input \tag{11-30}$$

$$\Delta_3 = -\eta \frac{\partial E}{\partial e}\frac{\partial e}{\partial H\_state}\frac{\partial H\_state}{\partial pre\_h\_state}\frac{\partial pre\_h\_state}{\partial cell\_state}\frac{\partial cell\_state}{\partial input\_gate}\frac{\partial input\_gate}{\partial input\_gate\_input}\frac{\partial input\_gate\_input}{\partial weight\_inputgate\_x}$$

故：

$$\Delta_3 = (-\eta \times \mathrm{C}\ \mathrm{D}\ Weight\_preh\_h \times 2 \times \frac{1}{\mathrm{D}_e} .\times \mathrm{C}\ Output\_gate\ 1 .\times \tanh'(\mathrm{C}\ Cell\_state\ 1) .\times 1\ \mathrm{C}\ gate\ 1 .\times \mathrm{sigmoid}'(\mathrm{C}\ Input\_gate\_input\ 1) \times 1\ \mathrm{S})\mathrm{T} \tag{11-31}$$

计算式（11-10）中 bias_inputgate 的调整量Δ_{b3}：

$$\Delta_{b3} = -\eta \frac{\partial E}{\partial e}\frac{\partial e}{\partial H\_state}\frac{\partial H\_state}{\partial pre\_h\_state}\frac{\partial pre\_h\_state}{\partial cell\_state}\frac{\partial cell\_state}{\partial input\_gate}\frac{\partial input\_gate}{\partial input\_gate\_input}\frac{\partial input\_gate\_input}{\partial bias\_input\_gate}$$

$$\Delta_{b3} = (-\eta \times \mathrm{C}\ \mathrm{D}\ Weight\_preh\_h \times 2 \times \frac{1}{\mathrm{D}_e} .\times \mathrm{C}\ Output\_gate\ 1 .\times \tanh'(\mathrm{C}\ Cell\_state\ 1) .\times \mathrm{C}\ gate\ 1 .\times \mathrm{sigmoid}'(\mathrm{C}\ Input\_gate\_input\ 1) \times 1)\mathrm{T} \tag{11-32}$$

计算式（11-9）中 weight_input_x 的调整量Δ_4：

因为：

```
                         C                  C                 C
Pre_h_state = tanh ( 1             ) . × 1              = 1
                     Cell_state         Output_gate        Pre_h_state      (11-33)

                    C               C                  C
Cell_state = 1              . × 1         + 1                         . ×
                input_gotc          gate         Cell_state (t - 1)

                    C                C
             1               = 1
               Forget_gate         Cell_state                               (11-34)

                                          D             C
                              C                                              C
gate = tanh( 1   S × S               +    1       × U  Weight_input ) = 1
                        Weight_input_x                                       gate
                                      H_state(t - 1)       _h
                                                                            (11-35)
```

及其他公式：

$$\Delta_4 = -\eta \frac{\partial E}{\partial e} \frac{\partial e}{\partial H\_state} \frac{\partial H\_state}{\partial pre\_h\_state} \frac{\partial pre\_h\_state}{\partial cell\_state} \frac{\partial cell\_state}{\partial gate} \frac{\partial gate}{\partial weight\_input\_x}$$

故：

```
              D                      C                        C
                                                   C
             Weigh         1       Output                   Input
Δ4 = ( - η ×       × 2 ×      . ×         . × tanh'( Cell_state ). ×       . ×
           C  t_preh        De      _gate                   _gate
                                                   1
              _h                     1                        1

                                      D             C
                         C
tanh'( 1   S × S               +      1        × D  Weight_input )T × 1   S )T
                  Weight_input_x
                                 H_state(t - 1)        _h
                                                                            (11-36)
```

如果是第一时刻：

```
              D                      C                        C
                                                   C
             Weigh         1       Output                   Input
Δ4 = ( - η ×       × 2 ×      . ×         . × tanh'( Cell_state ). ×       . ×
           C  t_preh        De      _gate                   _gate
                                                   1
              _h                     1                        1

                         C
tanh'( 1   S × S                )T × 1   S )T
                  Weight_input_x
                                                                            (11-37)
```

计算式（11-11）中 weight_forgetgate_x 的调整量Δ_5：

因为：

```
                    C               C                  C
Cell_state = 1              . × 1         + 1                         . ×
                input_gate          gate         Cell_state (t - 1)

                    C                C
             1               = 1
               Forget_gate         Cell_state                               (11-38)

                                        C                       C
Forget_gate = sigmoid ( 1                         ) = 1
                           Forget_gate_input           Forget_gate          (11-39)
```

$$\text{Forget\_gate\_input} = 1\quad \text{S} \times \text{S} \begin{matrix}\text{C}\\ \text{Weight\_forgetg}\\ \text{ate\_x}\end{matrix} + 1 \begin{matrix}\text{C}\\ \text{Cell\_state}(t-1)\end{matrix} \times \text{C} \begin{matrix}\text{C}\\ \text{Weight\_}\\ \text{forgetga}\\ \text{te\_c}\end{matrix} + 1 \begin{matrix}\text{C}\\ \text{Bias\_forgetgate}\end{matrix} = 1 \begin{matrix}\text{C}\\ \text{Forget\_gate\_input}\end{matrix} \tag{11-40}$$

$$\Delta_5 = -\eta \frac{\partial E}{\partial e} \frac{\partial e}{\partial H_{state}} \frac{\partial H_{state}}{\partial pre_{h_{state}}} \frac{\partial pre_{h_{state}}}{\partial cell_{state}} \frac{\partial cell_{state}}{\partial forget_{gate}} \frac{\partial forget_{gate}}{\partial forget_{gate_{input}}} \frac{\partial forget\_gate\_input}{\partial weight\_forgetgate\_x}$$

$$\Delta_5 = (-\eta \times \text{C} \begin{matrix}\text{D}\\ \text{Weigh}\\ \text{t\_preh}\\ \text{\_h}\end{matrix} \times 2 \times \begin{matrix}1\\ \text{D}_e\end{matrix} .\times 1 \begin{matrix}\text{C}\\ \text{Output}\\ \text{\_gate}\\ 1\end{matrix} .\times \tanh'(\begin{matrix}\text{C}\\ \text{Cell\_state}\\ 1\end{matrix}).\times \begin{matrix}\text{C}\\ \text{Cell\_}\\ \text{state}\\ (t-1)\\ 1\end{matrix} .\times \text{sigmoid}'(\begin{matrix}\text{C}\\ \text{Forget}\\ \text{\_gate}\\ \text{\_input}\\ 1\end{matrix}) \times 1\quad \text{S})\text{T} \tag{11-41}$$

计算式（11-11）中 bias_forget_gate 的调整量Δ_{b5}：

$$\Delta_{b5} = -\eta \frac{\partial E}{\partial e} \frac{\partial e}{\partial H\_state} \frac{\partial H\_state}{\partial pre\_h\_state} \frac{\partial pre\_h\_state}{\partial cell\_state} \frac{\partial cell\_state}{\partial forget\_gate} \frac{\partial forget\_gate}{\partial forget\_gate\_input} \frac{\partial forget\_gate\_input}{\partial bias\_forget\_gate}$$

$$\Delta_{b5} = (-\eta \times \text{C} \begin{matrix}\text{D}\\ \text{Weigh}\\ \text{t\_preh}\\ \text{\_h}\end{matrix} \times 2 \times \begin{matrix}1\\ \text{D}_e\end{matrix} .\times \begin{matrix}\text{C}\\ \text{Output}\\ \text{\_gate}\\ 1\end{matrix} .\times \tanh'(\begin{matrix}\text{C}\\ \text{Cell\_state}\\ 1\end{matrix}).\times \begin{matrix}\text{C}\\ \text{Cell\_}\\ \text{state}\\ (t-1)\\ 1\end{matrix} .\times \text{sigmoid}'(\begin{matrix}\text{C}\\ \text{Forget}\\ \text{\_gate}\\ \text{\_input}\\ 1\end{matrix}) \times 1)\text{T} \tag{11-42}$$

计算式（11-10）中 weight_inputgate_c 的调整量Δ_6：

因为：

$$\text{input\_gate\_input} = 1\quad \text{S} \times \text{S} \begin{matrix}\text{C}\\ \text{Weight\_inputgate\_x}\end{matrix} + 1 \begin{matrix}\text{C}\\ \text{Cell\_state}(t-1)\end{matrix} \times \text{C} \begin{matrix}\text{C}\\ \text{Weight\_}\\ \text{inputgat}\\ \text{e\_c}\end{matrix} + 1 \begin{matrix}\text{C}\\ \text{Bias inputgate}\end{matrix} = 1 \begin{matrix}\text{C}\\ \text{Input\_gate\_input}\end{matrix} \tag{11-43}$$

$$\Delta_6 = -\eta \frac{\partial E}{\partial e} \frac{\partial e}{\partial H_{state}} \frac{\partial H_{state}}{\partial pre_{h_{state}}} \frac{\partial pre_{h_{state}}}{\partial cell_{state}} \frac{\partial cell_{state}}{\partial input_{gate}} \frac{\partial input_{gate}}{\partial input_{gate_{input}}} \frac{\partial input\_gate\_input}{\partial weight\_inputgate\_c}$$

故：

$$\Delta_6 = -\eta \times C \begin{matrix}D\\ Weigh\\ t\_preh\\ \_h\end{matrix} \times 2 \times \begin{matrix}1\\ D_e\end{matrix} . \times \begin{matrix}C\\ Output\\ \_gate\\ 1\end{matrix} . \times \tanh'\left(\begin{matrix}C\\ Cell\_state\\ 1\end{matrix}\right) . \times \begin{matrix}C\\ gate\\ 1\end{matrix} . \times$$

$$sigmoid'\left(\begin{matrix}C\\ Input\_ga\\ te\_input\\ 1\end{matrix}\right) \times 1 \quad \begin{matrix}C\\ Cell\_state(t-1)\end{matrix} \tag{11-44}$$

计算式（11-11）中 weight_forgetgate_c 的调整量Δ_7：

$$\Delta_7 = -\eta \frac{\partial E}{\partial e} \frac{\partial e}{\partial H_{state}} \frac{\partial H_{state}}{\partial pre_{h_{state}}} \frac{\partial pre_{h_{state}}}{\partial cell_{state}} \frac{\partial cell_{state}}{\partial forget_{gate}} \frac{\partial forget_{gate}}{\partial forget_{gate_{input}}} \frac{\partial forget\_gate\_input}{\partial weight\_forgetgate\_c}$$

$$\Delta_7 = -\eta \times C \begin{matrix}D\\ Weigh\\ t\_preh\\ \_h\end{matrix} \times 2 \times \begin{matrix}1\\ D_e\end{matrix} . \times \begin{matrix}C\\ Output\\ \_gate\\ 1\end{matrix} . \times \tanh'\left(\begin{matrix}C\\ Cell\_state\\ 1\end{matrix}\right) . \times \begin{matrix}C\\ Cell\_\\ state\\ (t-1)\\ 1\end{matrix} . \times$$

$$sigmoid'\left(\begin{matrix}C\\ Forget\\ \_gate\\ \_input\\ 1\end{matrix}\right) \times 1 \quad \begin{matrix}C\\ Cell\_state(t-1)\end{matrix} \tag{11-45}$$

计算式（11-12）中 weight_outputgate_c 的调整量Δ_8：

$$\Delta_8 = -\eta \frac{\partial E}{\partial e} \frac{\partial e}{\partial H\_state} \frac{\partial H\_state}{\partial pre\_h\_state} \frac{\partial pre\_h\_state}{\partial output\_gate} \frac{\partial output\_gate}{\partial output\_gate\_input} \frac{\partial output\_gate\_input}{\partial weight\_outputgate\_c}$$

$$\Delta_8 = -\eta \times \begin{matrix}D\\ Weigh\\ Ct\_preh\\ \_h\end{matrix} \times 2 \times \begin{matrix}1\\ D_e\end{matrix} . \times \tanh\left(\begin{matrix}C\\ Cell\_state\\ 1\end{matrix}\right) . \times sigmoid'\left(\begin{matrix}C\\ Output\\ \_gate\_i\\ nput\\ 1\end{matrix}\right) \times 1 \quad \begin{matrix}C\\ Cell\_state(t-1)\end{matrix} \tag{11-46}$$

计算式（11-9）中 weight_input_h 的调整量Δ_9：

$$\Delta_9 = -\eta \frac{\partial E}{\partial e} \frac{\partial e}{\partial H\_state} \frac{\partial H\_state}{\partial pre\_h\_state} \frac{\partial pre\_h\_state}{\partial cell\_state} \frac{\partial cell\_state}{\partial gate} \frac{\partial gate}{\partial weight\_input\_h}$$

故：

$$\Delta_9 = (-\eta \times C \begin{matrix}D\\ Weigh\\ t\_preh\\ \_h\end{matrix} \times 2 \times \begin{matrix}1\\ D_e\end{matrix} . \times \begin{matrix}C\\ Output\\ \_gate\\ 1\end{matrix} . \times \tanh'\left(\begin{matrix}C\\ Cell\_state\\ 1\end{matrix}\right) . \times \begin{matrix}C\\ Input\\ \_gate\\ 1\end{matrix} . \times$$

$$\tanh'(1 \quad S \times S \begin{matrix} C \\ \text{Weight\_input\_x} \end{matrix} + \begin{matrix} D \\ 1 \\ \text{H\_state}(t-1) \end{matrix} \times D \begin{matrix} C \\ \text{Weight\_input} \\ \text{\_h} \end{matrix})T \times \begin{matrix} D \\ 1 \\ \text{H\_state}(t-1) \end{matrix})T \tag{11-47}$$

至此，所有权值矩阵根据此次误差反向传递得到的应有调整量都已得到。只要将这些调整量加到对应的权值矩阵，便得到了更新后的各权值矩阵。

11.3 激活函数求导说明

代码中使用了 LSTM 最常用的 sigmoid 和 tanh 两种激活函数：

$$\text{sigmoid}(x) = \frac{1}{1+e^{-x}} \tag{11-48}$$

$$\tanh(x) = \frac{e^{x}-e^{-x}}{e^{x}+e^{-x}} \tag{11-49}$$

代码中计算求导的公式可按以下步骤推得。

1. sigmoid 激活函数

$$\begin{aligned} \text{sigmoid}'(x) &= \frac{1}{1+e^{-x}} \frac{e^{-x}}{1+e^{-x}} \\ &= e^{-x} \times \text{sigmoid}^2(x) \end{aligned} \tag{11-50}$$

2. tanh 激活函数

$$\begin{aligned} \tanh'(x) &= \frac{(e^{x}+e^{-x})(e^{x}+e^{-x})-(e^{x}-e^{-x})(e^{x}-e^{-x})}{(e^{x}+e^{-x})^2} \\ &= \frac{e^{2x}+2+e^{-2x}-(e^{2x}-2+e^{-2x})}{(e^{x}+e^{-x})^2} \\ &= \frac{4}{(e^{x}+e^{-x})^2} \end{aligned} \tag{11-51}$$

因为：

$$\begin{aligned} \tanh^2(x) &= \frac{(e^{x}-e^{-x})^2}{(e^{x}+e^{-x})^2} \\ &= \frac{e^{2x}-2+e^{-2x}}{e^{2x}+2+e^{-2x}} \\ &= \frac{e^{2x}+2+e^{-2x}}{e^{2x}+2+e^{-2x}} - \frac{4}{e^{2x}+2+e^{-2x}} \end{aligned} \tag{11-52}$$

故：

$$\tanh'(x) = 1 - \tanh^2(x) \tag{11-53}$$

11.4 补充

LSTM 算法在实际使用中虽然有着一定优势，但也存在着诸多问题，比如在算法收敛上存在一定的误差震荡问题。基于这些我们尝试做出一些改进。

1. 测试过程

本章重点介绍了 LSTM 的训练过程，当需利用训练好的 LSTM 模型进行未来一期标签预测时（测试过程），只需要在已有模型基础上以未来一期的特征向量作为输入再走一次前馈过程即可。

2. 动态化学习率

在 LSTM 的训练过程中，学习率在一定程度上控制了模型权重每次的调整量。在训练伊始，模型的误差存在较大的下降空间，因此适合略大的学习率来加快模型的调整幅度，让模型误差快速下降。随着误差下降空间的减小，模型权重的调整应该变得更精细。因为，如果还按大学习率调整权重，极有可能出现“矫枉过正”，模型误差不降反升的问题。持续这种“矫枉过正”的话，模型误差会呈现长期震荡不收敛，无法保证训练结束时模型误差处于低点位置。因此，需要建立令学习率递减的动态机制，避免模型误差持续震荡的发生。

在学习率没有经过动态调整时，模型误差的变化情况如图 11-2 所示。

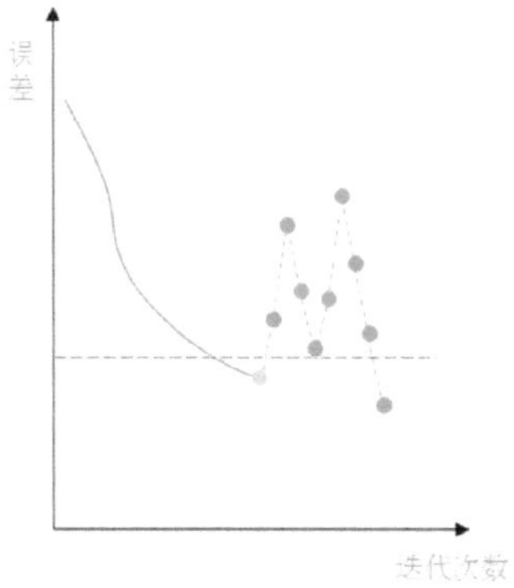

图 11-2　误差变化过程

其中，灰色点表示误差出现震荡前正常下降到的最低点；黑点表示学习率已经偏大时误差开始震荡后的变化情况；虚线表示相对灰色点来说“附近或以下”范围上界。

为了让模型具有自己降低学习率的能力，避免上述震荡一直延续到训练结束，先设定一项规则用来确定误差变动至何种状态时，对学习率进行调整：当误差震荡已经发生，且震荡过程中当前误差值回落至震荡前的最低点附近或以下。当某次迭代后出现该类型误差时，模型的学习率自动衰减。

11.5　LSTM 算法的优点与缺点

LSTM 作为 RNN 的一种，在处理时间序列问题上有一定的优势。下面简单对 LSTM 的优缺点进行总结。

1. 优点

LSTM 主要用来解决 RNN（循环神经网络）中存在的长期依赖问题，并对梯度消失问题做出一定的改进。

2. 缺点

1）RNN 的梯度消失问题在 LSTM 及其变种里面得到了一定程度的解决，但还是不够。它可以处理 100 个量级的序列，而对于 1000 个量级，或者更长的序列则依然会显得很棘手。

2）计算费时。每一个 LSTM 的 cell 里面都意味着有 4 个全连接层，如果 LSTM 的时间跨度很大，并且网络又很深，这个计算量会很大及耗时。

11.6　实例分析

本案例将运用 LSTM 对上证指数日收益率的正负进行预测，主要预测收益率涨跌大于 5% 的点。LSTM 的记忆长度设定为 15，程序为 MATLAB 代码，考虑到 LSTM 的计算耗时，本案例需要启用 MATLAB 多线程计算。

11.6.1 数据集介绍

本案例所运用的特征数据有一些创新之处，主要基于分型理论的一些指标作为训练特征。这里对于指标的计算不再详细展开，训练特征如图 11-3 所示。图中左侧坐标轴对应上证指数，右侧坐标轴对应四个分形特征。

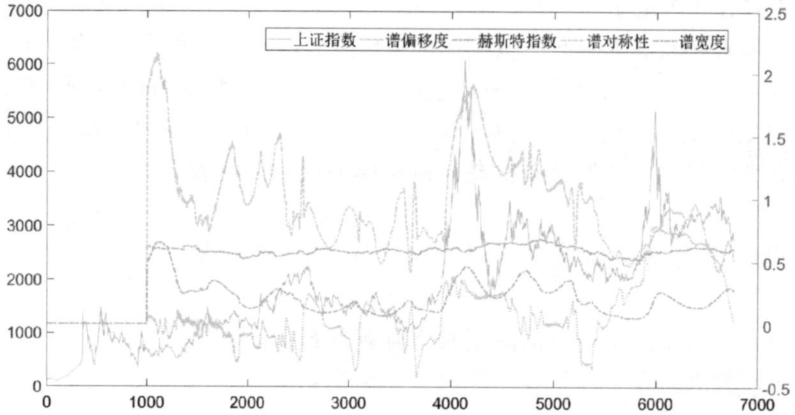

图 11-3　上证指数与训练特征

11.6.2 函数介绍

本案例的算法函数主要是训练函数 lstmtrain 和预测函数 lstmtest，下面分别对这两个函数进行介绍，首先给出训练函数的函数说明。

```
Function[lstmnet] =
lstmtrain(train_data_initial,label_data_initial,cell_num,maxiter,cost_gate,ab,
lr,isplot)
%函数功能:LSTM 网络的训练与未来一期预测。
%函数输入。
%train_data_initial：训练样本集，必须一行代表一个样本。
%label_data_initial：训练样本标签集，必须一行代表一个标签。
%cell_num：网络中神经元个数。
%maxiter：训练的最大迭代次数。
%cost_gate：判断训练是否结束的误差门限。
%lr：初始学习率。
%isplot：是否画出误差关于训练迭代次数的半对数曲线图（误差表示纵轴，且为对数坐标轴）。
%函数输出。
%lstmnet。
%12 个矩阵，3 个偏置矩阵，9 个权重矩阵。
%fea_norm_factor：特征归一化因子。
%label_norm_factor：标签归一化因子。
%n_future：未来一期特征数据相对于训练集是第几期数据，对未来一期特征进行预测时需要。
```

然后，给出预测函数的函数说明，具体如下。

```
function [test_output_hat ] = lstmtest ( lstmnet, test_future )
%函数功能：lstm 测试函数。
%函数输入。
%lstmnet：训练得到的 lstm 网络。
%test_future：预测未来一期标签所用的特征。
%函数输出。
%test_output_hat：未来一期的标签预测结果。
```

11.6.3 结果分析

本案例是一个循序渐进的改进过程。直接使用 LSTM 算法会出现训练误差一直震荡的现象，出现图 11-4 的变化情况。

图 11-4 中迭代次数从 400 至 600 间的样本平均误差呈震荡发散状。在这种情况下难以保证训练结束时模型的误差处在低值，进而模型的预测能力也无法保证。这主要是由于 LSTM 的训练过程中，学习率没有进行自动调整。

在训练伊始，模型的误差存在较大下降空间，因此适合略大的学习率来加快模型的调整幅度，让模型误差快速下降。随着误差下降空间的减小，模型权重的调整应该变得更精细。因为，如果还按大学习率调整权重，极有可能出现“矫枉过正”、模型误差不降反升的问题。持续这种“矫枉过正”，模型误差会呈现长期震荡不收敛，无法保证训练结束时模型误差处于低点位置。因此，需要建立令学习率递减的动态机制，避免模型误差持续震荡的发生。

鉴于以上的问题，本案例通过引入学习率动态化机制，训练后期的误差发散问题被较好地抑制。样本平均误差总能经过有限次震荡继续保持下降趋势，如图 11-5 所示。

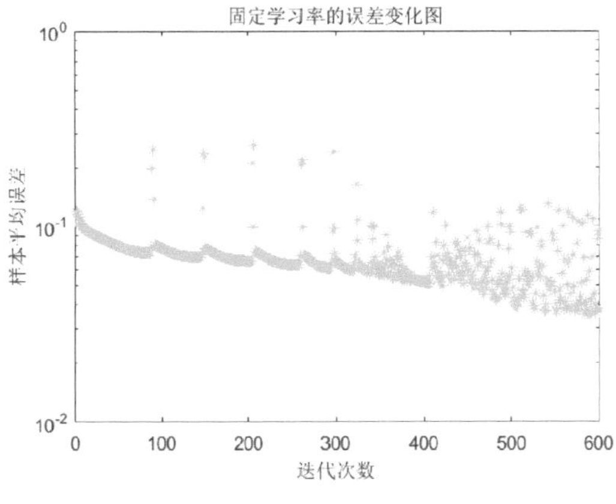

图 11-4　直接使用 LSTM 的误差收敛效果图

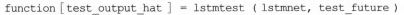

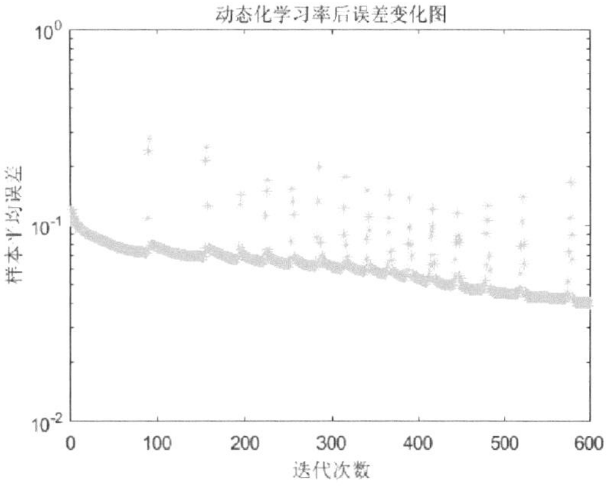

图 11-5　动态化学习率后训练误差变化图

最后，为了找到一组使得 LSTM 网络预测涨跌效果较好的建模参数，本案例采用网格搜索算法对网络记忆长度、神经元个数等参数进行寻优。经观察，LSTM 网络在样本全集上的涨跌预测准确率在 0.48 ~ 0.54 范围浮动，其中网络记忆长度取 12（天）、神经元个数取 13 时准确率为 0.5411。

11.7 代码获取

LSTM 的训练过程与预测过程被拆分为 lstmtrain. m 和 lstmtest. m 两个函数。其中，lstmtrain. m 作为训练函数用于 LSTM 建模，其函数输入包括训练样本集、训练样本标签集、网络中神经元个数、训练的最大迭代次数、判断训练是否结束的误差门限、初始学习率、是否画出误差关于训练迭代次数的半对数曲线图以及一个可选输入：训练起始的权重偏置矩阵初始值。

如果没有给定训练起始的权重偏置矩阵初始值，训练函数会用随机产生的方式生成初始权重偏置矩阵；如果给定了训练起始的权重偏置矩阵初始值，训练函数将会使用该权重偏置矩阵初始值进行 LSTM 模型训练。

lstmtrain. m 的输出为 LSTM 建模结果。该结果为一个 struct 类型，其中记录了经过训练的所有权值偏置矩阵和训练样本特征、标签各自的归一化因子。

lstmtest. m 作为预测函数需要的函数输入包括经过 lstmtrain. m 训练好的 lstm 模型和待测样本的特征。其输出结果为待测样本的标签。

读者可以扫描封底二维码，下载本文的 LSTM 算法代码。

第四篇

优化算法

优化是数据分析中常见的一种方法，在许多经典问题的求解中，优化算法都起到至关重要的作用。网格寻优是一种在凸优化问题中常见的算法，可以逐步逼近局部最优点，通过多次寻优，可能达到全局最优点；模拟退火算法是模仿粒子在退火过程中的微观行为表现，并以一定的概率接受差解来跳出局部最优；经验模态分解（EMD）是一种对时间序列进行分解的方法，在时间序列的拟合与优化中十分常用。本篇将对这几种常见的优化方法进行介绍。

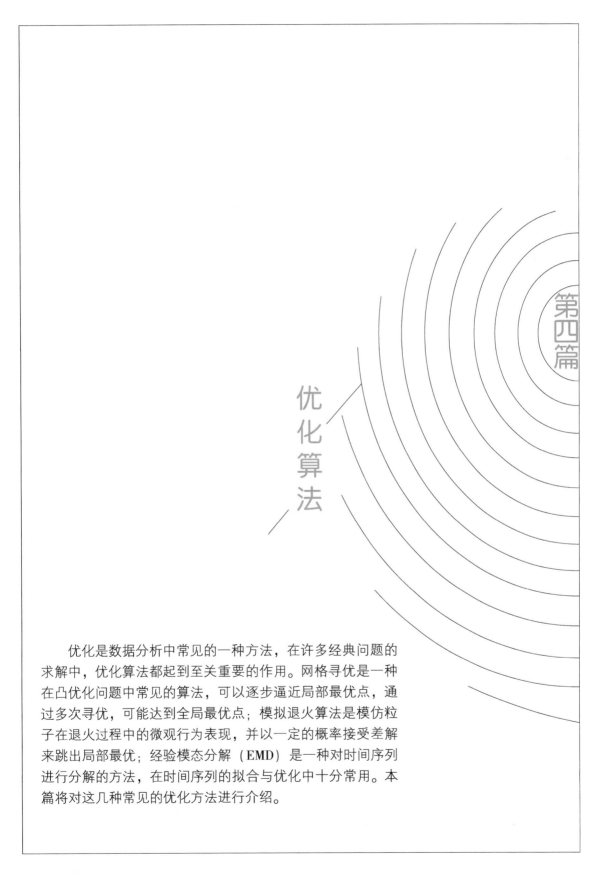

第 12 章　网格寻优算法

网格寻优算法是在寻优维度较多、参数寻优空间较大时的一种较好地节省计算资源的算法，其主要思想是在原本的参数寻优空间中切分网格区域，以网格区域的中心点来代表整块网格，从而减少计算资源消耗，然后在表现优秀的网格区域继续细化网格，直到收敛。本算法在传统的网格寻优基础上，加入了一些模拟退火算法的思想，使得寻优过程中有一定的概率接受差解，从而跳出局部最优，获得比传统网格寻优更好的结果。

12.1　原理介绍

网格寻优的原理十分简单，它基于两个核心假设：一是变量的连续性假设，因为研究问题的变量是连续变化而不是突变的，所以我们通过逐步调整研究问题的参数，可以观察问题结果的渐变过程，从而往期望的方向逐步调参，以获得期望的结果；二是变量的代表性假设，因为变量的表现是连续的，所以一块网格区域中心点的表现可以在一定程度上代表这块网格的所有参数表现，因而通过计算少量的代表点放弃明显较差的网格区域可以减少计算量。

以上原理简化了参数寻优的计算量，为大规模参数寻优提供了可能。

12.1.1　算法思想

网格寻优主要是通过选择参数空间中的代表点来代表一定区间的参数空间，从而避免了对参数空间的全局搜索，进而减小了计算成本，以在一定程度上寻优得到合适的参数。

12.1.2　算法流程

网格寻优是优化算法中比较容易直观理解的一种，下面给出该算法的伪代码。

```
While 判断收敛条件是否满足
不满足
    切分寻优空间
    根据寻优空间选择代表性点计算目标值并排序
    淘汰一部分差点
    对排序靠前的点切分新的寻优空间
    纳入部分淘汰点与新的寻优空间中的代表性点合并计算目标值并排序
满足
    输出最优代表性点
```

12.2　网格寻优算法的优缺点

网格寻优是优化算法中较为常见的一种算法，理解起来较为简单，也有相当程度的实践性，其优点是比较明显的。但是计算量大、容易陷入局部最优等问题也存在。我们将网格寻优的优缺点总结如下。

1. 优点

1）算法原理简单。

2）比起全局寻优，节省了计算量。

3）在许多实际问题中，连续性假设是被满足的，所以适用范围相对广泛。

2. 缺点

1）虽然在一定程度上节省了计算量，但随着参数维度的扩张，计算上有维数灾难的问题。

2）容易陷入局部最优。

3）对于一些比较粗糙的参数空间，该算法容易失效。

12.3 实例分析

本节主要以实例化介绍网格寻优算法的流程，将针对每个参数的输入形式一一展开。

连续参数在程序中的输入形式为 con_para = {1,[-9,11];2,[1,15]}。其中 1 表示 x 是目标函数的第一个参数；2 表示 y 是目标函数的第二个参数；[-9,11] 与 [1,15] 分别表示第 1 个连续参数和第 2 个连续参数的取值范围。如果目标函数有离散参数：dis_para = {3,'ming'};4,{'li','yi','cun'}}、dis_para = {3,[1,2];4,[1,2,3]}、dis_para = {3,{1,2};4,{1,2,3}}时，其中数字仍表示该维离散参数代入目标函数时是第几个参数。本节的算法会将离散参数的所有组合情况列出，如 dis_para = {3,{'wang','ming'};4,{'li','yi','cun'}}对应的所有离散参数组合情况如下。

'wang' 'li'
'wang' 'yi'
'wang' 'cun'
'ming' 'li'
'ming' 'yi'
'ming' 'cun'

如 dis_para = {3,[1,2];4,[1,2,3]}对应的所有离散参数组合情况如下。

[1][1]
[1][2]
[1][3]
[2][1]
[2][2]
[2][3]

如 dis_para = {3,{1,2,3};4,{1,2}}，对应的所有离散参数组合情况与上述一样。

如果目标函数有固定参数，它通常为直接代入目标函数的数据块，不是需要寻优的参数，只是满足目标函数输入需求的参数。设固定参数 sta_para = {5,data}，其中 5 表示 data 是目标函数第 5 个输入参数。本文算法将根据连续参数、离散参数和固定参数中的这些序号将三种参数按目标函数需要的顺序拼接，用于代入求目标函数值。

本文算法对离散参数采用遍历，即对每一种离散参数的搭配情况进行连续参数的网格寻优，找到该组离散参数下使得目标函数最大化的各维连续参数的值。之后再比较所有离散参数组合情况的目标函数最优值之间的优劣，取出能使目标函数最大的一组离散参数及其连续参数组合作为寻优结果。

本例中连续参数、离散参数和固定参数的所有拼接结果如下。

[x] [y]'wang' 'li'data
[x] [y]'wang' 'yi'data
[x] [y]'wang' 'cun'data
[x] [y]'ming' 'li'data
[x] [y]'ming' 'yi'data
[x] [y]'ming' 'cun'data
————OR————
[x] [y] [1] [1] data
[x] [y] [1] [2] data
[x] [y] [1] [3] data
[x] [y] [2] [1] data
[x] [y] [2] [2] data
[x] [y] [2] [3] data

其中，连续参数 x、y 的取值由参数空间在各阶段被分割产生的网格中心点坐标决定，横坐标值表示 x、纵坐标值表示 y，x、y 的具体计算过程将在下文说明。

本案例没有运用特定数据集，只是设定了一些目标函数作为优化目标。

12.3.1 函数介绍

首先给出网格寻优的函数声明，具体如下。

```
% Project Title:网格寻优算法。
% Group:李一邨量化团队。
% Contact Info: 2975056631@qq.com。
%函数功能。
%网格遍历求目标函数最大化的解。
%函数输入。
%con_para:所有连续参数的范围。cell类型,第一列为该维连续参数在代入目标函数时是第几个参数,第二列为该维连续参数的取值范围,如:{1,[5,50];2,[-10,0]}。
%dis_para:所有离散参数的取值,cell类型。如dis_para={3,{'wang','ming'};4,{'li','yi','cun'}};表示目标函数第2个参数有两种离散取值'wang'和'ming',第4个参数有3种离散取值'li','yi','cun'。若目标函数无离散参数,则该项设为{}。也支持dis_para={3,[1,2];4,[1,2,3]}这种输入形式。
%sta_para:所有固定参数的取值,cell类型。如sta_para={2,'wang';4,'li'};表示目标函数第2个参数是固定取值'wang',第4个参数是固定取值'li'。若目标函数无固定参数,则该项设为{}。
%converg:网格分割收敛条件,若属于(0,1),当目标函数值变化率小于converg时,网格分割过程停止,得到一组最优参数及其目标函数值;若属于[1,正无穷),连续参数空间分割次数达到converg时网格分割过程停止,得到一组最优参数及其目标函数值。[表示闭区间,)表示开区间。
%tar_f:需要最大化的问题,m文件文件名,string类型。
%times:重复实验的次数,多次重复实验取最优,降低局部最优的可能性。
```

```
%parswitch:是否要使用parfor多线程机制,1表示使用,其他表示不使用。
%函数输出。
%one_time_fina_para:times次实验分别得到的最优参数组合。
%one_time_fina_f:times次实验分别得到的最大目标函数值。
%best:所有实验结果中,最优的一个参数组合及其目标函数值。
```

12.3.2 结果分析

本节用一个具体的函数作为优化目标来演示网格寻优算法的流程。

目标函数：$x^2 - y^2$

参数范围：$x \in [-9,11]$；$y \in [1,15]$。

设收敛条件：目标函数最大值变化量小于等于 1e－3。

1）求得参数空间中心点，如图 12-1 所示。

2）计算中心点的目标函数值：$0 - 56.25 = -56.25$。

3）根据目标函数值的降序顺序对当前的网格中心排序，得：(0,7.5)。取前一半数量的网格中心点（总数奇数时四舍五入），得：(0,7.5) 作为下一次被分割网格的中心点；取后一半数量的网格中心点（总数奇数时四舍五入），得：(0,7.5) 作为本次被淘汰的中心点，不参与下一次网格分割，但会参加下一次中心点目标函数值降序排序；记录下当前最大目标函数值及其最优参数，得：－56.25,(0,7.5)。

4）第 1 次分割连续参数空间，如图 12-2 所示。在中心点基础上加入随机扰动得到分割点（浅色点）。

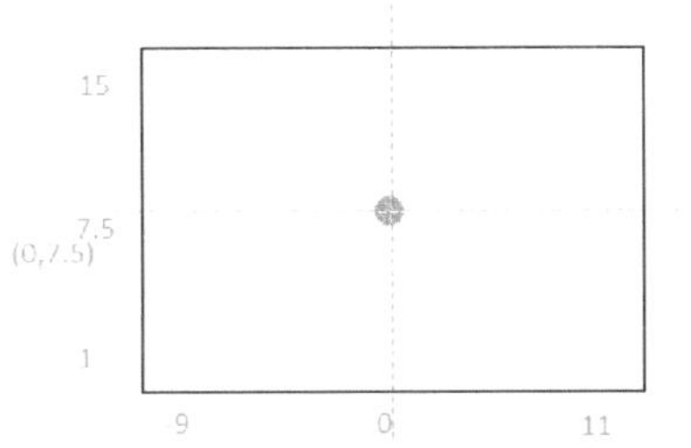

图 12-1　网格的中心点

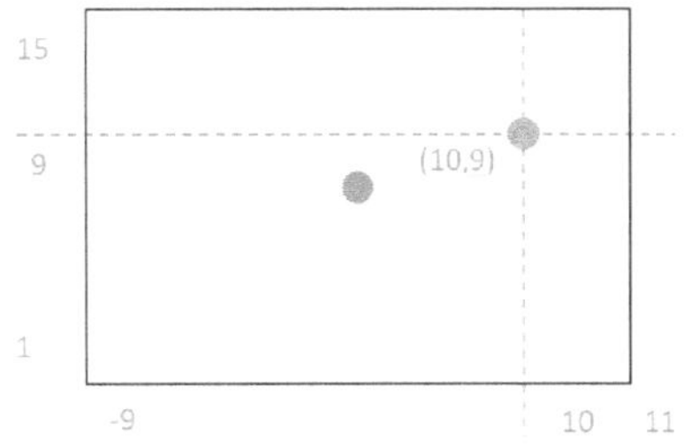

图 12-2　第 1 次分割连续参数空间

5）按浅色点位置分割参数空间，得到 4 个新中心点（小深色点），这是第二次分割用的中心点，如图 12-3 所示。

代码中，四个中心点坐标（0.5,5)、(0.5,12)、(10.5,5)、(10.5,12）得到的方法如下。

根据第 4 步得到的分割点（10,9）与参数空间 $x \in [-9,11]$、$y \in [1,15]$ 计算构成 4 个中心点坐标的所有坐标值：

变量 x：

$$(10-9)/2 = 0.5$$

$$(10+11)/2 = 10.5$$

变量 y：

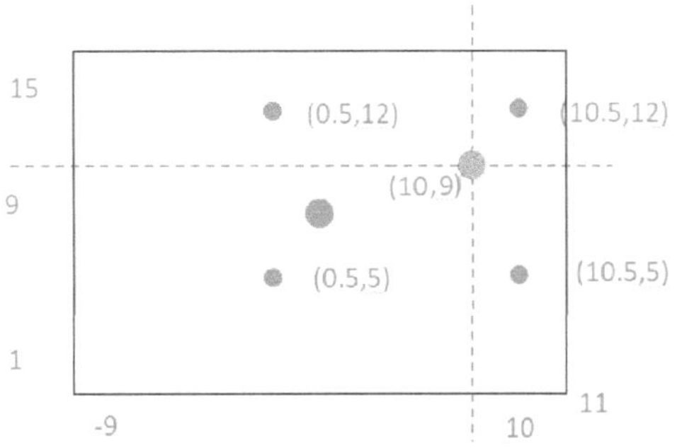

图 12-3　第二次分割的中心点

$$(9+1)/2=5$$

$$(9+15)/2=12$$

两者综合排列得：10.5,0.5,12,5。

为了从变量 x 与变量 y 中分别取一个构成中心点坐标，进行以下操作。

产生 0:2^(n_para × 2) − 1 数列，*n_para* 为变量个数，目前取 2。再将它们二进制化得到：

0000
1000
0100
1100
0010
1010
0110
1110
0001
1001
0101
1101
0011
1011
0111
1111

将它们组成以下形式的多个 cell：

[0,0][0,0]
[1,0][0,0]
[0,1][0,0]
[1,1][0,0]
[0,0][1,0]
[1,0][1,0]
[0,1][1,0]
[1,1][1,0]
[0,0][0,1]
[1,0][0,1]
[0,1][0,1]
[1,1][0,1]
[0,0][1,1]
[1,0][1,1]
[0,1][1,1]
[1,1][1,1]

对每个 cell 求和得到：

0,0
1,0
1,0
2,0
0,1
1,1
1,1
2,1
0,1
1,1
1,1
2,1
0,2
1,2
1,2
2,2

记下其中全是 1 的行，即：

第 6 行
第 7 行
第 10 行
第 11 行

这 4 行表示从变量 x 与变量 y 的坐标值集合中分别选择了一个，只有这样的选择方式是可以构成中心点坐标的。找出这 4 行：

[1,0][1,0]
[0,1][1,0]
[1,0][0,1]
[0,1][0,1]

将其转回矩阵：

1010
0110
1001
0101

将它们作为 logical 索引号从 10.5,0.5,12,5 中选出对应的值：

(10.5,12)
(0.5,12)
(10.5,5)
(0.5,5)

从而得到中心点坐标。

6）计算 4 个新中心点的目标函数值 −143.75；−33.75；−24.75;85.25。

7）将 6）中的 4 个新中心点的目标值与前一次被淘汰的中心点（0,7.5）的目标函数值

-56.25一起降序排列，得：85.25（10.5,5）、-24.75（0.5,5）；-33.75（10.5,12）、-56.25（0,7.5）、-143.75（0.5,12）。

8）取出7）中5个目标函数值中的最大者与3）中的目标函数值最大者求目标函数最大值变化率，得：abs((85.25+56.25)/-56.25)=2.516。2.516>1e-3，继续分割网格。

9）取7）中排列后的前3个（round（5/2））中心点，得：（10.5,5）、（0.5,5）；（10.5,12），作为下一次被分割网格的中心点；7）中的后两个中心点（0,7.5）、（0.5,12），作为本次被淘汰的中心点，不参与下一次网格分割，但会参加下一次中心点目标函数值降序排序；记录下当前最大目标函数值及其最优参数，得：85.25,(10.5,5)。

10）第2次分割连续参数空间，如图11-4所示。在（10.5,5）、（0.5,5）、（10.5,12）三个中心点上分别加以随机扰动，得到分割点。

11）根据分割结果得到12个新中心点，如图11-5所示。

12）回到6），直到8）中的目标函数最大值变化率小于1e-3。收敛时得到的这个目标函数值被认为是这组离散参数组合下的最优目标函数值，对应的连续参数组合被认为是这组离散参数组合下的最优连续参数组合。也可以根据连续参数空间的分割次数来控制收敛，连续参数空间的分割次数的意义见4）和10）。

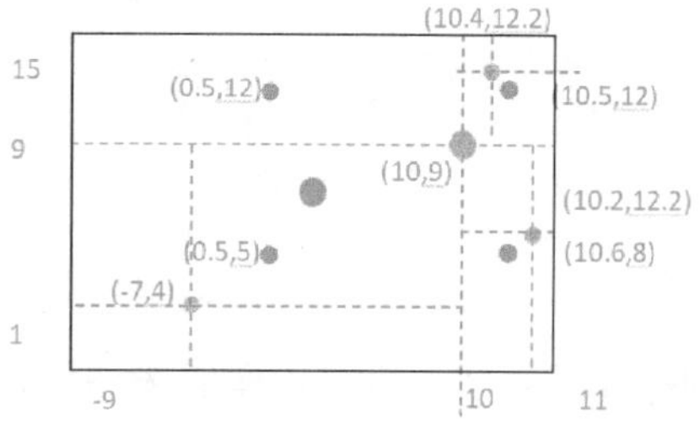

图 12-4　第二次分割点

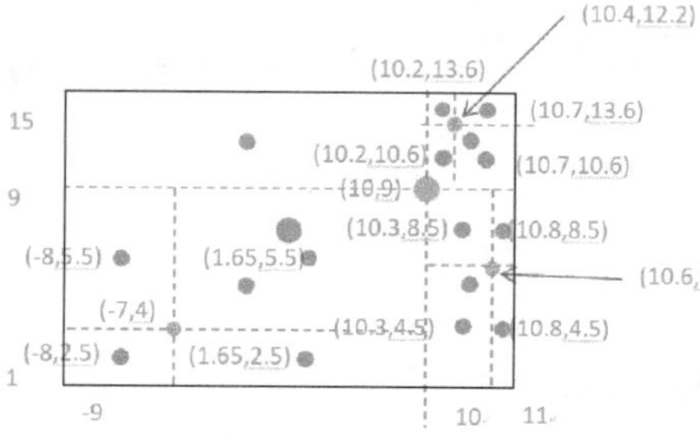

图 12-5　第二次分割得到新的中心点

12.4　代码获取

本章的网格寻优算法是由本书作者自主开发的优化算法，主要用于研究课题的参数寻优问题，针对不同的参数类型，比如数值连续型参数、符号离散型参数、静态参数的重组和构建参数寻优空间，通过网格算法来减少寻优范围，从而解决在量化投资中的大多数量化策略参数优化问题，具有很强的实践性。读者可扫描封底二维码，下载网格寻优算法代码。

第 13 章 模拟退火聚类算法

本章介绍的模拟退火聚类算法是使用模拟退火算法（Simulated Annealing，SA）的思想来改进 K-Means 算法，是一种通用的优化算法，其思想源于物理中固体物质的原子退火过程与一般组合优化问题之间的相似性。SA 算法的优势之一是可以在趋向于优化的过程中适时地跳出优化循环而接受差解，为跳出局部最优提供可能。我们可以使用 SA 算法来避免在 K-Means 算法中最后结果出现收敛于局部最小值的情况，从而达到对 K-Means 进行改进的目的。

13.1 原理介绍

模拟退火算法最早的思想是由 N. Metropolis 等人于 1953 年提出。1983 年，S. Kirkpatrick 等成功地将退火思想引入到组合优化领域。模拟退火算法是基于 Monte - Carlo 迭代求解策略的一种随机寻优算法，其出发点是基于物理中固体物质的退火过程与一般组合优化问题之间的相似性。模拟退火算法从某一较高初温出发，伴随温度参数的不断下降，结合概率突跳特性在解空间中随机寻找目标函数的全局最优解，即在局部最优解能概率性地跳出并最终趋于全局最优。

13.1.1 算法思想

模拟退火算法（SA）的思想大致是：产生初始解→计算模型此时的内能，即损失函数值→通过随机干扰产生新解并计算此时模型的内能→比较两次内能的大小→若内能减小则接受新解，否则以一定的概率 p 接受新解。

在 SA 算法中，对于使得模型内能增大的解并不是直接摒弃，而是按照一定的概率 p 接受：

$$p = e^{\frac{E(i)-E(j)}{KT}} \tag{13-1}$$

其中 $E(i)$ 是在状态 i 下模型的内能，$E(j)$ 是在状态 j 下，即第 $i+1$ 次迭代时的内能，K 是玻尔兹曼常数，$K=1.38\times10^{-23}$。在用算法处理实际问题时 K 可以取其他的常数，本代码中默认取 1。T 是当前的温度。

每次退火时有两种方法进行降温，一种是使用对数的方法，另一种是使用指数函数的方法。对数方法的特点是在高温区域温度下降得快，在低温区域温度下降得慢；指数方法的特点是温度下降得快，算法收敛快，公式如下。

1）对数：

$$T(t) = \frac{T_0}{\mathrm{Ln}(1+at)} \tag{13-2}$$

2）指数：

$$T(t) = T_0 \times a^t \tag{13-3}$$

其中 a 是可调整的参数，用来调整降温速度；T_0 是初始温度，也就是初始的内能；t 是退火的次数；$T(t)$ 是本次退火后的温度。

SA 算法生成随机解的做法可使得 K-Means 算法找到全局最优解。此时系统的内能就是

K-Means的损失函数，初始解就是首次运行 K-Means 算法得到的聚类结果。产生随机解的方法就是把某一个样本的聚类结果改为其他的一个类。需要注意的是，只有在初始解时 $T0$ 与内能是相等的，均为首次运行 K-Means 算法时的损失函数值，在后面的迭代中温度 T 与内能的变化是不同的，温度 T 是在每次退火后按照对数或者指数的方法降温的，内能始终代表损失函数的值。

13.1.2 算法流程

模拟退火算法的主要内容可以分解为参数设定、目标函数设定、退火内能下降过程、解的记录过程，下面给出完整的流程。

1）首先确定几个参数：①*k* 是类别的个数；②*iter* 外层循环的次数，用来决定退火的次数；③*ml* 内层循环的次数，代表每次降温时产生的随机解的次数；④*func* 是选择的退火方式，取 1 时使用的是对数函数的方式，取 2 时使用的是指数的方式。

2）先对数据进行一次 K-Means 聚类，把得到的结果 result 赋值为 old_result 作为初始解，计算此时的损失函数值即内能，并赋值为初始化的最优内能且把它令为初始的温度 T0。

3）While Tc < iter　外层循环，即退火次数，Tc 首先取 0。

　① for inner = 1: ml　内层循环，每一次的内层循环就产生一个随机解。

　　a. 基于 result 产生一个随机解，并计算在此随机解下的聚类结果和内能。

　　b. 比较此时的内能和最优内能的大小，若比最优内能小则把当前的值当成最优值，记录此时的中心点、内能、聚类结果等信息，并作为最优的结果。然后记录当前是外层循环中的第几次退火，赋值为 Tb。

　　c. 判断此时的内能与上一次记录的内能之差，若内能下降则接受此解，记录此时的内能和聚类结果。若内能上升则按照概率 p 接受此解，如果不接受此解，则不记录此时的内能，并把聚类结果 result 赋值为 old_result。

　End

　② 按照规定的 func 对温度进行降温。

　③ Tc = Tc + 1。

　④ 若退火 iter/2 次以上时最优结果并没有改变，即 Tc - Tb > iter/2。则跳出循环。

　⑤ result = 本次退火的最优结果。

End

13.2 模拟退火算法的优缺点

模拟退火算法的应用很广泛，可以高效地求解 NP 完全问题，如货郎担问题（Travelling Salesman Problem，TSP）、最大截问题（Max Cut Problem）、0-1 背包问题（Zero One Knapsack Problem）、图着色问题（Graph Coloring Problem，GCP）等，但其参数难以控制，不能保证一次就收敛到最优值，一般需要多次尝试才能获得（大部分情况下还是会陷入局部最优值），其优缺点总结如下。

1. 优点

模拟退火算法的数学原理比较简单，而且直观、容易理解。由于有一定的概率接受差解，性能上弥补了许多梯度下降式算法所面临的陷入局部最优解的问题。计算性能上比起需要大范围搜索的网格寻优等算法，其计算代价相对小。

2. 缺点

观察模拟退火算法的过程，发现其主要存在以下三个参数设定问题。

1）温度 T 的初始值设置问题：温度 T 的初始值设置是影响模拟退火算法全局搜索性能的重要因素之一。初始温度高，则搜索到全局最优解的可能性大，但因此要花费大量的计算时间；反之，则可节约计算时间，但全局搜索性能可能受到影响。

2）退火速度问题，即每个 T 值的迭代次数：模拟退火算法的全局搜索性能也与退火速度密切相关。一般来说，同一温度下的“充分”搜索是相当必要的，但这也需要计算时间。循环次数增加必定带来计算开销的增大。

3）温度管理问题：也是模拟退火算法难以处理的问题之一。实际应用中，由于必须考虑计算复杂度的切实可行性等问题，对于温度管理的函数设定存在一些争议。

13.3 实例分析

本节将模拟退火算法和 K-Means 算法相结合，演示模拟退火算法的功能，并用鸢尾花数据作为聚类测试对象。

13.3.1 数据介绍

本例所使用的是 iris 数据，该数据共有 150 个样本，分三类，每类 50 个样本。数据有 4 个特征，前 4 列是特征，最后一列是类别编号，如图 13-1 所示。

5.5	4.2	1.4	0.2	1
4.9	3.1	1.5	0.1	1
5	3.2	1.2	0.2	1
5.5	3.5	1.3	0.2	1
4.9	3.1	1.5	0.1	1
4.4	3	1.3	0.2	1
5.1	3.4	1.5	0.2	1
5	3.5	1.3	0.3	1
4.5	2.3	1.3	0.3	1
4.4	3.2	1.3	0.2	1
5	3.5	1.6	0.6	1
5.1	3.8	1.9	0.4	1
4.8	3	1.4	0.3	1
5.1	3.8	1.6	0.2	1
4.6	3.2	1.4	0.2	1
5.3	3.7	1.5	0.2	1
5	3.3	1.4	0.2	1
7	3.2	4.7	1.4	2
6.4	3.2	4.5	1.5	2
6.9	3.1	4.9	1.5	2
5.5	2.3	4	1.3	2

图 13-1　鸢尾花数据

13.3.2 函数介绍

本算法是 SA 和 K-Means 的结合，所以除了模拟退火本身的参数外，也包含了 K-Means 需要指定的聚类中心个数 k，下面介绍算法的输入和输出。

```
function mdl = SA_Kmeans(data,k,iter,ml,func,v,K)
%输入参数。
%data:即将被聚类的数据,类型是矩阵。
%k:类别个数,类型是整数。
%iter:模拟退火算法的外层循环最大迭代次数,整数。
%ml:内层循环的最大迭代次数,整数。
%func:选择的退火方式,整数,取值为 1 或 2,不同的取值代表选择的是不同的退火方式。
%     当取值是 1 的时候采用的是对数的方式降低内能(即损失函数),速度较慢。
%     当取值是 2 的时候采用的是指数的方式降低内能,速度较快。
%v:降低内能方式中的一个可调整的参数,v>0。v 的取值不同,降低内能的速度也会不同。
%     当退火方式选择对数形式时,v 越大表示退火的速度越快,当选择指数方式进行退火时 0<v<1,
      此时 v 越小退火速度越快。
%K:K 是一个标量,是概率 p 里的一个参数,概率 p 是接受使损失函数变大的解的概率。
%输出参数。
%mdl:是一个结构体,包含以下几个域:mdl.xy,mdl.raw_xy,mdl.c,mdl.raw_c。
%     mdl.record_T,mdl.T_series,mdl.Tc。每个域的含义如下。
%     mdl.xy 输出的结果,类型是矩阵,最后一列是聚类结果。
%     前面几列是标准化后的数据特征。mdl.raw_xy 也是输出的结果,前面几列是原始数据的特征。
%     mdl.c 标准化后的数据中心点,每行表示每一类的中心点。mdl.raw_c 原始数据的中心点。
%     mdl.record_T 是矩阵每一行代表每一次的内层循环,每一列代表每一次的外层循环。由于矩阵
的初始化为 0,所以输出的该矩阵里值为 0 的位置表示当次迭代时没有更新最优解或者是在当次迭代前模型
已经停止了训练。
%     mdl.T_series 是一个向量,记录了每次最后损失函数值的变化情况。mdl.Tc 是整数,表示模型
进行了几次退火。
```

13.3.3 结果分析

本案例采用模拟退火算法结合 K-Means 聚类，数据集的最后一列是标签，其他几列是特征数据，执行代码如下。

```
clc;clear;
XY = xlsread('iris.xls');
x = XY(:,1:end-1);
mdl = SA_Kmeans(x,3,30,200,2,0.9,1);
```

在本代码中 x 是没有标签的数据，第二个参数表示分为 3 类。30 表示进行 30 次退火，即外层迭代的数量是 30 次。200 表示每次退火生成 200 次随机解，即内层循环是 200 次。参数 2 表示降温方式选用的是指数模型。0.9 表示指数模型的底数是 0.9。最后一个参数表示选取随机解的概率中玻尔兹曼常数取 1。

执行结果如图 13-2 所示。其中 mdl 是算法输出的结果，如 x 和 XY 分别是无标签和有标签的原始数据。

在图 13-3 中，mdl 内容如下：xy 与 raw_xy 都是聚类结果，最后一列都表示样本属于哪一类，只不过前者是特征标准化后的数据，后者是特征标准化前的数据。同理 c 和 raw_c 都是中心点，前者是标准化后的数据，后者是标准化前的数据。record_T 记录了最优损失函数值的取

值情况，0 值的地方表示当次迭代没有更新最优值或者迭代已经结束。T_series 记录了最优损失函数值的变化路径。Tc 取值是 17，表示进行了 17 次退火的迭代。

工作区

名称	值
mdl	1x1 struct
x	150x4 double
XY	150x5 double

图 13-2　算法的输出结果

变量 - mdl

mdl

1x1 struct 包含 7 个字段

字段	值
xy	150x5 double
raw_xy	150x5 double
c	3x4 double
raw_c	3x4 double
record_T	200x30 double
T_series	[129.1803;129....
Tc	17

图 13-3　mdl 的结果

聚类结果 mdl. xy，其中前四列数据是标准化后的特征数据，如图 13-4 所示。

图 13-5 为聚类结果 mdl. raw_xy，其中前四列是原数据的特征数据。

变量 - mdl.xy

mdl　mdl.xy

mdl.xy

	1	2	3	4	5
49	-0.6561	1.4899	-1.2801	-1.3086	1
50	-1.0184	0.5674	-1.3368	-1.3086	1
51	1.3968	0.3367	0.5335	0.2638	2
52	0.6722	0.3367	0.4202	0.3948	2
53	1.2761	0.1061	0.6469	0.3948	2
54	-0.4146	-1.7390	0.1368	0.1328	3
55	0.7930	-0.5858	0.4768	0.3948	3
56	-0.1731	-0.5858	0.4202	0.1328	3
57	0.5515	0.5674	0.5335	0.5259	2
58	-1.1392	-1.5083	-0.2600	-0.2603	3

图 13-4　标准化特征的聚类结果

变量 - mdl.raw_xy

mdl　mdl.raw_xy

mdl.raw_xy

	1	2	3	4	5
49	5.3000	3.7000	1.5000	0.2000	1
50	5	3.3000	1.4000	0.2000	1
51	7	3.2000	4.7000	1.4000	2
52	6.4000	3.2000	4.5000	1.5000	2
53	6.9000	3.1000	4.9000	1.5000	2
54	5.5000	2.3000	4	1.3000	3
55	6.5000	2.8000	4.6000	1.5000	3
56	5.7000	2.8000	4.5000	1.3000	3
57	6.3000	3.3000	4.7000	1.6000	2
58	4.9000	2.4000	3.3000	1	3

图 13-5　聚类结果

在图 13-6 是中心点 mdl. c 的结果，行代表中心的个数，列是中心的坐标，该坐标是标准化后的数值。

在图 13-7 中，中心点 mdl. raw_c 是原始数据的聚类中心。

变量 - mdl.c

mdl　mdl.c

mdl.c

	1	2	3	4
1	-1.0112	0.8395	-1.3005	-1.2509
2	1.1028	0.0610	0.9820	1.0130
3	-0.0031	-0.8292	0.3677	0.2954

图 13-6　标准化后的聚类中心点

变量 - mdl.raw_c

mdl　mdl.raw_c

mdl.raw_c

	1	2	3	4
1	5.0060	3.4180	1.4640	0.2440
2	6.7565	3.0804	5.4913	1.9717
3	5.8407	2.6944	4.4074	1.4241

图 13-7　聚类中心

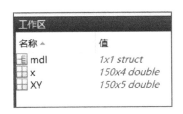

在图 13-8 中，mdl. record_T 中非零值的坐标是（2,1）（3,2）（5,1）表示在第一次退火中的第 2、5 次迭代更新了最优损失函数，在第二次退火中的第 3 次迭代更新了最优损失函数。具体的更新值是对应位置的元素值。表中为 0 的数字，表示对应位置的迭代并没有更新最优值，或者在此次迭代前已经结束了模型的训练。由于本次算法更新了 17 次，所以第 17 列以后

的 0 元素全部表示没有进行到此次的迭代。

mdl. T_series 记录了最优值变动的路径，在图 13-9 中共变动了 6 次。

变量 - mdl.record_T

	1	2	3	4	5
1	0	0	0	0	0
2	129.1803	0	0	0	0
3	0	128.8848	0	0	0
4	0	0	0	0	0
5	129.0768	0	0	0	0
6	0	0	0	0	0
7	0	0	0	0	0
8	0	0	0	0	0
9	0	0	0	0	0
10	0	0	0	0	0

图 13-8　最优损失函数值更新记录

变量 - mdl.T_series

	1	2
1	129.1803	
2	129.0768	
3	129.0665	
4	128.9877	
5	128.9272	
6	128.8848	
7		

图 13-9　最优损失函数值更新路径

把聚类的结果绘图，如图 13-10 所示。图中使用的是数据的前两个特征，左上图是原始数据聚类后的情况，右上图是原始数据。左下图是标准化后的聚类数据，右下图是标准化后的原始数据。左边两个图中的黑色五角星是每个类的中心点，正方形、星号、菱形分别代表三个类别的数据。从图中可以看出聚类的效果还是比较理想的。

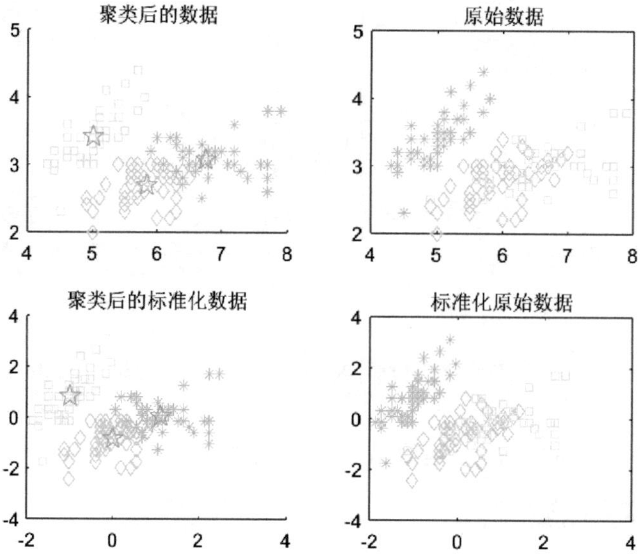

图 13-10　聚类结果可视化

13.4　代码介绍

本节将给出前文所述的全部案例代码和可视化代码。

13.4.1　分析模型的代码

模拟退火算法的鸢尾花数据的测试案例和聚类结果的可视化代码如下。

```
clc;clear;
%建立模型。
XY=xlsread('iris.xls');
x=XY(:,1:end-1);
mdl=SA_Kmeans(x,3,30,200,2,0.9,1);

%%绘图。
c=mdl.c;
raw_c=mdl.raw_c;
y=mdl.xy(:,end); %mdl.xy是训练出来的聚类结果。
Y=XY(:,end); %XY是原始数据。
z_X=zscore(XY(:,1:end-1));  %把原始数据标准化。
xn=cell(1,size(c,1));  %存放由每类样本的前两个特征组成的矩阵,标准化后的数据。
raw_xn=cell(1,size(c,1));  %存放由每类样本的前两个特征组成的矩阵,原始数据。
for k=1:size(c,1)
    xn{k}=mdl.xy(y==k,1:2);
    raw_xn{k}=mdl.raw_xy(y==k,1:2);
end
x01=XY(Y==1,1:2);  %原始数据中对应第1、2、3类样本的前两个特征。
x02=XY(Y==2,1:2);
x03=XY(Y==3,1:2);
zx01=z_X(Y==1,1:2);  %标准化数据中对应第1、2、3类样本的前两个特征。
zx02=z_X(Y==2,1:2);
zx03=z_X(Y==3,1:2);
color_cell={'*b','*r','*g','*y','*c'}; %每类样本点的颜色。
subplot(2,2,1)  %画聚类结果的图。
hold on
for k=1:size(c,1)
  plot(raw_xn{k}(:,1),raw_xn{k}(:,2),color_cell{k}) %画样本点。
  plot(raw_c(k,1),raw_c(k,2),'kp','markersize',12)  %画中心点。
end
hold off
title('聚类后的数据')
subplot(2,2,2)  %画原始数据的图。
plot(x01(:,1),x01(:,2),'*b',x02(:,1),x02(:,2),'*r',x03(:,1),x03(:,2),'*g')
title('原始数据')
subplot(2,2,3)
hold on
for k=1:size(c,1)
    plot(xn{k}(:,1),xn{k}(:,2),color_cell{k}) %画样本点。
    plot(c(k,1),c(k,2),'kp','markersize',12)  %画中心点。
end
hold off
```

```
    title('聚类后的标准化数据')
    subplot(2,2,4)
    plot(zx01(:,1),zx01(:,2),'*b',zx02(:,1),zx02(:,2),'*r',zx03(:,1),zx03(:,2),'*g
')
    title('标准化原始数据')
```

13.4.2 模拟退火结合 K-Means 算法的代码获取

模拟退火结合 K-Means 算法是本书作者自主开发的聚类模型，读者可扫描封底二维码，下载该模型代码和运用该模型在鸢尾花数据上的测试案例代码。

第 14 章 EMD 经验模态分解算法

经验模态分解算法（Empirical Mode Decomposition，EMD）是黄锷（N. E. Huang）在美国国家宇航局与其他人于 1998 年创造性地提出的一种新型自适应信号时频处理方法，特别适用于非线性非平稳信号的分析处理。对经过 EMD 处理的信号再进行希尔伯特变换，就组成了大名鼎鼎的“希尔伯特-黄变换”（HHT）。

EMD 其实就是一种对信号进行分解的方法，与傅里叶变换、小波变换的核心思想一致，这些算法都想将信号分解为各个相互独立的成分叠加，只不过傅里叶变换和小波变换都要求要有基函数，而 EMD 却完全抛开了基函数的束缚，仅依据数据自身的时间尺度特征来进行信号分解，具备自适应性。由于无须基函数，EMD 几乎可以用于任何类型信号的分解，尤其是在非线性、非平稳信号的分解上具有明显的优势。

14.1 原理介绍

EMD 本质上是对时间序列的一种平稳化处理。所谓时间序列的平稳性，一般指宽平稳，即时间序列的均值和方差为与时间无关的常数，其协方差与时间间隔有关而也与时间无关。简单地说，就是一个平稳的时间序列指的是：遥想未来所能获得的样本时间序列，能断定其均值、方差、协方差必定与眼下已获得的样本时间序列等同。

反之，如果样本时间序列的本质特征只存在于所发生的当期，并不会延续到未来，亦即样本时间序列的均值、方差、协方差非常数，则这样一个时间序列不足以昭示未来，便称这样的样本时间序列是非平稳的。

形象地理解，平稳性就是要求经由样本时间序列所得到的拟合曲线在未来的一段期间内仍能顺着现有的形态“惯性”地延续下去；如果数据非平稳，则说明样本拟合曲线的形态不具有“惯性”延续的特点，也就是基于未来将要获得的样本时间序列所拟合出来的曲线将迥异于当前的样本拟合曲线。

经验模态分解的基本思想可以解释为：将一个频率不规则的波化为多个单一频率的波 + 残波的形式。原波形 = ∑IMFs + 余波。这种方法的本质是通过数据的特征时间尺度来获得本征波动模式，然后分解数据。

14.1.1 算法思想

EMD 算法假设任何信号都是由若干有限的本征模态函数组成的，每一个本征模态函数通过以下方法得到。

首先，找到原信号 $x(t)$ 的所有极大值点，通过三次样条函数拟合出极大值包络线 $e_+(t)$；同理，找到原信号 $x(t)$ 的所有极小值点，通过三次样条函数拟合出信号的极小值包络线 $e_-(t)$。上下包络线的均值作为原信号的均值包络 $M_1(t)$，则：

$$m_1(t)=\frac{e_+(t)+e_-(t)}{2} \tag{14-1}$$

将原信号减去$m_1(t)$就得到一个去掉低频的新信号$h_1^1(t)$，得到：

$$h_1^1(t)=x(t)-m_1(t) \tag{14-2}$$

一般$h_1^1(t)$不是一个平稳信号，不满足 IMF 定义的两个条件，以h_1^k作为新的主循环的输入替代 $x(t)$这一步，然后重复上述计算$m_k(t)$和h_1^k的过程，假定经过 k 次后（k 一般小于 10），$h_1^k(t)$满足 IMF 的定义，则原信号 $x(t)$的一阶 IMF 分量为：

$$imf_1(t)=h_1^k \tag{14-3}$$

用原信号 $x(t)$减去 $imf_1(t)$，得到一个去掉高频成分的新信号 $r_1(t)$，即：

$$r_1(t)=x(t)-imf_1(t) \tag{14-4}$$

对$r_1(t)$重复得到 $imf_1(t)$的过程，得到第二个 IMF 分量 $imf_2(t)$，反复进行，直到第 n 阶分量 $imf_n(t)$或者其残余量$r_n(t)$小于预设值，或者当残余分量$r_n(t)$是单调函数或常量时，EMD 分解过程停止。最后 $x(t)$经 EMD 分解得到：

$$x(t)=\sum_{i=1}^{n} imf_i(t)+r_n(t) \tag{14-5}$$

式中：$r_n(t)$为趋势项，代表信号的平均趋势或均值；$x(t)$经 EMD 分解后得到了 n 个频率从高到低的本征模函数 IMF。需要说明的是，并不是说 $imf_n(t)$的频率总是比 $imf_{n+1}(t)$的频率高，而是指在某个局部范围内，$imf_n(t)$的频率值大于 $imf_{n+1}(t)$的频率值，这一点很好地印证了 EMD 局部性强的特点。

在实际情况中，上下包络的均值无法为零，通常当满足下面的式子时，就认为包络的均值满足 IMF 的均值为零的条件：

$$SD=\sum_{t=0}^{T}\frac{[h_j(t)-h_{j-1}(t)]^2}{[h_{j-1}(t)]^2}\leqslant \varepsilon \tag{14-6}$$

式中：ε 称为筛分门限，一般取值范围为 0.2～0.3；j 是当前筛选循环的次数；t 为数据点在输入信号 x 中的位置。

14.1.2 算法流程

经验模态分解的算法步骤可以分解为以下几步。

1) 初始化$r_0(t)=x(t)$，$i=1$。
2) 得到第 i 个 IMF。
   ① 初始化：$h_0=r_{i-1}(t)$，$j=1$。
   ② 找出$h_{j-1}(t)$的局部极值点。
   ③ 对$h_{j-1}(t)$的极大和极小值点分别进行三次样条函数插值，形成上下包络线。
   ④ 计算上下包络线的平均值$m_{j-1}(t)$。
   ⑤ $h_j(t)=h_{j-1}(t)-m_{j-1}(t)$。
   ⑥ 判断 $SD=\sum_{t=0}^{T}\frac{[h_j(t)-h_{j-1}(t)]^2}{[h_{j-1}(t)]^2}$是否不大于给定的筛分门限，若不大于，则$imf_i(t)=h_j(t)$；否则，$j=j+1$，转到②。
3) 求$r_i(t)=r_{i-1}(t)-imf_i(t)$。
4) 如果$r_i(t)$不是单调函数和常量中的一种，则 $i=i+1$，转到②；如果是，分解结束，$n=i$，$r_n(t)$是残余分量。算法最后可得：$x(t)=\sum_{i=1}^{n} imf_i(t)+r_n(t)$。

其中，$x(t)$ 为原信号，当前 $r(t)$ 为之前的 $r(t)$ 在提取了上一个 IMF（本征模函数）后的残余信号，而最开始的 $r(t)=x(t)$、$h(t)$ 为提取当前 IMF 时的中间变量，经多次提取后，若 h 符合 IMF 的定义，则将 $h(t)$ 赋给 imf 这个变量；$m(t)$ 也是提取当前 IMF 时的中间变量，为 $h(t)$ 的局部极大值点和极小值点拟合出的上下包络线的平均包络线；i 为当前 IMF 是第几个被提取的 IMF，j 代表提取当前 IMF 时的循环次数。

14.1.3 经验模态分解（EMD）的核心要点

EMD 算法的知识点并不复杂，主要在于两个核心要点，第一是本征模函数（IMF），另一个是算法成立的几个核心假设。

1. 本征模函数（IMF）

EMD 的目的是将信号分解为多个本征模函数（IMF）的叠加，IMF 必须要满足以下两个条件。

1）函数在整个时间范围内，局部极值点和过零点的数目必须相等，或最多相差一个。

2）在任意时刻点，局部最大值的包络（上包络线）和局部最小值的包络（下包络线）平均必须为零。

为什么 IMF 一定要满足这两个条件呢？经黄锷等人的研究，满足这两个条件的信号都是单组分的，相当于序列的每一个点只有一个瞬时频率，无其他频率组分叠加。这就为后续的希尔伯特变换铺平了道路，也使得瞬时频率有了意义。

2. EMD 的假设

EMD 方法是基于以下假设的基础上。

1）信号至少有两个极值点，一个极大值和一个极小值。

2）特征时间尺度通过两个极值点之间的时间定义。

3）若数据缺乏极值点但有形变点，则可通过数据微分一次或几次获得极值点，然后再通过积分来获得分解结果。

14.1.4 经验模态分解的理论基础

经验模态分解是信号科学相关的一种算法，在介绍该算法前，本节首先介绍一些与经验模态分解算法相关的概念和准则。

1. 瞬时频率和本征模函数

在传统的频域分析中，频率指的是以傅里叶变换为基础的与时间无关的量：频率 f 或者角频率 ω，其实质是表示信号在一段时间内的总体特征。对于一般的平稳信号，传统的频域分析方法是有效的。但对于实际中大量存在的非平稳信号来说，由于其频率随着时间会变化，此时傅里叶分析不再合适，为了表征信号的局部特征就需要引入瞬时频率的概念。

瞬时频率是时间 t 的单值函数，即每个时间 t 只有一个频率与其唯一对应，目前学界最为常用且得到普遍认可的定义如下。

设 $S(t)$ 为时域内的一个连续信号，一般可以表示为 $S(t)=\alpha(t)\cos\phi(t)$，其中 $\alpha(t)$ 表示信号的幅值信息，$\phi(t)$ 表示信号的相位信息。通过希尔伯特变换可求得 $S(t)$ 的共轭信号 $q(t)$，如图 13-1 所示。根据图 13-1 的卷积公式，可得：

$$q(t)=s(t)\times\frac{1}{\pi t}=\frac{1}{\pi}\int_{-\infty}^{+\infty}\frac{s(\tau)}{t-\tau}\mathrm{d}\tau=\mathrm{a}(t)\sin\phi(t) \tag{14-7}$$

由信号 $S(t)$ 和 $q(t)$ 可构成一个复数形式的解析信号 $z(t)$，并调用欧拉公式，具体如下。

卷积公式	欧拉公式
$y(t) = \int_{-\infty}^{\infty} x(p)h(t-p)\mathrm{d}p = x(t) * h(t)$	$\mathrm{e}^{\mathrm{i}x} = \cos x + \mathrm{i}\sin x$

得：

$$z(t) = s(t) + \mathrm{j}q(t) = a(t)\mathrm{e}^{\mathrm{j}\phi(t)} \tag{14-8}$$

则瞬时频率定义为瞬时相位的导数：

$$f(t) = \frac{1}{2\pi}\frac{\mathrm{d}\phi(t)}{\mathrm{d}t} \tag{14-9}$$

对于任意一个时序信号 $s(t)$，可以通过以下流程计算其瞬时频率。

1）计算 $s(t)$ 的共轭信号 $q(t)$，$q(t) = \frac{1}{\pi}\int_{-\infty}^{+\infty}\frac{s(\tau)}{t-\tau}\mathrm{d}\tau$。

2）计算 temp(t) = q(t)./s(t)。

3）求瞬时相位 $\phi(t) = \arctan(\mathrm{temp}(t))$。

4）通过计算瞬时相位的导数得到瞬时频率：$f(t) = \frac{1}{2\pi}\frac{\mathrm{d}\phi(t)}{\mathrm{d}t}$。

从物理学角度而言，信号可以分为单分量信号与多分量信号，单分量信号在任一时刻只有一个频率，而多分量信号可以有多个频率。但在式 $f(t) = \frac{1}{2\pi}\frac{\mathrm{d}\phi(t)}{\mathrm{d}t}$ 中，对于任意信号只有一个对应的瞬时频率，因此该定义只能表示单分量的信号，对于由多分量组合而成的信号，瞬时频率是没有实际的物理意义的。但在很多情况下是很难判断一个信号是单分量还是多分量，所以通常把“窄带信号”作为信号选择的标准，使之符合瞬时频率的定义。

为了使获得的瞬时频率有意义，需要一种分解方法将信号分解为单分量的形式，从而能够被瞬时频率所描述。Huang 等人创造性地提出了一种新的信号分解方法，即 EMD 分解方法，将原信号分解为许多的窄带分量，即每一分量被称为本征模函数。基于这些本征模函数进行 Hilbert 变换所对应的瞬时频率的意义就变得明确起来。

信号经过 EMD 分解后，由若干个本征模函数信号和一个残余信号组成：

$$x(t) = \sum_{i=1}^{n} imf_i(t) + r_n(t) \tag{14-10}$$

2. EMD 分解停止准则

通常，对于整个 EMD 的分解过程何时停止采用以下两个判断标准：一是当最后一个本征模函数或是残余分量 $r_n(t)$ 的幅值小于预设值的时候，整个分解过程停止；或者当残余分量 $r_n(t)$ 变成单调函数或常数时，从中不能再筛分出本征模态函数时停止。

对于 EMD 分解过程的停止标准选择要适当，如果条件太严格，就会使分解得到的最后几个本征模态函数失去意义，同时也浪费了计算时间；如果条件太宽松，就会造成有用分量的丢失。

关于 EMD 分解停止准则，需要说明的是，不同的人对于停止的准则有不同的思路。

第一种方法，是本征模函数定义中的判定条件，具体如下。

1）函数在整个时间范围内，局部极值点和过零点的数目必须相等，或最多相差一个。

2）在任意时刻点，局部最大值的包络（上包络线）和局部最小值的包络（下包络线）平均必须为零。

第二种方法，由于在实际情况中，上下包络的均值无法为零，通常当满足下面的式子时，就认为包络的均值满足 IMF 的均值为零的条件。

$$SD = \sum_{t=0}^{T} \frac{[h_j(t) - h_{j-1}(t)]^2}{[h_{j-1}(t)]^2} \leqslant \varepsilon \tag{14-11}$$

第三种方法，是本算法代码 emd. m 提到的（读者可自行在随书资源中进行下载），分为两个条件，满足其中一个就达到循环停止条件，具体如下。

1）一个信号的上下包络线的平均包络，并对这一平均包络用上下包络的幅值的均值进行标准化得到 sx，判断 sx > sd（默认为 0.05）的点的占比，这个占比低于 tol（默认为 0.05），同时 sx 上没有大于 sd2（默认为 0.5）的点。

2）一个信号局部极值点个数最多为两个。

3）如果是实数信号，还必须满足一个条件：0 点个数和极值点个数必须相差少于 1 个，即 0 个或 1 个。

14.1.5 包络线拟合

EMD 分解方法是通过信号的极值点来分别拟合上下包络线，进而求出均值曲线，再进行筛分，从而得到本征模态函数。因此，曲线拟合是 EMD 分解过程中一个十分重要的问题，拟合方法好坏直接影响到 EMD 分解结果的好坏。

Huang 在原方法中提出采用三次样条插值法来进行包络线的拟合，拟合得到的样条函数$S(t)$是一个分段定义的函数。设 t 有 $n+1$ 个数据点，共有 n 个区间，则三次样条函数满足以下条件。

1）在每个分段区间 $[t_i,t_i+1](i=0,1,\cdots,n-1)$，每一段 $S(t)=S_i(t)$都是一个三次多项式，表示 $[t_i,\ t_i+1]$（$i=0,1,\cdots,n-1$）上的一段拟合曲线。

2）满足端点 $S(ti)=X(i)$（$i=0,1,\cdots,n$）。

3）$S(t),S'(t),S''(t)$在 $[t_0,t_n]$ 区间是连续的，即三次样条曲线是光滑的。

所以 n 个三次多项式分段可以写为以下形式：

$$S_i(t) = a_i + b_i(t-t_i) + c_i(t-t_i)^2 + d_i(t-t_i)^3 (i=0,1,2\cdots,n-1) \tag{14-12}$$

其中a_i,b_i,c_i,d_i代表 $4n$ 个未知数。

这里补充一点三次样条插值的基本原理。

根据三次样条函数所满足的条件，有：

$$(1):S_i(t_i) = x_i, i=0,1,\cdots,n-1$$

$$(2):S_i(t_{i+1}) = x_{i+1}, i=0,1,\cdots,n-1$$

$$(3):S_i'(t_{i+1}) = S_{i+1}'(t_{i+1}), i=0,1,\cdots,n-2$$

$$(4):S''_i(t_{i+1}) = S''_{i+1}(t_{i+1}), i=0,1,\cdots,n-2$$

将样条函数及其一阶导数和二阶导数表示成多项式，形式如下：

$$S_i(t) = a_i + b_i(t-t_i) + c_i(t-t_i)^2 + d_i(t-t_i)^3$$

$$S_i'(t) = b_i + 2\,c_i(t-t_i) + 3\,d_i(t-t_i)^2$$

$$S''_i(t) = 2\,c_i + 6\,d_i(t-t_i)$$

记步长：

$$h_i = t_{i+1} - t_i$$

将步长代入样条函数满足的 4 个条件：

由条件 1）得到：

$$a_i = x_i, i = 0,1,\cdots,n-1 \tag{14-13}$$

由条件 2）得到：

$$a_i + b_i h_i + c_i h_i^2 + d_i h_i^3 = x_{i+1}, i = 0,1,\cdots,n-1 \tag{14-14}$$

由条件 3）得到：

$$S_i'(t_{i+1}) = b_i + 2c_i(t_{i+1} - t_i) + 3d_i(t_{i+1} - t_i)^2 = b_i + 2c_i h_i + 3d_i h_i^2 S_{i+1}'(t_{i+1}) = b_{i+1} + 2c_{i+1}(t_{i+1} - t_{i+1}) + 3d_{i+1}(t_{i+1} - t_{i+1})^2 = b_{i+1} \tag{14-15}$$

由此可得：

$$b_i + 2c_i h_i + 3d_i h_i^2 = b_{i+1}, i = 0,1,\cdots,n-2 \tag{14-16}$$

由条件 4）得到：

$$S''_i(t_{i+1}) = 2c_i + 6d_i(t_{i+1} - t_i) S''_{i+1}(t_{i+1}) = 2c_{i+1} + 6d_{i+1}(t_{i+1} - t_{i+1}) = 2c_{i+1} \tag{14-17}$$

由此可得：

$$2c_i + 6d_i h_i - 2c_{i+1} = 0, i = 0,1,\cdots,n-2 \tag{14-18}$$

记二阶导数

$$m_i = S''_i(t_i) = 2c_i \tag{14-19}$$

则式（14-18）可改写为：

$$m_i + 6d_i h_i - m_{i+1} = 0 \tag{14-20}$$

推出：

$$d_i = \frac{m_{i+1} - m_i}{6h_i} \tag{14-21}$$

将式（14-13）、式（14-19）、式（14-21）代入式（14-14）可得：

$$a_i + b_i h_i + \frac{m_i}{2} h_i^2 + \frac{m_{i+1} - m_i}{6h_i} h_i^3 = x_{i+1} \tag{14-22}$$

进而得到：

$$b_i = \frac{x_{i+1} - x_i}{h_i} - \frac{m_i}{2} h_i - \frac{(m_{i+1} - m_i)}{6} h_i \tag{14-23}$$

将式（14-19）、式（14-21）、式（14-23）代入式（14-16）可得：

$$\frac{x_{i+1} - x_i}{h_i} - \frac{m_i}{2} h_i - \frac{(m_{i+1} - m_i)}{6} h_i + m_i h_i + 3\frac{m_{i+1} - m_i}{6h_i} h_i^2 = \frac{x_{i+2} - x_{i+1}}{h_{i+1}} - \frac{m_{i+1}}{2} h_{i+1} - \frac{(m_{i+2} - m_{i+1})}{6} h_{i+1} \tag{14-24}$$

移项可得：

$$-\frac{m_i}{2} h_i - \frac{(m_{i+1} - m_i)}{6} h_i + m_i h_i + 3\frac{m_{i+1} - m_i}{6h_i} h_i^2 + \frac{m_{i+1}}{2} h_{i+1} + \frac{(m_{i+2} - m_{i+1})}{6} h_{i+1} = \frac{x_{i+2} - x_{i+1}}{h_{i+1}} - \frac{x_{i+1} - x_i}{h_i} \tag{14-25}$$

两边同乘以 6，并将等式左边展开：

$$-3m_i h_i - m_{i+1} h_i + m_i h_i + 6m_i h_i + 3m_{i+1} h_i - 3m_i h_i + 3m_{i+1} h_{i+1} + m_{i+2} h_{i+1} - m_{i+1} h_{i+1} = 6\left(\frac{x_{i+2} - x_{i+1}}{h_{i+1}} - \frac{x_{i+1} - x_i}{h_i}\right) \tag{14-26}$$

左边合并同类项，可得：

$$2m_{i+1}h_i+m_ih_i+2m_{i+1}h_{i+1}+m_{i+2}h_{i+1}=6\left(\frac{x_{i+2}-x_{i+1}}{h_{i+1}}-\frac{x_{i+1}-x_i}{h_i}\right) \tag{14-27}$$

可得：

$$h_im_i+2(h_i+h_{i+1})m_{i+1}+h_{i+1}m_{i+2}=6\left(\frac{x_{i+2}-x_{i+1}}{h_{i+1}}-\frac{x_{i+1}-x_i}{h_i}\right) \tag{14-28}$$

该式写成矩阵形式，即：

$$\begin{pmatrix} h_i & 2(h_i+h_{i+1}) & h_{i+1}\end{pmatrix}\begin{pmatrix} m_i \\ m_{i+1} \\ m_{i+2}\end{pmatrix}=6\left(\frac{x_{i+2}-x_{i+1}}{h_{i+1}}-\frac{x_{i+1}-x_i}{h_i}\right) \tag{14-29}$$

式（14-28）中，$i=0,1,\cdots,n-2$，一共可以列出 $n-1$ 个方程，而未知量 m 有 $n+1$ 个，因此需要两个边界条件才可求解方程组。在 EMD 程序中采用 MATLAB 自带的 interp1( ) 函数进行插值，其默认边界条件为非节点边界（Not-A-Knot），它在边界处指定了样条曲线的三次微分，即：

$$S'''_0(t_1)=S'''_1(t_1)S'''_{n-2}(t_{n-1})=S'''_{n-1}(t_{n-1}) \tag{14-30}$$

根据：

$$S'''_i(t)=6\,d_id_i=\frac{m_{i+1}-m_i}{6\,h_i} \tag{14-31}$$

可得到：

$$h_1(m_1-m_0)=h_0(m_2-m_1)h_{n-1}(m_{n-1}-m_{n-2})=h_{n-2}(m_n-m_{n-1}) \tag{14-32}$$

由式（14-28）、式（14-32）可以得到方程组的矩阵形式：

$$\begin{pmatrix} -h_1 & h_0+h_1 & -h_0 & 0 & \cdots & 0 \\ h_0 & 2(h_0+h_1) & h_1 & 0 & \cdots & \vdots \\ 0 & h_1 & 2(h_1+h_2) & h_2 & 0 & \vdots \\ \vdots & 0 & \vdots & \vdots & \vdots & 0 \\ 0 & \cdots & 0 & h_{n-2} & 2(h_{n-2}+h_{n-1}) & h_{n-1} \\ 0 & \cdots & \cdots & -h_{n-1} & h_{n-2}+h_{n-1} & -h_{n-2}\end{pmatrix}\begin{pmatrix} m_0 \\ m_1 \\ m_2 \\ \vdots \\ m_{n-1} \\ m_n\end{pmatrix}=6\begin{pmatrix} 0 \\ \frac{x_2-x_1}{h_1}-\frac{x_1-x_0}{h_0} \\ \frac{x_3-x_2}{h_2}-\frac{x_2-x_1}{h_1} \\ \vdots \\ \frac{x_n-x_{n-1}}{h_{n-1}}-\frac{x_1-x_0}{h_0} \\ 0\end{pmatrix} \tag{14-33}$$

记上述方程为：

$$\boldsymbol{A}=\begin{pmatrix} -h_1 & h_0+h_1 & -h_0 & 0 & \cdots & 0 \\ h_0 & 2(h_0+h_1) & h_1 & 0 & \cdots & \vdots \\ 0 & h_1 & 2(h_1+h_2) & h_2 & 0 & \vdots \\ \vdots & 0 & \vdots & \vdots & \vdots & 0 \\ 0 & \cdots & 0 & h_{n-2} & 2(h_{n-2}+h_{n-1}) & h_{n-1} \\ 0 & \cdots & \cdots & -h_{n-1} & h_{n-2}+h_{n-1} & -h_{n-2}\end{pmatrix} m=\begin{pmatrix} m_0 \\ m_1 \\ m_2 \\ \vdots \\ m_{n-1} \\ m_n\end{pmatrix} \boldsymbol{B}=$$

$$6\begin{pmatrix} 0 \\ \dfrac{x_2 - x_1}{h_1} - \dfrac{x_1 - x_0}{h_0} \\ \dfrac{x_3 - x_2}{h_2} - \dfrac{x_2 - x_1}{h_1} \\ \vdots \\ \dfrac{x_n - x_{n-1}}{h_{n-1}} - \dfrac{x_{n-1} - x_{n-2}}{h_{n-2}} \\ 0 \end{pmatrix} \tag{14-34}$$

则有：

$$\boldsymbol{A}m = \boldsymbol{B} \Rightarrow m = \boldsymbol{A}^{-1}\boldsymbol{B} \tag{14-35}$$

以 $n=3$ 为例：

$$\begin{pmatrix} -h_1 & h_0 + h_1 & -h_0 & 0 \\ h_0 & 2(h_0 + h_1) & h_1 & 0 \\ 0 & h_1 & 2(h_1 + h_2) & h_2 \\ 0 & -h_2 & h_1 + h_2 & -h_1 \end{pmatrix}\begin{pmatrix} m_0 \\ m_1 \\ m_2 \\ m_3 \end{pmatrix} = 6\begin{pmatrix} 0 \\ \dfrac{x_2 - x_1}{h_1} - \dfrac{x_1 - x_0}{h_0} \\ \dfrac{x_3 - x_2}{h_2} - \dfrac{x_2 - x_1}{h_1} \\ 0 \end{pmatrix}$$

$$\begin{pmatrix} -h_1 & h_0 + h_1 & -h_0 & 0 \\ 0 & \left(2 + \dfrac{h_0}{h_1}\right)(h_0 + h_1) & h_1 - \dfrac{h_0}{h_1} & 0 \\ 0 & h_1 & 2(h_1 + h_2) & h_2 \\ 0 & -h_2 & h_1 + h_2 & -h_1 \end{pmatrix}\begin{pmatrix} m_0 \\ m_1 \\ m_2 \\ m_3 \end{pmatrix} = 6\begin{pmatrix} 0 \\ \dfrac{x_2 - x_1}{h_1} - \dfrac{x_1 - x_0}{h_0} \\ \dfrac{x_3 - x_2}{h_2} - \dfrac{x_2 - x_1}{h_1} \\ 0 \end{pmatrix}$$

$$\begin{pmatrix} -h_1 & h_0 + h_1 & -h_0 & 0 \\ 0 & \left(2 + \dfrac{h_0}{h_1}\right)(h_0 + h_1) & h_1 - \dfrac{h_0}{h_1} & 0 \\ 0 & h_1 & 2(h_1 + h_2) & h_2 \\ 0 & 0 & \dfrac{2h_2 + h_1}{h_1}(h_1 + h_2) & \dfrac{(h_2 + h_1)(h_2 - h_1)}{h_1} \end{pmatrix}\begin{pmatrix} m_0 \\ m_1 \\ m_2 \\ m_3 \end{pmatrix} = 6\begin{pmatrix} 0 \\ v_1 \\ v_2 \\ \dfrac{h_2}{h_1}v_2 \end{pmatrix}$$

$$\begin{pmatrix} -h_1 & h_0 + h_1 & -h_0 & 0 \\ 0 & \left(2 + \dfrac{h_0}{h_1}\right)(h_0 + h_1) & h_1 - \dfrac{h_0}{h_1} & 0 \\ 0 & 0 & 2(h_1 + h_2) + \dfrac{-h_1(h_1{}^2 - h_0)}{(2h_1 + h_0)(h_1 + h_0)} & h_2 \\ 0 & 0 & \dfrac{2h_2 + h_1}{h_1}(h_1 + h_2) & \dfrac{(h_2 + h_1)(h_2 - h_1)}{h_1} \end{pmatrix}\begin{pmatrix} m_0 \\ m_1 \\ m_2 \\ m_3 \end{pmatrix}$$

$$=6\begin{pmatrix} 0 \\ v_1 \\ \frac{-h_1^{\ 2}}{(2h_1+h_0)(h_1+h_0)}v_1+v_2 \\ \frac{h_2}{h_1}v_2 \end{pmatrix}$$

$$\begin{pmatrix} -h_1 & h_0+h_1 & -h_0 & 0 \\ 0 & \left(2+\frac{h_0}{h_1}\right)(h_0+h_1) & h_1-\frac{h_0}{h_1} & 0 \\ 0 & 0 & 2(h_1+h_2)+\frac{-h_1(h_1^{\ 2}-h_0)}{(2h_1+h_0)(h_1+h_0)} & h_2 \\ 0 & 0 & 0 & \frac{(h_2+h_1)(h_2-h_1)}{h_1}-\frac{(2h_1+h_0)(h_1+h_0)}{-h_1(h_1^2-h_0)+2(h_1+h_2)(2h_1+h_0)(h_1+h_0)}\frac{(2h_2+h_1)(h_1+h_2)}{h_1}h_2 \end{pmatrix}$$

$$\begin{pmatrix} m_0 \\ m_1 \\ m_2 \\ m_3 \end{pmatrix}=6\begin{pmatrix} 0 \\ v_1 \\ \frac{-h_1^{\ 2}}{(2h_1+h_0)(h_1+h_0)}v_1+v_2 \\ \frac{h_2}{h_1}v_2-\frac{(2h_1+h_0)(h_1+h_0)}{-h_1(h_1^2-h_0)+2(h_1+h_2)(2h_1+h_0)(h_1+h_0)}\frac{(2h_2+h_1)(h_1+h_2)}{h_1}\left(\frac{-h_1^{\ 2}}{(2h_1+h_0)(h_1+h_0)}v_1+v_2\right) \end{pmatrix} \tag{14-36}$$

解得：

$$m_3=6\frac{\frac{h_2}{h_1}v_2-\frac{(2h_1+h_0)(h_1+h_0)}{-h_1(h_1^2-h_0)+2(h_1+h_2)(2h_1+h_0)(h_1+h_0)}\frac{(2h_2+h_1)(h_1+h_2)}{h_1}\left(\frac{-h_1^{\ 2}}{(2h_1+h_0)(h_1+h_0)}v_1+v_2\right)}{\frac{(h_2+h_1)(h_2-h_1)}{h_1}-\frac{(2h_1+h_0)(h_1+h_0)}{-h_1(h_1^2-h_0)+2(h_1+h_2)(2h_1+h_0)(h_1+h_0)}\frac{(2h_2+h_1)(h_1+h_2)}{h_1}h_2}$$

$$=6\frac{h_2v_2-\frac{(2h_1+h_0)(h_1+h_0)}{-h_1(h_1^2-h_0)+2(h_1+h_2)(2h_1+h_0)(h_1+h_0)}(2h_2+h_1)(h_1+h_2)\left(\frac{-h_1^{2}}{(2h_1+h_0)(h_1+h_0)}v_1+v_2\right)}{(h_2+h_1)(h_2-h_1)-\frac{(2h_1+h_0)(h_1+h_0)}{-h_1(h_1^2-h_0)+2(h_1+h_2)(2h_1+h_0)(h_1+h_0)}(2h_2+h_1)(h_1+h_2)h_2}$$

$$=6\frac{h_2v_2(-h_1(h_1^2-h_0)+2(h_1+h_2)(2h_1+h_0)(h_1+h_0))-(2h_1+h_0)(h_1+h_0)(2h_2+h_1)(h_1+h_2)\left(\frac{-h_1^{2}}{(2h_1+h_0)(h_1+h_0)}v_1+v_2\right)}{(h_2+h_1)(h_2-h_1)(-h_1(h_1^2-h_0)+2(h_1+h_2)(2h_1+h_0)(h_1+h_0))-(2h_1+h_0)(h_1+h_0)(2h_2+h_1)(h_1+h_2)h_2}$$

$$=6\frac{h_2v_2(-h_1(h_1^2-h_0)+2(h_1+h_2)(2h_1+h_0)(h_1+h_0))+(2h_2+h_1)(h_1+h_2)h_1^{\ 2}v_1-(2h_1+h_0)(h_1+h_0)(2h_2+h_1)(h_1+h_2)v_2}{(h_2+h_1)(h_2-h_1)(-h_1(h_1^2-h_0)+2(h_1+h_2)(2h_1+h_0)(h_1+h_0))-(2h_1+h_0)(h_1+h_0)(2h_2+h_1)(h_1+h_2)h_2} \tag{14-37}$$

再由 m_3 得出 m_2：

$$\frac{2h_2+h_1}{h_1}(h_1+h_2)m_2+\frac{(h_2+h_1)(h_2-h_1)}{h_1}m_3=6\frac{h_1+h_2}{h_1}v_2$$

$$m_2=\frac{6\frac{h_1+h_2}{h_1}v_2-\frac{(h_2+h_1)(h_2-h_1)}{h_1}m_3}{\frac{2h_2+h_1}{h_1}(h_1+h_2)} \tag{14-38}$$

再由 m_3 和 m_2 得出 m_1：

$$h_1m_1+2(h_2+h_1)m_2+h_2m_3=6\,v_2m_1=\frac{6\,v_2-2(h_2+h_1)m_2-h_2m_3}{h_1} \tag{14-39}$$

最后得出 m_0：

$$-h_1m_0+2(h_0+h_1)m_1-h_0m_2=0\ m_0=\frac{2(h_0+h_1)m_1-h_0m_2}{h_1} \tag{14-440}$$

将解得的 m 代入：

$$a_i=x_i,i=0,1,\cdots,n-1 \tag{14-41}$$

$$m_i=S''_i(t_i)=2\,c_i, \tag{14-42}$$

$$d_i=\frac{m_{i+1}-m_i}{6\,h_i} \tag{14-43}$$

$$b_i=\frac{x_{i+1}-x_i}{h_i}-\frac{m_i}{2}h_i-\frac{(m_{i+1}-m_i)}{6}h_i \tag{14-44}$$

得到：

$$\boldsymbol{a}=\boldsymbol{x};$$
$$\boldsymbol{b}=\boldsymbol{g}-.\times(m(2:end)/2+2\times m(1:end-1))/6;$$
$$\boldsymbol{c}=\frac{\boldsymbol{m}}{2};$$
$$\boldsymbol{d}=(\boldsymbol{m}(2:end)-\boldsymbol{m}(1:end-1))./(6\times\boldsymbol{h}); \tag{14-45}$$

其中：

$$\boldsymbol{h}=\boldsymbol{t}(2:end)-\boldsymbol{t}(1:end-1)\boldsymbol{g}=(\boldsymbol{x}(2:end)-\boldsymbol{x}(1:end-1))./\boldsymbol{h} \tag{14-46}$$

得到的 a、b、c、d，即三次样条插值函数的分段系数矩阵。

14.1.6 三次样条插值的应用

x 为 0 到 2π 之间的整数，$y=\sin(x)$，根据图 14-1 的 4 个数据点进行三次样条插值，得到图 14-2 中实线所示的三次样条插值曲线。

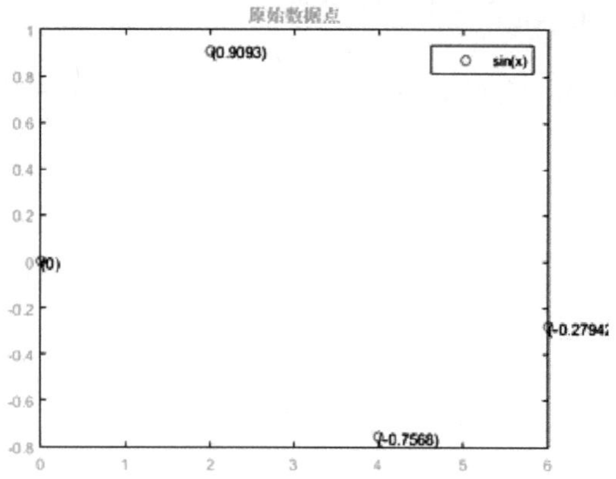

图 14-1　原始数据点

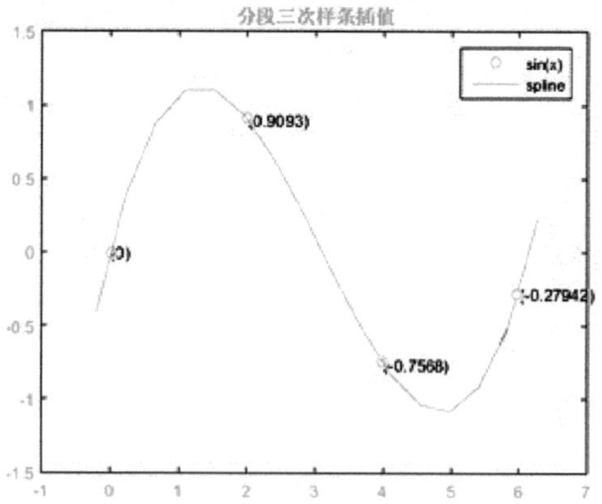

图 14-2　插值图形

设 $S_i(t)=a_i+b_i(t-t_i)+c_i(t-t_i)^2+d_i(t-t_i)^3$，则各段之间的多项式系数如表 14-1 所示。

表 14-1 插值方程的系数

x 区间	d	c	b	a
[0,2)	0.0983	-0.9118	1.8850	0
[2,4)	0.0983	-0.3219	-0.5824	0.9093
[4,6]	0.0983	0.2679	-0.6904	0.7568

上述代码过程如下。

```
x = 0:2:2*pi;
y =sin(x);
xx =linspace(-0.2,2*pi,16);
pp=spline(x,y);
plot(x,y,'o',xx,spline(x,y,xx),'-');
for ii =1:length(x)
    text(x(ii),y(ii),['(' num2str(y(ii)) ')'])
end
legend('sin(x)','spline')
```

也可以将计算上述多项式的过程分步骤描述，具体如下。

$$\boldsymbol{t}=[0,2,4,6]^{\mathrm{T}},\boldsymbol{x}=[0,0.9093,-0.7568,-0.2794]^{\mathrm{T}}$$

$$\boldsymbol{h}=t(2:end)-t(1:end-1)=[2,2,2]^{\mathrm{T}}$$

$$\boldsymbol{A}=\begin{pmatrix}-h_1 & h_0+h_1 & -h_0 & 0\\ h_0 & 2(h_0+h_1) & h_1 & 0\\ 0 & h_1 & 2(h_1+h_2) & h_2\\ 0 & -h_2 & h_1+h_2 & -h_1\end{pmatrix}=\begin{pmatrix}-2 & 4 & -2 & 0\\ 2 & 8 & 2 & 0\\ 0 & 2 & 8 & 2\\ 0 & -2 & 4 & -2\end{pmatrix}$$

$$\boldsymbol{B}=6\begin{pmatrix}0\\ \dfrac{x_2-x_1}{h_1}-\dfrac{x_1-x_0}{h_0}\\ \dfrac{x_3-x_2}{h_2}-\dfrac{x_2-x_1}{h_1}\\ 0\end{pmatrix}=6\begin{pmatrix}0\\ \dfrac{-0.7568-0.9093}{2}-\dfrac{0.9093-0}{2}\\ \dfrac{-0.2794+0.7568}{2}-\dfrac{-0.7568-0.9093}{2}\\ 0\end{pmatrix}=\begin{pmatrix}0\\ -7.7265\\ 6.4308\\ 0\end{pmatrix}m=$$

$$\boldsymbol{A}^{-1}\boldsymbol{B}=\begin{pmatrix}-2 & 4 & -2 & 0\\ 2 & 8 & 2 & 0\\ 0 & 2 & 8 & 2\\ 0 & -2 & 4 & -2\end{pmatrix}^{-1}\begin{pmatrix}0\\ -7.7265\\ 6.4308\\ 0\end{pmatrix}=\begin{pmatrix}-1.8237\\ -0.6439\\ 0.5359\\ 1.7157\end{pmatrix} \tag{14-47}$$

则各系数矩阵 $\boldsymbol{a}$、$\boldsymbol{b}$、$\boldsymbol{c}$、$\boldsymbol{d}$ 如下：

$$\boldsymbol{a}=\boldsymbol{x}=[0,0.9093,-0.7568,-0.2794]^{\mathrm{T}}$$

$$\boldsymbol{b}=(\boldsymbol{x}(2:\mathrm{end})-\boldsymbol{x}(1:\mathrm{end}-1))\times\frac{1}{\boldsymbol{h}}-\boldsymbol{h}.\times(\boldsymbol{m}(2:\mathrm{end})+2\times\boldsymbol{m}(1:\mathrm{end}-1))/6$$

$$=\left(\begin{pmatrix}0.9093\\ -0.7568\\ -0.2794\end{pmatrix}-\begin{pmatrix}0\\ 0.9093\\ -0.7568\end{pmatrix}\right)./\begin{pmatrix}2\\ 2\\ 2\end{pmatrix}-\begin{pmatrix}2\\ 2\\ 2\end{pmatrix}.\times\left(\begin{pmatrix}-0.6439\\ 0.5359\\ 1.7157\end{pmatrix}+2\times\begin{pmatrix}-1.8237\\ -0.6439\\ 0.5359\end{pmatrix}\right)/6$$

$$= \begin{pmatrix} 1.8850 \\ -0.5824 \\ -0.6905 \end{pmatrix}$$

$$\boldsymbol{c} = \frac{\boldsymbol{m}}{2} = 0.5 \times \begin{pmatrix} -1.8237 \\ -0.6439 \\ 0.5359 \\ 1.7157 \end{pmatrix} = \begin{pmatrix} -0.9118 \\ -0.3219 \\ 0.2680 \\ 0.8578 \end{pmatrix}$$

$$\boldsymbol{d} = (\boldsymbol{m}(2:end) - \boldsymbol{m}(1:\mathrm{end}-1))./(6 \times \boldsymbol{h}) = \left(\begin{pmatrix} -0.6439 \\ 0.5359 \\ 1.7157 \end{pmatrix} - \begin{pmatrix} -1.8237 \\ -0.6439 \\ 0.5359 \end{pmatrix} \right) ./ \begin{pmatrix} 12 \\ 12 \\ 12 \end{pmatrix} = \begin{pmatrix} 0.0983 \\ 0.0983 \\ 0.0983 \end{pmatrix} \tag{14-48}$$

因此得到表 14-2。

表 14-2　插值系数核对

x 区间	d	c	b	a
[0,2)	0.0983	−0.9118	1.8850	0
[2,4)	0.0983	−0.3219	−0.5824	0.9093
[4,6]	0.0983	0.2679	−0.6904	0.7568

14.1.7　其他插值方法介绍

除了三次样条函数，其他的插值方式还有分段线性插值法和三次多项式插值法。

- 分段线性插值：插值点处函数值由连接其最邻近的两侧点的线性函数预测。
- 三次多项式插值：在每一段的插值函数中，除了端点处的二阶导数不一定连续外，其他条件和三次样条插值一样。

图 14-3 给出了线性插值、三次多项式插值和三次样条插值的简单曲线走势示例。

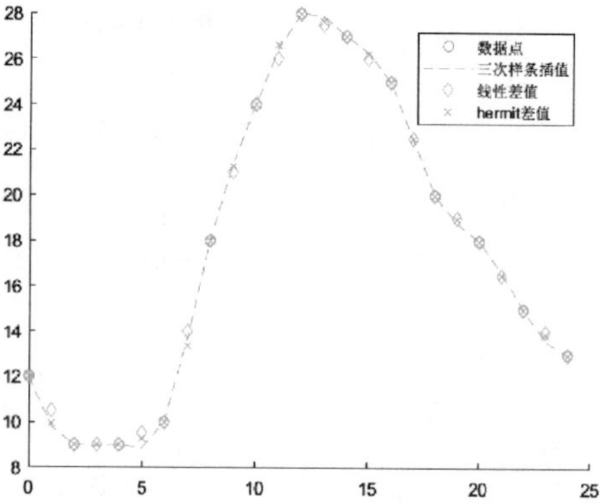

图 14-3　几种插值方法比较

14.2　EMD 经验模态分解算法的优缺点

EMD 经验模态分解算法在实践中有着广泛的运用，通常与小波分析等工具比较，性能上有着各自的优劣，下面对其优缺点进行介绍。

1. 优点

EMD 经验模态分解算法不同于小波分析等算法需要依赖于先验的基函数。EMD 算法完全是自适应的，可以广泛运用于各种不同的时间序列分析。

2. 缺点

EMD 的主要缺点之一是模态混叠的频繁出现，有以下两种情况：一是一个单独的 IMF 信号中含有全异尺度；二是相同尺度出现在不同的 IMF 中。

14.3 实例分析

本案例以上证指数的日频率数据作为 EMD 分解对象，测试 EMD 算法的性能。

14.3.1 数据集介绍

输入数据为上证综指，从 1990 年 12 月 19 日开始，到 2014 年 1 月 24 日止，共 5653 条指数数据，如图 14-4 所示。

1990/12/19	'000001	上证指数	99.98
1990/12/20	'000001	上证指数	104.39
1990/12/21	'000001	上证指数	109.13
1990/12/24	'000001	上证指数	114.55
1990/12/25	'000001	上证指数	120.25
1990/12/26	'000001	上证指数	125.27
1990/12/27	'000001	上证指数	125.28
1990/12/28	'000001	上证指数	126.45
1990/12/31	'000001	上证指数	127.61
1991/1/2	'000001	上证指数	128.84
1991/1/3	'000001	上证指数	130.14
1991/1/4	'000001	上证指数	131.44
1991/1/7	'000001	上证指数	132.06
1991/1/8	'000001	上证指数	132.68

……

2014/1/8	'000001	上证指数	2044.34
2014/1/9	'000001	上证指数	2027.622
2014/1/10	'000001	上证指数	2013.298
2014/1/13	'000001	上证指数	2009.564
2014/1/14	'000001	上证指数	2026.842
2014/1/15	'000001	上证指数	2023.348
2014/1/16	'000001	上证指数	2023.701
2014/1/17	'000001	上证指数	2004.949
2014/1/20	'000001	上证指数	1991.253
2014/1/21	'000001	上证指数	2008.313
2014/1/22	'000001	上证指数	2051.749
2014/1/23	'000001	上证指数	2042.18
2014/1/24	'000001	上证指数	2054.392

图 14-4　输入数据

14.3.2 函数介绍

EMD 是本书作者团队搜集并改写的算法程序，输入参数有着多个可选参数，下面分别介绍。

```
[imf,nbits] = emd(varargin)
% Project Title: EMD。
% Group:李一邨量化团队。
% date:2018/05/31。
% Contact Info: 2975056631@qq.com。
```

```
% Input
% X:原始输入信号。
% OPTS:可选参数,类型为 struct,其中包含一些参数名字和相应的属性值,详见可选参数部分。
% Output
%返回原信号 X 的 EMD 分解结果,为 IMF 的矩阵,每一行为一个 imf,最后一行是残余信号。

% e.g. 外部调用举例。
%对输入参数进行 EMD 分解,将结果存储进 IMF。
%X = rand(1,512);随机生成 1 维列向量作为输入参数。
%
%第 1 种调用。
%IMF =emd(X);
%
%第 2 种调用。
%IMF =emd(X,'STOP',[0.1,0.5,0.05],'MAXITERATIONS',100);
%
%第 3 种调用。
%T=linspace(0,20,1e3);
%X = 2* exp(i* T) +exp(3* i* T) +.5* T;
%IMF =emd(X,'T',T);
%
%
%可选参数部分
% Options(可选参数)
%
% 1. stopping criterion options(循环停止条件)。
%
% STOP:包含停止参数的向量,形式如[THRESHOLD,THRESHOLD2,TOLERANCE]。
%若输入向量的长度小于 3,只取第 1 个参数,其余采用默认值;默认的 STOP:[0.05,0.5,0.05]。
%THRESHOLD:每次循环时,均值包络线进行标准化后的幅值的阈值,超过 THRESHOLD 的点在后续生成
的布尔向量对应位置处元素为 1,其余为 0。
%TOLERANCE:标准化(归一化)后的幅值 >THRESHOLD 的点个数占所有数据长度的比例的阈值,即小于
该阈值才能停止筛选循环。
%TOLERANCE2:循环停止条件是,在任何时间点,上下包络线的平均幅值 <THRESHOLD2* 包络线幅值。
%并同时满足,即标准化(归一化)后的幅值 >THRESHOLD 的点个数占所有数据长度的比例,要低于
TOLERANCE。

% FIX(int)指定筛选循环次数为 int 次。
% FIX_H(int)指定筛选循环次数为 int 次,同时满足零点数和极值点数相差最多为 1 个,即 |#zeros
-#extrema|< =1。

% 2. bivariate/complex EMD options(双变量选项/复数 EMD 选项)。
```

```
%
% COMPLEX_VERSION:选择用于复数 EMD 的算法([3])。
% COMPLEX_VERSION = 1: "algorithm 1"
% COMPLEX_VERSION = 2: "algorithm 2" (default)
%
% NDIRS: number of directions in which envelopes are computed (default% 4)在计算复数信号的包络线时一共几个方向。

% 3. other options(其他条件):
%
% T:取样时间,默认为 1:length(x)。
%
% MAXITERATIONS:计算每一个模态所用的筛选循环的次数上限。
%
% MAXMODES:提取的 imfs 个数的上限,默认为无数个。
%
% DISPLAY:如果为 1,则显示带暂停的筛选过程;如果为 2,显示不带暂停的筛选过程;如果输入信号为复数,则肯定不显示筛选过程。
%
% INTERP: interpolation scheme: 'linear', 'cubic', 'pchip' or 'spline' (default)插值方案。

%%%%%%%%%%%%%%%%%%%%%%%%%%%%
```

函数的输入 varargin 一般为待分解信号和控制参数。函数的输出 imf 是分解出的各个本征模态，nbits 是提取各个模态所用的循环次数。

14.3.3 上证指数 EMD 分解

本案例为了更加清晰地展示 EMD 算法的运行过程，截取第一次分解的片段，展示如下。

以三次样条插值进行差值并获得包络线，图 14-5 给出了从上证指数进行 EMD 分解时第一次提取其极值点的信号时序图。

图 14-6 给出了从上证指数进行 EMD 分解时第一次提取的局部极小值点，及根据这些局部极小值点进行三次样条插值拟合出来的曲线。

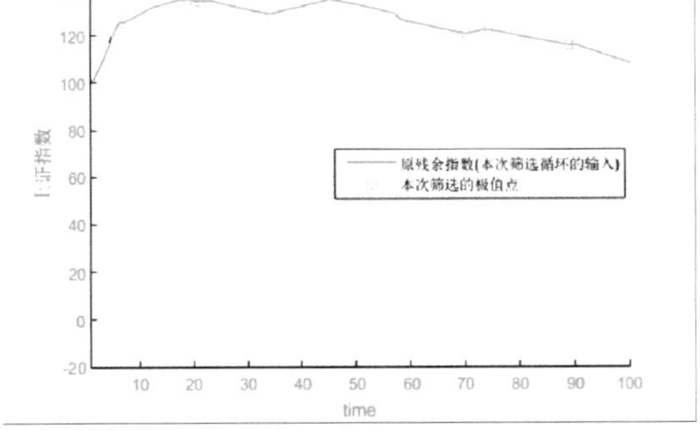

图 14-5 第一次提取的极值点

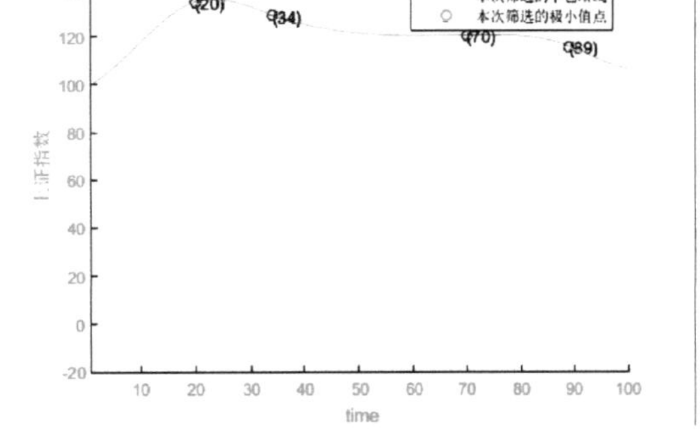

图 14-6 第一次提取极小值点的下包络线

图 14-7 给出了从上证指数进行 EMD 分解时第一次提取的局部极大值点，及根据这些局部极小值点进行三次样条插值拟合出来的曲线。

图 14-8 给出了从上证指数进行 EMD 分解时第一次提取的局部极值点、根据这些局部极值点进行三次样条插值拟合出来的包络曲线，以及平均包络曲线。

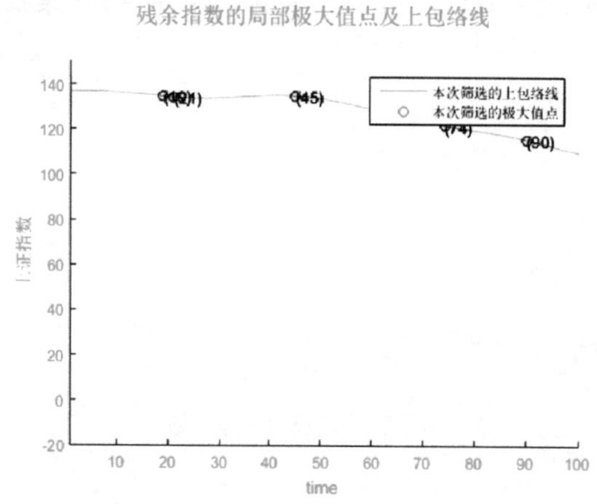

图 14-7　第一次提取的极大值点和上包络线

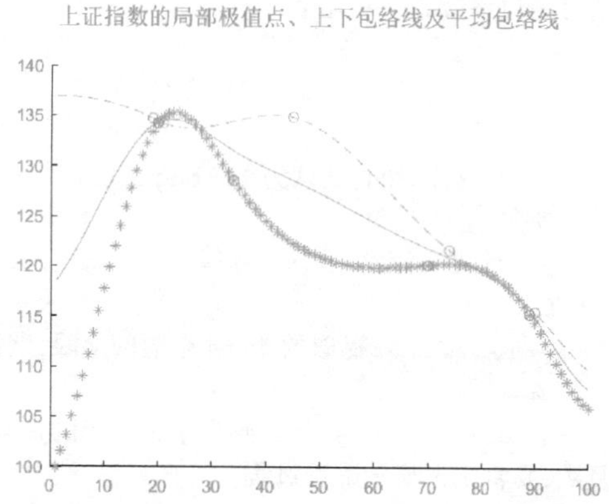

图 14-8　第一次提取的极值点和包络线

图 14-9 给出了上证指数曲线，从上证指数进行 EMD 分解时第 1 次筛选的均值包络曲线，以及上证指数 – EMD 均值包络曲线的残余指数曲线。

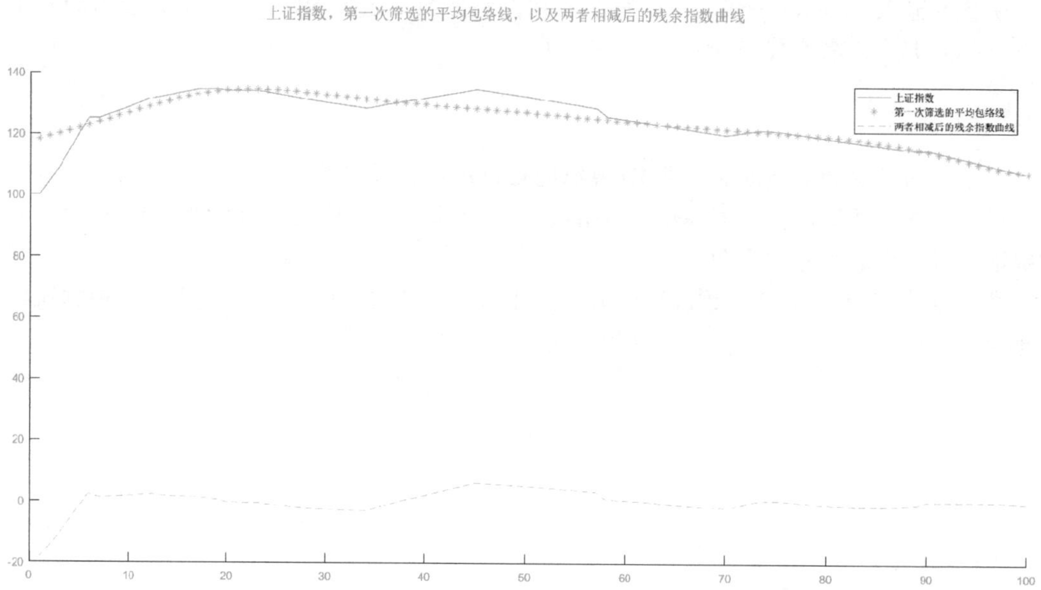

图 14-9　第一次筛选后的均值包络线和残余指数

接下来需要继续上述循环，为提取第一个 IMF 共进行了 28 次循环。

1. 上证指数 emd 分解结果

在图 14-10 中，imf1 到 imf10 是对上证指数分离出来的 10 个本征模态，r 是最后的残余信号，这些图最后的加总就是最上面的 Signal，即上证指数。

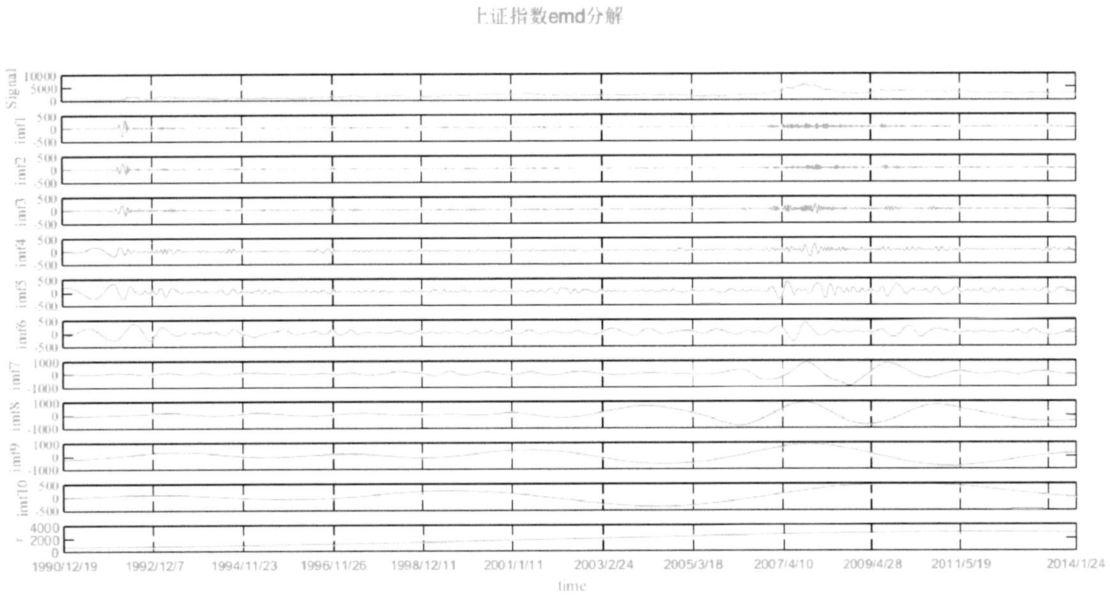

图 14-10　各次提取的本真模函数

2. 分步骤的分解结果

图 14-11 ~ 图 14-13 表示了按顺序从原始信号中提取本征模函数后的残余信号，输入信号 Signal 即上证指数的走势图，imf1 是提取的第 1 个本征模函数，r1 为提取第 1 个 imf 后的残余信号，以此类推。

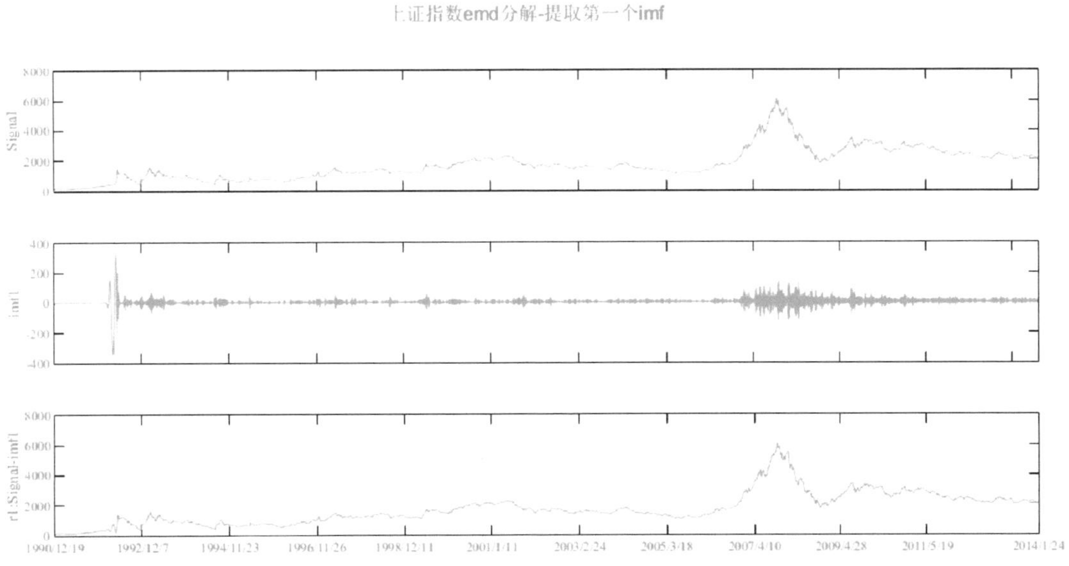

图 14-11　第一次提取的 imf 和残余信号

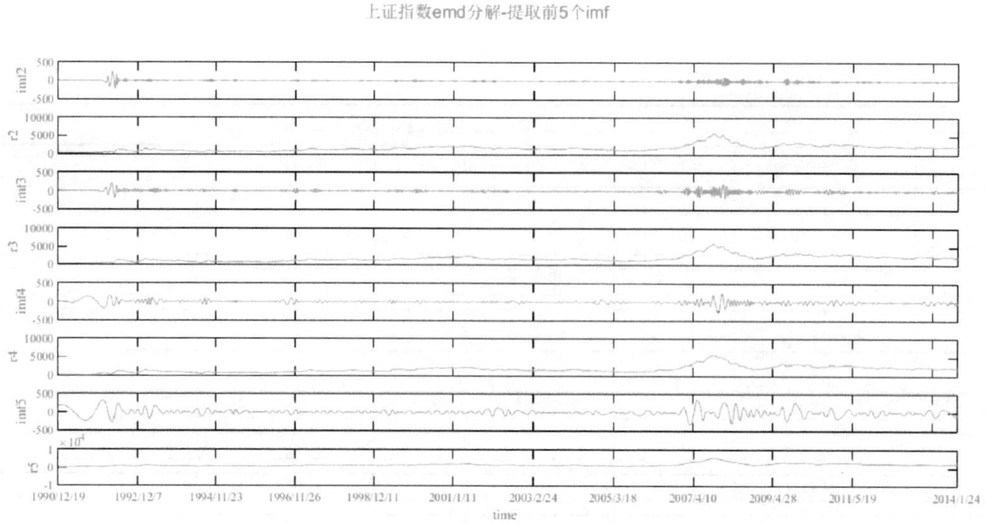

图 14-12　前 5 次提取的本真模函数和残余信号

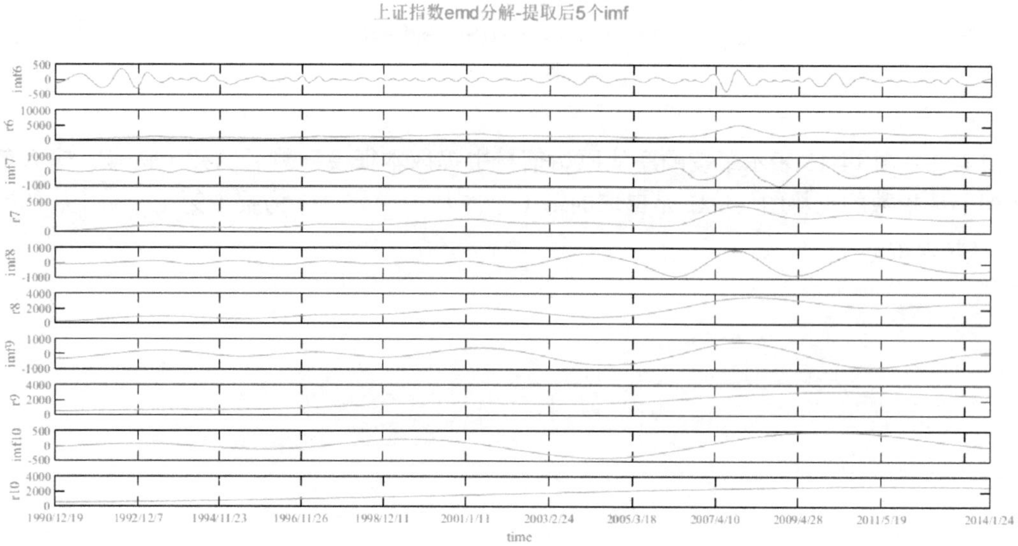

图 14-13　后 5 次提取的本真模函数和参与信号

14.4　代码获取

读者可以扫描封底二维码，获取完整的 EMD 算法代码，以及上一节实例中提到的上证指数 EMD 分解的测试案例。

第五篇 基于不同数学思想的算法

机器学习是一个内涵比较广泛的概念，这些算法有着不同领域的应用背景和理论来源。粗糙集算法是一种基于粗糙集理论的分类算法，粗糙集理论是集合理论中较为小众的一个分支，但在分类问题中有着较为特别的优势。基于核的 Fisher 算法是在经典 Fisher 分类算法的基础上增加了对原始数据的核映射，使得问题的解空间被进一步拓展，从而可能在分类寻优中找到更好的分类曲面。支持向量机也是一种核映射算法，但与 Fisher 算法的区别在于，它能寻找最优的支持向量，从而使得分类间隔最大化。傅里叶级数则是基于傅里叶变换实现对时间序列从时域到频域的转换，可以深入时间序列对频率进行分析。这些机器学习算法有着不同的理论背景，也有着不同的应用途径，本篇将对这些算法进行介绍，帮助读者拓展对于“算法”这一概念的理解。

第 15 章　粗糙集算法

在经典的逻辑中事物所呈现的信息只有真假之分，但是自然界中大部分事物所呈现的信息都是不完整和模糊的，现实中有许多模糊现象不能简单用好坏、真假来表示，也就是说存在一些个体，既不能说它属于某个子集，也不能说它不属于某个子集。因此，经典的逻辑无法对此类问题进行准确的描述。

长期以来，许多逻辑学家和哲学家都致力于研究模糊的概念，粗糙集就是由波兰数学家1982 年提出的。粗糙集以等价关系为基础，用于分类问题，本章将结合具体实例对粗糙集分类算法进行介绍。

15.1　原理介绍

本节主要介绍粗糙集中各种基本概念，用感冒样例数据作为例子计算各个概念来理解计算过程，并完整介绍粗糙集算法的流程，最后给出调用函数说明。

15.1.1　算法思想

粗糙集理论是一种研究不精确、不确定性知识的数学工具。粗糙集理论的知识表达方式一般采用信息表或称为信息系统的形式，它可以表现为四元有序组 $K=(U,A,V,P)$。其中 U 为对象的全体，即论域；A 是属性全体；V 是属性的值域；P 为一个信息函数。

一种类别对应一个概念（类别可以用集合表示，概念可以用规则描述），知识由概念组成；如果某个知识含有不精确概念，则该知识不精确。粗糙集对不精确概念的描述方法是通过下近似和上近似概念来描述。上近似包含了所有使用知识 R 可确切分类到 X 的元素。下近似包含了所有那些可能属于 X 的元素的最小集合。利用近似集总结出决策规则，从而实现分类问题。

15.1.2　算法流程

粗糙集算法是将特征数据转化为粗糙集理论中的概念，从而借助粗糙集理论手段解决分类问题。下面对粗糙集算法的流程进行介绍，具体如下。

1）输入样本，把特征离散化（Chi-Merge）。

2）去除重复和不一致的对象，构造决策表。

3）计算所有条件属性，决策属性的等价集、下近似集、正域、属性依赖度。

4）对于每一个条件属性，计算其属性重要度，若重要度大于 0，保留该属性。若重要度等于 0，判断决策表是否一致，一致则约简该属性，不一致则保留。最后得到简化后的决策表。

5）获取规则，简化规则，得到最终的模型。

15.1.3　基本概念

接下来将按照粗糙集分类的操作顺序结合实例来介绍相应的概念，首先展示实例，表 15-1

是决策表，条件属性相当于样本的特征，决策属性相当于标签。

表 15-1 样例数据

样本/属性和标签	条件属性 C			决策属性 D
	咳嗽（a）	头晕（b）	发烧（c）	感冒（d）
e1	1	1	0	0
e2	1	1	1	1
e3	1	1	2	1
e4	0	1	0	0
e5	0	0	1	0
e6	0	1	2	1
e7	1	0	1	1
e8	0	0	0	0

1. 等价关系

假设 R 是对象的属性集合、A 是某种属性集合、a 是属性中的某一取值、$\tilde{X}$ 是所有样本构成的集合，如果有两个样本X_i、X_j满足以下关系。

对于 $\forall a \in A, A \subset R, X_i \in \tilde{X}, X_j \in \tilde{X}$，若这两个样本的属性值 a 相同，则称这两个样本是对属性 A 的等价关系，记作 $IND(A)$，即属性值相同的两个样本之间的关系是等价关系，公式表示如下：

$$IND(A) = \{(X_i, X_j) \mid (X_i, X_j) \in \tilde{X} \times \tilde{X}, \forall a \in A, f_a(X_i) = f_a(X_j)\} \tag{15-1}$$

其中$(X_i, X_j) \in \tilde{X} \times \tilde{X}$，表示从$\tilde{X}$中取两个元素 i、j 构成样本对，$f_a(X_i)$表示样本 i 在属性 a 下的特征值。公式的意思是对于 A 中的所有属性 a，如果样本 i 与样本 j 的所有特征值都相等，则把该样本对放入表示等价关系的集合 $IND(A)$里。

在上例中样本 e1、e2 在属性 {咳嗽,头晕} 下满足等价关系，因为 e1 的属性值是（1,1）、e2 的属性值也是（1,1），所以（e1,e2）可以放入集合 $IND(A)$中，其中 A 是 {咳嗽,头晕}。

2. 等价集

在$\tilde{X}$中，对属性集 A 中具有相同等价关系的元素集合称为等价关系的等价集。

$[X]_A$表示在属性 A 下与 X 具有等价关系的元素的集合：

$$[X]_A = \{X_j \mid (X, X_j) \in IND(A)\} \tag{15-2}$$

在本例中，对于 {咳嗽,头晕,发烧} 这三个属性，由于这 8 个样本属性值都不同，所以有 8 个等价集，每个等价集有 1 个样本。而在 $A=$ {咳嗽,头晕} 这两个属性下 {e1,e2,e3} 一个等价集。具体计算过程为：当 X 取 e1 时，我们发现等价关系（e1,e2）、（e1,e3）是集合 $IND(A)$的元素，所以样本 e2、e3 可以放入等价集$[X]_A$中，该等价集也可以理解为$[e1]_A$。

3. 等价划分

从所采集的训练集中把属性值相同的样品聚类，形成若干个等价集，构成 E 集合。在 X 中对属性 E 的所有等价集形成的划分表示为：

$$E = \{E_i \mid E_i = [X]_A, i = 1, 2, \cdots\} \tag{15-3}$$

即等价划分是一个集合，该集合中的元素是属性集 A 下的每一个等价集。等价划分具有① $E_i \neq \varnothing$；② 当 $i \neq j$ 时，$E_i \cap E_j = \varnothing$；③ $\tilde{X} = \cup E_i$ 三个特性。

在本例中，属性｛咳嗽,头晕｝下的等价集划分是｛｛e1,e2,e3｝,｛e4,e6｝,｛e5,e8｝,｛e7｝｝。

表 15-2　等价集划分样例

｛咳嗽＝1 头晕＝1｝	｛咳嗽＝0 头晕＝1｝	｛咳嗽＝0 头晕＝0｝	｛咳嗽＝1 头晕＝0｝
｛e1,e2,e3｝	｛e4,e6｝	｛e5,e8｝	｛e7｝

4. 上近似集和下近似集

属性 A 可划分为若干个等价集，与决策属性构成的集合（标签）决策集 Y 对应关系分上近似集和下近似集两种。

（1）下近似集

$$A_{-}(Y) = \{X \mid [X]_A \subseteq Y\} \tag{15-4}$$

表示等价集 $[X]_A$ 中的元素 X 都属于决策属性 Y。

（2）上近似集

$$A^{-}(Y) = \{X \mid [X]_A \cap Y \neq \varnothing\} \tag{15-5}$$

表示等价集 $[X]_A$ 中的元素 X 可能属于 Y，也可能不属于 Y。

在本例中，属性｛咳嗽,头晕｝下，决策属性 Y1（即 $Y=0$）的下近似集是｛e5,e8｝，虽然｛e1,e2,e3｝中条件属性值均是（1,1）、｛e4,e6｝中条件属性值均是（0,1），但是他们对应的决策属性即有 Y1 也有 Y2，所以只能是 Y1 的上近似集。同理｛e7｝是 Y2 的下近似集。

5. 正域、负域和边界

全集 X 可划分为三个不相交的区域，分别是正域、负域和边界，下面以决策属性 Y 进行举例说明。

正域：$POS_A(Y) = A_{-}(Y)$

负域：$NEG_A(Y) = X - A^{-}(Y)$

边界：$BND_A(Y) = A^{-}(Y) - A_{-}(Y)$

由此可见：

$$A^{-}(Y) = A_{-}(Y) + BND_A(Y) \tag{15-6}$$

所以对于一个样本，若属于 Y 的正域，则一定属于 Y；若属于 Y 的负域，则一定不属于 Y，如图 15-1 所示。图中封闭曲线是 Y，曲线内部区域是正域，也是下近似集，曲线所在区域是边界，内部与边界相加是上近似集，曲线外部区域是负域。

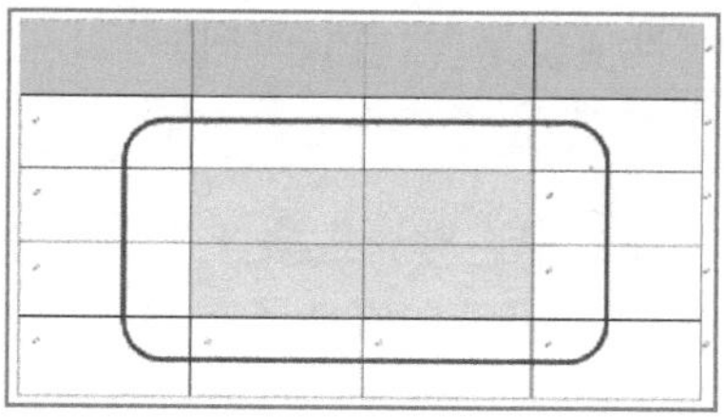

图 15-1　正域、负域和边界的概念说明

6. 粗糙集

若 $A^{-}(Y) \neq A_{-}(Y)$，则称 Y 是 A 的粗糙集。

7. 相对正域

设决策属性 D 划分为 $D = (Y_1, Y_2, \cdots, Y_M)$，则条件属性 C 相对于决策属性 D 的正域定义为：

$$POS(C,D) = \cup C_{-}(Y_i) \tag{15-7}$$

在本例中，条件属性（咳嗽,头晕）下，$Y=0$ 的下近似集是 e5 和 e8，$Y=1$ 的下近似集是 e7，所以 Y 的相对正域是｛e5,e8,e7｝。

8. 决策表的一致性

决策表中对象 X 按条件属性与决策属性关系看作一条决策规则，写成 $\wedge f_{ci}(X)=f_D(X)$。其中 C_i 表示多个条件属性，D 是决策属性，$f_{ci}(X)$ 是对象 X 在 C_i 的取值，∧是逻辑‘与’的关系，所以 $\wedge f_{ci}(X)$ 意味着一种对象 X 在各个属性上的取值组合。对于不同的对象 $X_i \neq X_j$，若条件属性有 $f_{ci}(X_i)=f_{ci}(X_j)$，则决策属性必须有 $f_D(X_i)=f_D(X_j)$，即一致性决策规则说明条件属性取值相同时，决策属性取值必须相同。

在决策表中如果所有对象的决策规则都是一致的，则该信息表示一致，否则信息表示不一致。在进行属性简约时，每约掉一个属性时要检查决策表，若属性保持一致，则可以删除，否则不能删除。

9. 属性依赖度

决策表中决策属性 D 依赖条件属性 C 的属性依赖度定义为：

$$\gamma(C,D)=\frac{|POS(C,D)|}{|X|} \tag{15-8}$$

$|POS(C,D)|$ 是正域中元素个数，$|X|$ 是整个对象集合的元素个数，属性依赖度有以下三个性质。

1）$\gamma=1$，表示在已知条件 C 下，可以把 X 上全部个体分类到决策属性 D 的类别中去。

2）$\gamma=0$，表示利用 C 不能把个体分类到决策属性 D 的类别中去。

3）$0<\gamma<1$，在条件 C 下，只能把 X 上属于正域的个体分类到决策属性 D 的类别中去。

10. 属性重要度

若属性 a 是条件属性集 C 中的一个属性，则属性 a 关于决策属性 D 的重要度定义为：

$$SGF(a,C,D)=\gamma(C,D)-\gamma(C-\{a\},D) \tag{15-9}$$

其中 $\gamma(C-\{a\},D)$ 表示在 C 中缺少属性 a 后，条件属性与决策属性的依赖程度。

$SGF(a,C,D)$ 表示 C 中缺少属性 a 后，导致不能被准确分类的对象在系统中所占比例，$SGF(a,C,D)$ 有如下性质。

1）$SGF(a,C,D)$ 取值属于闭区间 $[0,1]$。

2）$SGF(a,C,D)=0$，表示属性 a 关于 D 是可简约的。

3）$SGF(a,C,D)\neq 0$ 表示属性 a 关于 D 是不可简约的。

参照本节开头的表 14-1，下面就本例给出属性简约的过程。

（1）等价集、下近似集和依赖度的计算。

1）条件属性 $C(a,b,c)$ 的等价集。

$\{e1\},\{e2\},\{e3\},\{e4\},\{e5\},\{e6\},\{e7\},\{e8\}$

2）决策属性 $D(d)$ 的等价集。

$Y1:\{e1,e4,e5,e8\}$　$Y2:\{e2,e3,e6,e7\}$

3）决策属性各等价集的下近似集。

$C\_Y1=\{e1,e4,e5,e8\}$　$C\_Y2=\{e2,e3,e6,e7\}$

4）计算 $POS(C,D)$ 和 $\gamma(C,D)$。

5）$POS(C,D)=C\_Y1\cup C\_Y2=\{e1,e2,e3,e4,e5,e6,e7,e8\}$。

因为 $|POS(C,D)|=8$，$|X|=8$，所以 $\gamma(C,D)=1$，表明在已知条件 $C(a,b,c)$ 下，可以把 X 上全部个体分类到决策属性 D 的类别中。

（2）属性简约

1）a 的重要度计算。

条件属性 $C(b,c)$的等价集：

$\{e1,e4\},\{e2\},\{e3,e6\},\{e5,e7\},\{e8\}$

决策属性 D（d）的等价集仍为 $Y1$，$Y2$。

决策属性的下近似集：

$C\_Y1=\{e1,e4,e8\}$　$C\_Y2=\{e2,e3,e6\}$

计算 $POS(C-\{a\},D)$和 $\gamma(C-\{a\},D)$：

$POS(C-\{a\},D)=C\_Y1\cup C\_Y2=\{e1,e2,e3,e4,e6,e8\}$

$|POS(C-\{a\},D)|=6$

$\gamma(C-\{a\},D)=6/8$

属性 a 的重要程度：

$SGF(C-\{a\},D)=\gamma(C,D)-\gamma(C-\{a\},D)=1-6/8=1/4\neq 0$

所以 a 属性不可省略。

2）b 的重要程度计算。

条件属性 $C(a,c)$的等价集：

$\{e1\},\{e2,e7\},\{e3\},\{e4,e8\},\{e5\},\{e6\}$

决策属性 $D(d)$的等价集仍为 $Y1$，$Y2$。

决策属性的下近似集：

$C\_Y1=\{e1,e4,e5,e8\}$　$C\_Y2=\{e2,e3,e6,e7\}$

计算 $POS(C-\{b\},D)$ 和 $\gamma(C-\{b\},D)$：

$POS(C-\{b\},D)=C\_Y1\cup C\_Y2=\{e1,e2,e3,e4,e5,e6,e7,e8\}$

$|POS(C-\{b\},D)|=8$

$\gamma(C-\{b\},D)=8/8=1$

属性 b 的重要程度：

$SGF(C-\{b\},D)=0$

所以 b 属性可省略。

3）c 的重要度计算。

条件属性 $C(a,b)$的等价集：

$\{e1,e2,e3\},\{e4,e6\},\{e5,e8\},\{e7\}$

决策属性 $D(d)$的等价集仍为 $Y1$，$Y2$。

决策属性的下近似集：

$C\_Y1=\{e5,e8\}$　$C\_Y2=\{e7\}$

计算 $POS(C-\{c\},D)$ 和 $\gamma(C-\{c\},D)$：

$POS(C-\{c\},D)=C\_Y1\cup C\_Y2=\{e5,e7,e8\}$

$|POS(C-\{c\},D)|=3$

$\gamma(C-\{c\},D)=3/8$

属性 a 的重要程度：

$SGF(C-\{c\},D)=\gamma(C,D)-\gamma(C-\{c\},D)=1-3/8=5/8\neq 0$

所以 c 属性不可省略。

得到化简后的决策表，如表 15-3 所示。

表 15-3 简化后的决策表

X	咳嗽（a）	发烧（c）	感冒（d）
$e'1$	1	0	0
$e'2$	1	1	1
$e'3$	1	2	1
$e'4$	0	0	0
$e'5$	0	1	0
$e'6$	0	2	1

得到新的条件属性等价集$\{e'1\}$,$\{e'2\}$,$\{e'3\}$,$\{e'4\}$,$\{e'5\}$,$\{e'6\}$。决策属性的等价集$\{e'1,e'4,e'5\}$,$\{e'2,e'3,e'6\}$。

11. 规则获取

若E_i是条件属性的等价集，Y_j是决策属性的等价集，当$E_i \cap Y_j \neq \varnothing$时则有规则$r_{ij}$：$Des(E_i) \rightarrow Des(Y_j)$且当$E_i \cap Y_j = E_i$时，规则的可信度 $cf=1$。当$E_i \cap Y_j \neq E_i$时，规则的可信度为 $cf = \dfrac{|E_i \cap Y_j|}{E_i}$；若$E_i \cap Y_j = \varnothing$，则不能建立规则。

在本例中得到以下规则，其中r_{ij}表示第 i 个样本与 $Y=j$ 组合下的决策规则：

$$r_{11}: a=1 \wedge c=0 \rightarrow d=0, cf=1$$
$$r_{41}: a=0 \wedge c=0 \rightarrow d=0, cf=1$$
$$r_{51}: a=0 \wedge c=1 \rightarrow d=0, cf=1$$
$$r_{22}: a=1 \wedge c=1 \rightarrow d=1, cf=1$$
$$r_{32}: a=1 \wedge c=2 \rightarrow d=1, cf=1$$
$$r_{62}: a=0 \wedge c=2 \rightarrow d=1, cf=1$$

因为r_{11},r_{41}中 a 包含了全部取值，即无论 a 是什么取值，只要 $c=0$，那么 d 必然等于 0，所以属性 a 删除，直接得到 $c=0 \rightarrow d=0$。

同理，r_{32},r_{62}合并得到 $c=2 \rightarrow d=1$。

因此得到最后的规则如下：

$$1: c=0 \rightarrow d=0$$
$$2: a=0 \wedge c=1 \rightarrow d=0$$
$$3: c=2 \rightarrow d=1$$
$$4: a=1 \wedge c=1 \rightarrow d=1$$

15.2 粗糙集算法的优缺点

粗糙集是集合理论的一种拓展，下面简要分析其优缺点。

1. 优点

粗糙集理论最大的优点在于实现了“粗糙”的解读，具体如下。

1）能处理各种数据，包括不完整的数据和拥有众多变量的数据。

2）能处理数据的不精确性和模棱两可，包括确定性和非确定性的情况。

3）能求得知识的最小表达式和知识的各种不同颗粒层次。

4）能从数据中揭示概念简单、易于操作的模式。

5）能产生精确而易于检查和证实的规则，特别适于智能控制中规则的自动生成。

2. 缺点

粗糙集算法比起 SVM、神经网络等经典算法，在非线性和高维数据处理上有一定的局限性，对于数据挖掘的深度不够。

15.3 实例分析

本实例采用 Pima 数据，这是一个糖尿病相关的经典分类数据。实例先直接用粗糙集算法做分类作为一个例子，然后又用 Stacking 算法做集成，将粗糙集作为第二层综合分类器，这个案例结合多个分类器共同比较分类效果。

15.3.1 数据集介绍

本节训练粗糙集模型使用的是 Pima 数据，该数据是个二分类问题，标签是 0 或 1，自变量有 8 个特征。我们随机选取 90% 的数据作为训练集、10% 的数据作为测试集。

由于数据的自变量是连续型变量，所以在放入模型之前，首先把模型的数据用 Chi-Merge 算法进行离散化，Pima 数据如图 15-2 所示。

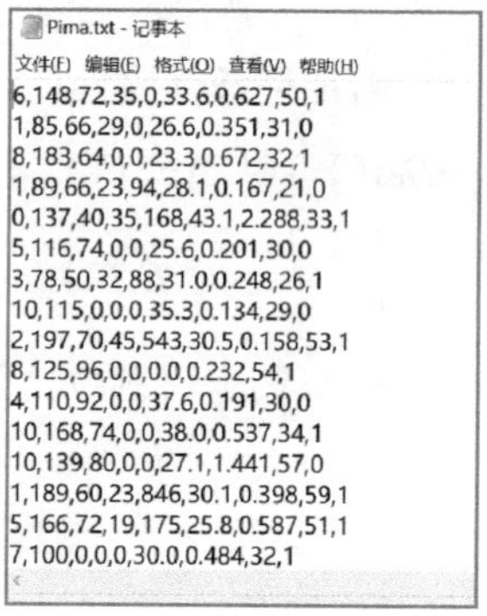

图 15-2 Pima 数据展示

15.3.2 函数介绍

训练粗糙集分类器的函数，算法接收数据特征和标签，输出分类规则，具体代码如下。

```
newRule = CuCao2ClassTrain(x_train,y_train)
% 输入参数。
% x_train:训练集的特征值,类型是矩阵。
% y_train:训练集的标签,类型是列向量。
%
% 输出参数。
% new_Rule:得到的规则。
```

预测函数是将已经训练好的粗糙集分类器生成的规则和待测试的数据，同时若输入待测试数据的标签，还可以得到分类错误率。

```
[pp,error_rate] = CuCao2Class_predict(rule,x_test,y_test)
% 输入参数。
% rule:得到的规则。
% x_test:待测试的样本。
% y_test:可选参数,是待测样本对应的标签。
% 输出参数。
```

%pp:待测样本的预测结果。

%error_rate:错误率,即如果输入参数 y_test,则会得到相应的错误率。

15.3.3 训练结果

首先展示由训练函数得到的规则，图 15-3 中第 8 列是决策属性，前 7 列是条件属性，表中被赋值为 inf 的变量，表示该规则所对应的那个条件属性，已经被化简了。

图 15-4 是在训练集和测试集上出现的结果。图 15-4 中 train_error_rate 是模型在训练集上的错误率，test_error_rate 是模型在测试集上的错误率，从图中可以看出训练集上测试效果特别好，测试集上训练效果一般。

673x8 double

	1	2	3	4	5	6	7	8
1	Inf	44	76	0	26.4000	0.2790	34	0
2	Inf	167	62	144	33.3000	0.2790	25	1
3	0	Inf	70	144	33.3000	0.2790	22	0
4	2	Inf	62	144	33.3000	0.2790	34	1
5	3	100	Inf	0	22.9000	0.2790	25	0
6	0	167	Inf	144	33.3000	0.5450	25	1
7	0	100	62	Inf	33.3000	0.2790	0	0
8	0	128	62	Inf	33.3000	0.2790	22	1
9	0	44	62	81	Inf	0.2790	0	0
10	1	44	62	15	18.2000	Inf	25	0
11	0	167	62	144	33.3000	Inf	25	1
12	0	100	55	0	22.9000	0.1300	Inf	0
13	7	167	82	144	33.3000	0.2790	Inf	1

图 15-3 数据展示

命令行窗口

```
train_error_rate =

    0.0014


test_error_rate =

    0.2468
```

图 15-4 粗糙集算法的分类错误率

15.3.4 其他说明

我们将粗糙集算法与集成算法 Stacking 算法相结合，将粗糙集算法作为放在第二层的算法。由于其输入是第一层算法的输出，所以这个输入往往是二值型数据或者是离散数据，因此把粗糙集分类算法作为 Stacking 算法中的第二层算法，来看看分类效果。

我们使用的第一层分类器包括决策树、KNN、贝叶斯分类和逻辑斯谛回归。数据集仍然是 Pima 数据，训练集随机使用 90% 的数据，其余 10% 的数据作为测试集。在第一层的分类器中采用 10 折交叉验证。训练的第一层分类器如图 15-5 所示。

训练第二层分类器得到的是决策表，最后只保留了一个条件属性，第二列是决策属性，如图 15-6 所示。

测试结果如图 15-7 所示。在训练集上 Stacking 算法的错误率是 0.3618，测试集上错误率是 0.2338，表现一般，这说明粗糙集算法与集成算法的结合并不是很理想。

变量 - mdl_1{1, 1}

mdl_1 | mdl_1{1, 1}

mdl_1{1, 1}

	1	2	3	4
1	*1x1 ClassificationTree*	*1x1 ClassificationKNN*	*1x1 ClassificationNaiveBayes*	*1x1 GeneralizedLinearModel*

图 15-5 Stacking 算法中第一层分类器

mdl_2 | mdl_2.func

mdl_2.func

	1	2
1	Inf	0
2	Inf	1
3	0.1643	0
4	0.1082	0
5	0.1007	0
6	0.0725	0
7	0.2587	0
8	0.1526	0
9	0.3900	0
10	0.3237	0

命令行窗口

```
train_error =

    0.3618


test_error =

    0.2338
```

图 15-6 决策表　图 15-7 分类准确率

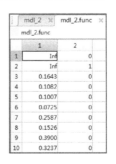

15.4 代码介绍

下面代码是本次实例分析的主程序测试代码，粗糙集算法的详细代码读者可以扫描15.4.2小节的二维码获取。

15.4.1 测试案例代码

我们调用 Pima 数据，将 90% 的数据用于训练，10% 的数据用于预测。实证测试的案例代码如下。

```
clc;clear;
xy = importdata('Pima.txt');
N = size(xy,1);
xy = xy(randperm(N),:);
x = xy(:,1:end-1);
y = xy(:,end);
[~,xy] = chi_merge(x,y,12);
np = floor(N*0.9);
x_train = xy(1:np,1:end-1);
y_train = xy(1:np,end);
x_test = xy(np+1:end,1:end-1);
y_test = xy(np+1:end,end);
nr = CuCao2ClassTrain(x_train,y_train);
train_error_rate
[test_pp,test_error_rate] = CuCao2Class_predict(nr,x_test,y_test);
test_error_rate
```

15.4.2 粗糙集算法涉及的其他代码获取

粗糙集算法涉及许多集合概念的计算，本算法程序包括了多个集合概念计算的 m 文件。读者可以扫描封底二维码下载本示例程序代码。

第 16 章　基于核的 Fisher 算法

核函数方法（Kernel Function Methods，KFM）是一类新的机器学习算法，它与统计学习理论和以此为基础的支持向量机（SVM）的研究及发展密不可分。核函数方法的相关研究起源于 20 世纪初，然而直到最近十年，核函数方法的研究才开始受到广泛重视，各种基于核函数方法的理论与方法相继提出，典型的有支持向量机（SVM）、支持向量回归（SVR）、核主成分分析（KPCA）、核 Fisher 判别（KFD）。

核函数方法主要应用领域是对未知事物进行分类，是一系列先进非线性数据处理技术的总称，其共同特征是这些数据处理方法都应用了核映射。核函数方法采用非线性映射将原始数据由数据空间映射到特征空间，进而在特征空间进行对应的线性操作，从而大大增强非线性数据的处理能力。

16.1　基于核的 Fisher 算法介绍

本节将全面介绍基于核的 Fisher 算法，从该算法的基本思想出发，深入到数学原理和推导，最后介绍该算法的流程化步骤和编程时的计算步骤。

16.1.1　算法思想

基于核的 Fisher 算法用于分类的核心思想如下。

1）输入空间中存在训练样本集，并且样本集中每个数据都存在标签（分类）。通过非线性映射，将输入空间中的样本数据映射为特征空间中的向量集合。在特征空间中，应用 Fisher 判别方法得到最优投影方向 $\boldsymbol{w}$ 和阈值点 $\boldsymbol{y}_0$。

2）在测试过程中，输入没有标签的测试数据 $\boldsymbol{x}$ 后，先将 $\boldsymbol{x}$ 映射到特征空间得到特征向量 $\boldsymbol{\Phi}(\boldsymbol{x})$，再将 $\boldsymbol{\Phi}(\boldsymbol{x})$ 投影到 $\boldsymbol{w}$ 上获得投影点，最后比较投影点与阈值点 $\boldsymbol{y}_0$ 的大小，确定测试数据 $\boldsymbol{x}$ 的标签。

过程中为了方便计算高维特征空间的向量内积，在输入空间引入核函数，核函数的定义如下。

设 $\boldsymbol{X}$ 是输入空间（欧氏空间或离散集合），$\boldsymbol{H}$ 为特征空间，如果存在一个从 $\boldsymbol{X}$ 到 $\boldsymbol{H}$ 的映射则：$\boldsymbol{\phi}(\boldsymbol{x}):\boldsymbol{X}\rightarrow\boldsymbol{H}$，使得对所有的样本点 $\boldsymbol{x},\boldsymbol{y}\in\boldsymbol{X}$，函数 $\boldsymbol{k}(\boldsymbol{x},\boldsymbol{y})=\boldsymbol{\phi}(\boldsymbol{x})\boldsymbol{\phi}(\boldsymbol{y})$，称 $\boldsymbol{k}(\boldsymbol{x},\boldsymbol{y})$ 为核函数，$\boldsymbol{\phi}(\boldsymbol{x})$ 为映射函数，$\boldsymbol{\phi}(\boldsymbol{x})\boldsymbol{\phi}(\boldsymbol{y})$ 为 $\boldsymbol{x},\boldsymbol{y}$ 映射到特征空间上的内积。

16.1.2　基于核的 Fisher 算法数学推导

Fisher 核函数分类算法本质上是找一个数据在一个超平面上的映射方向，使映射到超平面上的点的类间距离比类内距离最大化。下面以二分类为例，给出完整的数学推导。

两类样本的样本中心：

$$\boldsymbol{m}_i^{\varnothing}=\frac{1}{N_i}\sum_{x\in\omega_i}\varnothing(\boldsymbol{x}),(i=1,2) \tag{16-1}$$

其中，N_i表示属于第 i 类的样本个数；ω_i表示属于第 i 类样本组成的样本集。

样本类内离散度矩阵：

$$\boldsymbol{S}_i^{\varnothing}=\sum_{\boldsymbol{x}\in\boldsymbol{\omega}_i}[\varnothing(\boldsymbol{x})-\boldsymbol{m}_i^{\varnothing}][\varnothing(\boldsymbol{x})-\boldsymbol{m}_i^{\varnothing}]^{\mathrm{T}},(i=1,2) \tag{16-2}$$

其中，ω_i表示属于第 i 类的样本组成的样本集。

总类内离散度矩阵：

$$\boldsymbol{S}_w^{\varnothing}=\boldsymbol{S}_1^{\varnothing}+\boldsymbol{S}_2^{\varnothing} \tag{16-3}$$

样本类间离散度矩阵：

$$\boldsymbol{S}_b^{\varnothing}=(\boldsymbol{m}_1^{\varnothing}-\boldsymbol{m}_2^{\varnothing})(\boldsymbol{m}_1^{\varnothing}-\boldsymbol{m}_2^{\varnothing})^{\mathrm{T}} \tag{16-4}$$

记最佳投影方向为 $\boldsymbol{w}$，为了求出 $\boldsymbol{w}$，希望两类别的样本投影点之间的距离最大化，同时还希望类别内部的样本投影点之间的距离最小化。每一类的样本投影点的平均数 $\boldsymbol{m}_i$ 就是样本中心的投影：

$$m_i=\frac{1}{N_i}\sum_{j\in\boldsymbol{\omega}_i}y_j=\frac{1}{N_i}\sum_{x\in\boldsymbol{\omega}_i}\boldsymbol{w}^{\mathrm{T}}\varnothing(x)=\boldsymbol{w}^{\mathrm{T}}m_i,(i=1,2) \tag{16-5}$$

两类别的样本中心投影距离为：

$$|m_2-m_1|=|\boldsymbol{w}^{\mathrm{T}}(m_2-m_1)| \tag{16-6}$$

记样本中心投影的距离平方$(m_2-m_1)^2$为类间离散度，同时定义两类别的投影样本的类内离散度为：

$$s_i^2=\sum_{j\in\boldsymbol{\omega}_i}(y_j-m_i)^2,(i=1,2) \tag{16-7}$$

记$s_1^2+s_2^2$整体的投影样本类内离散度。费雪（著名经济学家）提出的确定 w 的准则就是最大化类间离散度和整体类内离散度的比值：

$$\max J_F(\boldsymbol{w})=\frac{(m_2-m_1)^2}{s_1^2+s_2^2}=\frac{\boldsymbol{w}^{\mathrm{T}}\boldsymbol{S}_b^{\varnothing}\boldsymbol{w}}{\boldsymbol{w}^{\mathrm{T}}\boldsymbol{S}_w^{\varnothing}\boldsymbol{w}} \tag{16-8}$$

由上式解得的最优投影方向为：

$$\boldsymbol{w}=(\boldsymbol{S}_w^{\varnothing})^{-1}(\boldsymbol{m}_1^{\varnothing}-\boldsymbol{m}_2^{\varnothing}) \tag{16-9}$$

从式（16-8）到式（16-9）的推导过程如下：

$$\max J_F(\boldsymbol{w})=\frac{(m_2-m_1)^2}{s_1^2+s_2^2}=\frac{\boldsymbol{w}^{\mathrm{T}}\boldsymbol{S}_b^{\varnothing}\boldsymbol{w}}{\boldsymbol{w}^{\mathrm{T}}\boldsymbol{S}_w^{\varnothing}\boldsymbol{w}} \tag{16-10}$$

上式中，可以看到对于使得J_F最大的 w 来说，将 w 乘以一个系数，使其放大或者缩小时，目标函数J_F的值不变；且要求的 w 只起到一个投影方向向量的作用，它的模长可以任意，并不需要关心。因此总是可以取一个系数 a，再令$w_{new}=a\,w_{old}$，使得分母$w^{\mathrm{T}}S_w^{\varnothing}w=1$，因此上式就转化成一个带条件的最优化问题，如下：

$$\max J_F(\boldsymbol{w})=\boldsymbol{w}^{\mathrm{T}}\boldsymbol{S}_b^{\phi}\boldsymbol{w} \tag{16-11}$$

$$\text{s. t. }\ \boldsymbol{w}^{\mathrm{T}}\boldsymbol{S}_w^{\varnothing}\boldsymbol{w}=1 \tag{16-12}$$

对上式应用拉格朗日乘数法，可以得到：

$$L_p=\boldsymbol{w}^{\mathrm{T}}\boldsymbol{S}_b^{\phi}\boldsymbol{w}-\lambda(\boldsymbol{w}^{\mathrm{T}}\boldsymbol{S}_w^{\phi}\boldsymbol{w}-1) \tag{16-13}$$

对向量 $\boldsymbol{w}$ 求导：

$$\frac{\partial L_p}{\partial \boldsymbol{w}}=\frac{\partial \boldsymbol{w}^{\mathrm{T}}}{\partial \boldsymbol{w}}\boldsymbol{S}_b^{\phi}\boldsymbol{w}+\boldsymbol{w}^{\mathrm{T}}\frac{\partial \boldsymbol{S}_b^{\phi}\boldsymbol{w}}{\partial \boldsymbol{w}}-\lambda\left(\frac{\partial \boldsymbol{w}^{\mathrm{T}}}{\partial \boldsymbol{w}}\boldsymbol{S}_w^{\phi}\boldsymbol{w}+\boldsymbol{w}^{\mathrm{T}}\frac{\partial \boldsymbol{S}_w^{\phi}\boldsymbol{w}}{\partial \boldsymbol{w}}\right)=0 \tag{16-14}$$

其中，0 表示 0 向量。

在进行以上对向量求导过程前，先介绍对向量求导的运算原理。

设 $\boldsymbol{A}=\begin{pmatrix}a_{11} & a_{12} & a_{13}\\ a_{21} & a_{22} & a_{23}\\ a_{31} & a_{32} & a_{33}\end{pmatrix}$、$\boldsymbol{x}=\begin{pmatrix}x_1\\ x_2\\ x_3\end{pmatrix}$，可得：

$$\boldsymbol{Ax}=\begin{pmatrix}a_{11}x_1+a_{12}x_2+a_{13}x_3\\ a_{21}x_1+a_{22}x_2+a_{23}x_3\\ a_{31}x_1+a_{32}x_2+a_{33}x_3\end{pmatrix}$$

$$\frac{\partial \boldsymbol{Ax}}{\partial \boldsymbol{x}}=\begin{pmatrix}\dfrac{\partial\, a_{11}x_1+a_{12}x_2+a_{13}x_3}{\partial\, x_1} & \dfrac{\partial\, a_{21}x_1+a_{22}x_2+a_{23}x_3}{\partial\, x_1} & \dfrac{\partial\, a_{31}x_1+a_{32}x_2+a_{33}x_3}{\partial\, x_1}\\ \dfrac{\partial\, a_{11}x_1+a_{12}x_2+a_{13}x_3}{\partial\, x_2} & \dfrac{\partial\, a_{21}x_1+a_{22}x_2+a_{23}x_3}{\partial\, x_2} & \dfrac{\partial\, a_{31}x_1+a_{32}x_2+a_{33}x_3}{\partial\, x_2}\\ \dfrac{\partial\, a_{11}x_1+a_{12}x_2+a_{13}x_3}{\partial\, x_3} & \dfrac{\partial\, a_{21}x_1+a_{22}x_2+a_{23}x_3}{\partial\, x_3} & \dfrac{\partial\, a_{31}x_1+a_{32}x_2+a_{33}x_3}{\partial\, x_3}\end{pmatrix} \quad (16\text{-}15)$$

$$=\begin{pmatrix}a_{11} & a_{21} & a_{31}\\ a_{12} & a_{22} & a_{32}\\ a_{13} & a_{23} & a_{33}\end{pmatrix}=\boldsymbol{A}^{\mathrm{T}}$$

同理可得：$\dfrac{\partial \boldsymbol{Ax}}{\partial \boldsymbol{x}^{\mathrm{T}}}=\boldsymbol{A}$。

因此：

$$\begin{aligned}\frac{\partial L_p}{\partial \boldsymbol{w}}&=\frac{\partial \boldsymbol{w}^{\mathrm{T}}}{\partial \boldsymbol{w}}\boldsymbol{S}_b^{\phi}\boldsymbol{w}+\boldsymbol{w}^{\mathrm{T}}\frac{\partial \boldsymbol{S}_b^{\phi}\boldsymbol{w}}{\partial \boldsymbol{w}}-\lambda\left(\frac{\partial \boldsymbol{w}^{\mathrm{T}}}{\partial \boldsymbol{w}}\boldsymbol{S}_w^{\phi}\boldsymbol{w}+\boldsymbol{w}^{\mathrm{T}}\frac{\partial \boldsymbol{S}_w^{\phi}\boldsymbol{w}}{\partial \boldsymbol{w}}\right)\\ &=\boldsymbol{ES}_b^{\phi}\boldsymbol{w}+\boldsymbol{w}^{\mathrm{T}}\boldsymbol{S}_b^{\phi\mathrm{T}}-\lambda(\boldsymbol{ES}_w^{\phi}\boldsymbol{w}+\boldsymbol{w}^{\mathrm{T}}\boldsymbol{S}_w^{\phi\mathrm{T}})\\ &=\boldsymbol{S}_b^{\phi}\boldsymbol{w}+(\boldsymbol{S}_b^{\phi}\boldsymbol{w})^{\mathrm{T}}-\lambda(\boldsymbol{S}_w^{\phi}\boldsymbol{w}+(\boldsymbol{S}_w^{\phi}\boldsymbol{w})^{\mathrm{T}})=0\end{aligned} \quad (16\text{-}16)$$

即：

$$\boldsymbol{S}_b^{\phi}\boldsymbol{w}=\lambda\boldsymbol{S}_w^{\phi}\boldsymbol{w} \quad (16\text{-}17)$$

$$\lambda\boldsymbol{w}=(\boldsymbol{S}_w^{\phi})^{-1}\boldsymbol{S}_b^{\phi}\boldsymbol{w} \quad (16\text{-}18)$$

将 $\boldsymbol{S}_b^{\phi}=(\boldsymbol{m}_1^{\phi}-\boldsymbol{m}_2^{\phi})(\boldsymbol{m}_1^{\phi}-\boldsymbol{m}_2^{\phi})^{\mathrm{T}}$ 代入得：

$$\lambda\boldsymbol{w}=(\boldsymbol{S}_w^{\phi})^{-1}(\boldsymbol{m}_1^{\phi}-\boldsymbol{m}_2^{\phi})(\boldsymbol{m}_1^{\phi}-\boldsymbol{m}_2^{\phi})^{\mathrm{T}}\boldsymbol{w} \quad (16\text{-}19)$$

$$\lambda\boldsymbol{w}=(\boldsymbol{S}_w^{\phi})^{-1}(\boldsymbol{m}_1^{\phi}-\boldsymbol{m}_2^{\phi})[(\boldsymbol{m}_1^{\phi}-\boldsymbol{m}_2^{\phi})^{\mathrm{T}}\boldsymbol{w}] \quad (16\text{-}20)$$

因为 $(\boldsymbol{m}_1^{\phi}-\boldsymbol{m}_2^{\phi})^{\mathrm{T}}\boldsymbol{w}$ 为行乘以列，是一个系数，因此有：

$$\frac{\lambda}{(\boldsymbol{m}_1^{\phi}-\boldsymbol{m}_2^{\phi})^{\mathrm{T}}\boldsymbol{w}}\boldsymbol{w}=(\boldsymbol{S}_w^{\phi})^{-1}(\boldsymbol{m}_1^{\phi}-\boldsymbol{m}_2^{\phi}) \quad (16\text{-}21)$$

因为 $\boldsymbol{w}$ 只起到表示方向的作用，其模长无所谓，因此 $\boldsymbol{w}$ 前的系数可以都不考虑，如果要满足约束条件，调整 λ 即可，即：

$$\boldsymbol{w}=(\boldsymbol{S}_w^{\phi})^{-1}(\boldsymbol{m}_1^{\phi}-\boldsymbol{m}_2^{\phi}) \quad (16\text{-}22)$$

证毕。

由于 $\phi(\cdot)$ 将样本扩展到更高维的空间，该空间的维数有时可能很高，甚至为无穷大。因此通过先扩展到高维空间，再进行矩阵运算的做法几乎是不可能做到的。为了解决这个问题需要引入核函数，核函数的目的是将被扩展到高维空间的矩阵内积运算转化为扩展前的原维空间矩阵运算，从而不经过实际的高维扩展过程，直接在原维空间用数值计算的方法计算出矩阵在高维空间的内积结果。即核函数要满足的性质为：两变量通过 $\phi(\cdot)$ 扩展到高维空间后的内积等于它们经过核函数的计算结果。在利用了核函数后，便不会再有 $\phi(\cdot)$ 出现在运算中。虽然 $\phi(\cdot)$ 在理论上可以有各种各样的具体形式达到将变量扩展到高维的目的，与这些具体的 $\phi(\cdot)$ 对应的核函数 $K(\cdot)$ 也不可能是同一个，但在应用核函数方法的实践过程中，有以下 4 类常用且较为有效的核函数 $k(\cdot)$ 形式：

线性核函数：$k(\boldsymbol{x}_i,\boldsymbol{x}_j)=<\boldsymbol{x}_i\cdot\boldsymbol{x}_j>$

P 阶多项式核函数：$k(\boldsymbol{x}_i,\boldsymbol{x}_j)=(<\boldsymbol{x}_i\cdot\boldsymbol{x}_j>+1)^p$

高斯径向基函数核函数：$k(\boldsymbol{x}_i,\boldsymbol{x}_j)=\mathrm{e}^{-\frac{\|x_i-x_j\|}{\sigma^2}}$

多层感知器核函数：$k(\boldsymbol{x}_i,\boldsymbol{x}_j)=\tanh[v(<\boldsymbol{x}_i\cdot\boldsymbol{x}_j>)+c]$

下面以多项式核函数为例，简单说明核函数的工作原理。

假设有一个将二维样本点 $X:(x_1,x_2)$ 映射到高维（6 维）特征空间某一点：$(x_1,x_2,x_1x_2,x_1^2,x_2^2,1)$ 的变换 $\phi(\cdot)$。

则：
$$\begin{aligned}<\phi(\boldsymbol{X})\cdot\phi(\boldsymbol{Y})>&=(x_1,x_2,x_1x_2,x_1^2,x_2^2,1)\cdot(y_1,y_2,y_1y_2,y_1^2,y_2^2,1)\\&=x_1y_1+x_2y_2+x_1x_2y_1y_2+x_1^2y_1^2+x_2^2y_2^2+1\end{aligned}$$

现在令 $p=2$，则：

$$\begin{aligned}k(\boldsymbol{X},\boldsymbol{Y})&=(<\boldsymbol{X}\cdot\boldsymbol{Y}>+1)^2\\&=((x_1,x_2)\cdot(y_1,y_2)+1)^2\\&=(x_1y_1+x_2y_2+1)^2\\&=(x_1y_1+x_2y_2)^2+2(x_1y_1+x_2y_2)+1\\&=x_1^2y_1^2+2x_1y_1x_2y_2+x_2^2y_2^2+2x_1y_1+2x_2y_2+1\end{aligned}\tag{16-23}$$

观察 $<\phi(\boldsymbol{X})\cdot\phi(\boldsymbol{Y})>$ 的结果 $x_1y_1+x_2y_2+x_1x_2y_1y_2+x_1^2y_1^2+x_2^2y_2^2+1$ 与 $k(\boldsymbol{X},\boldsymbol{Y})$ 的结果 $x_1^2y_1^2+2x_1y_1x_2y_2+x_2^2y_2^2+2x_1y_1+2x_2y_2+1$ 可发现，前者可由后者经过简单的系数变换得到。而后者的优越性在于，不需要对样本 $\boldsymbol{X}$ 与 $\boldsymbol{Y}$ 进行实质的升维变换，在原维空间通过计算手段就得到了其在高维空间的内积结果。

因此，下面要做的是将 $\phi(\cdot)$ 相关的计算转化为 $k(\cdot)$。考虑到 $\boldsymbol{w}$ 可由所有样本线性表示，得到：

$$\boldsymbol{w}=\sum_{i=1}^{N}\alpha_i\phi(\boldsymbol{x}_i)\tag{16-24}$$

因为 $k(\boldsymbol{x}_j,\boldsymbol{x}_k)=[\phi(\boldsymbol{x}_j)]^{\mathrm{T}}\times\phi(\boldsymbol{x}_k)$，且由式（16-1）、式（16-24）可得：

$$\boldsymbol{w}^{\mathrm{T}}\boldsymbol{m}_i^{\phi}=\frac{1}{N_i}\sum_{j=1}^{N}\sum_{k=1}^{N_i}\alpha_jk(\boldsymbol{x}_j,\boldsymbol{x}_k)=\boldsymbol{\alpha}^{\mathrm{T}}\boldsymbol{M}_i,(i=1,2,\boldsymbol{x}_k\in\boldsymbol{\omega}_i)\tag{16-25}$$

上式中，针对每个下标 j，定义：

$$(\boldsymbol{M}_i)_j\triangleq\frac{1}{N_i}\sum_{k=1}^{N_i}k(\boldsymbol{x}_j,\boldsymbol{x}_k),(i=1,2;j=1,2,\cdots,N;\boldsymbol{x}_k\in\boldsymbol{\omega}_i)\tag{16-26}$$

令 $\boldsymbol{M}=(\boldsymbol{M}_1-\boldsymbol{M}_2)(\boldsymbol{M}_1-\boldsymbol{M}_2)^{\mathrm{T}}$，可得：

$$\boldsymbol{w}^{\mathrm{T}}\boldsymbol{S}_b^{\phi}\boldsymbol{w}=\boldsymbol{w}^{\mathrm{T}}(\boldsymbol{m}_1^{\phi}-\boldsymbol{m}_2^{\phi})(\boldsymbol{m}_1^{\phi}-\boldsymbol{m}_2^{\phi})^{\mathrm{T}}\boldsymbol{w}=\boldsymbol{\alpha}^{\mathrm{T}}(\boldsymbol{M}_1-\boldsymbol{M}_2)(\boldsymbol{M}_1-\boldsymbol{M}_2)^{\mathrm{T}}\boldsymbol{\alpha}\triangleq\boldsymbol{\alpha}^{\mathrm{T}}\boldsymbol{M}\boldsymbol{\alpha}\tag{16-27}$$

$$\boldsymbol{w}^{\mathrm{T}}\boldsymbol{S}_w^{\phi}\boldsymbol{w}=\boldsymbol{w}^{\mathrm{T}}\sum_{i=1,2}\sum_{\boldsymbol{x}\in\boldsymbol{\omega}_i}[\phi(\boldsymbol{x})-\boldsymbol{m}_i^{\phi}][\phi(\boldsymbol{x})-\boldsymbol{m}_i^{\phi}]^{\mathrm{T}}\boldsymbol{w}\triangleq\boldsymbol{\alpha}^{\mathrm{T}}\boldsymbol{L}\boldsymbol{\alpha}\tag{16-28}$$

式（16-28）中，$\boldsymbol{L} \triangleq \sum_{j=1}^{2} \boldsymbol{K}_j(\boldsymbol{I}-1_{N_j})\boldsymbol{K}_j^{\mathrm{T}}$（这部分的推导下方将给出），$\boldsymbol{K}_j$为$N\times N_j$维矩阵，矩阵$\boldsymbol{K}_j$中第$n$行$m$列元素$(K_j)_{nm}$为$k(\boldsymbol{x}_n,\boldsymbol{x}_m)$，$\boldsymbol{x}_m\in\boldsymbol{\omega}_j$，$\boldsymbol{x}_n\in\{\boldsymbol{x}_1,\boldsymbol{x}_2,\cdots,\boldsymbol{x}_N\}$；$N$表示样本总数；$N_j$表示第$j$类样本的个数；$\boldsymbol{I}$为$N_j\times N_j$单位矩阵；$1_{N_j}$表示元素全为$1/N_j$的$N_j\times N_j$方阵。至此，涉及高维空间矩阵运算的$\phi(\cdot)$全被原维空间运算$k(\cdot)$代替，运算就可在原维空间进行。

下面进行$\boldsymbol{L} \triangleq \sum_{j=1}^{2} \boldsymbol{K}_j(\boldsymbol{I}-1_{N_j})\boldsymbol{K}_j^{\mathrm{T}}$的推导，即证：

$$\boldsymbol{w}^{\mathrm{T}}\Big[\sum_{i=1}^{2}\sum_{\boldsymbol{x}\in\boldsymbol{\omega}_i}(\phi(\boldsymbol{x})-\boldsymbol{m}_i^{\phi})(\phi(\boldsymbol{x})-\boldsymbol{m}_i^{\phi})^{\mathrm{T}}\Big]\boldsymbol{w}=\boldsymbol{\alpha}^{\mathrm{T}}\sum_{i=1}^{2}\boldsymbol{K}_i(\boldsymbol{I}-1_{N_i})\boldsymbol{K}_i^{\mathrm{T}}\boldsymbol{\alpha} \tag{16-29}$$

主要证$\boldsymbol{w}^{\mathrm{T}}\Big[\sum_{\boldsymbol{x}\in\boldsymbol{\omega}_1}(\phi(\boldsymbol{x})-\boldsymbol{m}_1^{\phi})(\phi(\boldsymbol{x})-\boldsymbol{m}_1^{\phi})^{\mathrm{T}}\Big]\boldsymbol{w}=\boldsymbol{\alpha}^{\mathrm{T}}\boldsymbol{K}_1(\boldsymbol{I}-1_{N_1})\boldsymbol{K}_1^{\mathrm{T}}\boldsymbol{\alpha}$，$i$等于2时需证的等式可同理得。

其中，$\boldsymbol{w}^{\mathrm{T}}\Big[\sum_{\boldsymbol{x}\in\boldsymbol{\omega}_1}(\phi(\boldsymbol{x})-\boldsymbol{m}_1^{\phi})(\phi(\boldsymbol{x})-\boldsymbol{m}_1^{\phi})^{\mathrm{T}}\Big]\boldsymbol{w}=\boldsymbol{\alpha}^{\mathrm{T}}\boldsymbol{K}_1(\boldsymbol{I}-1_{N_1})\boldsymbol{K}_1^{\mathrm{T}}\boldsymbol{\alpha}$的左边

$$\boldsymbol{w}^{\mathrm{T}}\Big[\sum_{\boldsymbol{x}\in\boldsymbol{\omega}_1}(\phi(\boldsymbol{x})-\boldsymbol{m}_1^{\phi})(\phi(\boldsymbol{x})-\boldsymbol{m}_1^{\phi})^{\mathrm{T}}\Big]\boldsymbol{w}=\sum_{\boldsymbol{x}\in\boldsymbol{\omega}_1}\boldsymbol{w}^{\mathrm{T}}(\phi(\boldsymbol{x})-\boldsymbol{m}_1^{\phi})(\phi(\boldsymbol{x})-\boldsymbol{m}_1^{\phi})^{\mathrm{T}}\boldsymbol{w}$$

$$=\sum_{\boldsymbol{x}\in\boldsymbol{\omega}_1}(\boldsymbol{w}^{\mathrm{T}}\phi(\boldsymbol{x})-\boldsymbol{w}^{\mathrm{T}}\boldsymbol{m}_1^{\phi})(\phi(\boldsymbol{x})^{\mathrm{T}}\boldsymbol{w}-(\boldsymbol{m}_1^{\phi})^{\mathrm{T}}\boldsymbol{w}) \tag{16-30}$$

代入式（16-25）可得：

$$=\sum_{\boldsymbol{x}\in\boldsymbol{\omega}_1}(\boldsymbol{w}^{\mathrm{T}}\phi(\boldsymbol{x})-\boldsymbol{\alpha}^{\mathrm{T}}\boldsymbol{M}_1)(\phi(\boldsymbol{x})^{\mathrm{T}}\boldsymbol{w}-(\boldsymbol{\alpha}^{\mathrm{T}}\boldsymbol{M}_1)^{\mathrm{T}})$$

$$=\sum_{\boldsymbol{x}\in\boldsymbol{\omega}_1}(\boldsymbol{w}^{\mathrm{T}}\phi(\boldsymbol{x})-\boldsymbol{\alpha}^{\mathrm{T}}\boldsymbol{M}_1)((\boldsymbol{w}^{\mathrm{T}}\phi(\boldsymbol{x}))^{\mathrm{T}}-(\boldsymbol{\alpha}^{\mathrm{T}}\boldsymbol{M}_1)^{\mathrm{T}})$$

$$=\sum_{\boldsymbol{x}\in\boldsymbol{\omega}_1}(\boldsymbol{w}^{\mathrm{T}}\phi(\boldsymbol{x})-\boldsymbol{\alpha}^{\mathrm{T}}\boldsymbol{M}_1)(\boldsymbol{w}^{\mathrm{T}}\phi(\boldsymbol{x})-\boldsymbol{\alpha}^{\mathrm{T}}\boldsymbol{M}_1)^{\mathrm{T}} \tag{16-31}$$

因为$\boldsymbol{w}^{\mathrm{T}}\phi(\boldsymbol{x})$、$\boldsymbol{\alpha}^{\mathrm{T}}\boldsymbol{M}_1$都是单一项，非矩阵或向量，所以：

$$=\sum_{\boldsymbol{x}\in\boldsymbol{\omega}_1}(\boldsymbol{w}^{\mathrm{T}}\phi(\boldsymbol{x})-\boldsymbol{\alpha}^{\mathrm{T}}\boldsymbol{M}_1)^2 \tag{16-32}$$

代入式（16-24）可得：

$$=\sum_{\boldsymbol{x}_j\in\boldsymbol{\omega}_1}\Big(\Big[\sum_{i=1}^{N}\alpha_i\phi(\boldsymbol{x}_i)\times\phi(\boldsymbol{x}_j)\Big]-\boldsymbol{\alpha}^{\mathrm{T}}\boldsymbol{M}_1\Big)^2$$

$$=\sum_{j=1}^{N_1}\Big(\Big[\sum_{i=1}^{N}\alpha_i k(\boldsymbol{x}_i,\boldsymbol{x}_j)\Big]-\boldsymbol{\alpha}^{\mathrm{T}}\boldsymbol{M}_1\Big)^2 \tag{16-33}$$

代入式（16-26）可得：

$$=\sum_{j=1}^{N_1}\Big(\Big[\sum_{i=1}^{N}\alpha_i k(\boldsymbol{x}_i,\boldsymbol{x}_j)\Big]-\frac{1}{N_1}\sum_{i=1}^{N}\Big[\alpha_i\sum_{j=1}^{N_1}k(\boldsymbol{x}_i,\boldsymbol{x}_j)\Big]\Big)^2 \tag{16-34}$$

令$\frac{1}{N_1}\sum_{i=1}^{N}\Big[\alpha_i\sum_{j=1}^{N_1}k(\boldsymbol{x}_i,\boldsymbol{x}_j)\Big]=\frac{1}{N_1}\sum_{i=1}^{N}\sum_{j=1}^{N_1}\alpha_i k(\boldsymbol{x}_i,\boldsymbol{x}_j)\Big]=Q$，它与$i$、$j$都无关，可得：

$$=\sum_{j=1}^{N_1}\Big(\Big[\sum_{i=1}^{N}\alpha_i k(\boldsymbol{x}_i,\boldsymbol{x}_j)\Big]-Q\Big)^2$$

$$=\sum_{j=1}^{N_1}\Big(\Big[\sum_{i=1}^{N}\alpha_i k(\boldsymbol{x}_i,\boldsymbol{x}_j)\Big]^2-2Q\Big[\sum_{i=1}^{N}\alpha_i k(\boldsymbol{x}_i,\boldsymbol{x}_j)\Big]+Q^2\Big)$$

$$= \sum_{j=1}^{N_1}[\sum_{i=1}^{N}\alpha_i k(\boldsymbol{x}_i,\boldsymbol{x}_j)]^2 - 2Q\sum_{j=1}^{N_1}\sum_{i=1}^{N}\alpha_i k(\boldsymbol{x}_i,\boldsymbol{x}_j) + \sum_{j=1}^{N_1}Q^2)$$

$$= \sum_{j=1}^{N_1}([\sum_{i=1}^{N}\alpha_i k(\boldsymbol{x}_i,\boldsymbol{x}_j)]^2) - 2QN_1Q + N_1Q^2$$

$$= \sum_{j=1}^{N_1}([\sum_{i=1}^{N}\alpha_i k(\boldsymbol{x}_i,\boldsymbol{x}_j)]^2) - N_1Q^2 \tag{16-35}$$

因为$\boldsymbol{\alpha}^{\mathrm{T}}\boldsymbol{K}_1\boldsymbol{K}_1^{\mathrm{T}}\boldsymbol{\alpha}=\boldsymbol{\alpha}^{\mathrm{T}}\boldsymbol{K}_1\times(\boldsymbol{\alpha}^{\mathrm{T}}\boldsymbol{K}_1)^{\mathrm{T}}$，即：

$$\boldsymbol{\alpha}^{\mathrm{T}}\boldsymbol{K}_1\boldsymbol{K}_1^{\mathrm{T}}\boldsymbol{\alpha} = (\sum_{i=1}^{N}\alpha_i k(\boldsymbol{x}_i,\boldsymbol{x}_1), \sum_{i=1}^{N}\alpha_i k(\boldsymbol{x}_i,\boldsymbol{x}_2), \cdots, \sum_{i=1}^{N}\alpha_i k(\boldsymbol{x}_i,\boldsymbol{x}_{N_1}))\times\begin{pmatrix}\sum_{i=1}^{N}\alpha_i k(\boldsymbol{x}_i,\boldsymbol{x}_1)\\ \sum_{i=1}^{N}\alpha_i k(\boldsymbol{x}_i,\boldsymbol{x}_2)\\ \vdots\\ \sum_{i=1}^{N}\alpha_i k(\boldsymbol{x}_i,\boldsymbol{x}_{N_1})\end{pmatrix}$$

$$= \sum_{j=1}^{N_1}[\sum_{i=1}^{N}a_i k(\boldsymbol{x}_i,\boldsymbol{x}_j)]^2 \tag{16-36}$$

因此，$\sum_{j=1}^{N_1}([\sum_{i=1}^{N}\alpha_i k(\boldsymbol{x}_i,\boldsymbol{x}_j)]^2) - N_1Q^2 = \boldsymbol{\alpha}^{\mathrm{T}}\boldsymbol{K}_1\boldsymbol{K}_1^{\mathrm{T}}\boldsymbol{\alpha} - N_1Q^2$，

即：

$$\boldsymbol{w}^{\mathrm{T}}[\sum_{x\in\omega_1}(\phi(\boldsymbol{x})-\boldsymbol{m}_1^{\phi})(\phi(\boldsymbol{x})-\boldsymbol{m}_1^{\phi})^{\mathrm{T}}]\boldsymbol{w} = \boldsymbol{\alpha}^{\mathrm{T}}\boldsymbol{K}_1\boldsymbol{K}_1^{\mathrm{T}}\boldsymbol{\alpha} - N_1\boldsymbol{Q}^2 \tag{16-37}$$

因为：

$$\boldsymbol{\alpha}^{\mathrm{T}}\boldsymbol{K}_1 1_{N_1}\boldsymbol{K}_1^{\mathrm{T}}\boldsymbol{\alpha} = (\sum_{i=1}^{N}\alpha_i k(\boldsymbol{x}_i,\boldsymbol{x}_1), \sum_{i=1}^{N}\alpha_i k(\boldsymbol{x}_i,\boldsymbol{x}_2), \cdots, \sum_{i=1}^{N}\alpha_i k(\boldsymbol{x}_i,\boldsymbol{x}_{N_1}))\begin{pmatrix}1/N_1 & \cdots & 1/N_1\\ \vdots & \vdots & \vdots\\ 1/N_1 & \cdots & 1/N_1\end{pmatrix}\begin{pmatrix}\sum_{i=1}^{N}\alpha_i k(\boldsymbol{x}_i,\boldsymbol{x}_1)\\ \vdots\\ \sum_{i=1}^{N}\alpha_i k(\boldsymbol{x}_i,\boldsymbol{x}_{N_1})\end{pmatrix}$$

$$= \left(\frac{1}{N_1}\sum_{j=1}^{N_1}\sum_{i=1}^{N}\alpha_i k(\boldsymbol{x}_i,\boldsymbol{x}_j), \frac{1}{N_1}\sum_{j=1}^{N_1}\sum_{i=1}^{N}\alpha_i k(\boldsymbol{x}_i,\boldsymbol{x}_j), \cdots, \frac{1}{N_1}\sum_{j=1}^{N_1}\sum_{i=1}^{N}\alpha_i k(\boldsymbol{x}_i,\boldsymbol{x}_j)\right)\begin{pmatrix}\sum_{i=1}^{N}\alpha_i k(\boldsymbol{x}_i,\boldsymbol{x}_1)\\ \sum_{i=1}^{N}\alpha_i k(\boldsymbol{x}_i,\boldsymbol{x}_2)\\ \vdots\\ \sum_{i=1}^{N}\alpha_i k(\boldsymbol{x}_i,\boldsymbol{x}_{N_1})\end{pmatrix}$$

$$= \frac{1}{N_1}\sum_{j=1}^{N_1}\sum_{i=1}^{N}\alpha_i k(\boldsymbol{x}_i,\boldsymbol{x}_j) \times \sum_{j=1}^{N_1}\sum_{i=1}^{N}\alpha_i k(\boldsymbol{x}_i,\boldsymbol{x}_j)$$

$$= \frac{1}{N_1}(N_1 Q)^2 = N_1 Q^2 \tag{16-38}$$

即：

$$\boldsymbol{w}^{\mathrm{T}}\Big[\sum_{\boldsymbol{x}\in\boldsymbol{\omega}_1}(\phi(\boldsymbol{x}) - \boldsymbol{m}_1^{\phi})(\phi(\boldsymbol{x}) - \boldsymbol{m}_1^{\phi})^{\mathrm{T}}\Big]\boldsymbol{w} = \boldsymbol{\alpha}^{\mathrm{T}}\boldsymbol{K}_1\boldsymbol{K}_1^{\mathrm{T}}\boldsymbol{\alpha} - \boldsymbol{\alpha}^{\mathrm{T}}\boldsymbol{K}_1 1_{N_1}\boldsymbol{K}_1^{\mathrm{T}}\boldsymbol{\alpha}$$

$$= \boldsymbol{\alpha}^{\mathrm{T}}\boldsymbol{K}_1(\boldsymbol{I} - 1_{N_1})\boldsymbol{K}_1^{\mathrm{T}}\boldsymbol{\alpha} \tag{16-39}$$

证毕。

同理可得：$\boldsymbol{w}^{\mathrm{T}}\Big[\sum_{\boldsymbol{x}\in\boldsymbol{\omega}_2}(\phi(\boldsymbol{x}) - \boldsymbol{m}_2^{\phi})(\phi(\boldsymbol{x}) - \boldsymbol{m}_2^{\phi})^{\mathrm{T}}\Big]\boldsymbol{w} = \boldsymbol{\alpha}^{\mathrm{T}}\boldsymbol{K}_2(\boldsymbol{I} - 1_{N_2})\boldsymbol{K}_2^{\mathrm{T}}\boldsymbol{\alpha}$

因此：$\boldsymbol{w}^{\mathrm{T}}\Big[\sum_{i=1}^{2}\sum_{\boldsymbol{x}\in\boldsymbol{\omega}_i}(\phi(\boldsymbol{x}) - \boldsymbol{m}_i^{\phi})(\phi(\boldsymbol{x}) - \boldsymbol{m}_i^{\phi})^{\mathrm{T}}\Big]\boldsymbol{w} = \boldsymbol{\alpha}^{\mathrm{T}}\sum_{i=1}^{2}\boldsymbol{K}_i(\boldsymbol{I} - 1_{N_i})\boldsymbol{K}_i^{\mathrm{T}}\boldsymbol{\alpha}$

故 $\boldsymbol{L} = \sum_{i=1}^{2}\boldsymbol{K}_i(\boldsymbol{I} - 1_{N_i})\boldsymbol{K}_i^{\mathrm{T}}$ 成立。

因为：

$$\boldsymbol{w}^{\mathrm{T}}\boldsymbol{S}_b^{\phi}\boldsymbol{w} = \boldsymbol{w}^{\mathrm{T}}(\boldsymbol{m}_1^{\phi} - \boldsymbol{m}_2^{\phi})(\boldsymbol{m}_1^{\phi} - \boldsymbol{m}_2^{\phi})^{\mathrm{T}}\boldsymbol{w} = \boldsymbol{\alpha}^{\mathrm{T}}(\boldsymbol{M}_1 - \boldsymbol{M}_2)(\boldsymbol{M}_1 - \boldsymbol{M}_2)^{\mathrm{T}}\boldsymbol{\alpha} \triangleq \boldsymbol{\alpha}^{\mathrm{T}}\boldsymbol{M}\boldsymbol{\alpha} \tag{16-40}$$

$$\boldsymbol{w}^{\mathrm{T}}\boldsymbol{S}_w^{\phi}\boldsymbol{w} = \boldsymbol{w}^{\mathrm{T}}\sum_{i=1,2}\sum_{\boldsymbol{x}\in\boldsymbol{\omega}_i}[\phi(\boldsymbol{x}) - \boldsymbol{m}_i^{\phi}][\phi(\boldsymbol{x}) - \boldsymbol{m}_i^{\phi}]^{\mathrm{T}}\boldsymbol{w} \triangleq \boldsymbol{\alpha}^{\mathrm{T}}\boldsymbol{L}\boldsymbol{\alpha} \tag{16-41}$$

故：$\max J_F(\boldsymbol{w}) = \dfrac{\boldsymbol{w}^{\mathrm{T}}\boldsymbol{S}_b^{\phi}\boldsymbol{w}}{\boldsymbol{w}^{\mathrm{T}}\boldsymbol{S}_w^{\phi}\boldsymbol{w}} = \dfrac{\boldsymbol{\alpha}^{\mathrm{T}}\boldsymbol{M}\boldsymbol{\alpha}}{\boldsymbol{\alpha}^{\mathrm{T}}\boldsymbol{L}\boldsymbol{\alpha}}$。

$\boldsymbol{\alpha}$ 的求解方法和之前拉格朗日乘数法求解 $\boldsymbol{w}$ 的过程一样：

$$\boldsymbol{\alpha} = \boldsymbol{L}^{-1}(\boldsymbol{M}_1 - \boldsymbol{M}_2) \tag{16-42}$$

为了求解 $\boldsymbol{w}$，需要使 $\boldsymbol{L}$ 为正定。为此可以简单地对矩阵 $\boldsymbol{L}$ 加上一个量 μ，即：

$$\boldsymbol{L}_{\mu} = \boldsymbol{L} + \mu\boldsymbol{I} \tag{16-43}$$

其中 $\boldsymbol{I}$ 为单位矩阵。

最终特征空间中 $\boldsymbol{\Phi}$ 在 $\boldsymbol{w}$ 上的投影变换为 $k(\cdot,\boldsymbol{x})$ 在 $\boldsymbol{\alpha}$ 上的投影，即：

$$y = \boldsymbol{w}\cdot\phi(\boldsymbol{x}) = \sum_{i=1}^{N}\alpha_i k(\boldsymbol{x}_i,\boldsymbol{x}) \tag{16-44}$$

对于基于核的 Fisher 线性判别法，分界阈值点 y_0 可选为：

$$y_0 = \frac{N_1\tilde{m}_1^{\varnothing} + N_2\tilde{m}_2^{\varnothing}}{N_1 + N_2} \tag{16-45}$$

其中，$\tilde{m}_i^{\varnothing}(i=1,2)$ 为投影后的各类别的平均值，满足：

$$\tilde{m}_i^{\phi} = \frac{1}{N_i}\sum_{\boldsymbol{x}\in\boldsymbol{\omega}_i}\sum_{j=1}^{N}\alpha_j k(\boldsymbol{x}_j,\boldsymbol{x}) \tag{16-46}$$

16.1.3 算法流程

16.1.2 小节已经给出了基于核的 Fisher 算法的完整数学推导，内容比较烦琐，本节将总结为以下几个算法的流程步骤。

1）选定核函数：选择核函数 K 用于计算训练集和测试样本在特征空间的内积。

2）求中间矩阵：求 $\boldsymbol{M}$、$\boldsymbol{K}$、$\boldsymbol{L}$ 等中间矩阵，作为下一步求投影方向的输入量。

3）求投影方向：求 $\boldsymbol{\alpha}$。

4）求训练集两类样本的投影均值，进而得出阈值点 $\boldsymbol{y}_0$。

5）求测试样本在特征空间最佳投影方向 $\boldsymbol{\alpha}$ 上的投影。

6）作分类判断：比较上述投影和阈值点，根据决策规则得到测试样本的预测类别。

16.1.4 基于核的 Fisher 算法的计算步骤

基于核的 Fisher 算法应用于两类标签的分类预测时，几个关键变量的计算步骤如下。

1）求 $(\boldsymbol{M}_i)_j = \dfrac{1}{N_i}\sum_{k=1}^{N_i} k(\boldsymbol{X}_j, \boldsymbol{X}_k^{\omega_i})$ $(i = 1,2;\ j = 1,2,\cdots,N)$。

2）求 $\boldsymbol{L}$ 及$\boldsymbol{L}_{\boldsymbol{\mu}}$，$\boldsymbol{L} = \sum_{j=1,2} \boldsymbol{K}_j(\boldsymbol{I} - 1_{N_j})\,\boldsymbol{K}_f^{\mathrm{T}}, \boldsymbol{L}_{\boldsymbol{\mu}} = \boldsymbol{L} + \boldsymbol{\mu}\boldsymbol{I}$。

3）求最佳投影方向 $\boldsymbol{\alpha} = \boldsymbol{L}_{\boldsymbol{\mu}}^{-1}(\boldsymbol{M}_1 - \boldsymbol{M}_2)$。

4）求训练集内各样本在 $\boldsymbol{\alpha}$ 上的投影 $y_j = \boldsymbol{w}^{\mathrm{T}} \cdot \varnothing(\boldsymbol{X}_j) = \sum_{i=1}^{N} \alpha_i k(\boldsymbol{X}_i, \boldsymbol{X}_j)$，$j = 1,2,\cdots,N$。

5）求两类样本投影的均值投影 $i\ \tilde{m}_i^{\varnothing}$。

6）求阈值点 y_0。

7）对于特定测试样本 $\boldsymbol{X}$，求其投影点 y。

8）比较 y 与 y_0 的大小。

9）根据决策规则得到测试样本的标签。

16.2 Fisher 核函数算法的优缺点

Fisher 核函数算法在处理分类问题时思想比较特殊，它将高维数据映射到低维坐标上，寻找一个最佳分类的映射方向。虽然降低维度会损失信息，但是由于增加了核函数的步骤，使得映射更加丰富，下面归结该算法的优缺点。

1. 优点

相比支持向量机、随机森林等算法，Fisher 核函数算法计算量上相对较少。增加了核映射之后，提升了映射的复杂性，弥补了降维带来的信息损失。

2. 缺点

Fisher 核函数算法的分类结果依赖于原始数据，选择核函数没有确定的理论可寻，需要实验和尝试，核映射会很大程度上影响分类效果。

16.3 实例分析

本节是实例介绍，将基于核的 Fisher 算法用于手写体数据的识别，将其实证结果和调用的函数做一个初步介绍。首先将对数据集进行介绍，具体如下。

训练数据集为 1800 个样本，每个数字有 180 个样本。

测试数据有 800 个样本，由于每个样本都是一个 32 ×32 的数字，如图 16-1 所示。下面将其转换为 1 ×1024 的矩阵。

```
00000000000111110000000000000000
00000000001111111000000000000000
00000000011111111100000000000000
00000000111111111110000000000000
00000001111111111111000000000000
00000011111110111111100000000000
00000011111100011111110000000000
00000011111100001111110000000000
00000111111100000111111000000000
00000011111100000011111000000000
00000111111100000001111110000000
00000111111000000000111111000000
00000111111000000000011111000000
00000111111000000000011111100000
00000111111000000000011111100000
00000111111000000000001111100000
00000111111000000000001111100000
00000111111000000000001111100000
00000111111000000000001111100000
00000111111000000000001111100000
00000011111000000000001111100000
00000011111100000000011111100000
00000011111100000000111111000000
00000001111110000000111111100000
00000000111110000001111111000000
```

图 16-1 手写字数据样本

16.3.1 函数介绍

Fisher 核函数算法允许多个类别进行分类识别，主要包括三个函数，整体模型的训练函数 kenfisher_train( )、多个类别中选出两个类别进行两两区分识别的训练函数 kenfisher_model( )，以及预测函数 kenfisher_forecast( )，下面给出三个函数的说明。

km =kenfisher_train(train)

函数的输入 train 为所有训练样本的特征，输出 km 是训练得出的模型数组。

```
km = kenfisher_model(class 1, class 2)
```

函数的输入 class1、class2 为两类训练样本的所有特征。

函数的输出 km 是 cell，是由训练数据推导得出的模型。

```
class_num =kenfisher_forecast(km, sample)
```

函数的输入 km 为上述 kenfisher_train( )的输出，sample 为测试数据。

函数的输出 class_num 为预测出的测试数据的标签。

16.3.2 核函数的选择

在核函数方法的应用中，核函数的选择及相关参数的确定是问题的关键和难点所在。在算例中，本节采用 p 阶多项式核函数：$K(x,x_i)=[(x\cdot x_i)+1]^p$，$p=2$。

16.3.3 结果分析

通过运行程序，得到图 16-2 的结果，可以看到手写数字测试的识别准确率为 93.23%。

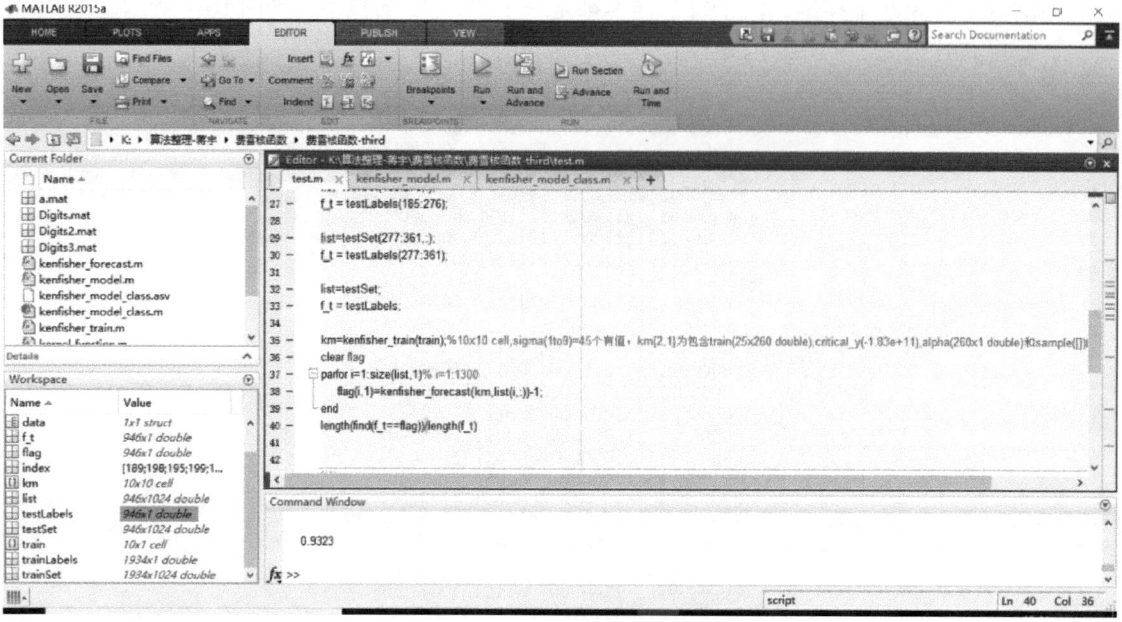

图 16-2　识别准确率

16.4　代码介绍

本节将给出 16.3 节所用到的测试代码，并最后给出基于核的 Fisher 算法的完整代码。

16.4.1　测试脚本

首先给出测试脚本，数据集是运用标准的手写字数据集，前 1934 个样本作为训练集，余下的数据作为测试集。然后运用本算法进行训练，最后给出预测准确率，具体如下。

```
%% 手写体分类。
clc
clear

data = load('Digits.mat');
testSet = data.A(1935:2880,1:1024);
testLabels = data.A(1935:2880,1025);
trainLabels = data.A(1:1934,1025);
trainSet = data.A(1:1934,1:1024);% 导入数据,并提取训练数据及测试数据。

aa = tabulate(trainLabels);
index = aa(:,2);% 获取训练数据各类别的数量,比如[189,198,204…]。
train = mat2cell(trainSet,index,[1024]);% 将 trainSet 数据集进行切片,10 类切成 10 个
cell,获得的 train 是训练数据,10* 1 cell。
```

```
list = testSet();% 测试数据集。
f_t = testLabels();% 测试数据集标签。

km = kenfisher_train(train);%10* 10 cell,sigma(1to9) = 45 个有值,km{i,j}为包含 train
(1024* 387 double),critical_y(阈值点),
% alpha(387* 1 double),mean1(第一类的平均值),mean2(第二类的平均值),的 class instance
clear flag
% flag:预测出的标签。
for i = 1:size(list,1)% i = 1:1300
flag(i,1) = kenfisher_forecast(km,list(i,:)) - 1;
end
% 输出预测标签的正确率。
length(find(f_t = = flag))/length(f_t)
```

16.4.2 Fisher 核函数的完整代码获取

读者可以扫描封底二维码下载本示例程序代码，该代码由多个文件组成，主要包括：基于核的 Fisher 分类器的训练函数 kenfisher_train( )和基于核的 Fisher 二分类器的训练函数 kenfisher_model( )。多分类问题时，kenfisher_train( )循环调用 kenfisher_model( )，将多类数据两两分类，从而把多分类问题转化为二分类问题。此外还有预测函数 kenfisher_forecast( )、映射所用到的 kernel_function( )以及将以上函数封装为一个完整类的类函数 kenfisher_model_class( )。

第 17 章　SVM 支持向量机算法

支持向量机（Support Vector Machine，SVM）是一类监督学习算法，也是对数据进行二元分类的分类算法。SVM 是由模式识别中广义肖像算法（Generalized Portrait Algorithm）发展而来的分类器，其早期工作来自苏联学者 Vladimir N. Vapnik 和 Alexander Y. Lerner 在 1963 年发表的研究。1964 年，Vapnik 和 Alexey Y. Chervonenkis 对广义肖像算法进行了进一步讨论并建立了硬边距的线性 SVM。此后在 20 世纪 70 到 80 年代，随着模式识别中最大边距决策边界的理论研究、基于松弛变量的规划问题求解技术的出现，SVM 被逐步理论化并成为统计学习理论的重要部分。1992 年，Bernhard E. Boser、Isabelle M. Guyon 和 Vapnik 通过核函数方法首次得到了非线性 SVM。目前，其在人像识别（Face Recognition）和文本分类（Text Categorization）等模式识别（Pattern Recognition）问题中有着广泛的应用。

17.1　原理介绍

支持向量机可分为线性和非线性两大类，其主要思想为找到空间中的一个能够将所有数据样本划开的超平面，并且使得分类间隔最大化。

17.1.1　算法思想

SVM 是一种二分类的模型，进行扩展之后也是可以用于多类别问题的分类，主要思想为找到空间中的一个能够将所有数据样本划开的最优决策超平面，使得该平面两侧距离平面最近的两类样本间的距离最大化。基于最大间隔分隔数据支持向量机是一个统计模式识别算法，其最终目标在于得出分类超平面的方程系数，而分类超平面是基于支持向量得出的，所以整体算法可以切分为两大块：调整 α 以获得适合的支持向量和基于支持向量而计算最终的分类超平面。

下面用一个简单的线性可分的例子来更具体地了解 SVM，图 17-1 是一个有两种不同数据的二维平面，这两种数据分别用圈和叉表示。图中将两类数据分开的这条线，可以理解为一个超平面，超平面一边对应的数据点所对应的 Y 为 -1，超平面另一边数据点对应的 Y 为 1。SVM 就是要找到图 17-1 中的那条线（或者在高维数据中的一个高维平面），使得 Y = 1 和 Y = -1 的数据点尽可能地分开，并使得距离这条线的数据点的间隔最大化。

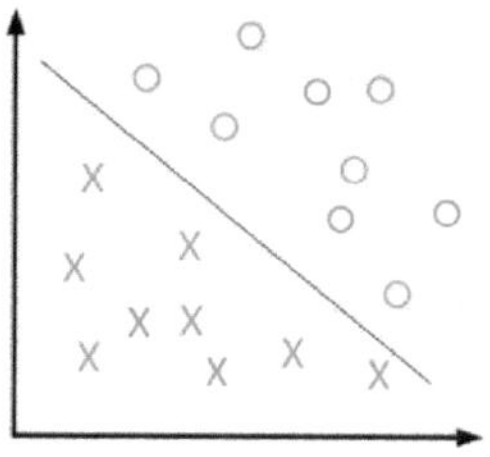

图 17-1　二维平面

17.1.2　算法流程

SVM 的数学推导过程比较复杂，但是大体上可以划分为两大部分：SVM 的优化目标函数的提出，并进行惩罚项和其他约束条件的改写；以 SMO 算法求解支持向量的权重参数 α_i。图 17-2 给出了 SVM 整体算法的流程框架。

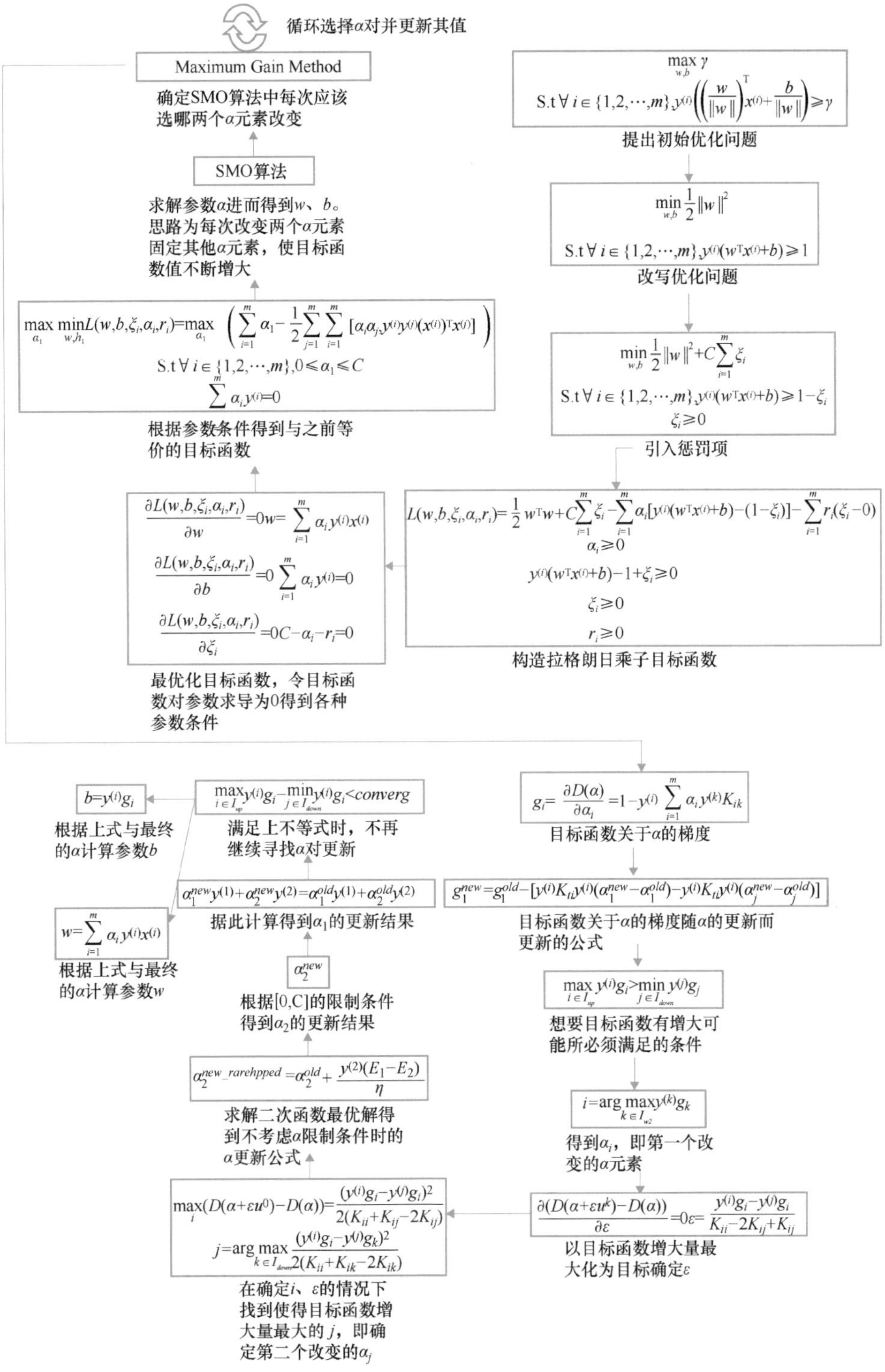

图 17-2　SVM 的流程框架图

17.1.3　最优分类超平面问题

样本点离分类面距离越远，说明我们对该样本点的分类预测结果可信度越大。因此，要寻找这样一个分类面，使得训练样本中到该面距离最近的样本到该面的距离最大化，即这两个样本到该面的距离相同。当无法在原维上找到这样一个分类面时，就需要将样本集投影到高维空间，在高维空间中尝试找一个有上述效果的超平面。与 Fisher 核函数判别法一样，将样本集投影到高维空间的这一过程只是形式上，为了实际计算方便，也将引入核函数，使得在原维上能计算出高维的计算结果。

从简单的情况介绍算法原理，假设处理图 17-3 的二维可分问题。其中分类线性方程为 $\boldsymbol{w}^{\mathrm{T}}\boldsymbol{x}+b=0$；$\boldsymbol{w}$ 是与分类线垂直的方向向量；A 表示训练样本点$x^{(i)}$；B 是 A 在分类线上的垂直投影；$\gamma^{(i)}$表示线段 AB 的长度，是标量，即$x^{(i)}$到分类线的距离。

关于分类线性方程的解释：

对于直线$a_1x_1+a_2x_2+b=0$ 来说，$\boldsymbol{w}^{\mathrm{T}}=(a_1,a_2)$。

令x_2为应变量得：$x_2=\frac{-a_1}{a_2}x_1-\frac{b}{a_2}$，该直线斜率为 $-\frac{a_1}{a_2}$。$\boldsymbol{w}$ 作为向量时它还是 (a_1,a_2)，该向量的斜率为$\frac{a_2}{a_1}$。两斜率相乘 $-\frac{a_1}{a_2}\times\frac{a_2}{a_1}=-1$，即 $\boldsymbol{w}$ 向量与直线垂直。

由图 17-3 的 SVM 分类示意图，将 A 的坐标看作从原点出发的向量，则从原点出发到 B 点的向量为：$x^{(i)}-\gamma^{(i)}\frac{\boldsymbol{w}}{\|\boldsymbol{w}\|}$，其中$\frac{\boldsymbol{w}}{\|\boldsymbol{w}\|}$是单位模长方向、$\gamma^{(i)}$是 AB 线段的距离，所以$\gamma^{(i)}\frac{\boldsymbol{w}}{\|\boldsymbol{w}\|}$是从 A 点指向 B 点的向量，所以$x^{(i)}-\gamma^{(i)}\frac{\boldsymbol{w}}{\|\boldsymbol{w}\|}$是 B 点坐标。

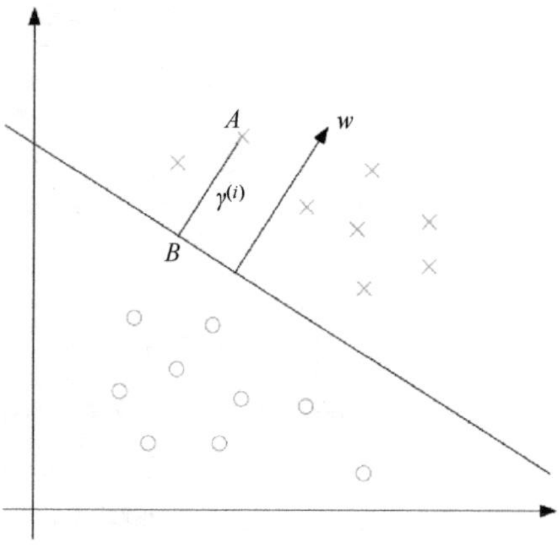

图 17-3　SVM 分类示意图

因为 B 点在分类线上，所以 B 点坐标满足分类线方程，即：

$$\boldsymbol{w}^{\mathrm{T}}(\boldsymbol{x}^{(i)}-\gamma^{(i)}\frac{\boldsymbol{w}}{\|\boldsymbol{w}\|})+b=0 \tag{17-1}$$

则有：

$$\gamma^{(i)}=\frac{\boldsymbol{w}^{\mathrm{T}}\boldsymbol{x}^{(i)}+b}{\|\boldsymbol{w}\|}=(\frac{\boldsymbol{w}}{\|\boldsymbol{w}\|})^{\mathrm{T}}\boldsymbol{x}^{(i)}+\frac{b}{\|\boldsymbol{w}\|} \tag{17-2}$$

此时的$\gamma^{(i)}$是表示距离的标量，注意它是有正负的，如图 17-4 所示。

代入 $\boldsymbol{w}=(1,-1)$、$\boldsymbol{x}^{(i)}=(1,5)$、$b=0$，所以：

$$\gamma^{(1)}=\frac{1-5}{\sqrt{1^2+(-1)^2}}=-\frac{4}{\sqrt{2}};\ \gamma^{(2)}=\frac{5-1}{\sqrt{1^2+(-1)^2}}=\frac{4}{\sqrt{2}},\ 即\gamma^{(1)}=-\gamma^{(2)} \tag{17-3}$$

为了避免不恰当的负距离给确定支持向量带来的问题，在$\gamma^{(i)}$前乘以 $x^{(i)}$ 的标签$y^{(i)}$，即：

$$\gamma^{(i)}=y^{(i)}\left(\left(\frac{\boldsymbol{w}}{\|\boldsymbol{w}\|}\right)^{\mathrm{T}}\boldsymbol{x}^{(i)}+\frac{b}{\|\boldsymbol{w}\|}\right)$$
$$y^{(i)}\in\{-1,1\} \tag{17-4}$$

在分类线两边的两个样本点属于不同的类别，应令分类线左上方的样本点的标签为 -1，右下方的样本点标签为 1，此时$\gamma^{(1)}=\gamma^{(2)}=\frac{4}{\sqrt{2}}$。

当遇到分类线发生错分样本情况时，$\min(\gamma^{(i)})$的情况如图 17-5 所示。

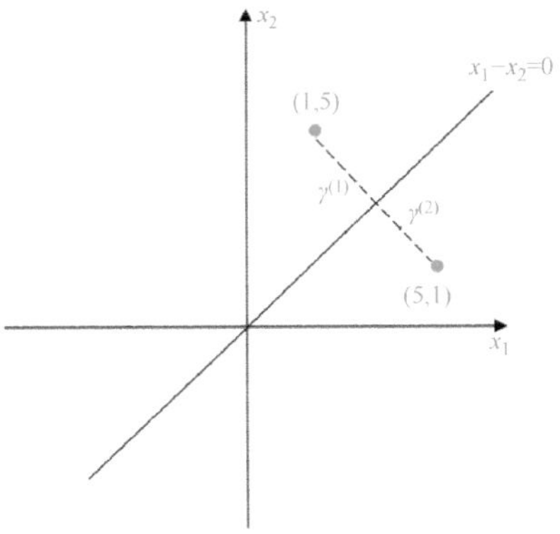

图 17-4　分类间隔示意图

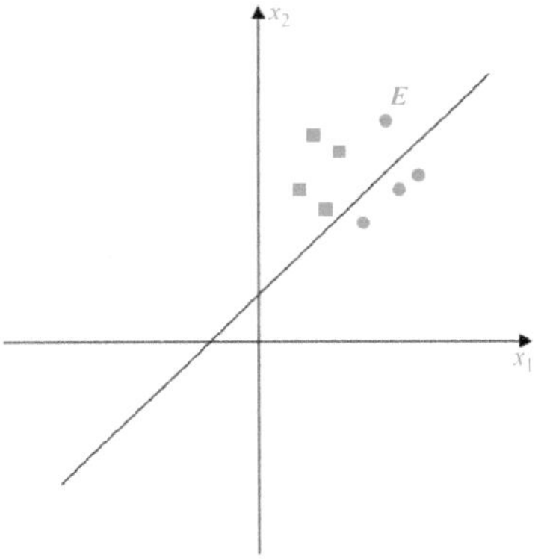

图 17-5　错分示意图

其中，$\boldsymbol{E}$ 点是被错分的样本点，但由于其标签是 1，因此到分类线的距离将是一个负数。而其他的样本点被正确分类，根据$\boldsymbol{\gamma}^{(i)}=y^{(i)}\left(\left(\frac{\boldsymbol{w}}{\|\boldsymbol{w}\|}\right)^{\mathrm{T}}\boldsymbol{x}^{(i)}+\frac{b}{\|\boldsymbol{w}\|}\right)$计算得到它们到分类线的距离都为正数。此时，$\min(\boldsymbol{\gamma}^{(i)})$为 $\boldsymbol{E}$ 到分类线的距离为负数。由于算法的目标是最大化所有训练样本点到分类面的距离中的最小值，即：

$$\max_{w,b}\left(\min_{i=1,\cdots,m}(\boldsymbol{\gamma}^{(i)})\right) \tag{17-5}$$

其中，m 为训练样本个数。这里考虑的是所有样本点分类正确的分类面，并最大化那个距离分类面距离最近的点到平面的距离。

又由于任意一个分类正确的分类面的 $\min(\boldsymbol{\gamma}^{(i)})$ 一定是一个大于 0 的正数，在取 $\max_{w,b}\left(\min_{i=1,\cdots,m}(\boldsymbol{\gamma}^{(i)})\right)$时，分类错误的分类面不会成为最终分类面结果。

将$\boldsymbol{\gamma}^{(i)}=y^{(i)}\left(\left(\frac{\boldsymbol{w}}{\|\boldsymbol{w}\|}\right)^{\mathrm{T}}\boldsymbol{x}^{(i)}+\frac{b}{\|\boldsymbol{w}\|}\right)$代入问题后，目标函数极大化可改写为以下优化问题：

$$\begin{gathered}\max_{w,b}\boldsymbol{\gamma}\\ \text{s. t. }\forall i\in\{1,2,\cdots,m\},y^{(i)}\left(\left(\frac{\boldsymbol{w}}{\|\boldsymbol{w}\|}\right)^{\mathrm{T}}\boldsymbol{x}^{(i)}+\frac{b}{\|\boldsymbol{w}\|}\right)\geqslant\boldsymbol{\gamma}\end{gathered} \tag{17-6}$$

$\boldsymbol{\gamma}$ 类似于一个阈值，令 $\boldsymbol{\gamma}=\frac{\hat{\boldsymbol{\gamma}}}{\|\boldsymbol{w}\|}$，上述优化问题可改写为：

$$\begin{gathered}\max_{w,b}\frac{\hat{\boldsymbol{\gamma}}}{\|\boldsymbol{w}\|}\\ \text{s. t. }\forall i\in\{1,2,\cdots,m\},y^{(i)}\left(\left(\frac{\boldsymbol{w}}{\|\boldsymbol{w}\|}\right)^{\mathrm{T}}\boldsymbol{x}^{(i)}+\frac{b}{\|\boldsymbol{w}\|}\right)\geqslant\frac{\hat{\boldsymbol{\gamma}}}{\|\boldsymbol{w}\|}\end{gathered} \tag{17-7}$$

由于$\|\boldsymbol{w}\|$恒为正，故在$y^{(i)}\left(\left(\frac{\boldsymbol{w}}{\|\boldsymbol{w}\|}\right)^{\mathrm{T}}\boldsymbol{x}^{(i)}+\frac{b}{\|\boldsymbol{w}\|}\right)\geqslant\frac{\hat{\boldsymbol{\gamma}}}{\|\boldsymbol{w}\|}$两边同乘$\|\boldsymbol{w}\|$时不等号不改变，即为：

$$y^{(i)}((\boldsymbol{w})^{\mathrm{T}}\boldsymbol{x}^{(i)}+b)\geqslant\hat{\boldsymbol{\gamma}} \tag{17-8}$$

此时上述优化问题可改写为：

$$\begin{gathered}\max_{w,b}\frac{\hat{\boldsymbol{\gamma}}}{\|\boldsymbol{w}\|}\\ \text{s. t. }\forall i\in\{1,2,\cdots,m\},y^{(i)}((\boldsymbol{w})^{\mathrm{T}}\boldsymbol{x}^{(i)}+b)\geqslant\hat{\boldsymbol{\gamma}}\end{gathered} \tag{17-9}$$

现在可以将人为预设的阈值$\hat{\gamma}$更具体地设为 1，通过$\|w\|$的改变达到优化问题的要求。令$\hat{\gamma}$为 1 而变动$\|\boldsymbol{w}\|$的设定不对该优化问题产生任何影响，因此上述优化问题又可转化为：

$$\max_{w,b}\frac{1}{\|\boldsymbol{w}\|}$$
$$\text{s. t. } \forall i\in\{1,2,\cdots,m\},y^{(i)}(\boldsymbol{w}^{\mathrm{T}}\boldsymbol{x}^{(i)}+b)\geqslant 1 \tag{17-10}$$

上述优化问题又等价于：

$$\min_{w,b}\|\boldsymbol{w}\|$$
$$\text{s. t. } \forall i\in\{1,2,\cdots,m\},y^{(i)}(\boldsymbol{w}^{\mathrm{T}}\boldsymbol{x}^{(i)}+b)\geqslant 1 \tag{17-11}$$

因为最小化$\|\boldsymbol{w}\|$与最小化$\frac{1}{2}\|\boldsymbol{w}\|^2$没有区别，因此上述优化问题等价于：

$$\min_{w,b}\frac{1}{2}\|\boldsymbol{w}\|^2$$
$$\text{s. t. } \forall i\in\{1,2,\cdots,m\},y^{(i)}(\boldsymbol{w}^{\mathrm{T}}\boldsymbol{x}^{(i)}+b)\geqslant 1 \tag{17-12}$$

应用拉格朗日乘数法，构造拉格朗日算子：

$$L(\boldsymbol{w},b,\alpha_i)=\frac{1}{2}\|\boldsymbol{w}\|^2-\sum_{i=1}^{m}\alpha_i[y^{(i)}(\boldsymbol{w}^{\mathrm{T}}\boldsymbol{x}^{(i)}+b)-1] \tag{17-13}$$

其中，拉格朗日乘子$\alpha_i\geqslant 0$。

此时，要优化的目标函数变为：

$$\min_{\boldsymbol{w},\boldsymbol{b}}\max_{\alpha_i}L(\boldsymbol{w},b,\alpha_i) \tag{17-14}$$

对于新的优化目标$\min\limits_{w,b}\max\limits_{\alpha_i}L(\boldsymbol{w},b,\alpha_i)$作进一步解释：

首先，如果直接以$\min\limits_{\boldsymbol{w},\boldsymbol{b},\alpha_i}L(\boldsymbol{w},b,\alpha_i)$为优化目标，则由于$y^{(i)}(\boldsymbol{w}^{\mathrm{T}}\boldsymbol{x}^{(i)}+b)\geqslant 1$，所以$y^{(i)}(\boldsymbol{w}^{\mathrm{T}}\boldsymbol{x}^{(i)}+b)-1$全为正数，则导致$\alpha_i$取值的优化结果全为$\infty$，$\min\limits_{\boldsymbol{w},\boldsymbol{b},\alpha_i}L(\boldsymbol{w},b,\alpha_i)$的最优目标值为$-\infty$。这显然错误。而以$\min\limits_{\boldsymbol{w},\boldsymbol{b}}\max\limits_{\alpha_i}L(\boldsymbol{w},b,\alpha_i)$为优化目标时，由于$y^{(i)}(\boldsymbol{w}^{\mathrm{T}}\boldsymbol{x}^{(i)}+b)-1$全为正数，且$\alpha_i\geqslant 0$，则在进行$\max\limits_{\alpha_i}L(\boldsymbol{w},b,\alpha_i)$求解时，$\alpha_i=0$。从而使$\min\limits_{\boldsymbol{w},\boldsymbol{b}}\max\limits_{\alpha_i}L(\boldsymbol{w},b,\alpha_i)$等于原问题$\min\limits_{w,b}\frac{1}{2}\|\boldsymbol{w}\|^2$。

令$\frac{\partial L(\boldsymbol{w},b,\alpha_i)}{\partial\boldsymbol{w}}=0$，则有：

$$\begin{aligned}&\frac{\partial\left[\frac{1}{2}\boldsymbol{w}^{\mathrm{T}}\boldsymbol{w}-\sum\limits_{i=1}^{m}\alpha_i[y^{(i)}(\boldsymbol{w}^{\mathrm{T}}\boldsymbol{x}^{(i)}+b)-1]\right]}{\partial w}\\&=\frac{\partial\left[\frac{1}{2}\boldsymbol{w}^{\mathrm{T}}\boldsymbol{w}-\sum\limits_{i=1}^{m}\alpha_i y^{(i)}\boldsymbol{w}^{\mathrm{T}}\boldsymbol{x}^{(i)}\right]}{\partial w}\\&=\frac{\partial\left[\frac{1}{2}\boldsymbol{w}^{\mathrm{T}}\boldsymbol{w}\right]}{\partial\boldsymbol{w}}-\frac{\partial\left[\sum\limits_{i=1}^{m}\alpha_i y^{(i)}\boldsymbol{w}^{\mathrm{T}}\boldsymbol{x}^{(i)}\right]}{\partial\boldsymbol{w}}\end{aligned} \tag{17-15}$$

假设$\boldsymbol{w}=\begin{pmatrix}w_1\\w_2\\\vdots\\w_n\end{pmatrix}$、$\boldsymbol{x}^{(i)}=\begin{pmatrix}x_1^{(i)}\\x_2^{(i)}\\\vdots\\x_n^{(i)}\end{pmatrix}$，其中$x_j^{(i)}$表示第 i 个点的第 j 维。

$$= \frac{1}{2}\begin{pmatrix} \frac{\partial \sum_{i=1}^{n} \boldsymbol{w}_i^2}{\partial \boldsymbol{w}_1} \\ \frac{\partial \sum_{i=1}^{n} \boldsymbol{w}_i^2}{\partial \boldsymbol{w}_2} \\ \cdots \\ \frac{\partial \sum_{i=1}^{n} \boldsymbol{w}_i^2}{\partial w_n} \end{pmatrix} - \begin{pmatrix} \frac{\partial(\sum_{i=1}^{m}[\alpha_i y^{(i)} \sum_{j=1}^{n} \boldsymbol{w}_j x_j^{(i)}])}{\partial w_1} \\ \frac{\partial(\sum_{i=1}^{m}[\alpha_i y^{(i)} \sum_{j=1}^{n} \boldsymbol{w}_j x_j^{(i)}])}{\partial w_2} \\ \cdots \\ \frac{\partial(\sum_{i=1}^{m}[\alpha_i y^{(i)} \sum_{j=1}^{n} w_j x_j^{(i)}])}{\partial w_n} \end{pmatrix} \tag{17-16}$$

由 w 中各元素 w_i 互无函数关系可得：

$$= \frac{1}{2}\begin{pmatrix} \frac{\partial w_1^2}{\partial w_1} \\ \frac{\partial w_2^2}{\partial w_2} \\ \cdots \\ \frac{\partial w_n^2}{\partial w_n} \end{pmatrix} - \begin{pmatrix} \frac{\partial(\sum_{i=1}^{m} \alpha_i y^{(i)} w_1 x_1^{(i)})}{\partial w_1} \\ \frac{\partial(\sum_{i=1}^{m} \alpha_i y^{(i)} w_2 x_2^{(i)})}{\partial w_2} \\ \cdots \\ \frac{\partial(\sum_{i=1}^{m} \alpha_i y^{(i)} w_n x_n^{(i)})}{\partial w_n} \end{pmatrix} = \frac{1}{2}\begin{pmatrix} 2w_1 \\ 2w_2 \\ \cdots \\ 2w_n \end{pmatrix} - \begin{pmatrix} \sum_{i=1}^{m} \alpha_i y^{(i)} x_1^{(i)} \\ \sum_{i=1}^{m} \alpha_i y^{(i)} x_2^{(i)} \\ \cdots \\ \sum_{i=1}^{m} \alpha_i y^{(i)} x_n^{(i)} \end{pmatrix} = \boldsymbol{w} - \sum_{i=1}^{m} \alpha_i y^{(i)} x^{(i)} = 0 \tag{17-17}$$

故：

$$\boldsymbol{w} = \sum_{i=1}^{m} \alpha_i y^{(i)} \boldsymbol{x}^{(i)} \tag{17-18}$$

令 $\frac{\partial L(\boldsymbol{w}, b, \alpha_i)}{\partial b} = 0$，则有：

$$\frac{\partial\left[\frac{1}{2}\boldsymbol{w}^{\mathrm{T}}\boldsymbol{w} - \sum_{i=1}^{m} \alpha_i[y^{(i)}(\boldsymbol{w}^{\mathrm{T}}\boldsymbol{x}^{(i)} + b) - 1]\right]}{\partial b} = 0 \tag{17-19}$$

易得：

$$\sum_{i=1}^{m} \alpha_i y^{(i)} = 0 \tag{17-20}$$

将 $\boldsymbol{w} = \sum_{i=1}^{m} \alpha_i y^{(i)} \boldsymbol{x}^{(i)}$、$\sum_{i=1}^{m} \alpha_i y^{(i)} = 0$ 代入拉格朗日算子：

$$\mathrm{L}(\boldsymbol{w}, b, \alpha_i) = \frac{1}{2}\|\boldsymbol{w}\|^2 - \sum_{i=1}^{m} \alpha_i[y^{(i)}(\boldsymbol{w}^{\mathrm{T}}\boldsymbol{x}^{(i)} + b) - 1]$$

可得：

$$\mathrm{L}(\boldsymbol{w}, b, \alpha_i) = \frac{1}{2}(\sum_{i=1}^{m}[\alpha_i y^{(i)}(\boldsymbol{x}^{(i)})^{\mathrm{T}}] \times \sum_{i=1}^{m}(\alpha_i y^{(i)} \boldsymbol{x}^{(i)})) - \sum_{i=1}^{m} \alpha_i(y^{(i)}(\sum_{j=1}^{m}[\alpha_j y^{(j)}(\boldsymbol{x}^{(j)})^{\mathrm{T}}]\boldsymbol{x}^{(i)} + b) - 1) \tag{17-21}$$

将上式第二项展开，第一项保留得：

第一项：$\frac{1}{2}(\sum_{i=1}^{m}[\alpha_i y^{(i)}(\boldsymbol{x}^{(i)})^{\mathrm{T}}] \times \sum_{i=1}^{m}(\alpha_i y^{(i)} \boldsymbol{x}^{(i)}))$

第二项展开为 3 项：分别为 $-\sum_{i=1}^{m}[\alpha_i y^{(i)} \sum_{j=1}^{m}[\alpha_j y^{(j)}(\boldsymbol{x}^{(j)})^{\mathrm{T}}] x^{(i)}]$、$-\sum_{i=1}^{m}\alpha_i y^{(i)} b$、$+\sum_{i=1}^{m}\alpha_i$。

进一步计算：

$$
\begin{aligned}
&= \frac{1}{2}\sum_{i=1}^{m}[\alpha_i y^{(i)}(\boldsymbol{x}^{(i)})^{\mathrm{T}} \times \sum_{j=1}^{m}(\alpha_j y^{(j)} \boldsymbol{x}^{(j)})] \\
&- \sum_{i=1}^{m}[\alpha_i y^{(i)} \sum_{j=1}^{m}[\alpha_j y^{(j)}(\boldsymbol{x}^{(j)})^{\mathrm{T}}] \boldsymbol{x}^{(i)}] - \sum_{i=1}^{m}\alpha_i y^{(i)} b + \sum_{i=1}^{m}\alpha_i \\
&= \frac{1}{2}\sum_{i=1}^{m}[\alpha_i y^{(i)}(\boldsymbol{x}^{(i)})^{\mathrm{T}} \times \sum_{j=1}^{m}(\alpha_j y^{(j)} \boldsymbol{x}^{(j)})] \\
&\quad \sum_{j=1}^{m}[\alpha_j y^{(j)}(\boldsymbol{x}^{(j)})^{\mathrm{T}}] \boldsymbol{x}^{(i)}
\end{aligned} \tag{17-22}
$$

转置不影响计算结果：

$$
\begin{aligned}
&- \sum_{i=1}^{m}[\alpha_i y^{(i)}(\boldsymbol{x}^{(i)})^{\mathrm{T}} \sum_{j=1}^{m}(\alpha_j y^{(j)} \boldsymbol{x}^{(j)})] - \sum_{i=1}^{m}\alpha_i y^{(i)} b + \sum_{i=1}^{m}\alpha_i \\
&= -\frac{1}{2}\sum_{i=1}^{m}[\alpha_i y^{(i)}(\boldsymbol{x}^{(i)})^{\mathrm{T}} \times \sum_{j=1}^{m}(\alpha_j y^{(j)} \boldsymbol{x}^{(j)})] - b\sum_{i=1}^{m}\alpha_i y^{(i)} + \sum_{i=1}^{m}\alpha_i \\
&= \sum_{i=1}^{m}\alpha_i - \frac{1}{2}\sum_{j=1}^{m}\sum_{i=1}^{m}[\alpha_i \alpha_j y^{(i)} y^{(j)}(\boldsymbol{x}^{(i)})^{\mathrm{T}} \boldsymbol{x}^{(j)}] - b\sum_{i=1}^{m}\alpha_i y^{(i)}
\end{aligned} \tag{17-23}
$$

因为 $\sum_{i=1}^{m}\alpha_i y^{(i)} = 0$，故：

$$
L(\boldsymbol{w}, b, \alpha_i) = \sum_{i=1}^{m}\alpha_i - \frac{1}{2}\sum_{j=1}^{m}\sum_{i=1}^{m}[\alpha_i \alpha_j y^{(i)} y^{(j)}(\boldsymbol{x}^{(i)})^{\mathrm{T}} \boldsymbol{x}^{(j)}] \tag{17-24}
$$

此时可以看到，目标函数 $L(\boldsymbol{w}, b, \alpha_i)$ 的具体表达式里已没有 b，但 b 的优化结果可以从最原始的目标函数中求解。在原始目标函数中：

$$
\begin{gathered}
\min_{\boldsymbol{w}, b}\frac{1}{2}\|\boldsymbol{w}\|^2 \\
\text{s.t. } \forall i \in \{1,2,\cdots,m\}, y^{(i)}(\boldsymbol{w}^{\mathrm{T}}\boldsymbol{x}^{(i)} + b) \geqslant 1
\end{gathered} \tag{17-25}
$$

由 $y^{(i)}(\boldsymbol{w}^{\mathrm{T}}\boldsymbol{x}^{(i)} + b) \geqslant 1$ 可得：

$$
\begin{cases}
-(\boldsymbol{w}^{\mathrm{T}}\boldsymbol{x}^{(i)} + b) \geqslant 1 & i \in \{i \mid y^{(i)} = -1\} \\
(\boldsymbol{w}^{\mathrm{T}}\boldsymbol{x}^{(i)} + b) \geqslant 1 & i \in \{i \mid y^{(i)} = 1\}
\end{cases} \tag{17-26}
$$

即：

$$
\begin{cases}
b \leqslant -1 - \boldsymbol{w}^{\mathrm{T}}\boldsymbol{x}^{(i)} & i \in \{i \mid y^{(i)} = -1\} \\
b \geqslant 1 - \boldsymbol{w}^{\mathrm{T}}\boldsymbol{x}^{(i)} & i \in \{i \mid y^{(i)} = 1\}
\end{cases} \tag{17-27}
$$

上式 b 需要对所有样本 i 都满足，所以 b 只需满足 m 个 i 点中的特例：

$$
1 - \min_{\{i \mid y^{(i)} = 1\}}(\boldsymbol{w}^{\mathrm{T}}\boldsymbol{x}^{(i)}) \leqslant b \leqslant -1 - \max_{\{i \mid y^{(i)} = -1\}}(\boldsymbol{w}^{\mathrm{T}}\boldsymbol{x}^{(i)}) \tag{17-28}
$$

当 $\boldsymbol{w}$ 的优化结果 $\boldsymbol{w}^*$ 确定时，b 的取值一般为其上下界的中间值，即：

$$b^{*}=\frac{-\max\limits_{\{i|y^{(i)}=-1\}}(\boldsymbol{w}^{\mathrm{T}}\boldsymbol{x}^{(i)})-\min\limits_{\{i|y^{(i)}=1\}}(\boldsymbol{w}^{\mathrm{T}}\boldsymbol{x}^{(i)})}{2} \tag{17-29}$$

回到之前的结论 $L(\boldsymbol{w},b,\alpha_i)=\sum\limits_{i=1}^{m}\alpha_i-\frac{1}{2}\sum\limits_{j=1}^{m}\sum\limits_{i=1}^{m}[\alpha_i\alpha_j y^{(i)}y^{(j)}(\boldsymbol{x}^{(i)})^{\mathrm{T}}\boldsymbol{x}^{(j)}]$。将原优化问题 $\min\limits_{\boldsymbol{w},b}\max\limits_{\alpha_i}L(\boldsymbol{w},b,\alpha_i)$ 转化为其等价优化问题：

$$\max_{\alpha_i}\min_{\boldsymbol{w},b}L(\boldsymbol{w},b,\alpha_i) \tag{17-30}$$

同样根据 $\frac{\partial L(\boldsymbol{w},b,\alpha_i)}{\partial w}=0$、$\frac{\partial L(\boldsymbol{w},b,\alpha_i)}{\partial b}=0$，将 $\boldsymbol{w}=\sum\limits_{i=1}^{m}\alpha_i y^{(i)}\boldsymbol{x}^{(i)}$、$\sum\limits_{i=1}^{m}\alpha_i y^{(i)}=0$ 代入后，优化问题变为：

$$\max_{\alpha_i}\left(\sum_{i=1}^{m}\alpha_i-\frac{1}{2}\sum_{j=1}^{m}\sum_{i=1}^{m}[\alpha_i\alpha_j y^{(i)}y^{(j)}(\boldsymbol{x}^{(i)})^{\mathrm{T}}\boldsymbol{x}^{(j)}]\right)$$
$$\text{s. t.}\ \sum_{i=1}^{m}\alpha_i y^{(i)}=0,\alpha_i,\alpha_j\geqslant 0 \tag{17-31}$$

接下来需要利用 SMO 算法求解上述优化问题中的 α_i，在解得 α_i 后可根据 $\boldsymbol{w}^{*}=\sum\limits_{i=1}^{m}\alpha_i y^{(i)}\boldsymbol{x}^{(i)}$ 以及 $b^{*}=\frac{-\max\limits_{\{i|y^{(i)}=-1\}}(\boldsymbol{w}^{\mathrm{T}}\boldsymbol{x}^{(i)})-\min\limits_{\{i|y^{(i)}=1\}}(\boldsymbol{w}^{\mathrm{T}}\boldsymbol{x}^{(i)})}{2}$ 求得分类面的参数。但是，此时求得的分类面存在一个可能导致过拟合的实用性问题，因为上述过程严格限制了分类面在训练集上的百分百分类正确性，以图 17-6 为例。

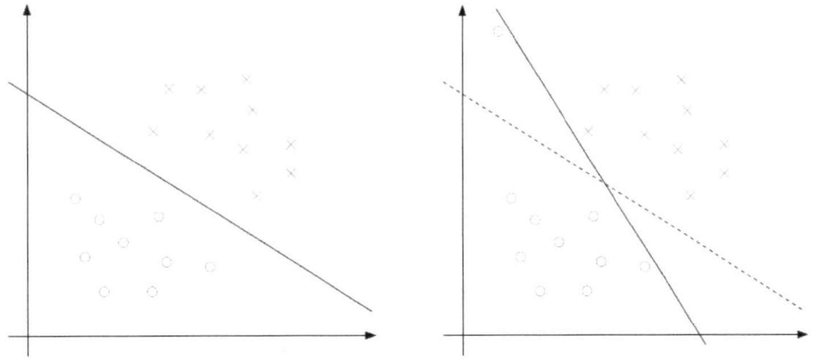

a)　　　　b)

图 17-6　过拟合问题示意图

若训练集为图 17-6a 的易分类集，则此时求得的分类面不但可以将两类样本点完全正确地分开，两类样本集中到分类面的最短距离也比较大。然而，当训练集中有个别异常样本点，如图 17-6b 的训练集只比图 17-6a 训练集中多了一个异常样本时，由于此时求得的分类面仍然必须是在训练集上分类完全正确的分类面，因此求得的分类面会变为图 b 实线。图 b 虚线表示无异常样本点时求得的分类面，即图 a 的分类面。将图 b 的虚线和实线进行对比可以发现，极个别异常样本点会使得分类面产生巨大变化，且由于个别异常值的限制，两类样本集中到分类面的最短距离急剧减小，即目标函数 $\max\limits_{w,b}(\min\limits_{i=1,\cdots,m}(\gamma^{(i)}))$ 的最优值很小。

实际中，不一定需要保证分类面在训练集上的百分百分类正确率，我们更希望得到接近于图 17-46b 虚线所示的分类面。因此，需要在目标函数中引入惩罚项，但不一定要在最初的目标函数处加入，可以选择在以下的目标函数化简阶段加入惩罚项。

原优化问题：

$$\min_{w,b}\frac{1}{2}\|\boldsymbol{w}\|^2$$
$$\text{s.t. } \forall i\in\{1,2,\cdots,m\},y^{(i)}(\boldsymbol{w}^{\mathrm{T}}\boldsymbol{x}^{(i)}+b)\geqslant 1 \tag{17-32}$$

将上述优化问题转化为：

$$\min_{w,b}\frac{1}{2}\|\boldsymbol{w}\|^2+C\sum_{i=1}^{m}\xi_i$$
$$\text{s.t. } \forall i\in\{1,2,\cdots,m\},y^{(i)}(\boldsymbol{w}^{\mathrm{T}}\boldsymbol{x}^{(i)}+b)\geqslant 1-\xi_i,\xi_i\geqslant 0 \tag{17-33}$$

上述ξ_i相关部分之所以解决了之前所说的实用性问题，是因为它不要求每一个样本点到分类面的距离都大于等于阈值$\boldsymbol{\lambda}$，即不要求每一个$y^{(i)}(\boldsymbol{w}^{\mathrm{T}}\boldsymbol{x}^{(i)}+b)$都大于等于1，可以出现小于1的情况，具体比1小多少由ξ_i决定。同时，比1小是有代价的，这个代价也与ξ_i有关，$y^{(i)}(\boldsymbol{w}^{\mathrm{T}}\boldsymbol{x}^{(i)}+b)$比1小越多，即$\xi_i$越大，则因为目标是最小化目标函数，所以目标函数的惩罚项为$C\sum_{i=1}^{m}\xi_i$，随ξ_i的增大而增大。其中C是大于0的惩罚系数，是预设值，C越大则到分类面距离小于阈值$\boldsymbol{\lambda}$的样本点在目标函数上的成本越高。

同样对加入惩罚项的目标函数应用拉格朗日乘数法，构造拉格朗日乘子：

$$L(\boldsymbol{w},b,\xi_i,\alpha_i,r_i)=\frac{1}{2}\boldsymbol{w}^{\mathrm{T}}\boldsymbol{w}+C\sum_{i=1}^{m}\xi_i-\sum_{i=1}^{m}\alpha_i[y^{(i)}(\boldsymbol{w}^{\mathrm{T}}\boldsymbol{x}^{(i)}+b)-(1-\xi_i)]-\sum_{i=1}^{m}r_i(\xi_i-0) \tag{17-34}$$

其中$\alpha_i\geqslant 0$

$$y^{(i)}(\boldsymbol{w}^{\mathrm{T}}\boldsymbol{x}^{(i)}+b)-1+\xi_i\geqslant 0 \tag{17-35}$$

其中$\xi_i\geqslant 0$，$r_i\geqslant 0$

令$\frac{\partial L(\boldsymbol{w},b,\xi_i,\alpha_i,r_i)}{\partial \boldsymbol{w}}=0$，与之前计算结果一样可得：$\boldsymbol{w}=\sum_{i=1}^{m}\alpha_i y^{(i)}x^{(i)}$。

令$\frac{\partial L(\boldsymbol{w},b,\xi_i,\alpha_i,r_i)}{\partial b}=0$，与之前计算结果一样可得：$\sum_{i=1}^{m}\alpha_i y^{(i)}=0$。

令$\frac{\partial L(\boldsymbol{w},b,\xi_i,\alpha_i,r_i)}{\partial \xi_i}=0$，则有：$C-\alpha_i-r_i=0$。

故：

$0\leqslant\alpha_i\leqslant C$（对应 svmtrain. m：boxconstraint）

将$\boldsymbol{w}=\sum_{i=1}^{m}\alpha_i y^{(i)}\boldsymbol{x}^{(i)}$、$\sum_{i=1}^{m}\alpha_i y^{(i)}=0$与$C-\alpha_i-r_i=0$代入$\max_{\alpha_i}\min_{w,b,\xi_i}L(\boldsymbol{w},b,\xi_i,\alpha_i,r_i)$

即代入：$\frac{1}{2}\boldsymbol{w}^{\mathrm{T}}\boldsymbol{w}+C\sum_{i=1}^{m}\xi_i-\sum_{i=1}^{m}\alpha_i[y^{(i)}(\boldsymbol{w}^{\mathrm{T}}\boldsymbol{x}^{(i)}+b)-(1-\xi_i)]-\sum_{i=1}^{m}r_i\xi_i$

可得：

因为将$\boldsymbol{w}=\sum_{i=1}^{m}\alpha_i y^{(i)}\boldsymbol{x}^{(i)}$与$\sum_{i=1}^{m}\alpha_i y^{(i)}=0$代入$\frac{1}{2}\boldsymbol{w}^{\mathrm{T}}\boldsymbol{w}-\sum_{i=1}^{m}\alpha_i[y^{(i)}(\boldsymbol{w}^{\mathrm{T}}\boldsymbol{x}^{(i)}+b)-1]$部分的过程与之前完全一样，即得：

$$\sum_{i=1}^{m}\alpha_i-\frac{1}{2}\sum_{j=1}^{m}\sum_{i=1}^{m}[\alpha_i\alpha_j y^{(i)}y^{(j)}(\boldsymbol{x}^{(i)})^{\mathrm{T}}\boldsymbol{x}^{(j)}] \tag{17-36}$$

将 $C-\alpha_i-r_i=0$ 代入剩余部分 $C\sum_{i=1}^{m}\xi_i-\sum_{i=1}^{m}\alpha_i\xi_i-\sum_{i=1}^{m}r_i\xi_i$ 可得：

$$\begin{aligned}&C\sum_{i=1}^{m}\xi_i-\sum_{i=1}^{m}(\alpha_i+r_i)\xi_i\\&=C\sum_{i=1}^{m}\xi_i-\sum_{i=1}^{m}C\xi_i\\&=C\sum_{i=1}^{m}\xi_i-C\sum_{i=1}^{m}\xi_i=0\end{aligned} \tag{17-37}$$

将 $\frac{1}{2}\boldsymbol{w}^{\mathrm{T}}\boldsymbol{w}-\sum_{i=1}^{m}\alpha_i[y^{(i)}(\boldsymbol{w}^{\mathrm{T}}\boldsymbol{x}^{(i)}+b)-1]$ 与 $C\sum_{i=1}^{m}\xi_i-\sum_{i=1}^{m}\alpha_i\xi_i-\sum_{i-1}^{m}r_i\xi_i$ 两部分的化简结果加在一起得：

$$\sum_{i=1}^{m}\alpha_i-\frac{1}{2}\sum_{j=1}^{m}\sum_{i=1}^{m}[\alpha_i\alpha_j y^{(i)}y^{(j)}(\boldsymbol{x}^{(i)})^{\mathrm{T}}\boldsymbol{x}^{(j)}]+0 \tag{17-38}$$

上式结果其实就是 $\frac{1}{2}\boldsymbol{w}^{\mathrm{T}}\boldsymbol{w}-\sum_{i=1}^{m}\alpha_i[y^{(i)}(\boldsymbol{w}^{\mathrm{T}}\boldsymbol{x}^{(i)}+b)-1]$ 的化简结果。

此时，先看一下α_i的取值情况，这在最后用 SMO 求解最终优化问题时有用。

首先，$0\leqslant\alpha_i\leqslant C$。

当$y^{(i)}(\boldsymbol{w}^{\mathrm{T}}\boldsymbol{x}^{(i)}+b)>1$ 时，为了 $\max\limits_{\alpha_i}\left(\frac{1}{2}\boldsymbol{w}^{\mathrm{T}}\boldsymbol{w}-\sum_{i=1}^{m}\alpha_i[y^{(i)}(\boldsymbol{w}^{\mathrm{T}}\boldsymbol{x}^{(i)}+b)-1]\right)$，则有$\alpha_i=0$。

当$y^{(i)}(\boldsymbol{w}^{\mathrm{T}}\boldsymbol{x}^{(i)}+b)=1$ 时，因为$y^{(i)}(\boldsymbol{w}^{\mathrm{T}}\boldsymbol{x}^{(i)}+b)-1=0$，所以$\alpha_i$的取值不会对目标函数最大化产生影响，即它只需满足 $0\leqslant\alpha_i\leqslant C$。

当$y^{(i)}(\boldsymbol{w}^{\mathrm{T}}\boldsymbol{x}^{(i)}+b)<1$ 时，为了 $\max\limits_{\alpha_i}\left(\frac{1}{2}\boldsymbol{w}^{\mathrm{T}}\boldsymbol{w}-\sum_{i=1}^{m}\alpha_i[y^{(i)}(\boldsymbol{w}^{\mathrm{T}}\boldsymbol{x}^{(i)}+b)-1]\right)$，$[y^{(i)}(\boldsymbol{w}^{\mathrm{T}}\boldsymbol{x}^{(i)}+b)-1]$为负数，则应最大化$\alpha_i=C$。

综合后得到 KKT 条件：

$$\begin{cases}\alpha_i=0 & y^{(i)}(\boldsymbol{w}^{\mathrm{T}}\boldsymbol{x}^{(i)}+b)>1\\0<\alpha_i<C & y^{(i)}(\boldsymbol{w}^{\mathrm{T}}\boldsymbol{x}^{(i)}+b)=1\\\alpha_i=C & y^{(i)}(\boldsymbol{w}^{\mathrm{T}}\boldsymbol{x}^{(i)}+b)<1\end{cases}$$

即目标函数为：

$$\begin{aligned}&\max_{\alpha_i}\min_{\boldsymbol{w},b,\xi_i}L(\boldsymbol{w},b,\xi_i,\alpha_i,r_i)=\max_{\alpha_i}\left(\sum_{i=1}^{m}\alpha_i-\frac{1}{2}\sum_{j=1}^{m}\sum_{i=1}^{m}[\alpha_i\alpha_j y^{(i)}y^{(j)}(\boldsymbol{x}^{(i)})^{\mathrm{T}}\boldsymbol{x}^{(j)}]\right)\\&\text{s. t. }\forall i\in\{1,2,\cdots,m\},0\leqslant\alpha_i\leqslant C,\sum_{i=1}^{m}\alpha_i y^{(i)}=0\end{aligned} \tag{17-39}$$

17.1.4 顺序选取 α 的 SMO 算法

在上述优化问题中，无法通过先假设固定某一个α_i以外的所有 $m-1$ 个α_k，再调整α_i使得目标函数慢慢变大，直到接近全局最优的目的。因为由于条件 $\sum_{i=1}^{m}\alpha_i y^{(i)}=0$ 的限制，一旦固定了 $m-1$ 个α_k，则没有被固定的α_i实际上也被固定了，它的值为 $\frac{-\sum_{k\neq i}^{m}\alpha_k y^{(k)}}{y^{(i)}}$。因此，可以尝试固定$m-2$个$\alpha_i$，通过改变另外两个$\alpha_k$、$\alpha_n$来使得目标值逐步变大，最终趋近于全局最优。这就是 SMO 的主要思想。

假设首先选出的是α_1、α_2，此时固定其他$m-2$个α_i。将与α_1、α_2相关的项拆出后，目标函数：

$$\max_{\alpha_i}\min_{w,b,\xi_i} L(w,b,\xi_i,\alpha_i,r_i) = \max_{\alpha_i}\left(\sum_{i=1}^{m}\alpha_i - \frac{1}{2}\sum_{j=1}^{m}\sum_{i=1}^{m}[\alpha_i\alpha_j y^{(i)} y^{(j)} (\boldsymbol{x}^{(i)})^{\mathrm{T}}\boldsymbol{x}^{(j)}]\right) \tag{17-40}$$

变为：

$$\begin{aligned}&\max_{\alpha_1,\alpha_2}(\alpha_1+\alpha_2+\sum_{i=3}^{m}\alpha_i - \frac{1}{2}\alpha_1\alpha_1 y^{(1)} y^{(1)} (x^{(1)})^{\mathrm{T}} x^{(1)} - \frac{1}{2}\alpha_2\alpha_2 y^{(2)} y^{(2)} (x^{(2)})^{\mathrm{T}} x^{(2)} - \\ &\alpha_1\alpha_2 y^{(1)} y^{(2)} (x^{(1)})^{\mathrm{T}} x^{(2)} - \sum_{i=3}^{m}\alpha_1\alpha_i y^{(1)} y^{(i)} (x^{(1)})^{\mathrm{T}}\boldsymbol{x}^{(i)} - \sum_{i=3}^{m}\alpha_2\alpha_i y^{(2)} y^{(i)} (x^{(2)})^{\mathrm{T}}\boldsymbol{x}^{(i)} - \\ &\frac{1}{2}\sum_{j=3}^{m}\sum_{i=3}^{m}[\alpha_i\alpha_2 y^{(i)} y^{(2)} (\boldsymbol{x}^{(i)})^{\mathrm{T}} x^{(2)}])\end{aligned} \tag{17-41}$$

上述对$\frac{1}{2}\sum_{j=1}^{m}\sum_{i=1}^{m}[\alpha_i\alpha_j y^{(i)} y^{(j)} (\boldsymbol{x}^{(i)})^{\mathrm{T}} x^{(j)}]$的拆项原理如图 17-7 所示。

	i				
	(α_1,α_1)	(α_1,α_2)	(α_1,α_3)	…	(α_1,α_m)
	(α_2,α_1)	(α_2,α_2)	(α_2,α_3)	…	(α_2,α_m)
i					
	(α_3,α_1)	(α_3,α_2)	(α_3,α_3)	…	(α_3,α_m)
	…	…	…		…
	(α_m,α_1)	(α_m,α_2)	(α_m,α_3)		(α_m,α_m)

图 17-7 α 对的拆解原理

表中每一格（α_j,α_i）表示$\frac{1}{2}\sum_{j=1}^{m}\sum_{i=1}^{m}[\alpha_i\alpha_j y^{(i)} y^{(j)} (\boldsymbol{x}^{(i)})^{\mathrm{T}}\boldsymbol{x}^{(j)}]$中与$\alpha_j\alpha_i$相关的$\alpha_i\alpha_j y^{(i)} y^{(j)} (\boldsymbol{x}^{(i)})^{\mathrm{T}}\boldsymbol{x}^{(j)}$。根据$(\alpha_j,\alpha_i)$的表达式易得表中相同颜色的部分的求和结果相同。

设$K_{ij}=(\boldsymbol{x}^{(i)})^{\mathrm{T}}\boldsymbol{x}^{(j)}$、$v_i=\sum_{j=3}^{m}\alpha_j y^{(j)} K_{ij}$，则优化问题$\max_{\alpha_1,\alpha_2}(\cdot)$变为：

$\max_{\alpha_1,\alpha_2}\left(\alpha_1+\alpha_2-\frac{1}{2}y^{(1)}y^{(1)}K_{11}\alpha_1^2-\frac{1}{2}y^{(2)}y^{(2)}K_{22}\alpha_2^2-y^{(1)}y^{(2)}K_{12}\alpha_1\alpha_2-y^{(1)}v_1\alpha_1-y^{(2)}v_2\alpha_2+Q\right)$其中，$Q$为所有与$\alpha_1\alpha_2$无关的固定项。

因为$y^{(i)}\in\{-1,1\}$，所以$y^{(i)}y^{(i)}=1$，故优化问题可简化为：

$$\max_{\alpha_1,\alpha_2}(\alpha_1+\alpha_2-\frac{1}{2}K_{11}\alpha_1^2-\frac{1}{2}K_{22}\alpha_2^2-y^{(1)}y^{(2)}K_{12}\alpha_1\alpha_2-y^{(1)}v_1\alpha_1-y^{(2)}v_2\alpha_2+Q) \tag{17-42}$$

因为：

$$\begin{aligned}&\alpha_1 y^{(1)}+\alpha_2 y^{(2)} = -\sum_{i=3}^{m}\alpha_i y^{(i)}\\ &\text{s. t. }\forall i\in\{1,2,\cdots,m\},0\leqslant\alpha_i\leqslant C\end{aligned} \tag{17-43}$$

此时的目标函数可以看作是α_1、α_2的函数。

设 $-\sum_{i=3}^{m}\alpha_i y^{(i)}=\lambda$；则$\alpha_1$又可用$\alpha_1=\frac{\lambda-\alpha_2 y^{(2)}}{y^{(1)}}$表示。

因为$\frac{\lambda-\alpha_2 y^{(2)}}{y^{(1)}}=(\lambda-\alpha_2 y^{(2)})y^{(1)}$，这是因为$(y^{(1)})^2=1$。

因此α_1可用$(\lambda-\alpha_2 y^{(2)})y^{(1)}$代替，即目标函数将变为只关于$\alpha_2$的二次函数：

$$\max_{\alpha_2}((\lambda-y^{(2)}\alpha_2)y^{(1)}+\alpha_2-\frac{1}{2}K_{11}(\lambda-y^{(2)}\alpha_2)^2(y^{(1)})^2-\frac{1}{2}K_{22}\alpha_2^2-y^{(1)}y^{(2)}K_{12}(\lambda-y^{(2)}\alpha_2)$$
$$y^{(1)}\alpha_2-y^{(1)}v_1(\lambda-y^{(2)}\alpha_2)y^{(1)}-y^{(2)}v_2\alpha_2+Q)$$上式由$y^{(i)}y^{(i)}=1$ 化简，并去掉固定项 Q 得：

$$\max_{\alpha_2}((\lambda-y^{(2)}\alpha_2)y^{(1)}+\alpha_2-\frac{1}{2}K_{11}(\lambda-y^{(2)}\alpha_2)^2-\frac{1}{2}K_{22}\alpha_2^2-y^{(2)}K_{12}(\lambda-y^{(2)}\alpha_2)\alpha_2-v_1(\lambda-$$
$$y^{(2)}\alpha_2)-y^{(2)}v_2\alpha_2)$$上式中被最大化的函数对α_2求导得：

$$\begin{aligned}\frac{\partial\cdot}{\partial\alpha_2}&=-y^{(1)}y^{(2)}+1+K_{11}(\lambda-\alpha_2 y^{(2)})y^{(2)}-K_{22}\alpha_2+2y^{(2)}K_{12}\alpha_2 y^{(2)}+v_1 y^{(2)}-v_2 y^{(2)}=K_{11}(\lambda-\\&\alpha_2 y^{(2)})y^{(2)}-K_{22}\alpha_2-y^{(2)}K_{12}\lambda+2y^{(2)}K_{12}\alpha_2 y^{(2)}-y^{(1)}y^{(2)}+1+v_1 y^{(2)}-v_2 y^{(2)}=K_{11}\lambda y^{(2)}\\&-K_{11}\alpha_2-K_{22}\alpha_2-y^{(2)}K_{12}\lambda+2K_{12}\alpha_2-y^{(1)}y^{(2)}+1+v_1 y^{(2)}-v_2 y^{(2)}\\&=-(K_{11}+K_{22}-2K_{12})\alpha_2+K_{11}\lambda y^{(2)}-K_{12}\lambda y^{(2)}-y^{(1)}y^{(2)}+1+v_1 y^{(2)}-v_2 y^{(2)}\end{aligned}\tag{17-44}$$

令$\frac{\partial\cdot}{\partial\alpha_2}=0$ 得：

$$-(K_{11}+K_{22}-2K_{12})\alpha_2+K_{11}\lambda y^{(2)}-K_{12}\lambda y^{(2)}-y^{(1)}y^{(2)}+1+v_1 y^{(2)}-v_2 y^{(2)}=0\tag{17-45}$$

此处要说明的是，在求解优化问题时，会先初始化一组符合约束条件的$\alpha_1,\alpha_2,\cdots,\alpha_m$，之后依次从其中选出两个进行上述过程。因为定义了 $-\sum_{i=3}^{m}\alpha_i y^{(i)}=\lambda$，因此之前提到的$\alpha_1 y^{(1)}+\alpha_2 y^{(2)}=\lambda$ 其实是$\alpha_1^{old}y^{(1)}+\alpha_2^{old}y^{(2)}=\lambda$。为了与$\alpha_i^{old}$区分，将使得式子 $-(K_{11}+K_{22}-2K_{12})\alpha_2+K_{11}\lambda y^{(2)}-K_{12}\lambda y^{(2)}-y^{(1)}y^{(2)}+1+v_1 y^{(2)}-v_2 y^{(2)}=0$ 成立的新α_i称为$\alpha_i^{new,unclipped}$，关键词 unclipped 意思为目前求得的$\alpha_i^{new,unclipped}$是未考虑最终的α_i^{new}要大于等于 0、小于等于 C 这个限制条件的。

将$\alpha_1^{old}y^{(1)}+\alpha_2^{old}y^{(2)}=\lambda$ 与$\alpha_i^{new,unclipped}$代入：

$-(K_{11}+K_{22}-2K_{12})\alpha_2+K_{11}\lambda y^{(2)}-K_{12}\lambda y^{(2)}-y^{(1)}y^{(2)}+1+v_1 y^{(2)}-v_2 y^{(2)}=0$ 可得：

$$\begin{aligned}&-(K_{11}+K_{22}-2K_{12})\alpha_2^{new,unclipped}+K_{11}(\alpha_1^{old}y^{(1)}+\alpha_2^{old}y^{(2)})y_2-K_{12}(\alpha_1^{old}y^{(1)}+\alpha_2^{old}y^{(2)})\\&\qquad y^{(2)}-y^{(1)}y^{(2)}+1+v_1 y^{(2)}-v_2 y^{(2)}=0\end{aligned}\tag{17-46}$$

将 $v_i=\sum_{j=3}^{m}\alpha_j^{old}y^{(j)}K_{ij}=f(x^{(i)})-y^{(1)}\alpha_1^{old}K_{i1}-y^{(2)}\alpha_2^{old}K_{i2}-b$ 代入上式，其中$f(x)$表示用此时得到的$\alpha_1,\alpha_2,\cdots,\alpha_m$和 b 构建出的分类面对样本点 x 进行分类的结果，因为$\boldsymbol{w}=\sum_{i=1}^{m}\alpha_i y^{(i)}x^{(i)}$，所以$f(x)=\boldsymbol{w}^{\mathrm{T}}x+b=\sum_{i=1}^{m}\alpha_i^{old}y^{(i)}(x^{(i)})^{\mathrm{T}}x+b$，可得：

$$\begin{aligned}&-(K_{11}+K_{22}-2K_{12})\alpha_2^{new,unclipped}-(K_{12}-K_{11})(\alpha_1^{old}y^{(1)}+\alpha_2^{old}y^{(2)})y^{(2)}-y^{(1)}y^{(2)}+1\\&-(f(x^{(2)})-f(x^{(1)})+y^{(1)}\alpha_1^{old}K_{11}+y^2\alpha_2^{old}K_{12}-y^{(1)}\alpha_1^{old}K_{21}-y^{(2)}\alpha_2^{old}K_{22})y^{(2)}=0\end{aligned}\tag{17-47}$$

即：

$$-(K_{11}+K_{22}-2K_{12})\alpha_2^{new,unclipped}-(K_{12}\alpha_1^{old}y^{(1)}-K_{11}\alpha_1^{old}y^{(1)}+K_{12}\alpha_2^{old}y^{(2)}-K_{11}\alpha_2^{old}y^{(2)})y^{(2)}-y^{(1)}y^{(2)}+1-$$

$$(f(x^{(2)})-f(x^{(1)}))y^{(2)}-y^{(1)}y^{(2)}\alpha_1^{old}K_{11}-\alpha_2^{old}K_{12}+y^{(1)}y^{(2)}\alpha_1^{old}K_{21}+\alpha_2^{old}K_{22}=0 \quad (17\text{-}48)$$

即：

$$-(K_{11}+K_{22}-2K_{12})\alpha_2^{new,unclipped}-y^{(1)}y^{(2)}+1-(f(x^{(2)})-f(x^{(1)}))y^{(2)}+y^{(1)}y^{(2)}K_{21}\alpha_1^{old}-$$
$$y^{(1)}y^{(2)}K_{12}\alpha_1^{old}+y^{(1)}y^{(2)}K_{11}\alpha_1^{old}-y^{(1)}y^{(2)}K_{11}\alpha_1^{old}-2K_{12}\alpha_2^{old}+K_{11}\alpha_2^{old}+K_{22}\alpha_2^{old}=0 \quad (17\text{-}49)$$

因为$K_{ij}=K_{ji}$，故：

$$-(K_{11}+K_{22}-2K_{12})\alpha_2^{new,unclipped}-y^{(1)}y^{(2)}+1-(f(x^{(2)})-f(x^{(1)}))y^{(2)}-2K_{12}\alpha_2^{old}+K_{11}\alpha_2^{old}+K_{22}\alpha_2^{old}=0 \quad (17\text{-}50)$$

即：

$$-(K_{11}+K_{22}-2K_{12})\alpha_2^{new,unclipped}=y^{(1)}y^{(2)}-1+(f(x^{(2)})-f(x^{(1)}))y^{(2)}+(2K_{12}-K_{11}-K_{22})\alpha_2^{old} \quad (17\text{-}51)$$

即：

$(K_{11}+K_{22}-2K_{12})\alpha_2^{new,unclipped}=(K_{11}+K_{22}-2K_{12})\alpha_2^{old}+y^{(2)}[y^{(2)}-y^{(1)}+f(x^{(1)})-f(x^{(2)})]$令$E_i=f(x^{(i)})-y^{(i)}$，$E_i$表示对$x^{(i)}$的预测值与其标签之差；令$\eta=K_{11}+K_{22}-2K_{12}$（对应 *svmtrain. m*：*eta = fullKernel(i,i) + fullKernel(j,j) - 2 * fullKernel(i,j)*）并代入得：

$$\alpha_2^{new,unclipped}=\alpha_2^{old}+\frac{y^{(2)}(E_1-E_2)}{\eta} \quad (17\text{-}52)$$

结合α_2作为自变量的定义域［0,C］可以轻松求得该二次函数的最大值以及α_2^{new}的值。

举例说明（$y^{(1)}$与$y^{(2)}$同号，且$\lambda<C$）（$y^{(1)}$与$y^{(2)}$异、同号以及λ，C之间大小关系的所有讨论部分即为 svmtrain. m：line 248 to 254）：

假设 C =4；$\alpha_1^{new,unclipped}y^{(1)}+\alpha_2^{new,unclipped}y^{(2)}=\lambda$ 中各定值为：

$$\alpha_1^{new,unclipped}+\alpha_2^{new,unclipped}=3 \quad (17\text{-}53)$$

则$\alpha_2^{new,unclipped}$需满足的限制如图 17-8 所示。

斜线线段上的点的坐标是(α_2^{new},α_1^{new})的可取值，是$\alpha_1^{new,unclipped}y^{(1)}+\alpha_2^{new,unclipped}y^{(2)}=\lambda$ 的图像。如果$\alpha_2^{new,unclipped}=\alpha_2^{old}+\frac{y^{(2)}(E_1-E_2)}{\eta}$中$\alpha_2^{new,unclipped}$的解小于 0，则($\alpha_2^{new}$,$\alpha_1^{new}$)取斜线线段上的左端点坐标（0,3）；如果$\alpha_2^{new,unclipped}$的解大于 3，则（$\alpha_2^{new}$,$\alpha_1^{new}$）取斜线线段上的右端点坐标(3,0)（对应 svmtrain. m：line 264 to 268）。

当$y^{(1)}$与$y^{(2)}$同号，且$\lambda>C$时，如图 17-9 所示。图中斜线加粗线段为（α_2^{new},α_1^{new}）的取值范围。

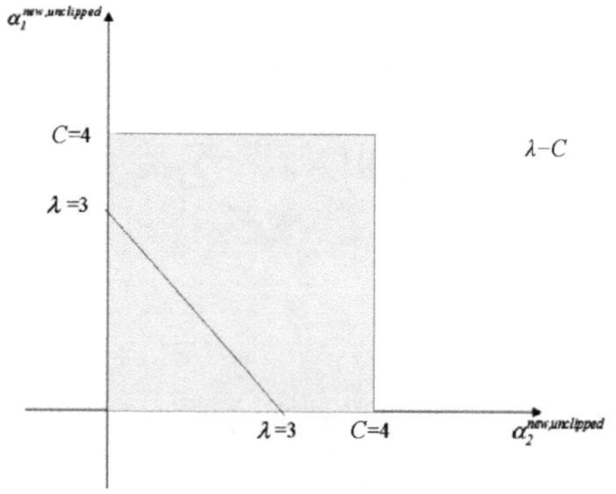

图 17-8　λ 小于 C 时 α 的筛选

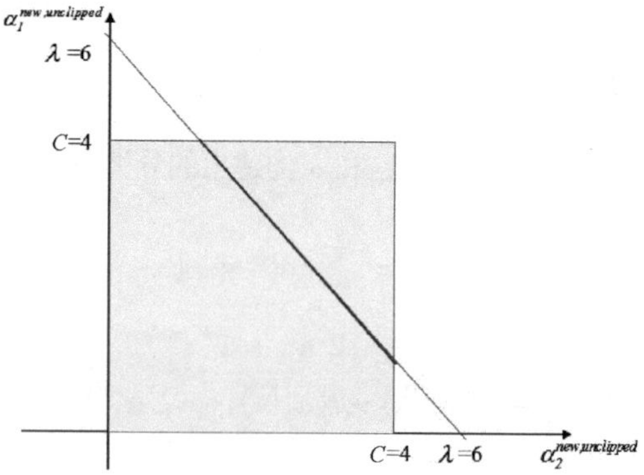

图 17-9　λ 大于 C 时 α 的筛选

当$y^{(1)}$与$y^{(2)}$异号，且$\lambda < C$时有图17-10和图17-11两种情形，图17-10和图17-11中斜线线段为（$\alpha_2^{new}, \alpha_1^{new}$）的取值范围。左右图分别对应$y^{(1)}$为1与-1的两种情况。

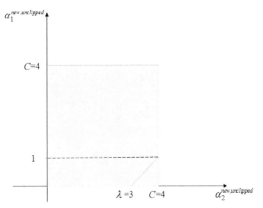

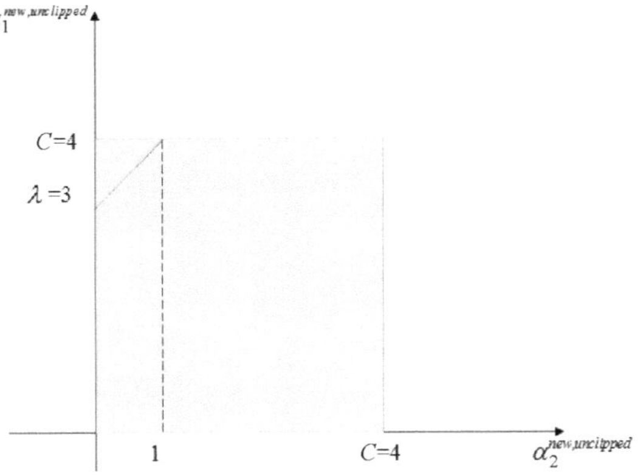

图17-10　**λ**小于**C**且标签异号时**α**的筛选

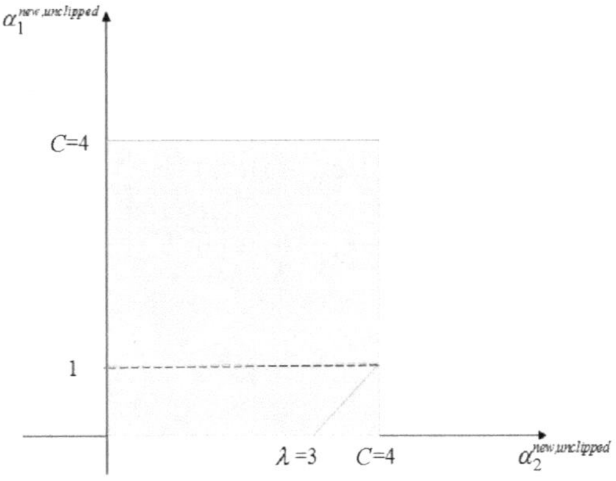

图17-11　**λ**小于**C**且标签异号时**α**的筛选

当$y^{(1)}$与$y^{(2)}$异号，且$\lambda > C$时不成立。

因为要求$\alpha_1^{new}y^{(1)} + \alpha_2^{new}y^{(2)} = \alpha_1^{old}y^{(1)} + \alpha_2^{old}y^{(2)}$，所以：

$$\alpha_1^{new}y^{(1)} - \alpha_1^{old}y^{(1)} = \alpha_2^{old}y^{(2)} - \alpha_2^{new}y^{(2)}$$

$$\alpha_1^{new}y^{(1)} = y^{(2)}(\alpha_2^{old} - \alpha_2^{new}) + \alpha_1^{old}y^{(1)}$$

$$\alpha_1^{new} = y^{(1)}y^{(2)}(\alpha_2^{old} - \alpha_2^{new}) + \alpha_1^{old}$$

（对应svmtrain.m：alpha_i = alphas(i) + targetLabels(j) * targetLabels(i) * (alphas(j) - alpha_j)）

求得α_1^{new}。

在确定了α_1^{new}、α_2^{new}之后，因为：

$$b = y^{(i)} - \boldsymbol{w}^{\mathrm{T}}\boldsymbol{x}^{(i)} \tag{17-54}$$

代入$w = \sum_{k=1}^{m} \alpha_k y^{(k)} x^{(k)}$、$K_{ik} = (\boldsymbol{x}^{(i)})^{\mathrm{T}}\boldsymbol{x}^{(k)}$可得：

$$\begin{aligned} b &= y^{(i)}\left(1 - y^{(i)}\sum_{k=1}^{m} \alpha_k y^{(k)} K_{ik}\right) \\ &= y^{(i)} g_i \end{aligned} \tag{17-55}$$

其中，g_i表示目标函数对α_i的偏导。关于$1 - y^{(i)}\sum_{k=1}^{m} \alpha_k y^{(k)} K_{ik} = g_i$的推导将在下一小节确定$\alpha_i$部分给出。

然后开始下次迭代，重新取出α_3、α_4作为下次最大化目标函数时要求的变量，固定其余的α_i（此时$\alpha_{1,2}$被$\alpha_{1,2}^{new}$替代），直到求出α_m的值。

17.1.5　结合 Maximum Gain Method 对α选择的优化

上一小节给出的SMO求解最优α的过程是按顺序依次选择一对α_i、α_j进行分部求优的。但这是可以优化的地方，Maximum Gain Method 的思想就是在确定了一个α_i后，选择能让目标函数$\max\limits_{\alpha_i}\left(\sum_{i=1}^{m} \alpha_i - \frac{1}{2}\sum_{j=1}^{m}\sum_{i=1}^{m}[\alpha_i \alpha_j y^{(i)} y^{(j)} (\boldsymbol{x}^{(i)})^{\mathrm{T}} \boldsymbol{x}^{(j)}]\right)$中的$\sum_{i=1}^{m} \alpha_i - \frac{1}{2}\sum_{j=1}^{m}\sum_{i=1}^{m}[\alpha_i \alpha_j y^{(i)} y^{(j)} (\boldsymbol{x}^{(i)})^{\mathrm{T}} \boldsymbol{x}^{(j)}]$

调整时增加最多的一个α_j。

从 Maximum Gain Method 的思想可以明白，该算法的步骤需要首先确定选择α_i，然后基于给定的α_i选择一个能够让目标函数最大化的α_j，根据α_i、α_j可以求解参数 b 和收敛条件。下面对 4 个步骤分别详细介绍。

1. 确定α_i

令 $K_{ij} = (\boldsymbol{x}^{(i)})^{\mathrm{T}} \boldsymbol{x}^{(j)}$；$D(\alpha) = \sum_{i=1}^{m} \alpha_i - \frac{1}{2}\sum_{j=1}^{m}\sum_{i=1}^{m}[\alpha_i \alpha_j y^{(i)} y^{(j)} K_{ij}]$

因为$y^{(i)} \in \{1, -1\}$、$\alpha_i \in [0, C]$。

所以：

$$y^{(i)}\alpha_i \in [A_i, B_i] = \begin{cases}[0, C] & y^{(i)} = 1 \\ [-C, 0] & y^{(i)} = -1\end{cases} \tag{17-56}$$

（对应A_i, B_i = svmtrain. m：Avec，Bvec）

将下标 i 分为两类：

$$I_{up} = \{t \mid y^{(t)}\alpha_t < B_t\} \text{（svmtrain. m：upMask）} \tag{17-57}$$

$$I_{down} = \{t \mid y^{(t)}\alpha_t > A_t\} \text{（svmtrain. m：downMask）} \tag{17-58}$$

假设某次迭代将 α 变为${}^{new}a$。

因为，每一次都只改变某两个α_i、α_j，因此可以将${}^{new}a$ 看做是 α 的第 i 个元素α_i变为$\alpha_i + \varepsilon y^{(i)}$，第 j 个元素α_j变为$\alpha_j - \varepsilon y^{(j)}$ （$\varepsilon > 0$），其他元素不变。

之所以用$\alpha_i + \varepsilon y^{(i)}$、$\alpha_j - \varepsilon y^{(j)}$的方式表示，是为了满足 $\sum_{i=1}^{m} \alpha_i y^{(i)} = 0$ 的条件：

$$\begin{aligned} & y^{(i)}(\alpha_i + \varepsilon y^{(i)}) + y^{(j)}(\alpha_j - \varepsilon y^{(j)}) \\ = & y^{(i)}\alpha_i + \varepsilon + y^{(j)}\alpha_j - \varepsilon = y^{(i)}\alpha_i + y^{(j)}\alpha_j \end{aligned} \tag{17-59}$$

所以 $\sum_{i=1}^{m} new\, \alpha_i y^{(i)} = \sum_{i=1}^{m} \alpha_i y^{(i)} = 0$。

计算$g_i = \frac{\partial D(\alpha)}{\partial \alpha_i}$：

$$\begin{aligned} g_i &= \frac{\partial\left(\sum_{i=1}^{m} \alpha_i - \frac{1}{2}\sum_{j=1}^{m}\sum_{i=1}^{m}[\alpha_i \alpha_j y^{(i)} y^{(j)} K_{ij}]\right)}{\partial \alpha_i} \\ &= 1 - \frac{1}{2}\frac{\partial \sum \begin{pmatrix} \alpha_1 \alpha_1 y^{(1)} y^{(1)} K_{11} & \alpha_1 \alpha_2 y^{(1)} y^{(2)} K_{12} & \cdots & \alpha_1 \alpha_m y^{(1)} y^{(m)} K_{1m} \\ \alpha_2 \alpha_1 y^{(2)} y^{(1)} K_{21} & \alpha_2 \alpha_2 y^{(2)} y^{(2)} K_{22} & \cdots & \alpha_2 \alpha_m y^{(2)} y^{(m)} K_{2m} \\ \vdots & \vdots & & \vdots \\ \alpha_m \alpha_1 y^{(m)} y^{(1)} K_{m1} & \alpha_m \alpha_2 y^{(m)} y^{(2)} K_{m2} & \cdots & \alpha_m \alpha_m y^{(m)} y^{(m)} K_{mm} \end{pmatrix}}{\partial \alpha_i} \end{aligned} \tag{17-60}$$

如其中一项$\alpha_1\alpha_i y^{(1)} y^{(i)} K_{1i}$对$\alpha_i$求导为$\alpha_1 y^{(1)} y^{(i)} K_{1i}$，共有 $m-1$ 个成对相同的交叉项和 1 个 2 次项，因此：$\frac{\partial \sum \begin{pmatrix} \alpha_1 \alpha_1 y^{(1)} y^{(1)} K_{11} & \alpha_1 \alpha_2 y^{(1)} y^{(2)} K_{12} & \cdots & \alpha_1 \alpha_m y^{(1)} y^{(m)} K_{1m} \\ \alpha_2 \alpha_1 y^{(2)} y^{(1)} K_{21} & \alpha_2 \alpha_2 y^{(2)} y^{(2)} K_{22} & \cdots & \alpha_2 \alpha_m y^{(2)} y^{(m)} K_{2m} \\ \vdots & \vdots & & \vdots \\ \alpha_m \alpha_1 y^{(m)} y^{(1)} K_{m1} & \alpha_m \alpha_2 y^{(m)} y^{(2)} K_{m2} & \cdots & \alpha_m \alpha_m y^{(m)} y^{(m)} K_{mm} \end{pmatrix}}{\partial \alpha_i} =$

$$2\sum_{k=1}^{m} y^{(i)} \alpha_k y^{(k)} K_{ik} = 2\, y^{(i)} \sum_{k=1}^{m} \alpha_k y^{(k)} K_{ik} \tag{17-61}$$

所以：

$$1-\frac{1}{2}\frac{\partial \sum \begin{pmatrix} \alpha_1 \alpha_1 y^{(1)} y^{(1)} K_{11} & \alpha_1 \alpha_2 y^{(1)} y^{(2)} K_{12} & \cdots & \alpha_1 \alpha_m y^{(1)} y^{(m)} K_{1m} \\ \alpha_2 \alpha_1 y^{(2)} y^{(1)} K_{21} & \alpha_2 \alpha_2 y^{(2)} y^{(2)} K_{22} & \cdots & \alpha_2 \alpha_m y^{(2)} y^{(m)} K_{2m} \\ \vdots & \vdots & & \vdots \\ \alpha_m \alpha_1 y^{(m)} y^{(1)} K_{m1} & \alpha_m \alpha_2 y^{(m)} y^{(2)} K_{m2} & \cdots & \alpha_m \alpha_m y^{(m)} y^{(m)} K_{mm} \end{pmatrix}}{\partial \alpha_i}$$

$$= 1-\frac{1}{2}\times 2\, y^{(i)} \sum_{k=1}^{m} \alpha_k y^{(k)} K_{ik}$$

$$= 1 - y^{(i)} \sum_{k=1}^{m} \alpha_k y^{(k)} K_{ik} (\text{svmtrain. m: objGrad}) \tag{17-62}$$

补充 1：$\alpha_2^{new,unclipped}$的化简

因为$\boldsymbol{w}^{\mathrm{T}} \boldsymbol{x}^{(i)} = \sum_{k=1}^{m} \alpha_k y^{(k)} (\boldsymbol{x}^{(k)})^{\mathrm{T}} \boldsymbol{x}^{(i)}$，又因为$E_i = f(x^{(i)}) - y^{(i)} = \boldsymbol{w}^{\mathrm{T}}\boldsymbol{x}^{(i)} - y^{(i)}$，故：

$$E_i = \sum_{k=1}^{m} [\alpha_k y^{(k)} (x^{(k)})^{\mathrm{T}} x^{(i)}] - y^{(i)} \tag{17-63}$$

因为$g_i = 1 - y^{(i)} \sum_{k=1}^{m} \alpha_k y^{(k)} K_{ik}$，故有：

$$E_i = -y^{(i)} g_i \tag{17-64}$$

因此：

$$\begin{aligned} \alpha_2^{new,unclipped} &= \alpha_2^{old} + \frac{y^{(2)}(E_1 - E_2)}{\eta} \\ &= \alpha_2^{old} + \frac{y^{(2)}(-y^{(1)}g_1 + y^{(2)}g_2)}{\eta} (\text{svmtrain. m: line 261 to 262}) \end{aligned} \tag{17-65}$$

补充 2：g_t的迭代

因为$g_t = 1 - y^{(t)} \sum_{k=1}^{m} \alpha_k y^{(k)} K_{tk}$，则：

$$g_t^{new} - g_t^{old} = 1 - y^{(t)} \sum_{k=1}^{m} \alpha_k^{new} y^{(k)} K_{tk} - 1 + y^{(t)} \sum_{k=1}^{m} \alpha_k^{old} y^{(k)} K_{tk} \tag{17-66}$$

因为只有被选出的α_i^{new}、α_j^{new}分别与α_i^{old}、α_j^{old}不同，因此：

$$\begin{aligned} g_t^{new} - g_t^{old} &= -y^{(t)}(\alpha_i^{new} y^{(i)} K_{ti} + \alpha_j^{new} y^{(j)} K_{tj}) + y^{(t)}(\alpha_i^{old} y^{(i)} K_{ti} + \alpha_j^{old} y^{(j)} K_{tj}) \\ &= -[y^{(t)} K_{ti} y^{(i)} (\alpha_i^{new} - \alpha_i^{old}) - y^{(t)} K_{tj} y^{(j)} (\alpha_j^{new} - \alpha_j^{old})] \end{aligned} \tag{17-67}$$

故：

$$g_t^{new} = g_t^{old} - [y^{(t)} K_{ti} y^{(i)} (\alpha_i^{new} - \alpha_i^{old}) - y^{(t)} K_{tj} y^{(j)} (\alpha_j^{new} - \alpha_j^{old})] (\text{svmtrain. m: line 303 to 307}) \tag{17-68}$$

补充 3：KKT 条件$y^{(i)}(\boldsymbol{w}^{\mathrm{T}}\boldsymbol{x}^{(i)} + b) - 1 \geqslant 0$ 的化简

$$\begin{aligned} y^{(i)}(\boldsymbol{w}^{\mathrm{T}}\boldsymbol{x}^{(i)} + b) - 1 &= y^{(i)} \boldsymbol{w}^{\mathrm{T}} \boldsymbol{x}^{(i)} - 1 + y^{(i)} b \\ &= y^{(i)} \sum_{k=1}^{m} [\alpha_k y^{(k)} (\boldsymbol{x}^{(k)})^{\mathrm{T}} \boldsymbol{x}^{(i)}] - 1 + y^{(i)} b \end{aligned}$$

$$= -\left(1 - y^{(i)} \sum_{k=1}^{m} [\alpha_k y^{(k)} K_{ki}]\right) + y^{(i)} b$$

$$= -g_i + y^{(i)} b (\text{svmtrain. m: amount = - objGrad + targetLabels * offset}) \tag{17-69}$$

因为前文将${}^{new}a$看作是α的第i个元素α_i变为$\alpha_i + \varepsilon y^{(i)}$，第$j$个元素$\alpha_j$变为$\alpha_j - \varepsilon y^{(j)}$（$\varepsilon > 0$），其他元素不变。利用梯度$g_i$则有：$D({}^{nwe}a) - D(a) = \varepsilon(y^{(i)} g_i - y^{(j)} g_j) + o(\varepsilon)$，其中$\varepsilon y^{(i)} g_i$和$\varepsilon y^{(j)} g_j$分别是$\alpha_i$和$\alpha_j$的该变量。

因为要$\max\limits_{\alpha} D(\alpha)$，故总希望每一次迭代后目标函数值能往增大的方向进行，即：

$$D({}^{new}a) - D(a) \approx \varepsilon(y^{(i)} g_i - y^{(j)} g_{ij}) > 0 \tag{17-70}$$

人为地对上式中的下标进行分组$i \in I_{up} = \{t \mid y^{(t)} \alpha_t < B_t\}$；$j \in i_{down} = \{t \mid y^{(t)} \alpha_t > A_t\}$（$i_{up}$与$i_{down}$两个下标集合是有重叠的，但每次选的$i$与$j$一定不能相同）后，为了使得$D({}^{new}a) - D(a) > 0$，理想情况下是：

$$\max_{i \in I_{up}} y^{(i)} g_i > \min_{j \in I_{down}} y^{(j)} g_j (\text{svmtrain. m: [val2 idx2] = min(targetLabels(downMask).} \times \text{objGrad(downMask)))} \tag{17-71}$$

因此，首先确定$i = \arg\max\limits_{k \in I_{up}} y^{(k)} g_k$，即$m$个样本中$y^{(k)} g_k$值最大的下标$k$记为$i$（svmtrain. m：[val1 idx1] = max(targetLabels(upMask). ×objGrad(upMask)))。

到这里确定了α_i，下一步就可以根据α_i来寻找最佳的α_j。

2. 确定与α_i配对的α_j

在确定了α_i之后，用 Maximum Gain Method 思想寻找最佳α_j。

首先，要满足$D({}^{new}a) - D(a) > 0$，所以接下来找的j一定满足：

$$\max_{i \in I_{up}} y^{(i)} g_i > y^{(j)} g_j (\text{svmtrain. m: val2 = targetLabels(idx2)}' \times \text{objGrad(idx2))}$$

同时，j是从i_{down}里找，即$j \in i_{down}$（svmtrain. m：mask = downMask & (targetLabels. ×objGrad < val1))。

令${}^{nwe}a = a + \varepsilon \boldsymbol{u}^{ij}$，其中：

$$\boldsymbol{u}^{ij} = \begin{pmatrix} 0 \\ \vdots \\ y^{(i)} \\ \vdots \\ 0 \\ \vdots \\ -y^{(j)} \\ \vdots \\ 0 \\ \vdots \end{pmatrix}_{m \times 1} \tag{17-72}$$

$\boldsymbol{u}^{ij}$为第i行元素为$y^{(i)}$、第j行元素为$-y^{(j)}$、其他元素全为0，因为其他α元素被固定不变。

根据泰勒公式有：

$$D(\alpha+\varepsilon u^{ij})=D(\alpha)+\frac{\partial D(\alpha)}{\partial\alpha}(\alpha+\varepsilon u^{ij}-\alpha)+\frac{1}{2}\frac{\partial^2 D(\alpha)}{\partial\alpha^2}(\alpha+\varepsilon u^{ij}-\alpha)^2 \tag{17-73}$$

即：

$$D(\alpha+\varepsilon u^{ij})-D(\alpha)=g^{\mathrm{T}}\varepsilon u^{ij}+\frac{\varepsilon^2}{2}(u^{ij})^{\mathrm{T}}\frac{\partial^2 D(\alpha)}{\partial\alpha^2}u^{ij}$$

$$=\varepsilon(y^i g_i-y^j g_j)+\frac{\varepsilon^2}{2}(u^{ij})^{\mathrm{T}}\frac{\partial g}{\partial\alpha}u^{ij}$$

$$=\varepsilon(y^i g_i-y^j g_j)+\frac{\varepsilon^2}{2}(u^{ij})^{\mathrm{T}}\begin{pmatrix}\frac{\partial g_1}{\partial\alpha_1} & \frac{\partial g_1}{\partial\alpha_2} & \cdots & \frac{\partial g_1}{\partial\alpha_m}\\ \frac{\partial g_2}{\partial\alpha_1} & \frac{\partial g_2}{\partial\alpha_2} & \cdots & \frac{\partial g_2}{\partial\alpha_m}\\ \vdots & \vdots & & \vdots\\ \frac{\partial g_m}{\partial\alpha_1} & \frac{\partial g_m}{\partial\alpha_2} & \cdots & \frac{\partial g_m}{\partial\alpha_m}\end{pmatrix}u^{ij}$$

$$=\varepsilon(y^i g_i-y^j g_j)+\frac{\varepsilon^2}{2}(u^{ij})^{\mathrm{T}}\begin{pmatrix}-y^{(1)}y^{(1)}K_{11} & -y^{(1)}y^{(2)}K_{12} & \cdots & -y^{(1)}y^{(m)}K_{1m}\\ -y^{(2)}y^{(1)}K_{21} & -y^{(2)}y^{(2)}K_{22} & \cdots & -y^{(2)}y^{(m)}K_{2m}\\ \vdots & \vdots & & \vdots\\ -y^{(m)}y^{(1)}K_{m1} & -y^{(m)}y^{(2)}K_{m2} & \cdots & -y^{(m)}y^{(m)}K_{mm}\end{pmatrix}$$

$$u^{ij}=\varepsilon(y^i g_i-y^j g_j)+\frac{\varepsilon^2}{2}\begin{pmatrix}0\\ y^{(i)}\\ 0\\ -y^{(j)}\\ 0\end{pmatrix}^{\mathrm{T}}\begin{pmatrix}-y^{(1)}y^{(1)}K_{11} & -y^{(1)}y^{(2)}K_{12} & \cdots & -y^{(1)}y^{(m)}K_{1m}\\ -y^{(2)}y^{(1)}K_{21} & -y^{(2)}y^{(2)}K_{22} & \cdots & -y^{(2)}y^{(m)}K_{2m}\\ \vdots & \vdots & & \vdots\\ -y^{(m)}y^{(1)}K_{m1} & -y^{(m)}y^{(2)}K_{m2} & \cdots & -y^{(m)}y^{(m)}K_{mm}\end{pmatrix}\begin{pmatrix}0\\ y^{(i)}\\ 0\\ -y^{(j)}\\ 0\end{pmatrix}$$

$$=\varepsilon(y^i g_i-y^j g_j)+\frac{\varepsilon^2}{2}\begin{pmatrix}-y^{(1)}K_{i1}+y^{(1)}K_{j1} & -y^{(2)}K_{i2}+y^{(2)}K_{j2} & \cdots & -y^{(m)}K_{im}+y^{(m)}K_{jm}\end{pmatrix}\begin{pmatrix}0\\ y^{(i)}\\ 0\\ -y^{(j)}\\ 0\end{pmatrix}$$

$$=\varepsilon(y^{(i)}g_i-y^{(j)}g_j)+\frac{\varepsilon^2}{2}(-K_{ii}+K_{ji}+K_{ij}-K_{jj})$$

$$=\varepsilon(y^{(i)}g_i-y^{(j)}g_j)-\frac{\varepsilon^2}{2}(K_{ii}-2K_{ij}+K_{jj}) \tag{17-74}$$

为了最大化 $D(\alpha+\varepsilon u^{ij})-D(\alpha)$，令：

$$\frac{\partial(D(\alpha+\varepsilon u^{ij})-D(\alpha))}{\partial\varepsilon}=y^i g_i-y^j g_j-\varepsilon(K_{ii}-2K_{ij}+K_{jj})=0 \tag{17-75}$$

得到：

$$\varepsilon=\frac{y^{(i)}g_i-y^{(j)}g_j}{K_{ii}-2K_{ij}+K_{jj}} \tag{17-76}$$

将 $\varepsilon = \dfrac{y^{(i)} g_i - y^{(j)} g_j}{K_{ii} - 2K_{ij} + K_{jj}}$ 代入 $D(\alpha + \varepsilon u^{ij}) - D(\alpha)$ 可得：

$$\max_{\varepsilon} D(\alpha + \varepsilon u^{ij}) - D(\alpha) = \frac{(y^{(i)} g_i - y^{(j)} g_j)^2}{K_{ii} - 2K_{ij} + K_{jj}} - \frac{(y^{(i)} g_i - y^{(j)} g_j)^2}{2(K_{ii} - 2K_{ij} + K_{jj})^2}(K_{ii} - 2K_{ij} + K_{jj}) = \frac{(y^{(i)} g_i - y^{(j)} g_j)^2}{2(K_{ii} + K_{jj} - 2K_{ij})}$$

（svmtrain. m：gainNumerator，gainDenominator） (17-77)

因此，在确定 α_i 的情况下寻找：

$$j = \arg\max_{k \in I_{down}} \frac{(y^{(i)} g_i - y^{(k)} g_k)^2}{2(K_{ii} + K_{kk} - 2K_{ik})} \text{（svmtrain. m：[~ , idx2] = max(gainNumerator. / gainDenominator)）}$$

(17-78)

至此，本次迭代的工作集 i 与 j 都被确定：

$$i = \arg\max_{k \in I_{up}} y^{(k)} g_k \tag{17-79}$$

$$j = \arg\max_{k \in I_{down}} \frac{(y^{(i)} g_i - y^{(k)} g_k)^2}{2(K_{ii} + K_{kk} - 2K_{ik})} \tag{17-80}$$

求出了最佳的 α_i 和 α_j 之后，就可以求出对应的目标函数值和一些参数了。

3. 计算偏置 b

因为 $b = y^{(i)} g_i$，所以

$$b_i = \max_{k \in I_{up}} y^{(k)} g_k \tag{17-81}$$

$$b_j = y^{(j)} g_j, j = \arg\max_{k \in I_{down}} \frac{(y^{(i)} g_i - y^{(k)} g_k)^2}{2(K_{ii} + K_{kk} - 2K_{ik})} \tag{17-82}$$

因为整个优化过程与 b 无关，所以一般将 b 取为 $\dfrac{b_i + b_j}{2}$（svmtrain. m：offset = (val1 + val2)/2）。

最后，基于目标函数值得变化，可以判断 SVM 算法的迭代是否结束。

4. 判断收敛

根据之前确定 α_i 时所希望满足的条件：

$$\max_{i \in I_{up}} y^{(i)} g_i > \min_{j \in I_{down}} y^{(j)} g_j \tag{17-83}$$

当 $\max_{i \in I_{up}} y^{(i)} g_i - \min_{j \in I_{down}} y^{(j)} g_j < converg$（$converg$ = svmtrain. m：tolKKT）时，不再寻找下一次迭代的 α_i，SMO 结束。

5. 关于核函数

从之前的推导过程可以看到 $K_{ij} = (x^{(i)})^{\mathrm{T}} x^{(j)}$，$K$ 的函数意义就是求两个向量的内积。与费雪核方法一样，这个 K 可以用其他核函数代替，达到将样本点升维的内积效果，再分类。

17.2 SVM 算法的优点与缺点

SVM 是非常经典的一种机器学习算法，也是引入核函数最为典型的案例之一。该算法的函数性能经过历史的考验，对其优点和缺点也有了较为深入的认识，下面分别介绍。

1. 优点

1）非线性映射是 SVM 方法理论基础，SVM 利用内积核函数代替向高维空间的非线性映射。

2）对特征空间划分最优超平面是 SVM 的目标，最大化分类边际思想是 SVM 方法的核心。

3）支持向量是 SVM 的训练结果，在 SVM 分类决策中起决定作用的是支持向量。

4）SVM 是一种有坚实理论基础的新颖的小样本学习方法，基本不涉及概率测度及大数定律等，因此不同于现有的统计方法。从本质上看，它避开了从归纳到演绎的传统过程，实现了高效的从训练样本到预测样本的“推理”，大大简化了通常的分类和回归等问题。

5）SVM 的最终决策函数只由少数的支持向量所确定，计算的复杂性取决于支持向量的数目，而不是样本空间的维数，这在某种意义上避免了“维数灾难”。

6）少数支持向量决定了最终结果，这不但可以帮助我们抓住关键样本、“剔除”大量冗余样本，注定了该方法不但算法简单，而且具有较好的鲁棒性。

2. 缺点

1）SVM 算法对大规模训练样本难以实施。由于 SVM 是借助二次规划来求解支持向量，而求解二次规划将涉及 m 阶矩阵的计算（m 为样本的个数），当 m 数目很大时该矩阵的存储和计算将耗费大量的机器内存和运算时间。

2）用 SVM 解决多分类问题存在困难。经典的支持向量机算法只给出了二类分类的算法，而在数据挖掘的实际应用中，一般要解决多类的分类问题。我们可以通过多个二类支持向量机的组合来解决。

17.3 实例分析

我们对 SVM 的理论做了详尽的数学推导，推导的主要逻辑是参照 MATLAB 自带的 SVM 算法。下面基于 2020 年 2 月到 3 月各种国际形势下的原油数据，做一个简单的研究，尝试通过这些数据来预测原油期现货的价格。

17.3.1 数据介绍

本次研究搜集了中国、美国、德国、法国、西班牙、意大利、英国从 2 月 3 日到 3 月 31 日的原油数据，如图 17-12 所示。

	oli	q	hl	vix	CHN	USA	GER	FRA	ESP	ITA	GBR
2020-02-03	54.91	415.5	7.0215	17.97	3233	1	0	0	0	0	0
2020-02-04	53.64	397.5	6.9985	16.05	3892	2	2	0	0	0	0
2020-02-05	53.13	395.8	6.9738	15.15	3697	1	0	0	0	0	0
2020-02-06	54.65	409.1	6.9707	14.96	3151	0	0	0	0	0	0
2020-02-07	53.49	404.9	7.0015	15.47	3387	0	0	0	0	0	0
2020-02-10	52.84	399.9	6.9844	15.04	2473	0	0	0	0	0	0
2020-02-11	52.60	397.8	6.966	15.18	2022	1	0	0	0	0	5
2020-02-12	53.71	403.3	6.9719	13.74	15152	0	2	0	0	0	0
2020-02-13	53.90	406.1	6.977	14.15	4050	1	0	0	0	0	1
2020-02-14	54.67	408.2	6.9869	13.68	2644	1	0	0	0	0	0
2020-02-17	55.46	410.4	6.9813		1893	0	0	0	0	0	0
2020-02-18	54.95	406	6.9972	14.83	1751	0	0	0	0	0	0
2020-02-19	56.25	413.5	6.9982	14.38	396	0	0	0	0	0	0
2020-02-20	56.93	419.6	7.0229	15.56	1318	0	0	0	0	0	0
2020-02-21	56.63	415.4	7.0271	17.08	399	0	0	0	0	0	0
2020-02-24	54.94	400.2	7.0294	25.03	517	0	0	0	0	113	4
2020-02-25	54.43	399.3	7.0135	27.85	411	0	0	0	1	53	0
2020-02-26	52.38	382.4	7.0225	27.56	440	18	3	5	4	91	0
2020-02-27	50.69	368.7	7.0045	39.16	329	4	8	1	6	154	2
2020-02-28	48.99	353.5	6.992	40.11	430	3	21	20	12	125	0
2020-03-02	49.87	361.8	6.961	33.42	128	14	13	30	26	566	1

图 17-12 原油数据

其中 oli 是原油现货价格、q 是原油期货价格。本次研究合并德国、法国、西班牙、意大利、英国的数据为欧盟数据，主要研究中国、美国、欧盟三大经济体对原油期现货价格的影响。然后对以上原始数据做一些数据预处理，下面给出数据预处理的代码，具体如下。

```
%%数据处理。
data = readtable('研究总表.xlsx');
CHN = data.CHN;
USA = data.USA;
EUR = data.GER + data.FRA + data.ESP + data.ITA + data.GBR;
oli = data.oli;
q = data.q;
CHN_r = diff(CHN)./CHN(1:end-1);
USA_r = diff(USA)./USA(1:end-1);
EUR_r = diff(EUR)./EUR(1:end-1);
q_r = diff(q)./q(1:end-1);
oli_r = diff(oli)./oli(1:end-1);
```

17.3.2 函数介绍

SVM 是 MATLAB 自带的算法，算法有多个子函数，但最为核心的是 seqminopt.m( ) 和 svmtrain.m( ) 两个函数。本节对这两个函数做了详尽的中文注释，可以结合理论推导对代码进行解读。由于 MATLAB 自带的函数用法注释已经比较详尽，此处不再赘述。

17.3.3 训练结果

在对原油期现货价格数据展开 SVM 算法研究之前，先观察一下两者之间的相关性。

1. 相关性分析

研究的主要手段和目的是通过形式变化数据来预测明天原油期现货价格的涨跌，从而指导投资交易，“涨跌”是一个非负即正的二分类问题，所以通过斯皮尔曼秩相关系数来初步观察全球局势变化数据与原油期现货价格涨跌的关系。表 17-1 总结了全球形式变化和期现货价格的秩相关系数。可以明显看到，基本都是负相关的，其中现货数据负相关性更强，期货相对弱一些，可以直观理解：期货是未来的现货价格数据，所以当下的国际形势变化对现在的价格影响更大，未来有不确定性，所以影响相对模糊一些；而中国一直是原油的最大消费国，且消费需求比较稳定，对期货的影响更多一些，因而对未来的期货价格影响是相对可预见的，所以对期货价格的负相关性影响相对其他国家强一些。

表 17-1 各国形势变化数据与原油期现货的斯皮尔曼秩相关系数

spearman 秩相关系数/国家	中 国	美 国	欧 盟	全 球
原油期货与各国的 spearman 秩相关系数	-0.2728	-0.3785	-0.2902	-0.2613
原油现货与各国的 spearman 秩相关系数	-0.2259	-0.0303	-0.1219	-0.0751

2. 基于 SVM 模型对原油期现货价格的预测

我们的预测模型从两个方法展开：第一，用原油国际形势变化的绝对数量数据来预测原油期现货的绝对价格，然后用预测价格的差分来得到涨跌方向；第二，用原油国际形势的变化量数据，即一阶差分数据来预测原油期现货的价格收益率，然后根据收益率的正负来得到涨跌方向。

首先，用原油国际形势的绝对数量数据建立模型，预测现货的价格涨跌，MATLAB 代码如下。

```
%方法1:以数据预测涨跌方向
x=[CHN,USA,EUR];
x=x(1:end-1,:);
y=oli(2:end);
mdl=fitrsvm(x,y,'Standardize',true,'Solver','SMO','KernelFunction','polynomial',
'KKTTolerance',0.2);
y_hat_temp=predict(mdl,x);
residual=y_hat_temp-y;
display('现货预测胜率:')
sum(sign(diff(y_hat_temp))==sign(diff(y)))/length(y)
```

得到的预测胜率为 0.698。

同理，运用方法 1 预测期货的价格涨跌。

```
y=q(2:end);
mdl=fitrsvm(x,y,'Standardize',true,'Solver','SMO','KernelFunction','polynomial',
'KKTTolerance',0.2);
y_hat_temp=predict(mdl,x);
residual=y_hat_temp-y;
display('期货预测胜率:')
sum(sign(diff(y_hat_temp))==sign(diff(y)))/length(y)
```

得到的预测胜率为 0.4878。

可以看到，预测期货的胜率明显低于预测现货的胜率，这个与相关性分析中的结论是呼应的，因为原油国际形势对现货价格的相关性要比对期货价格相关性强。

然后，再用原油国际形势的变化量来建立模型，MATLAB 代码如下。

```
%方法2:以变化的数据预测涨跌方向
x=[CHN_r,USA_r,EUR_r]
x=x(1:end-1,:);
y=oli_r(2:end);
mdl=fitrsvm(x,y,'Standardize',true,'Solver','SMO','KernelFunction','polynomial',
'KKTTolerance',0.2);
y_hat_temp=predict(mdl,x);
residual=y_hat_temp-y;
display('现货预测胜率:')
sum(sign((y_hat_temp))==sign((y)))/length(y)
```

得到的胜率为 0.6250。

同理，运用方法 2 预测期货价格。

```
y=q_r(2:end)
mdl=fitrsvm(x,y,'Standardize',true,'Solver','SMO','KernelFunction','polynomial',
'KKTTolerance',0.2);
```

```
y_hat_temp=predict(mdl,x);
residual=y_hat_temp-y;
display('期货预测胜率:')
sum(sign(diff(y_hat_temp))==sign(diff(y)))/length(y)
```

得到的胜率为0.4750。

可以看到，运用方法2也是现货的预测胜率高于期货的预测胜率。从结果上看，方法1和方法2没有明显差别。这是因为SVM是一种基于核函数运算的高维映射，所以是否差分数据对模型的建立影响不大。

17.4 代码获取

SVM是MATLAB自带的算法，本书根据本章的数学推导对该代码的关键处一一对应地加以注释，为方便学习参考，读者可扫描封底二维码进行下载。

第 18 章　傅里叶级数及变换

傅里叶级数及变换是一个对时间序列数据进行深入分析的算法，可以对时间序列的成分、趋势进行分解和分析，从而提取出主要趋势和主要成分或者去噪声，也可以用于时间序列的模式拟合等。本章主要针对该算法给出理论说明，并编写代码程序，然后以原油价格数据作为案例对象进行程序测试。

18.1　原理介绍

本节将对傅里叶级数的理论进行相对全面地说明，首先介绍一些基本数学概念，然后对傅里叶级数的正交性和完备性进行简要说明，之后推导傅里叶级数展开的形式，最后再对傅里叶级数这一算法的一些核心问题做出解释。

18.1.1　算法思想

傅里叶级数的思想是想对满足狄利克雷条件的函数以三角函数或指数函数的级数形式展开，获得一种近似的解析式，进而达到对一个函数的离散序列进行拟合的目的。

18.1.2　算法流程

本节先给出狄利克雷条件以及第一类间断点的定义，之后再对正交性以及完备性进行简单说明，最后给出傅里叶级数展开的指数形式，傅里叶变换的证明流程如图 18-1 所示。

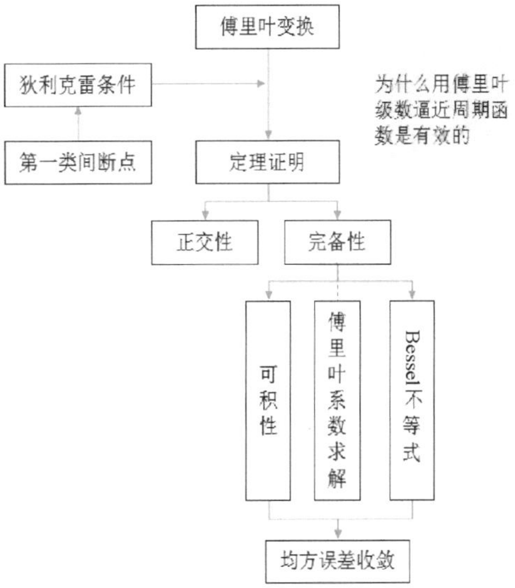

图 18-1　傅里叶变换的证明思路

概念 1：狄利克雷条件

- 在一个周期内，连续或只有有限个第一类间断点；
- 在一个周期内，极大值和极小值的数目应是有限个；
- 在一个周期内，信号是绝对可积的。

概念 2：第一类间断点

x_0是$f(x)$的第一类间断点，当且仅当x_0是$f(x)$的间断点，且$\lim\limits_{x->x_0^-} f(x)$、$\lim\limits_{x->x_0^+} f(x)$均存在（两个极限可以不相等，它们均可与$f(x)$不相等，$f(x)$也可以无定义）。

18.1.3　傅里叶变换定理的说明

傅里叶变换定理的严格证明需要从正交性和完备性两个方面展开，十分烦琐。从应用需求出发，简要说明该证明的思路和主要关键点。

定理要证：以 T 为周期的函数$f_T(t)$在$\left[-\frac{T}{2},\frac{T}{2}\right]$上可由三角函数集$\left\{\sin\left(\frac{2k\pi}{T}t\right),\cos\left(\frac{2k\pi}{T}t\right)\right\}$ $(n=0,1,2,\cdots)$ 表示。

即证：$\left\{\sin\left(\frac{2k\pi}{T}t\right),\cos\left(\frac{2k\pi}{T}t\right)\right\}(k=0,1,2,\cdots)$是$\left[-\frac{T}{2},\frac{T}{2}\right]$上的完备正交函数集。

1. 正交性证明

该函数集的正交性指：该函数集内的函数元素两两正交，即满足：

$\int_{-\frac{T}{2}}^{\frac{T}{2}}\cos\left(\frac{2k_1\pi}{T}t\right)\times\cos\left(\frac{2k_2\pi}{T}t\right)\mathrm{d}t$、$\int_{-\frac{T}{2}}^{\frac{T}{2}}\cos\left(\frac{2k_1\pi}{T}t\right)\times\sin\left(\frac{2k_2\pi}{T}t\right)\mathrm{d}t$ 和 $\int_{-\frac{T}{2}}^{\frac{T}{2}}\sin\left(\frac{2k_1\pi}{T}t\right)\times\sin\left(\frac{2k_2\pi}{T}t\right)\mathrm{d}t$，$(n,m=0,1,2,\cdots,n\neq m)$ 均为 0。

证明：

$\int_{-\frac{T}{2}}^{\frac{T}{2}}\cos\left(\frac{2k_1\pi}{T}t\right)\times\sin\left(\frac{2k_2\pi}{T}t\right)\mathrm{d}t$ 中由于被积函数在$\left[-\frac{T}{2},\frac{T}{2}\right]$内为奇函数（偶函数与奇函数相乘），显然该定积分结果为 0。

$$\int_{-\frac{T}{2}}^{\frac{T}{2}}\cos\left(\frac{2k_1\pi}{T}t\right)\times\cos\left(\frac{2k_2\pi}{T}t\right)\mathrm{d}t \tag{18-1}$$

方便起见，将式（18-1）变为：$\int_{-\frac{T}{2}}^{\frac{T}{2}}\cos(Nt)\times\cos(Mt)\,\mathrm{d}t,\left(N,M=0,1\times\frac{2\pi}{T},2\times\frac{2\pi}{T},3\times\frac{2\pi}{T},\cdots,N\neq M\right)$

$$=\frac{1}{2}\int_{-\frac{T}{2}}^{\frac{T}{2}}\cos(Nt+Mt)+\cos(Nt-Mt)\,\mathrm{d}t$$

$$=\frac{1}{2}\int_{-\frac{T}{2}}^{\frac{T}{2}}\cos(N+M)t+\cos(N-M)t\mathrm{d}t$$

$$=\frac{1}{2}\left(\frac{1}{N+M}\int_{-\frac{T}{2}}^{\frac{T}{2}}\cos((N+M)t)\,\mathrm{d}(N+M)t+\frac{1}{N-M}\int_{-\frac{T}{2}}^{\frac{T}{2}}\cos((N-M)t)\,\mathrm{d}(N-M)t\right)$$

$$=\frac{1}{2(N+M)}\sin((N+M)t)\Bigg|_{t=-\frac{T}{2}}^{t=\frac{T}{2}}+\frac{1}{2(N-M)}\sin((N-M)t)\Bigg|_{t=-\frac{T}{2}}^{t=\frac{T}{2}}$$

$$=0+0=0$$

$$\int_{-\frac{T}{2}}^{\frac{T}{2}}\sin\left(\frac{2k_1\pi}{T}t\right)\times\sin\left(\frac{2k_2\pi}{T}t\right)\mathrm{d}t \tag{18-2}$$

方便起见，将式（18-2）变为：

$\int_{-\frac{T}{2}}^{\frac{T}{2}}\sin(Nt)\times\sin(Mt)\,\mathrm{d}t\left(N,M=0,1\times\frac{2\pi}{T},2\times\frac{2\pi}{T},3\times\frac{2\pi}{T},\cdots,N\neq M\right)$

$$\text{上式}=\frac{1}{2}\int_{-\frac{T}{2}}^{\frac{T}{2}}(\cos(Nt-Mt)-\cos(Nt+Mt))\,\mathrm{d}t$$

$$=\frac{1}{2}\left(\int_{-\frac{T}{2}}^{\frac{T}{2}}\cos((N-M)t)\,\mathrm{d}t-\int_{-\frac{T}{2}}^{\frac{T}{2}}\cos((N+M)t)\,\mathrm{d}t\right)$$

$$=\frac{1}{2}\left(\frac{1}{N-M}\int_{-\frac{T}{2}}^{\frac{T}{2}}\cos((N-M)t)\,\mathrm{d}(N-M)t-\frac{1}{N+M}\int_{-\frac{T}{2}}^{\frac{T}{2}}\cos((N+M)t)\,\mathrm{d}(N+M)t\right)$$

$$= \frac{1}{2(N-M)}\sin((N-M)t)\Bigg|_{t=-\frac{T}{2}}^{t=\frac{T}{2}} - \frac{1}{2(N+M)}\sin((N+M)t)\Bigg|_{t=-\frac{T}{2}}^{t=\frac{T}{2}}$$

$$= 0 - 0 = 0 \tag{18-3}$$

正交性证毕。

2. 完备性说明

完备性的证明也是非常烦琐的，这里只给出几个要点：首先，说明傅里叶变换中的完备性主要指里斯－费舍尔定理下的平均收敛性，然后基于应用的需求给出a_0、a_k、b_k的参数公式。

先说明里斯－费舍尔定理下的函数集的完备性（平均收敛性）指：在$\left[-\frac{T}{2},\frac{T}{2}\right]$上，假设函数$f(x)$经过某一函数集逼近结果为$\frac{a_0}{2}+\sum_{k=1}^{n}\left(a_k\cos\left(\frac{2k\pi t}{T}\right)+b_k\sin\left(\frac{2k\pi t}{T}\right)\right),(k=0,1,2,\cdots)$。则该两函数间的均方误差有$\overline{\varepsilon^2}=\frac{1}{T}\int_{-\frac{T}{2}}^{\frac{T}{2}}\left[f(t)-\frac{a_0}{2}-\sum_{k=1}^{n}a_k\cos\left(\frac{2k\pi t}{T}\right)-\sum_{k=1}^{n}b_k\sin\left(\frac{2k\pi t}{T}\right)\right]^2\mathrm{d}t$ 在n趋向$+\infty$时的极限收敛到0。

下面给出应用傅里叶变换时需要的三个参数的公式及其推导。

求a_0：

对$f(t)\sim\frac{a_0}{2}+\sum_{k=1}^{n}\left(a_k\cos\left(\frac{2k\pi t}{T}\right)+b_k\sin\left(\frac{2k\pi t}{T}\right)\right)$两边积分得：

$$\int_{-\frac{T}{2}}^{\frac{T}{2}}f(t)\mathrm{d}t=\int_{-\frac{T}{2}}^{\frac{T}{2}}\frac{a_0}{2}\mathrm{d}t+\int_{-\frac{T}{2}}^{\frac{T}{2}}\sum_{k=1}^{n}a_k\cos\left(\frac{2k\pi t}{T}\right)+b_k\sin\left(\frac{2k\pi t}{T}\right)\mathrm{d}t$$

$$\int_{-\frac{T}{2}}^{\frac{T}{2}}f(t)\mathrm{d}t=a_0T/2+0\times 2n$$

$$a_0=\frac{2}{T}\int_{-\frac{T}{2}}^{\frac{T}{2}}f(t)\mathrm{d}t \tag{18-4}$$

求a_k：

对$f(t)\sim a_0+\sum_{k=1}^{n}\left(a_k\cos\left(\frac{2k\pi t}{T}\right)+b_k\sin\left(\frac{2k\pi t}{T}\right)\right)$两边同乘$\cos\left(\frac{2k\pi t}{T}\right)$再积分得：

$$\int_{-\frac{T}{2}}^{\frac{T}{2}}f(t)\cos\left(\frac{2k\pi t}{T}\right)\mathrm{d}t=\int_{-\frac{T}{2}}^{\frac{T}{2}}a_0\cos\left(\frac{2k\pi t}{T}\right)\mathrm{d}t+\int_{-\frac{T}{2}}^{\frac{T}{2}}\cos\left(\frac{2k\pi t}{T}\right)\left[\sum_{k=1}^{n}\left(a_k\cos\left(\frac{2k\pi t}{T}\right)+b_k\sin\left(\frac{2k\pi t}{T}\right)\right)\right]\mathrm{d}t \tag{18-5}$$

由三角函数变角公式可得：

$$\int_{-\frac{T}{2}}^{\frac{T}{2}}a_k\cos^2\left(\frac{2k\pi t}{T}\right)\mathrm{d}t=\int_{-\frac{T}{2}}^{\frac{T}{2}}a_k\left[\cos\left(\frac{2k\pi t}{T}+\frac{2k\pi t}{T}\right)+\cos\left(\frac{2k\pi t}{T}-\frac{2k\pi t}{T}\right)\right]/2\mathrm{d}t$$

$$=0+\int_{-\frac{T}{2}}^{\frac{T}{2}}a_k\times\frac{1}{2}\mathrm{d}t \tag{18-6}$$

$$=\frac{a_kT}{2}$$

再由正交性中异名的三角函数相乘在积分都是0，式（18-5）可变为：

$$\int_{-\frac{T}{2}}^{\frac{T}{2}} f(t)\cos\left(\frac{2k\pi t}{T}\right)\mathrm{d}t = a_k T/2 + 0\times 2n = a_k T/2$$

$$a_k = \frac{2}{T}\int_{-\frac{T}{2}}^{\frac{T}{2}} f(t)\cos\left(\frac{2k\pi t}{T}\right)\mathrm{d}t \tag{18-7}$$

求 b_k：

对 $f(t) \sim a_0 + \sum_{k=1}^{n}\left(a_k\cos\left(\frac{2k\pi x}{T}\right) + b_k\sin\left(\frac{2k\pi x}{T}\right)\right)$ 两边同乘 $\sin\left(\frac{2k\pi t}{T}\right)$ 再积分得：

$$\int_{-\frac{T}{2}}^{\frac{T}{2}} f(t)\sin\left(\frac{2k\pi t}{T}\right)\mathrm{d}t = \int_{-\frac{T}{2}}^{\frac{T}{2}} a_0\sin\left(\frac{2k\pi t}{T}\right)dt + \int_{-\frac{T}{2}}^{\frac{T}{2}}\sin\left(\frac{2k\pi t}{T}\right)\left[\sum_{k=1}^{n}\left(b_k\sin\left(\frac{2k\pi t}{T}\right) + a_k\sin\left(\frac{2k\pi t}{T}\right)\right)\right]\mathrm{d}t \tag{18-8}$$

由正交性得：

$$\int_{-\frac{T}{2}}^{\frac{T}{2}} f(t)\sin\left(\frac{2k\pi t}{T}\right)\mathrm{d}t = 0 + \int_{-\frac{T}{2}}^{\frac{T}{2}} b_k\sin^2\left(\frac{2k\pi t}{T}\right)\mathrm{d}t + 0\times(2n-1) \tag{18-9}$$

式（18-9）之所以是 $2n-1$ 个 0 是因为提出了一个 $b_k\sin\left(\frac{2k\pi t}{T}\right)$ 与 $\sin\left(\frac{2k\pi t}{T}\right)$ 相乘并积分，其他异名的三角函数积分都是 0。

对式（18-9）中 $\int_{-\frac{T}{2}}^{\frac{T}{2}} b_k\sin^2\left(\frac{2k\pi t}{T}\right)\mathrm{d}t$ 部分展开得到：

$$\int_{-\frac{T}{2}}^{\frac{T}{2}} b_k\sin^2\left(\frac{2k\pi t}{T}\right)\mathrm{d}t = \int_{-\frac{T}{2}}^{\frac{T}{2}} b_k\left[\cos\left(\frac{2k\pi t}{T} - \frac{2k\pi t}{T}\right) - \cos\left(\frac{2k\pi t}{T} + \frac{2k\pi t}{T}\right)\right]/2\mathrm{d}t \tag{18-10}$$

$\int_{-\frac{T}{2}}^{\frac{T}{2}} b_k\sin^2\left(\frac{2k\pi t}{T}\right)\mathrm{d}t = b_k T/2$，其余项积分为 0，所以可得：

$$\int_{-\frac{T}{2}}^{\frac{T}{2}} f(t)\sin\left(\frac{2k\pi t}{T}\right)\mathrm{d}t = 0 + b_k T/2 + 0\times(2n-1) = b_k T/2$$

$$b_k = \frac{2}{T}\int_{-\frac{T}{2}}^{\frac{T}{2}} f(t)\sin\left(\frac{2k\pi t}{T}\right)\mathrm{d}t \tag{18-11}$$

18.1.4 傅里叶级数展开的指数函数形式

在实践中用得更多的是傅里叶展开的指数函数形式，该形式是通过欧拉公式将三角函数转换成指数函数得到的。

根据欧拉公式：

$$\begin{cases} \mathrm{e}^{\mathrm{i}\theta} = \cos\theta + \mathrm{i}\sin\theta \\ \mathrm{e}^{-\mathrm{i}\theta} = \cos\theta - \mathrm{i}\sin\theta \end{cases} \tag{18-12}$$

可将三角函数形式的傅里叶级数转换为复数形式（但 $f(t)$ 的值仍为实数）：

将欧拉公式代入 $f(t) \sim \frac{a_0}{2} + \sum_{k=1}^{n} a_k\cos\left(\frac{2k\pi}{T}t\right) + b_k\sin\left(\frac{2k\pi}{T}t\right)$ 得到：

$$f(t) \sim \frac{a_0}{2} + \sum_{k=1}^{n}\left(a_k\frac{\mathrm{e}^{\mathrm{i}\frac{2k\pi t}{T}} + \mathrm{e}^{-\mathrm{i}\frac{2k\pi t}{T}}}{2} + b_k\frac{\mathrm{e}^{\mathrm{i}\frac{2k\pi t}{T}} - \mathrm{e}^{-\mathrm{i}\frac{2k\pi t}{T}}}{2\mathrm{i}}\right)$$

$$f(t) \sim \frac{a_0}{2} + \sum_{k=1}^{m}\left[\frac{a_k}{2}\left(\mathrm{e}^{\mathrm{i}\frac{2k\pi t}{T}} + \mathrm{e}^{-\mathrm{i}\frac{2k\pi t}{T}}\right) - \frac{\mathrm{i}b_k}{2}\left(\mathrm{e}^{\mathrm{i}\frac{2k\pi t}{T}} - \mathrm{e}^{-\mathrm{i}\frac{2k\pi t}{T}}\right)\right]$$

$$f(t) \sim \frac{a_0}{2} + \sum_{k=1}^{n}\left[\frac{a_k - \mathrm{i}b_k}{2}\mathrm{e}^{\mathrm{i}\frac{2k\pi t}{T}} + \frac{a_k + \mathrm{i}b_k}{2}\mathrm{e}^{-\mathrm{i}\frac{2k\pi t}{T}}\right] \tag{18-13}$$

前面在证明完备性的时候已经得到：$a_0 = \frac{1}{T}\int_{-\frac{T}{2}}^{\frac{T}{2}} f(t)\,\mathrm{d}t$、$a_k = \frac{2}{T}\int_{-\frac{T}{2}}^{\frac{T}{2}} f(t)\cos\left(\frac{2k\pi t}{T}\right)\mathrm{d}t$、$b_k = \frac{2}{T}\int_{-\frac{T}{2}}^{\frac{T}{2}} f(t)\sin\left(\frac{2k\pi t}{T}\right)\mathrm{d}t$，将$a_0$、$a_k$和$b_k$的表达式代入式（18-13）得：

$$f(t) \sim \frac{1}{T}\int_{-\frac{T}{2}}^{\frac{T}{2}} f(t)\,\mathrm{d}t + \sum_{k=1}^{n}\left[\frac{1}{2}\times\frac{2}{T}\int_{-\frac{T}{2}}^{\frac{T}{2}} f(t)\left(\cos\frac{2k\pi t}{T} - \mathrm{i}\sin\frac{2k\pi t}{T}\right)\mathrm{d}t \times \mathrm{e}^{\mathrm{i}\frac{2k\pi t}{T}} + \frac{1}{2}\times\frac{2}{T}\int_{-\frac{T}{2}}^{\frac{T}{2}} f(t)\left(\cos\frac{2k\pi t}{T} + \mathrm{i}\sin\frac{2k\pi t}{T}\right)\mathrm{d}t \times \mathrm{e}^{-\mathrm{i}\frac{2k\pi t}{T}}\right] \tag{18-14}$$

用欧拉公式$\begin{cases}\mathrm{e}^{\mathrm{i}\theta} = \cos\theta + i\sin\theta \\ \mathrm{e}^{-\mathrm{i}\theta} = \cos\theta - i\sin\theta\end{cases}$替换所有三角函数指数形式的傅里叶级数表达式得：

$$f(t) \sim \frac{1}{T}\int_{-\frac{T}{2}}^{\frac{T}{2}} f(t)\,\mathrm{e}^{-\frac{2\times 0\pi t}{T}}\mathrm{d}t + \sum_{k=1}^{n}\left[\frac{1}{T}\int_{-\frac{T}{2}}^{\frac{T}{2}} f(t)\,\mathrm{e}^{-\mathrm{i}\frac{2k\pi t}{T}}\mathrm{d}t \times \mathrm{e}^{\mathrm{i}\frac{2k\pi t}{T}} + \sum_{k=1}^{n}\frac{1}{T}\int_{-\frac{T}{2}}^{\frac{T}{2}} f(t)\,\mathrm{e}^{\mathrm{i}\frac{2k\pi t}{T}}\mathrm{d}t \times \mathrm{e}^{-\mathrm{i}\frac{2k\pi t}{T}}\right] \tag{18-15}$$

令 $C_k = \frac{1}{T}\int_{-\frac{T}{2}}^{\frac{T}{2}} f(t)\,\mathrm{e}^{-\mathrm{i}\frac{2k\pi t}{T}}\mathrm{d}t$，则有：

傅里叶级数展开的指数函数形式为：$f(t) \sim \sum_{k}^{n} C_k\,\mathrm{e}^{\mathrm{i}\frac{2k\pi t}{T}}$，$k = 0, \pm 1, \pm 2, \cdots$

18.1.5　一些核心问题的解释

问题一：为什么取$\mathrm{e}^{-i\omega t}$为傅里叶变换核？

傅里叶变换是利用一个变换核对原函数$f(t)$进行变换后对 t 积分，使之成为一个ω_k（$\omega_k = \frac{2\pi k}{T}$）的函数。对离散数据而言，经过傅里叶变换的结果的自变量是频率，它与被延拓的原数据的“自变量”t尺寸相同且一一对应。

在做傅里叶变换时，因为ω_k是一个随 k 从 $-\infty$ 到∞ 也被映射到了 $[-\infty, \infty]$。所以，在以ω_k为自变量时，要求被变换的函数的定义域必须是整个实轴。这个改变定义域的方式是人为假设函数的周期 $T\to\infty$。当该函数$f(t)$是周期函数时，不用延拓，并且人为假设 $T\to\infty$ 的操作也对函数没有任何影响；当函数$f(t)$的定义域不是整个实轴时，以其定义域尺寸为周期无限延拓，再假设其周期 $T\to\infty$；当函数$f(t)$不是周期函数，但其定义域在整个实轴时，视其为周期为 $T\to\infty$ 的周期函数。在这样的调整下，所有类型的$f(t)$都变为可以做傅里叶变换的周期函数。故用于傅里叶变换的函数 $g(t) = \lim\limits_{T\to\infty}\mathrm{ext}\,(f(t))$，ext(.)代表了对$f(t)$的延拓。

利用指数形式的傅里叶级数表达式：

$$C_k = \frac{1}{T}\int_{-\frac{T}{2}}^{\frac{T}{2}} g(t)\,\mathrm{e}^{-\mathrm{i}\frac{2k\pi t}{T}}\mathrm{d}t$$

$$g(t) \sim \sum_{k}^{n} C_k\,\mathrm{e}^{\mathrm{i}\frac{2k\pi t}{T}}, k = 0, \pm 1, \pm 2, \cdots \tag{18-16}$$

即：$g(t) = \lim\limits_{T\to\infty}\sum_{k=-\infty}^{\infty}\frac{1}{T}\int_{-\frac{T}{2}}^{\frac{T}{2}} g(t)\,\mathrm{e}^{-\mathrm{i}\frac{2k\pi t}{T}}\mathrm{d}t \cdot \mathrm{e}^{\mathrm{i}\frac{2k\pi t}{T}}$

由$\omega_k=\dfrac{2k\pi}{T}$得：

$$g(t)=\lim_{T\to\infty}\frac{1}{T}\sum_{k=-\infty}^{\infty}\int_{-\frac{T}{2}}^{\frac{T}{2}}g(t)\,e^{-i\omega_k t}dt\times e^{i\omega_k t}\tag{18-17}$$

令 $F(\omega_k)=\int_{-\frac{T}{2}}^{\frac{T}{2}}g(t)\,e^{-i\omega_k t}dt$（傅里叶变换离散形式，即 dft 函数的 dftw 与 dft_data 的求解原理），则有：

$$g(t)=\lim_{T\to\infty}\frac{1}{T}\sum_{k=-\infty}^{\infty}[F(\omega_k)\,e^{i\omega_k t}]$$

$$g(t)=\lim_{T\to\infty}\frac{1}{2\pi}\sum_{k=-\infty}^{\infty}[F(\omega_k)\,e^{i\omega_k t}]\cdot\left(\frac{\frac{2k\pi}{T}-\frac{2(k-1)\pi}{T}}{k-(k-1)}\right)\tag{18-18}$$

其中$\left(\dfrac{\frac{2k\pi}{T}-\frac{2(k-1)\pi}{T}}{k-(k-1)}\right)$是$\omega_k-\omega_{k-1}$，当 T 趋向于正无穷时 $d\omega_k=\omega_k-\omega_{k-1}$。

因此 $g(t)=\lim_{T\to\infty}\dfrac{1}{2\pi}\sum_{k=-\infty}^{\infty}[F(\omega_k)\,e^{i\omega_k t}]d\omega_k$。

因为 $T\to\infty$，所以每一个ω_k都趋向于 0，即求和的步长是趋向于 0 的，求和的极限便趋向于积分，ω_k趋向于一个连续的自变量 ω。因此：

$$g(t)=\frac{1}{2\pi}\int_{-\infty}^{\infty}F(\omega)e^{i\omega t}d\omega\text{(傅里叶逆变换已找到)}$$

所以$e^{-i\omega t}$作为傅里叶变换核是可行的，说明完毕。

另外，因为 $F(\omega_k)=\int_{-\frac{T}{2}}^{\frac{T}{2}}g(t)\,e^{-i\omega_k t}dt$，故在 $T\to\infty$ 时有：

$F(\omega)=\int_{-\infty}^{\infty}g(t)\,e^{-i\omega t}dt$,（傅里叶变换）故对 $g(t)$ 有：

$g(t)=\dfrac{1}{2\pi}\int_{-\infty}^{\infty}[\int_{-\infty}^{\infty}g(t)\,e^{-i\omega t}dt]\,e^{i\omega t}d\omega$（傅里叶积分公式）

问题二：傅里叶变换后结果 $abs(F(\omega))$与$\boldsymbol{a}_n$、$\boldsymbol{b}_n$的关系，为什么可以用 abs 降噪？

已知：$F(\omega)=\int_{-\infty}^{\infty}g(t)\,e^{-i\omega t}dt$

$$a_k=\frac{2}{T}\int_{-\frac{T}{2}}^{\frac{T}{2}}g(t)\cos\frac{2k\pi t}{T}dt;\ b_k=\frac{2}{T}\int_{-\frac{T}{2}}^{\frac{T}{2}}g(t)\sin\frac{2k\pi t}{T}dt$$

$a_{\omega_k}=\dfrac{2}{T}\int_{-\frac{T}{2}}^{\frac{T}{2}}g(t)\cos\omega_k t dt;\ b_{\omega_k}=\dfrac{2}{T}\int_{-\frac{T}{2}}^{\frac{T}{2}}g(t)\sin\omega_k t dt$（在 $T\to\infty$ 和 ω 代入之前的系数形式，即离散形式，其中$\omega_k=\dfrac{2k\pi}{T}$）

在 $T\to\infty$ 时代入 ω，因为 ω 已经被视为一个连续的自变量了，所以之前的系数a_k、b_k被视为两个关于 ω 的函数。

则该两个系数形式变为：

$$a_\omega=\frac{2}{T}\int_{-\infty}^{\infty}g(t)\cos\omega t dt;b_\omega=\frac{2}{T}\int_{-\infty}^{\infty}g(t)\sin\omega t dt\text{(连续形式)}$$

利用欧拉公式$\begin{cases} e^{i\theta} = \cos\theta + i\sin\theta \\ e^{-i\theta} = \cos\theta - i\sin\theta \end{cases}$将$e^{-i\omega t}$用三角函数代掉得：

$$\begin{aligned} F(\omega) &= \int_{-\infty}^{\infty} g(t)(\cos\omega t - i\sin\omega t)\mathrm{d}t \\ &= \int_{-\infty}^{\infty} g(t)\cos\omega t\mathrm{d}t - \int_{-\infty}^{\infty} g(t)i\sin\omega t\mathrm{d}t \\ &= \frac{\frac{2}{T}\int_{-\infty}^{\infty} g(t)\cos\omega t\mathrm{d}t}{\frac{2}{T}} - \frac{\frac{2}{T}i\int_{-\infty}^{\infty} g(t)\sin\omega t\mathrm{d}t}{\frac{2}{T}} \\ &= (a_\omega - b_\omega i)\frac{T}{2} \end{aligned} \tag{18-19}$$

因为$g(t) = a_0 + \sum_{k=1}^{+\infty}\left(a_k\cos\left(\frac{2k\pi t}{T}\right) + b_k\sin\left(\frac{2k\pi t}{T}\right)\right)$

$g(t) = \frac{a_0}{2} + \sum_{\omega=\frac{2\pi}{T}}^{\infty}[a_\omega\cos\omega t + b_\omega\sin\omega t]$，其中$\omega = \frac{2k\pi}{T}$，$\omega$的求和步长是$\frac{2\pi}{T}$。

对每个a_ω、b_ω的值构造一个直角三角形，如图 18-2 所示。

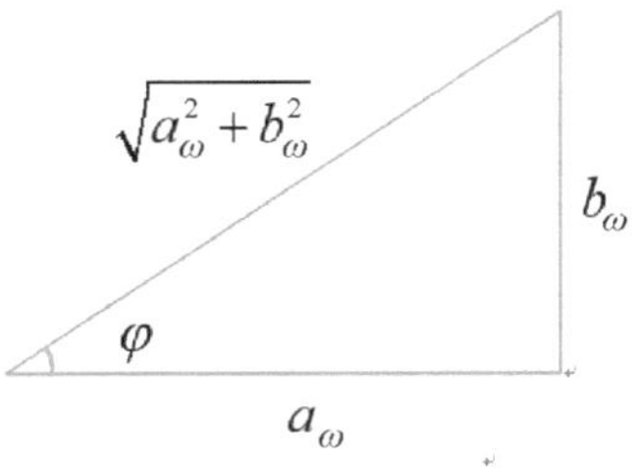

图 18-2　参数关系说明

$$g(t) = \frac{a_0}{2} + \sum_{\omega=\frac{2\pi}{T}}^{\infty}[a_\omega\cos\omega t + b_\omega\sin\omega t] \tag{18-20}$$

等价于：

$$\begin{aligned} g(t) &= \frac{a_0}{2} + \sum_{\omega=\frac{2\pi}{T}}^{\infty}\left[\sqrt{a_\omega^2 + b_\omega^2}\left(\cos\omega t \times \frac{a_\omega}{\sqrt{a_\omega^2 + b_\omega^2}} - \sin\omega t \times \frac{b_\omega}{\sqrt{a_\omega^2 + b_\omega^2}}\right)\right] \\ &= \frac{a_0}{2} + \sum_{\omega=\frac{2\pi}{T}}^{\infty}\left[\sqrt{a_\omega^2 + b_\omega^2}(\cos\omega t \times \cos\varphi - \sin\omega t \times \sin\varphi)\right] \\ &= \frac{a_0}{2} + \sum_{\omega=\frac{2\pi}{T}}^{\infty}\left[\sqrt{a_\omega^2 + b_\omega^2}\cos(\omega t + \varphi)\right] \end{aligned} \tag{18-21}$$

因为前面得到$F(\omega) = a_\omega - b_\omega i$。

所以$abs(F(\omega)) = \sqrt{a_\omega^2 + b_\omega^2}$与所有叠加的信号的幅值一一对应且相差$\frac{T}{2}$倍，用$abs(F(\omega))$滤波可以达到降噪效果。

18.2　傅里叶级数及变换的优缺点

傅里叶级数及其变换是十分经典的时频域分析方法，在数学和工程上都有着广泛运用。但随着对该算法理解的深入，也发现了不少缺点，于是就有了小波变换、窗口傅里叶变换等改进。本节主要针对传统的傅里叶变换分析其优缺点。

1. 优点

傅里叶变换是较早涉及时频域转换的一种分析，对时间序列的认识有了一个新的高度，下面简要说明它的部分优点。

1）对分析信号实现从时域到频域的转化，对信号有了全局性的认识。

2）将不确定的信号以一种解析表达式的形式呈现出来，从而提供了一种对信号成分判断的依据。

3）一定程度上刻画了自然界真实时序信号的本质，不仅具有理论意义，也具有科学意义。

2. 缺点

随着时间序列分析技术的发展，傅里叶变换的局限性也被逐渐理解，进而发展出一系列改进的算法，下面列举一些傅里叶变换的缺点。

1）频域分析基于全局信号，无法单独分析一段或一个点，因而出现了窗口傅里叶变换和小波变换。

2）计算量较大，因而出现了快速傅里叶变换予以改进。

18.3 实例分析

本节通过对原油价格进行傅里叶变换，对算法的逼近阶数参数和延拓倍数参数进行调整，来测试该算法对时间序列去噪的性能。下面首先对数据进行介绍，具体如下。

数据采用原油期货的价格，这里取前 1000 个数据进行观察，如图 18-3 所示。

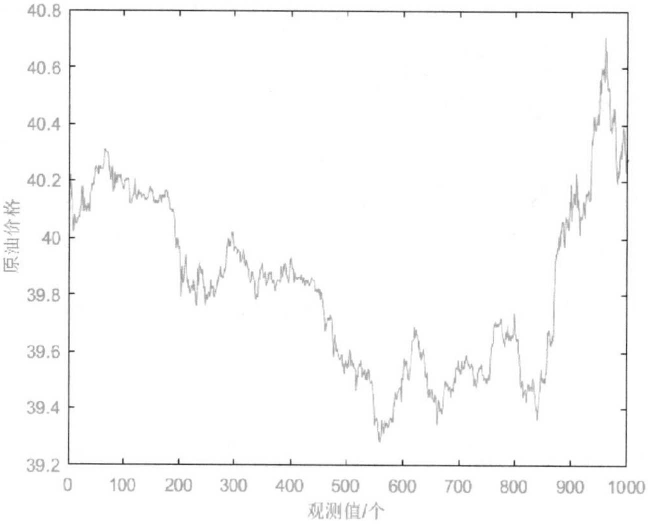

图 18-3　原油价格数据示例

18.3.1 函数介绍

离散傅里叶变换是由本书作者自主开发的算法程序，下面介绍 dft 函数的调用方法，并在注释中给出详细的函数输入和输出说明。

```
function [ varargout] = dft( data,k,need_dftw,ext_num)
% Project Title: dft。
% Developer:李一邨量化团队。
% Contact Info: 2975056631@ qq. com。
% 函数解释:本函数实现了一维数据的离散傅里叶级数逼近与傅里叶变换(从定义角度计算)。
% 函数输入。
% data:一维列数据。
% k:逼近 data 的傅里叶级数项数。
% need_dftw:是否需要输出 data 进行傅里叶变换时的变换表达式,1 为需要,0 为不需要。
% ext_num:对 data 进行延拓时左右两侧各增加的周期数。
% 函数输出:varargout
% {1}a0:离散傅里叶三角级数常数项的两倍。
% {2}an:离散傅里叶三角级数 cos 部分的系数向量。
% {3}bn:离散傅里叶三角级数 sin 部分的系数向量。
% {4}y:离散傅里叶级数对 data 的逼近结果。
% {5}dft_data:data 的离散傅里叶变换结果。
% {6}exps_series:data 的离散傅里叶级数的三角形式与指数形式展开表达式。
% {7}exps_trans:data 的离散傅里叶变换表达式。
```

18.3.2 离散傅里叶变换数据降噪实例

本小节以原油价格数据为案例来看下傅里叶变换的效果。首先，取出原油价格数据，画出原数据图，执行下面代码，就会得到图 18-4 的原始数据图。

```
%原油数据。
data =[OIL_1{1:1000,2}]'
plot(data)
xlabel('观测值/个')
ylabel('原油价格')
```

接下来绘制 50 阶去噪的效果图，运行下面代码后得到图 18-5 的效果。

```
%50 阶去噪,不进行延拓。
[ a0 an bn y1 dft_data exps_series exps_trans ] = dft( data,50,1,0);
plot(y1)
xlabel('观测值/个')
ylabel('原油价格')
```

对比图 18-4 和图 18-5 可以发现，去噪之后的曲线变得相对光滑。接下来看看对数据进行 50 阶去噪和 3 倍延拓会有什么效果。运行下面代码之后，得到进行 3 倍延拓之后的去噪效果，如图 18-6 所示。

```
%50 阶去噪,进行延拓 3 倍。
[ a0 an bn y2 dft_data exps_series exps_trans ] = dft( data,50,1,3);
plot(y2)
xlabel('观测值/个')
ylabel('原油价格 ')
```

对比图 18-5 和图 18-6 可以看出，经过延拓的数据对于主要趋势的提取变得更加精准，原因是对低频信号刻画得更加准确了。最后对比将逼近级数提高到 150 的效果，运行下面代码可以得到图 18-7 的效果。

```
%150 阶去噪,进行延拓 3 倍。
[ a0 an bn y3 dft_data exps_series exps_trans ] = dft( data,150,1,3);
plot(y3)
xlabel('观测值/个')
ylabel('原油价格')
```

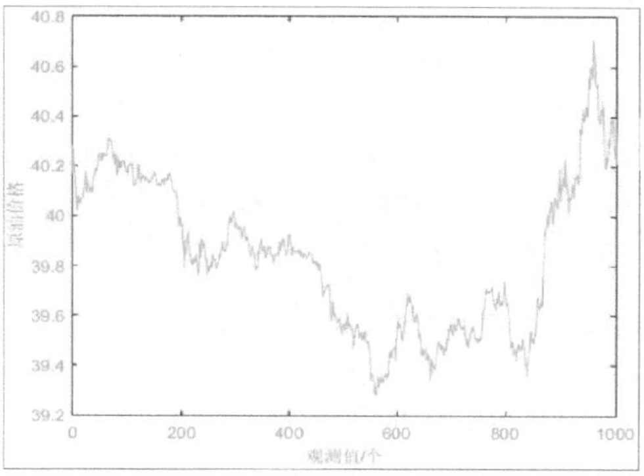

图 18-4　原数据图

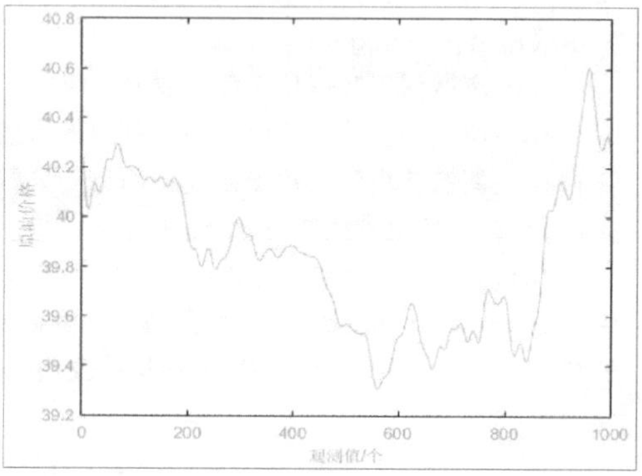

图 18-5　不进行延拓的 50 阶去噪效果图

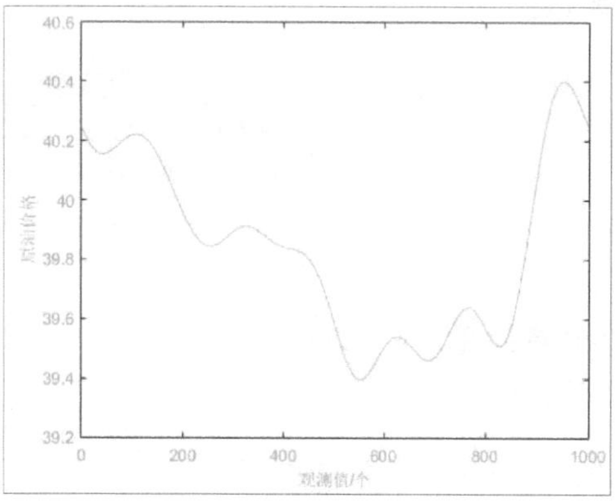

图 18-6　进行 3 倍延拓的 50 阶去噪效果图

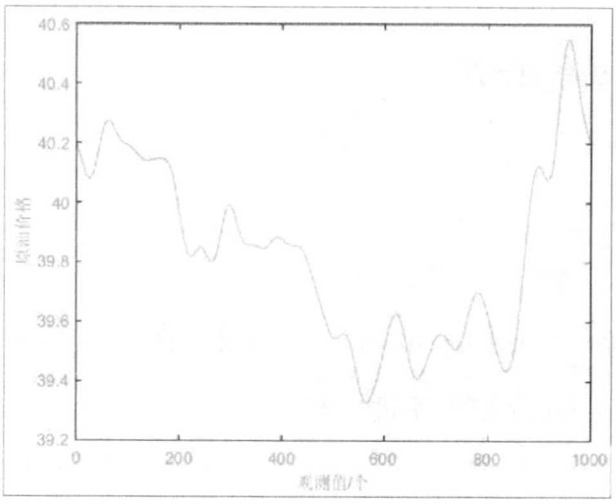

图 18-7　进行 3 倍延拓的 150 阶去噪效果图

对比图 18-6 和图 18-7 可以看出，提高级数以后，拟合序列体现了更多原序列的细节。对比图 18-5 和图 18-7，提高阶数并且进行了 3 倍延拓的数据，可以发现原序列的一些畸变在延拓后被去除了。

18.3.3　利用快速傅里叶变换对原数据进行降噪

$f(t) \sim \frac{a_0}{2} + \sum_{n=1}^{\infty}\left[a_n\cos\left(n\frac{2\pi}{T}t\right)+b_n\sin\left(n\frac{2\pi}{T}t\right)\right]$ 有限长序列可以通过离散傅里叶变换（DFT），将其频域也离散化成有限长序列，但 DFT 的计算量太大，因此引出了快速傅里叶变换（Fast Fourier Transform，FFT）。1965 年，Cooley 和 Tukey 提出了计算离散傅里叶变换（DFT）的快

速算法 FFT，将 DFT 的运算量减少了几个数量级。

FFT 是根据离散傅氏变换的奇、偶、虚、实等特性，对离散傅立叶变换的算法进行改进获得的，可以将一个信号从时域变换到频域。同时与之对应的是 IFFT（Inverse Fast Fourier Transform）离散傅立叶反变换的快速算法。由于 MATLAB 中已经自带了快速傅里叶变换的函数，因此本节将直接用 MATLAB 自带的函数进行去噪。FFT 算法在 MATLAB 中实现的函数是 $Y = fft(y,n)$；IFFT 算法在 MATLAB 中实现的函数是 $y = ifft(Y,N)$，其中 y 为离散的时域信号、N 为采样点数、Y 为离散的频域信号。

执行下面的代码，可以得到经过 MATLAB 自带的 fft（快速傅里叶变换）的原油价格数据图，如图 18-8 所示。MATLAB 自带的快速傅里叶变换没有延拓函数，图中虚线显示的是原数据，实线显示的是经过去噪之后的曲线。

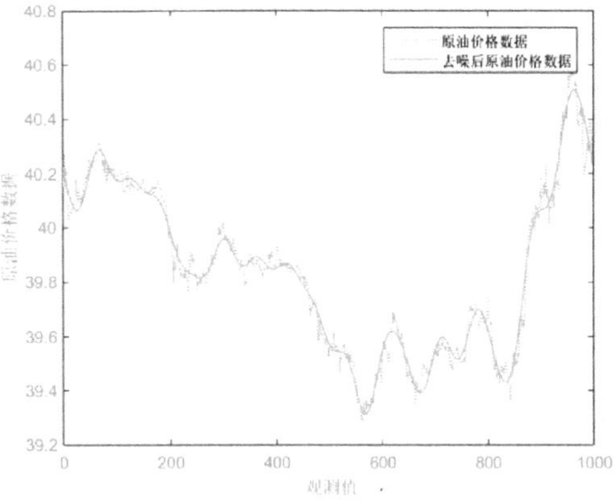

图 18-8　快速傅里叶变换去噪效果图

```
load('OilData.mat')
%取出原油价格数据。
data=cell2mat(OIL_1(1:1000,2));
%进行快速傅里叶变换。
complex=fft(data);
%计算幅值。
A=abs(complex);
%将幅值小于10000的去掉。
complex(A<10)=0;
%进行反变换,得到去噪后的原油价格数据。
data_denoise=ifft(complex);

plot(1:length(data),data,1:length(data),data_denoise)
xlabel('观测值')
ylabel('原油价格数据')
legend('原油价格数据','去噪后原油价格数据')
```

18.4　离散傅里叶变换代码获取

这里利用 MATLAB 作为工具，编写一个基于傅里叶变换相关理论的函数，这个函数 dft( ) 是离散傅里叶变换的一种形式。该函数的功能是实现信号的 K 阶级数逼近，相关代码读者可以通过扫描封底二维码进行下载。

第六篇

集成算法

集成算法的主旨是将弱学习器通过某种形式有效地组织起来，使得这些弱学习器各自的性能进行组合，从而达到强学习器的效果。本篇介绍的四种集成算法从数据、弱学习器、集成方法三个角度出发进行深层次的阐述。通过本篇的学习，读者可以对集成算法这一种类的算法建立较为全面的认识。

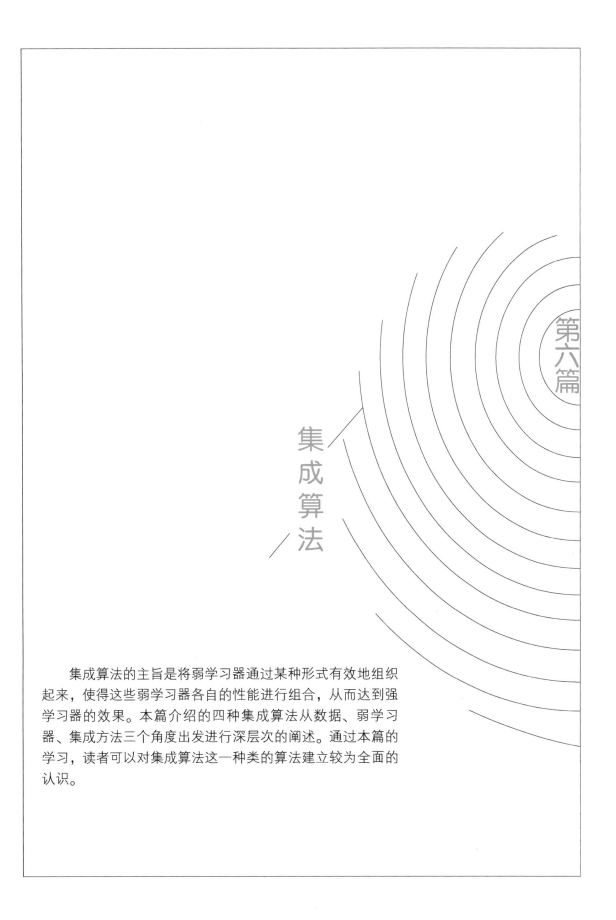

第 19 章　集成算法之 AdaBoost

集成学习的核心是构建多个不同的模型并聚合起来，从而提高模型的性能。集成学习几乎适用于机器学习的所有领域，包括常用的回归和分类算法。在集成学习中，通常并不要求每个基学习器的性能特别好。在很多典型的集成学习算法中，只要求每个基学习器要好于随机猜测。甚至对于表现比较差的基分类器，我们可以将其反着用，比如一个分类器绝大多数情况下得到的结果是错误的，那么在其将一个样本归类为 -1 时，可以认为它所传达的信息是将样本归类为 1。一般而言，基学习器也称为弱学习器（Weak Learner）。在集成学习中，重点是使训练得到的基学习器满足多样性的要求，这样将多个基学习器聚合起来时，我们能够有效地提升性能。从直观上看，虽然每个基学习器都会犯错，但是如果它们在犯不同的错误，那么将它们聚合起来之后犯错的可能性会很低。反之，如果基学习器比较相似，则通过集成学习提高性能的幅度较小，甚至可能带来过拟合的问题而导致性能降低。

根据基学习器的生成策略，集成学习的方法可以分为两类，一是并行方法，以 Bagging 为主要代表；二是串行方法，以 AdaBoost 为代表。

19.1　原理介绍

AdaBoost 是英文 Adaptive Boosting（自适应增强）的缩写，由 Yoav Freund 和 Robert Schapire 在 1995 年提出。AdaBoost 的自适应在于：前一个基本分类器分错的样本会得到加强，加权后的全体样本再次被用来训练下一个基本分类器。同时，在每一轮中加入一个新的弱分类器，直到达到某个预定的足够小的错误率或达到预先指定的最大迭代次数。

在 AdaBoost 算法中，将多个弱分类器串联，根据弱分类器训练的结果，将样本和该分类器赋予不同的权重，将改变权重后的样本传给下一个分类器进行训练，再得到当前分类器分类的结果，然后重复上述步骤，最后把所有得到的分类器加权求和，就是最终分类的结果。为了提高算法的学习性能，本章将在原版 AdaBoost 算法的基础上增加一个创新点，即引入“分歧度”的概念，分歧度用来描述 AdaBoost 中多个弱分类器对同一个样本分类的一致性程度。若所有基分类器对样本的分类一致，则分歧度小；若各分类器对样本的判断不一，则分歧度大。我们在原先调整样本权重的基础上，把权重乘以一个系数，以增加分歧度大的样本权重。

19.1.1　算法思想

在 AdaBoost 算法中，每个弱分类器都有权重，弱分类器预测结果的加权和形成了最终的预测结果。训练时，训练样本也有权重，在训练过程中动态调整，被前面的弱分类器错分的样本会加大权重，因此算法会关注难分的样本。

用 AdaBoost 类比的话，仅仅用人多力量大并不能准确表示其精髓，更像是一个团队的组建过程：一个创始团队面临很多问题，当它遇到解决不了的问题就开始招人。这人不是随便找的，而是能解决当前问题的。就这样团队不断扩大，渐渐步入正轨。这是一种渐进主义的逐步增强。

19.1.2 算法流程

AdaBoost 算法的流程主要围绕及分类器的训练和样本的权值更新展开，最终通过不断加总及分类器，使综合分类器的错误率不断降低，具体步骤如下。

1）将训练集中每个样本的权值定为$\omega_i = \frac{1}{n}, i=1,2,\cdots,n$。

2）For j=1:m，m 为训练器个数。

① 构建一个分类器$h_j(x)$，输出结果为 1 或者 -1。

② 计算该分类器加权的错误率：

$$err_j = \sum_{i=1}^{n} \omega_j I(y_i \neq h_j(x_i)) \tag{19-1}$$

③ 计算该分类器的权值：

$$\alpha_j = \frac{1}{2}\ln\frac{1-err_j}{err_j} \tag{19-2}$$

④ 计算分歧度：

$$avg_i^j = \frac{ERE_i^j + ERR_i^j}{2}$$

$$ERstd_i^j = 0.5 \times \sqrt{(ERE_i^j - avg_i^j)^2 + (ERR_i^j - avg_i^j)^2}$$

$$dif_i^j = \frac{1}{1+ERstd_i^j} \tag{19-3}$$

上式中 ERE_i^j是第 i 个样本在前 j 个分类器中被分错的次数，ERR_i^j是第 i 个样本在前 j 个分类器中被分对的次数，易知 $ERE_i^j + ERR_i^j = j$。$ERstd_i^j$是 ERE_i^j与 ERR_i^j的标准差，dif_i^j是在前 j 个分类器下，第 i 个样本的分歧度。

⑤ 更新每个样本的权值：

$$\omega_{i+1} = \frac{dif_i^j \omega_i e^{-\alpha_j y_i h_j(x_i)}}{Z}, i=1,2,3\cdots,n \tag{19-4}$$

其中 $Z = \sum_{i=1}^{n} dif_i^j \omega_i e^{-\alpha_j y_i h_j(x_i)}$ 是规范化因子，使得到的权重和为 1。

⑥ 根据新的权重，无放回抽样，得到新的样本，重复上述训练分类器的过程，直到训练出 m 个分类器。

⑦ 输出最终的分类器

$$f(x) = \text{sign}\left(\sum_{j=1}^{m} \alpha_j h_j(x)\right) \tag{19-5}$$

其中 sign()为符号函数，若 m 个分类器加权求和的结果是正数，则得到 1，反之得到 -1。

19.1.3 程序流程

上一小节的算法流程是比较具体的数学计算，对应到程序中就相对简单了，程序流程如下。

1)初始化样本权重 w, $j=1$。

2)for while $j<=Nt$。

① 如果 $j>1$,基于随机样本 x_train 和样本权重 w 训练模型 mdl；如果 $j=1$，基于样本 x_train 和初始样本权重 w 训练模型 mdl。

② 基于模型 mdl 预测样本标签 predict_target，再计算基于权重的错分率。

③ 根据错分率，计算基学习器权重 alp 并记录，再根据每个样本在前几次分类的一致性程度，计算该样本的分歧度，然后根据 alp 和分歧度更新样本权重 w，并基于样本权重产生和原样本相同大小的随机样本 *x_train*；$j=j+1$。

3）得到最终分类器。

19.2 AdaBoost 算法的优缺点

AdaBoost 算法是集成算法的一种，与其他集成算法相比，其自身有着一些独特的优点，但也存在着计算性能和分类精度方面的局限性。

1. 优点

AdaBoost 本质上是一个弱分类器联立为强分类器的算法，主要优点也是基于这一点展开。

1）很好地利用了弱分类器进行联立。

2）可以将不同的分类算法作为弱分类器。

3）AdaBoost 具有很高的精度。

4）相对于 Bagging 算法和 Random Forest 算法，AdaBoost 算法充分考虑了每个分类器的权重。

2. 缺点

虽然 AdaBoost 在集成算法中有着独特的优势，但也有着自身的缺陷，尤其在计算和数据不平衡等问题方面。

1）AdaBoost 迭代次数也就是弱分类器数目不太好设定，可以使用交叉验证来进行确定。

2）数据不平衡导致分类精度下降。

19.3 实例分析

AdaBoost 是一种用于分类问题的集成算法，本案例将运用 Pima 糖尿病经典数据集测试该算法的性能。

19.3.1 数据集介绍

本实例是用 Pima 糖尿病人的经典分类数据集作为测试数据集，其中最后一列是患病与否的标签，前 8 列是一些判断病症的生理特征数据，如图 19-1 所示。

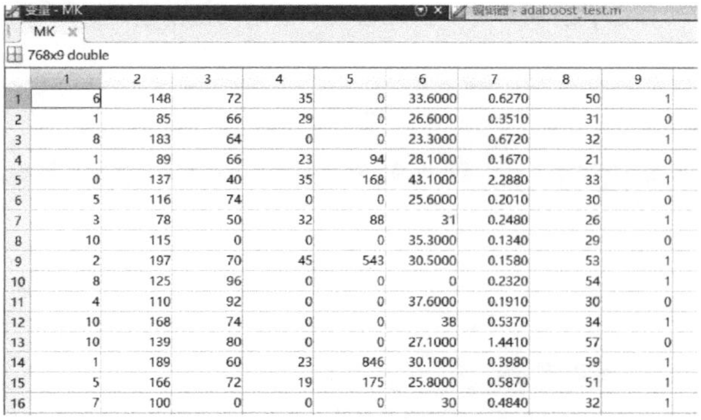

	1	2	3	4	5	6	7	8	9
1	6	148	72	35	0	33.6000	0.6270	50	1
2	1	85	66	29	0	26.6000	0.3510	31	0
3	8	183	64	0	0	23.3000	0.6720	32	1
4	1	89	66	23	94	28.1000	0.1670	21	0
5	0	137	40	35	168	43.1000	2.2880	33	1
6	5	116	74	0	0	25.6000	0.2010	30	0
7	3	78	50	32	88	31	0.2480	26	1
8	10	115	0	0	0	35.3000	0.1340	29	0
9	2	197	70	45	543	30.5000	0.1580	53	1
10	8	125	96	0	0	0	0.2320	54	1
11	4	110	92	0	0	37.6000	0.1910	30	0
12	10	168	74	0	0	38	0.5370	34	1
13	10	139	80	0	0	27.1000	1.4410	57	0
14	1	189	60	23	846	30.1000	0.3980	59	1
15	5	166	72	19	175	25.8000	0.5870	51	1
16	7	100	0	0	0	30	0.4840	32	1

图 19-1 Pima 糖尿病数据集

19.3.2 函数介绍

Adaboost 算法主要包括训练函数和预测函数两个函数，下面分别介绍。

1. 训练函数

AdaBoost 算法由于是集成算法，所以比较一般的分类算法在输入数据的同时，还需要指定基分类器的训练函数和预测函数及其参数，同时也需要实现确定基分类器的数量，具体如下。

```
adaboost(X_train,Y_train,fA,paraA,fB,paraB,Nt)
```

其中，X_train 为训练样本特征数据，Y_train 为训练样本标签数据，fA 为训练模型方法，paraA 为训练模型所需参数，fB 为预测模型方法，paraB 为预测模型所需参数，Nt 为基学习器的个数。训练结果如图 19-2 所示。

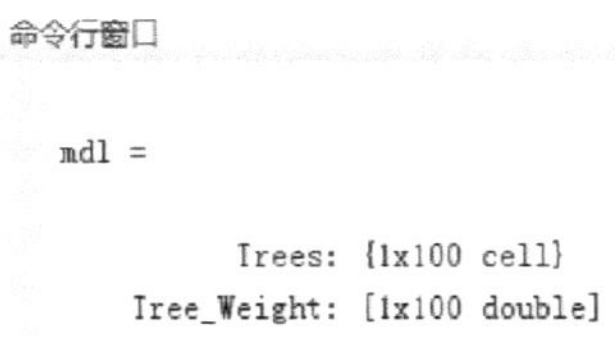

图 19-2　adaboost 算法输出

输出的变量 mdl 是一个结构体，变量 Trees 是元胞数组，每个元胞的元素就是每次训练出的基分类器，元胞数组的长度就是基分类器的个数。Tree_Weight 是每个基分类器的权重。

2. 预测函数

与 AdaBoost 的训练函数一样，需要指定基分类器的预测函数及其参数，具体如下。

```
adapredict(mdll,x_test,fB,paraB)
```

参数说明：

mdll 用 AdaBoost 训练的模型，即上文中的结构体 mdl，x_test 用于预测的预测数据，fB 为预测模型方法，paraB 为预测模型所需参数。

19.3.3 结果分析

本节将使用前面提到的 Pima 数据集说明 adaboost( ) 和 adapredict( ) 函数。在 Pima 数据集中，使用的基学习器有决策树、朴素贝叶斯、K 近邻和逻辑回归，程序代码在 adaboost_test 中（读者可自行在随书资源中进行下载）。

以决策树为例，训练和预测结果如图 19-3 所示。模型训练和预测误差，如图 19-4 所示。

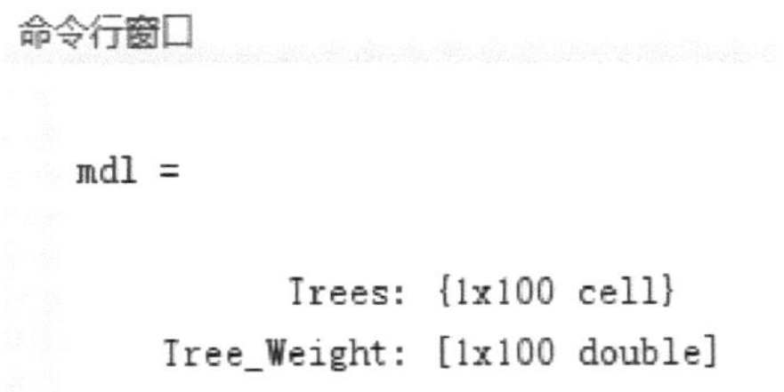

图 19-3　Pima 数据的模型训练结果

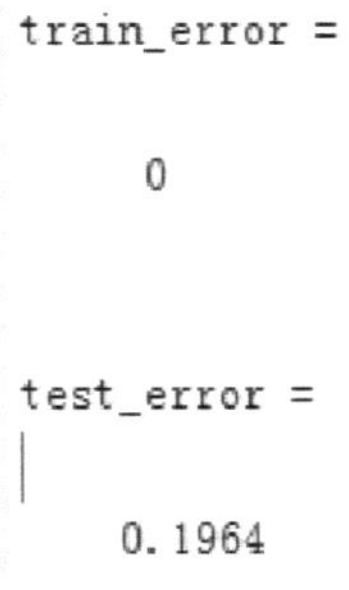

图 19-4　模型训练和预测误差

从用决策树的预测结果可以看出，对于较大的 Nt，对于训练集的分类误差为 0，对测试集的分类误差为 0. 1964，说明对决策树的改善还是很理想的。

19.4 代码获取

集成算法之 AdaBoost 是本书作者自主开发的算法，与基于并联思想的 Bagging 不同，AdaBoost 是串行叠加增强的集成算法。它逐个对前一个基学习器集的训练误差进行再学习，从而使得每一次学习都会进一步拟合真实目标，各个基学习器不断串行叠加意味着每次学习的误差不断减小，从而达到了集成学习的目的。虽然每一个基学习器是弱学习器，但是其性能不断叠加，最终得到更强的学习效果。读者可以扫描封底二维码下载集成算法之 AdaBoost 的程序代码。

第 20 章　集成算法之 Bagging

传统的 Bagging 是在训练集中随机挑选若干属性，然后在这些属性中随机可重复地抽样选取若干样本，所选取的样本数量小于训练集所有的样本数量，根据在部分属性下抽出来的样本训练一个基学习器，然后重复以上随机抽取特征和样本的过程训练多个基学习器。本章在传统的 Bagging 算法上增加了两个创新点，在实际运行代码的过程中可以选择执行创新后的算法，也可以选择执行传统的算法。创新点如下。

（1）在分类问题上，本章使用 Fisher 准则给各个样本的特征打分，分越高的特征其区分度越好。在使用时先重复抽样选取用于各个基学习器的样本，然后在该样本下计算每个特征的得分，选择得分较大的若干个特征。对于其他的基学习器重复此操作。

（2）在回归问题上，按照传统的方法选择特征，抽样训练基学习器。把所有的基学习器训练好后，根据每个学习器回归的结果，选择回归结果在所有学习器中最重要的那几个构成新的 Bagging，删去多余的学习器。这样首先会大量减少算法的体积，提高预测速度，其次可以略微提高回归的效果。

20.1　原理介绍

Bagging 算法名为袋装树，是一种并联数据集的集成算法，本节将对该算法的思想和流程进行介绍。

20.1.1　算法思想

Bagging 算法既可用于分类，也可用于回归，是对多个基学习器以相互独立的方式进行训练，在得出训练结果的时候，对于分类的问题用投票的原则，所有的基学习器分类结果中哪一类出现得最多，就认为哪一类是 Bagging 算法最后的分类结果。对于回归问题，最终 Bagging 算法的回归值等于每个基学习器回归值的平均数。简而言之，Bagging 相当于把各个基学习器并联，各基学习器相互独立；对比另一个集成算法 AdaBoost，由于各个基学习器是按先后顺序训练的，并且前一个学习器的训练结果会影响到后一个学习器，所以 AdaBoost 相当于把基学习器串联起来。Bagging 算法和 AdaBoost 算法各有优势。

20.1.2　算法流程

Bagging 算法既可以用于分类也可以用于回归，下面分别对分类算法和回归算法的流程和程序进行介绍。

1. Bagging 分类算法流程

1) for $j=1:Nt$，Nt 是学习机总数。

① 对于传统的 Bagging 算法，随机可重复的抽取样本，即 Bootstrap 样本，样本容量要小于用于训练 Bagging 算法的训练集样本容量，再随机选取若干个特征构成训练集 S_j，对于选择采用 Fisher 准则给特征打分的方法，先和传统的方法一样可重复地抽取样本，然后根据得到的样本给各个特征打分，保留分高的若

干个特征。在 Bagging 算法中对于每个基学习器,那些没有被选到用来训练的样本被称为袋外数据,即 oob 数据(out of bag)。Fisher 打分的公式如下：

$$F^m = \frac{\sum_{k=1}^{c} n_k (\overline{x}_m^k - \overline{x}_m)^2}{\sum_{k=1}^{c} n_k (\sigma_m^k)^2}, k = 1,2,\cdots c \tag{20-1}$$

在这个公式里，k 为类标签、c 表示类的数量、n_k表示第 k 类样本的数量、$\overline{x}_m^k$表示第 k 类中第 m 个特征的均值、$\overline{x}_m$表示所有样本中第 m 个特征的均值、σ_m^k表示第 k 类中第 m 个特征的方差、F^m越大表示该特征的区分度越好。

② 这里只选用训练集S_j中 F 得分较高的几个特征训练一个基学习器 $f_j(x)$。

2）聚合 Nt 个模型，每个基分类器都会对每个样本分类，由于有 Nt 个基分类器，所以每个样本都会有 Nt 个结果，选择出现结果最多的那个作为整个 Bagging 算法对样本的分类。

2. Bagging 分类程序流程

1)判断是回归还是分类(以下介绍分类的情况)。

判断是选用 Fisher 准则给特征打分的方法,还是采用随机选择特征的方法。

2)For k =1:Nt。

If(用 fisher 准则打分)

① 根据样本比例 perc 产生 Bootstrap 样本,同时产生 oob 样本,在该 Bootstrap 样本上对每个特征打分。

② 选取得分最高的 num 个特征 numvariable,并把 numvariable 作为用于训练的特征,得到训练样本 x_train。

Else (随机选择特征)

③ 不重复抽样产生长度为 num 特征向量 numvariable。

④ 根据样本比例 perc 产生 bootstrap 样本，同时产生 oob 样本。并指定 numvariable 列为用于训练的特征，得到训练样本 x_train。

⑤ 基于指定的基学习器 fA 训练 x_train，得到模型 mdl1。

⑥ 基于预测器 fB 计算 oob 误差 ooberror。

⑦ for ib =numvariable % numvariable 是 x_train 中的特征。

a. 随机排列 oob 样本中 ib 特征列得到样本 xperm，基于 fB 计算 xperm 的误差 permErr。

b. permErr 减去 ooberror 得到第 k 个基学习器中第 ib 个变量的误差变化，变化越大说明被打乱的那个特征越重要。

3. Bagging 回归算法流程

Bagging 回归算法与分类算法十分类似，在算法流程和程序流程上略有不同，下面详细对 Bagging 算法流程进行介绍。

1) for j=1:Nt,Nt 是学习器总数。

① 产生一个 bootstrap 样本S_j。

② 在S_j上训练一个基学习器$f_j(x)$。

③ 对每个回归模型设定一个阈值，回归误差大于此阈值的样本记为 -1，小于的记为1，由此得出每个模型的识别向量，此向量长度为样本容量。

$\lambda = quantile\left\langle \left\{ \left| \frac{y_i - C_j(x_i)}{y_i} \right| \right\}_{i=1}^{N}, 0.75 \right\rangle$ C_j是第 j 个模型，每个模型下每个的回归误差取 0.75 分位数就是阈值 λ，当然在代码中这个分位数可以调整。对于每一个模型的识别向量，样本误差大于阈值的标记为 -1，反之是 1。

2）聚合 Nt 个模型。

① 计算总体的识别向量：

$$c_{ens} = \frac{1}{J}\sum_{j=1}^{J} c_j \tag{20-2}$$

c_{ens}是总体的识别向量，c_j是第 j 个模型的识别向量，J 是分类器的数量。

② 计算参考向量：

$$c_{ref} = o + \alpha c_{ens}, c_{ref} \cdot c_{ens} = 0 \tag{20-3}$$

其中 o 是所有元素都相等的单位向量，也即元素全为 1 的向量除以它的模，两个向量点乘为 0 表示正交，根据这两个条件求出参考向量 c_{ref}。

③ 求 c_j 与 c_{ref} 余弦值，保留余弦值大于 0 的 c_j，因为此时夹角小于 90 度，具体的余弦值限定值可以在函数中调整。

4. Bagging 回归算法程序流程

1)判断是回归还是分类(以下介绍回归的情况)。

2)For k =1:Nt。

① 不重复抽样产生特征个数为 num 特征向量 numvariable。

② 根据样本比例 perc 产生 Bootstrap 样本,同时产生 oob 样本。并指定 numvariable 列为用于训练的特征,得到训练样本 x_train。

③ 基于指定的基学习器 fA 训练 x_train，得到模型 mdll。

④ 基于 fB 计算 oob 误差 ooberror。

⑤ for ib =numvariable % numvariable 是 x_train 中的特征。

a. 随机排列 oob 样本中 ib 特征列得到样本 xperm，基于 fB 计算 xperm 的误差 permErr。

b. permErr 减去 ooberror 得到第 k 个基学习器中第 ib 个变量的误差变化，变化越大说明被打乱的那个特征越重要。回归中的误差指的是 MSE。

⑥ 若要修剪模型，则利用上一节的公式计算每个模型的识别向量，整体的识别向量，还有参考向量，最后选择与参考向量余弦值大于 score_low（通常取 0）的识别向量。

20.2 Bagging 算法的优缺点

Bagging 算法是对数据进行“民主选举”，来进行模型训练并进行投票的，这种方法在模型训练上有一定的优势，但也有缺点。

1. 优点

在样本规模较大的情况下，运用全部数据进行训练可能耗费较大的资源，这时候随机挑选子样本训练，可以在较少降低损失训练效果的前提下减少训练资源代价。

2. 缺点

在样本标签有较大偏倚、样本对训练目标价值不等的情况下，“民主投票”反而不利。

20.3 实例分析

Bagging 算法既可以做分类也可以做回归，所以本次分别给出 Bagging 分类和回归上的案例。分类问题用 Pima 糖尿病数据做测试，回归问题则用波士顿房价数据做测试。本节首先对数据集进行介绍，具体如下。

分类问题所用的是 Pima 糖尿病人数据，前几列都是该病相关的病理特征，最后一列是是否患病的标签，数据如图 20-1 所示。

回归问题采用了波士顿房价，最后一列是房价价格数据，用于回归预测，前几列是相关的特征数据，如图 20-2 所示。

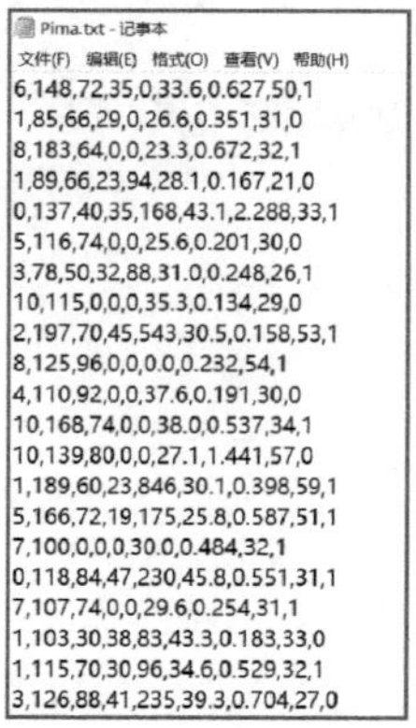

Pima.txt - 记事本
文件(F) 编辑(E) 格式(O) 查看(V) 帮助(H)

```
6,148,72,35,0,33.6,0.627,50,1
1,85,66,29,0,26.6,0.351,31,0
8,183,64,0,0,23.3,0.672,32,1
1,89,66,23,94,28.1,0.167,21,0
0,137,40,35,168,43.1,2.288,33,1
5,116,74,0,0,25.6,0.201,30,0
3,78,50,32,88,31.0,0.248,26,1
10,115,0,0,0,35.3,0.134,29,0
2,197,70,45,543,30.5,0.158,53,1
8,125,96,0,0,0.0,0.232,54,1
4,110,92,0,0,37.6,0.191,30,0
10,168,74,0,0,38.0,0.537,34,1
10,139,80,0,0,27.1,1.441,57,0
1,189,60,23,846,30.1,0.398,59,1
5,166,72,19,175,25.8,0.587,51,1
7,100,0,0,0,30.0,0.484,32,1
0,118,84,47,230,45.8,0.551,31,1
7,107,74,0,0,29.6,0.254,31,1
1,103,30,38,83,43.3,0.183,33,0
1,115,70,30,96,34.6,0.529,32,1
3,126,88,41,235,39.3,0.704,27,0
```

图 20-1 Pima 糖尿病人数据

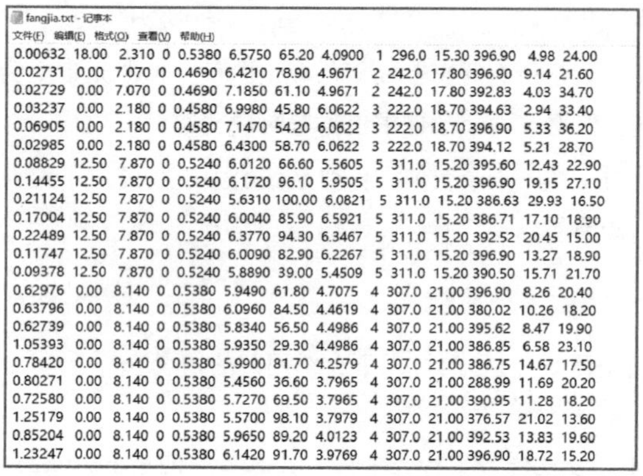

fangjia.txt - 记事本
文件(F) 编辑(E) 格式(O) 查看(V) 帮助(H)

```
0.00632 18.00  2.310 0 0.5380 6.5750  65.20 4.0900 1 296.0 15.30 396.90  4.98 24.00
0.02731  0.00  7.070 0 0.4690 6.4210  78.90 4.9671 2 242.0 17.80 396.90  9.14 21.60
0.02729  0.00  7.070 0 0.4690 7.1850  61.10 4.9671 2 242.0 17.80 392.83  4.03 34.70
0.03237  0.00  2.180 0 0.4580 6.9980  45.80 6.0622 3 222.0 18.70 394.63  2.94 33.40
0.06905  0.00  2.180 0 0.4580 7.1470  54.20 6.0622 3 222.0 18.70 396.90  5.33 36.20
0.02985  0.00  2.180 0 0.4580 6.4300  58.70 6.0622 3 222.0 18.70 394.12  5.21 28.70
0.08829 12.50  7.870 0 0.5240 6.0120  66.60 5.5605 5 311.0 15.20 395.60 12.43 22.90
0.14455 12.50  7.870 0 0.5240 6.1720  96.10 5.9505 5 311.0 15.20 396.90 19.15 27.10
0.21124 12.50  7.870 0 0.5240 5.6310 100.00 6.0821 5 311.0 15.20 386.63 29.93 16.50
0.17004 12.50  7.870 0 0.5240 6.0040  85.90 6.5921 5 311.0 15.20 386.71 17.10 18.90
0.22489 12.50  7.870 0 0.5240 6.3770  94.30 6.3467 5 311.0 15.20 392.52 20.45 15.00
0.11747 12.50  7.870 0 0.5240 6.0090  82.90 6.2267 5 311.0 15.20 396.90 13.27 18.90
0.09378 12.50  7.870 0 0.5240 5.8890  39.00 5.4509 5 311.0 15.20 390.50 15.71 21.70
0.62976  0.00  8.140 0 0.5380 5.9490  61.80 4.7075 4 307.0 21.00 396.90  8.26 20.40
0.63796  0.00  8.140 0 0.5380 6.0960  84.50 4.4619 4 307.0 21.00 380.02 10.26 18.20
0.62739  0.00  8.140 0 0.5380 5.8340  56.50 4.4986 4 307.0 21.00 395.62  8.47 19.90
1.05393  0.00  8.140 0 0.5380 5.9350  29.30 4.4986 4 307.0 21.00 386.85  6.58 23.10
0.78420  0.00  8.140 0 0.5380 5.9900  81.70 4.2579 4 307.0 21.00 386.75 14.67 17.50
0.80271  0.00  8.140 0 0.5380 5.4560  36.60 3.7965 4 307.0 21.00 288.99 11.69 20.20
0.72580  0.00  8.140 0 0.5380 5.7270  69.50 3.7965 4 307.0 21.00 390.95 11.28 18.20
1.25179  0.00  8.140 0 0.5380 5.5700  98.10 3.7979 4 307.0 21.00 376.57 21.02 13.60
0.85204  0.00  8.140 0 0.5380 5.9650  89.20 4.0123 4 307.0 21.00 392.53 13.83 19.60
1.23247  0.00  8.140 0 0.5380 6.1420  91.70 3.9769 4 307.0 21.00 396.90 18.72 15.20
```

图 20-2 波士顿房价数据

20.3.1 函数介绍

Bagging 算法既可以做分类也可以做回归，两者都有训练函数和预测函数，下面分别进行介绍。

1. Bagging 分类函数介绍

Bagging 算法的程序主要包括训练和预测两个函数，下面分别给出两个函数的函数说明，由于本算法既可以用于分类也可以用于回归，所以输入参数较为复杂。

（1）训练函数

```
function
mdl = bag (X_train, Y_train, fA, paraA, fB, paraB, Nt, perc, num, method, fish,
prune, score_low, qt)
% Project Title: bagging 算法。
% Group: 李一邨量化团队。
% Contact Info: 2975056631@ qq. com。

%输入。
%X_train:训练样本。
%Y_train:训练标签。
%fA:模型,输入的是函数句柄。
%paraA:调用模型所需参数,输入类型是结构体。
```

```
% fB:预测方法,输入的是函数句柄。
% paraB:调用预测方法所需参数,输入类型是结构体。
% Nt:树的个数。
% num:选取特征的个数。
% method:c 是分类,r 是回归。
% perc:抽样的比例。
% fisher:用 fisher 准则给属性打分,选择分高的属性,用于分类。可选值[0,非 0],比如取 0 时表示随机选择特征,取 1 时选择得分高的特征。
% prune:是否修剪表现不好的基分类器,用于回归。可选值[0,非 0],比如取 0 时表示不修剪分类器,取 1 时修剪不好的分类器。
% score_low: 在需要修剪分类器时, 需要把每个基分类器的识别向量与参考向量比较, 计算余弦值, 保留余弦值较大的基分类器。
% score_low: 代表这个余弦值的下限, 通常取 0, 即夹角要小于 90°。
% qt 在回归修剪基分类器时, 需要判断每个样本的回归误差, qt 是这些误差的分位数, 大于这个的表示该样本回归错误, 反之小于的话正确, 通常取 0.75。
% 输出。
% mdl: 结构体, bagging 模型。
```

程序结果包括是一个结构体，如图 20-3 所示。图中的 100 是 Nt 的值，表示基学习器的个数。

```
mdl =

       func: {1x100 cell}
        num: {1x100 cell}
        oob: [691x100 double]
         yl: [2x1 double]
          F: [100x8 double]
      error: [1x100 double]
   ooberror: [1x100 double]
   Dematrix: [8x100 double]
         De: [0.0141 0.0826 NaN 0.0031 0.0135 0.0339 0.0104 0.0208]
```

图 20-3　bagging 的 mdl 输出

- func：Nt 个基学习器的信息。
- num：每个基学习器的特征列。
- oob：每个基学习器中，样本是否属于袋外数据的信息，每列中在当前分类器下是 oob 数据的取 1，否则取 0。
- yl：样本有哪些标签。
- F：在每个分类器中各个特征的打分情况。
- error：每个基学习器基于原样本 X_train 的误差。
- ooberror：每个基学习器的袋外数据的误差。
- Dematrix：每个基学习器每个变量的误差变化（每个基学习器仅有 num 个变量是有变换值的）。
- De：基于 Dematrix 求出的每个特征的重要性平均值，若为空，说明在打分的时候该变量从未被选过。

（2）预测函数

```
function [ww,error_,R_squared] =bag_predict(mdll,x_test,fB,paraB,method,y_test)
% Project Title: bagging 算法。
% Group:李一邨量化团队。
% Contact Info: 2975056631@ qq. com。
% 输入。
% mdll:bag 训练出来的模型。
% x_test:用于预测的数据。
% fB:预测方法,输入函数句柄。
```

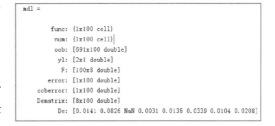

```
%paraB:预测所需参数,输入结构体。
%method:c 是分类,r 是回归。
%y_test 是测试模型时,所用数据的标签,可选,若无此变量,只输出预测结果,若有则会输出错误率等评价指标。
%输出。
%ww 是对 x_test 的预测结果,当输入了 y_test 时,对于分类问题会输出错误率 error_。
%对于回归问题,会输出均方误差 error_, R_squared。
```

2. Bagging 回归函数介绍

(1) 训练函数

```
mdl=bag(X_train,Y_train,fA,paraA,fB,paraB,Nt,perc,num,method,fish,prune,score_low,qt)
```

回归时，训练模型的参数同分类问题介绍的一样，只须将 methon 参数取值为 r，训练结果如图 20-4 所示。

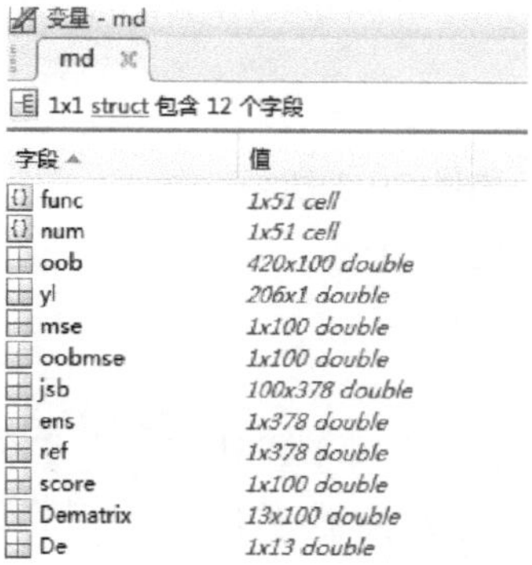

图 20-4　回归模型预测结果

jsb 是每个模型的识别向量，共 100 行，表示 100 个基分类器，378 为样本数，ens 是整个模型的识别向量，ref 是参考向量。

(2) 预测函数

```
[ww,error_,R_squared]=bag_predict(mdl1,x_test,fB,paraB,method,y_test)
```

与分类问题相比不同的在于 method 取值为 r 且当输入变量 y_test 时，除了会输出预测结果，和 MSE 外，还会输出第三个变量 R_squared。

20.3.2　结果分析

本节用 Bagging 算法集成决策树、朴素贝叶斯、K 近邻和逻辑回归等基础学习器，分别做分类和回归，观察 Bagging 算法对基学习器的集成效果。

1. Bagging 分类结果

这部分将用 Pima 数据集说明 bag 和 bag_predict 函数。在 Pima 数据集中，我们使用的基学习器有决策树、朴素贝叶斯、K 近邻和逻辑回归。

将数据集随机划分，其中训练集占 90%，测试集占 10%。下面以决策树为例，通过 F 打分的方式介绍本算法的使用，具体代码在 bag_Pima_test 中（读者可自行在附赠资源中进行下载）。

Pima 数据以决策树为基分类器的训练结果，如图 20-5 所示。本例中训练了 100 个基学习器，每个基学习器选择了 4 个特征变量，error 中储存了每个基学习器对原训练样本 X_train 的分类误差率，ooberror 中储存了每个基学习器的袋外数据分类误差率。

De 是度量变量的重要性：横坐标是变量的序号，分别对应第 1 列到第 8 列。从图 20-46 中可以看出，第 2 个变量是最重要的。

```
mdl =

        func: {1x100 cell}
         num: {1x100 cell}
         oob: [691x100 double]
          yl: [2x1 double]
           F: [100x8 double]
       error: [1x100 double]
    ooberror: [1x100 double]
    Dematrix: [8x100 double]
          De: [0.0141 0.0826 NaN 0.0031 0.0135 0.0339 0.0104 0.0208]
```

图 20-5　Pima 数据以决策树为基分类器的训练结果

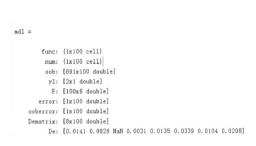

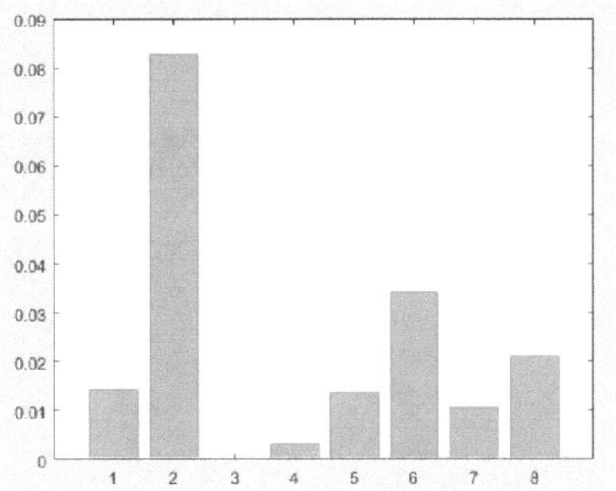

图 20-6　特征的重要性评分

F 是在每个分类器中各个特征的打分情况（部分），如图 20-7 所示。

mdl.F

	1	2	3	4	5	6	7	8
1	0.0493	0.3104	0.0042	0.0020	0.0185	0.0843	0.0286	0.0379
2	0.0185	0.1887	2.5609e-04	0.0143	0.0161	0.0833	0.0316	0.0162
3	0.0222	0.2313	0.0030	0.0050	0.0037	0.0584	0.0268	0.0270
4	0.0469	0.2906	0.0072	0.0167	0.0351	0.1286	0.0280	0.0416
5	0.0801	0.3940	0.0060	0.0047	0.0095	0.0709	0.0315	0.1093
6	0.0278	0.3088	0.0064	0.0172	0.0240	0.1177	0.0332	0.0293
7	0.0447	0.2398	0.0016	0.0017	0.0157	0.0708	0.0427	0.0342
8	0.0172	0.2724	0.0153	0.0022	0.0100	0.0676	0.0201	0.0552
9	0.0308	0.2682	0.0046	0.0061	0.0120	0.0489	0.0167	0.0308

图 20-7　基分类器中特征重要性评分

Num 是用在每个分类器的特征，也就是得分高的那一个，如图 20-8 所示。

mdl.num

	1	2	3	4	5	6	7	8	9
1	[2,6,1,8]	[2,6,7,1]	[2,6,8,7]	[2,6,1,8]	[2,8,1,6]	[2,6,7,8]	[2,6,1,7]	[2,6,8,7]	[2,6,8,1]

图 20-8　每个基分类器选择的特征序号

oob 是每个样本是否为 oob 数据，若是则取 1，不是取 0，每行是样本，每列是分类器，如图 20-9 所示。

在测试集上的错误率是 0. 1558，训练和预测输出结果如图 20-10 所示。

mdl　mdl.oob

mdl.oob

	1	2	3	4	5	6	7	8
1	0	0	0	1	1	0	1	1
2	1	0	1	0	0	0	0	0
3	1	0	0	1	1	1	0	0
4	0	1	0	1	1	1	0	0
5	1	0	0	1	0	1	0	0
6	0	1	1	0	0	0	0	1
7	0	0	1	1	0	1	1	0
8	0	1	0	0	1	0	0	0
9	1	0	0	1	1	1	1	0
10	0	0	1	1	1	1	0	0

图 20-9　每个基分类器的袋外数据

命令行窗口

```
train_error =

    0.0738


test_error =

    0.1558
```

图 20-10　训练和预测误差

2. bagging 回归结果

这部分将用 fangjia 数据集说明 bag 和 bag_predict 函数。在 fangjia 数据集中，使用的基学习器有决策回归树，最小二乘法。程序代码在 bag_regression_test 中（读者可自行在附赠资源中进行下载）。

以决策回归树为例，将 fangjia 数据随机排列。fangjia 数据集的回归结果如图 20-11 所示。

func 和 num 的长度是 51，表示从 100 个模型里保留了 51 个模型。jsb 是每个模型的识别向量，共 100 行，表示 100 个基分类器，378 为样本数，如图 20-12 所示。

变量 - md

md

1x1 struct 包含 12 个字段

字段	值
func	1x51 cell
num	1x51 cell
oob	420x100 double
yl	206x1 double
mse	1x100 double
oobmse	1x100 double
jsb	100x378 double
ens	1x378 double
ref	1x378 double
score	1x100 double
Dematrix	13x100 double
De	1x13 double

图 20-11　回归结果

变量 - md.jsb

md　md.jsb

md.jsb

	1	2	3	4	5	6	7	8	9
1	-1	-1	-1	-1	-1	-1	-1	1	-1
2	-1	-1	1	-1	1	-1	-1	-1	-1
3	-1	-1	-1	-1	1	-1	-1	-1	-1
4	-1	-1	-1	-1	-1	-1	-1	-1	1
5	-1	-1	-1	-1	-1	-1	-1	-1	-1
6	-1	-1	-1	-1	-1	-1	1	1	-1
7	-1	-1	-1	1	-1	1	-1	-1	-1
8	1	-1	1	-1	-1	1	-1	1	-1
9	-1	-1	-1	-1	-1	-1	-1	-1	-1
10	1	-1	-1	-1	-1	1	-1	-1	-1
11	1	1	-1	-1	-1	-1	-1	-1	-1

图 20-12　基分类器的识别向量

ens 是整个模型的识别向量，如图 20-13 所示。

md.ens

md.ens

	1	2	3	4	5	6	7	8	9	10	11
1	-0.4000	-0.5200	-0.5600	-0.5000	-0.4600	-0.5600	-0.4800	-0.6200	-0.5800	-0.5000	-0.4600

图 20-13　整体模型的识别向量

ref 是参考向量，如图 20-14 所示。

md.ref

	1	2	3	4	5	6	7	8
1	0.0158	0.0099	-3.7509e-05	-0.0099	-0.0020	0.0118	-0.0099	0.0099

图 20-14　整体模型的参考向量

score 是每个模型的得分，如图 20-15 所示。

md.score

	1	2	3	4	5	6	7	8
1	-0.0440	0.0288	0.0349	-0.0736	0.0312	-0.0095	0.0103	0.0250

图 20-15　每个基分类器的得分

训练集上的 MSE 是 3. 3537，R 方是 0. 9596；测试集上的 MSE 是 9. 0053，R 方是 0. 9016。训练和预测结果，如图 20-16 所示。

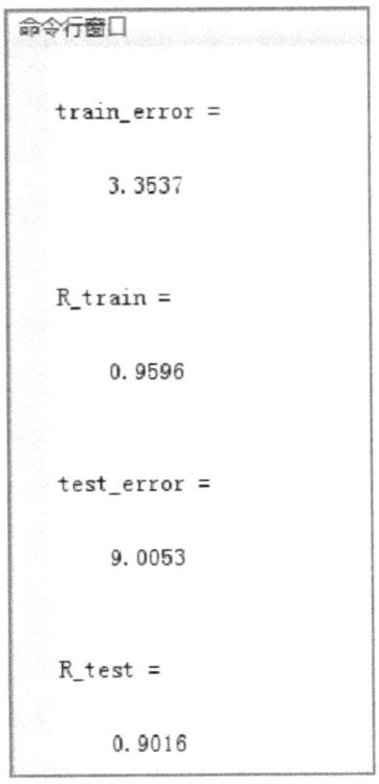

图 20-16 回归训练和预测结果

20.4 代码获取

集成算法之 Bagging 是本书作者团队自主开发的算法，用于对大量冗余的数据进行抽样建模，同时也是筛选基学习器的一种方法。集成算法可以将弱学习器的性能叠加，从而得到更强的学习效果，在众多算法中具有核心价值。读者可以扫描封底二维码下载集成算法之 Bagging 的程序代码。

第 21 章　集成算法之 Stacking

Stacking 算法顾名思义，就是把若干个弱分类器堆叠出来。该算法共分为两层，第一层有多个弱分类器，第二层只有 1 个弱分类器。在训练该算法时先训练第一层的多个弱分类器，然后用第一层的这几个分类器来预测训练集数据，把得到的预测结果作为输入来训练第二层的弱分类器。在测试该算法时，用第一层的模型来预测数据，并把预测结果作为输入传入第二层模型来预测。

在 Stacking 算法中，由于在第一层中构建多个不同的弱分类器，因此可以较好地防止模型出现过拟合的现象，而且第一层中的弱分类器越多，该模型的预测效果越好，但随着分类器数量的增加，效果提升得越来越少。在一些数据科学竞赛中，Stacking 算法也往往能表现出很好的效果。虽然在 Stacking 算法中使用的是不同类型的弱分类器，但是也有一些文献在 Stacking 的第一层中加入了同类型但参数不同的弱分类器。

本章将以分类算法为例，从 Stacking 算法是否运用 K 折交叉验证以及如何运用到时间序列上的角度来实现 Stacking 算法。

21.1　原理介绍

Stacking 算法首先将所有基模型对整个训练集进行预测，第 j 个基模型对第 i 个训练样本的预测值将作为新的训练集中第 i 个样本的第 j 个特征值，最后基于第二层模型对基模型的结果作为训练集进行训练。同理，预测的过程也要先经过所有基模型的预测形成新的测试集，最后再对测试集进行预测。

1. 算法思想

Stacking 算法的整体思想是对不同的基模型进行集成，以提高整体的预测效果。

2. 算法流程

下面将对 Stacking 算法的流程进行介绍，注意下文中部分矩阵带有下标，表示该矩阵的形状。

1）选定 Nt 个弱分类器作为第一层的基分类器,再确定一个弱分类器作为第二层的基分类器[假设训练集数据中自变量为 X(N×M)，标签为 ylabel(N×1)]。

2）对于不使用 K 折交叉验证的情形如下。

① 用训练集 X(N×M)以及对应的 ylabel(N×1)，分别训练第一层 Nt 个弱分类器。

② 用上一步中训练好的 Nt 个弱分类器，对训练集 X 进行预测，得到预测结果 yfit (N×Nt)。

③ 把 yfit 作为新的测试集，ylabel 作为对应标签，来训练第二层的弱分类器。

④ 在测试集上预测时，先把测试集数据 X_test (N×M) 依次代入第一层 Nt 个分类器预测，再把该预测结果作为输入传入第二层的分类器进行预测。

3）对于使用 K 折交叉验证的情形如下。

① 把训练集 X 及其对应的标签 ylabel，切割成 K 段 (假设每段长度是 Lk)。

② 对于每一段的数据，用其余 K-1 段的 X 来分别训练第一层 Nt 个弱分类器。再用该 Nt 个分类器，预测当前这一段的标签，得到 sub_yfit (Lk×Nt)。

③ 把 2)步重复 k 次,得到 k 个 sub_yfit (Lk×Nt),即第一层得到的训练集预测结果 yfit (N×Nt)。此时我们第一层总共训练了 k×Nt 个弱分类器。

④ 把 yfit 作为新的测试集,ylabel 作为对应标签,来训练第二层的弱分类器。

⑤ 在测试集上预测时,先把测试集数据 X_test (N×M) 代入预测第一折时得到的 Nt 个分类器,预测得到 yfit_test_1 (N×Nt)。再把 X_test 代入第二折得到 yfit_test_2 (N×Nt),以此类推最后得到 yfit_test_k (N×Nt),把这 k 个矩阵加总,每个元素再除以 k 再四舍五入,得到最终的第一层预测结果 yfit_test (N×Nt)。再把该预测结果作为输入传入第二层的分类器进行预测。

21.2 Stacking 算法的优缺点

Stacking 作为一种对基模型进行集成的算法,有其独特的优缺点,下面简要介绍。

1. 优点

Stacking 算法采用交叉验证方法构造,稳健性强;可以结合多个模型判断结果,进行次级训练,效果好。

2. 缺点

Stacking 算法构造复杂,难以得到相应规则,难以解释。

21.3 Stacking 截面数据分类

Stacking 算法中为了防止过度拟合,对于截面数据可以使用 k 折交叉验证来进行基分类器的模型训练,下面详细介绍算法流程。

21.3.1 训练程序流程

本小节将对 Stacking 算法的训练程序流程进行介绍,具体如下。

1)if K<2,如果不采用 K 折交叉验证。

① 用训练集 X,ylabel,训练第一层的 Nt 个模型,得到 mdl_1 (1×Nt),mdl_1 是元胞数组,元素是训练好的模型。

② 用 mdl_1 中的模型预测 X 的标签,得到 yfit。

③ 用 yfit 和 ylabel 训练第二层模型,命名为 mdl_2.fun。

2) elseif K>=2,如果采用 K 折交叉验证。

① for i=1:K,分别预测第 K 折。

a. 用其余 K-1 折的 X 和 ylabel 训练第一层的 Nt 个模型,得到 mdl_1 {i} (1×Nt),此时 mdl_1 (1×K) 是元胞数组,每个元素是第 K 折预测时的 Nt 个模型,即此时的 mdl_1 {i},相当于不采用 K 折交叉验证时的 mdl_1。

b. 用 mdl_1 {i} 预测第 i 折的标签。

② 用第一层中得到的标签训练第二层模型,命名为 mdl_2.func。

21.3.2 训练函数

Stacking 算法的训练函数主要包括训练数据和标签、一些基学习器的算法参数,以及 Stacking 算法本身的参数三个部分,下面详细介绍。

```
function [mdl_1,mdl_2] = stacking(x_train,y_train,fA,paraA,fB,paraB,K)
% Project Title: stacking 算法。
% Group:李一邨量化团队。
% Contact Info: 2975056631@ qq. com。
%输入。
% x_train 是训练集的特征。
% y_train 是训练集的标签。
% fA 是结构体,第一部分是元胞数组,装的是第一层分类器,比如 fA. one = {@ fitglm,@ fitcknn,@ fitcnb}。
%第二部分是第二层的训练器,比如 fA. two =@ fitctree。
%paraA 是结构体,第一部分是一个元胞数组,其每个元素装的是第一层每个基分类器参数,该元素也是结构体。比如 paraA. one = {struct('Distribution','binomial'),struct('NumNeighbors',2,'Standardize',true),struct()};第二部分是第二层分类器的参数,是个结构体,比如 paraA. two = struct('Prune','on')。
%fB 装的是每个分类器的预测函数,由于 Stacking 算法有两层,所以也是有两个部分的结构体,用法参考 fA。
%比如 fB. one = {@ predict,@ predict,@ predict};,fB. two =@ predict。
%paraB 是预测函数的参数,也是结构体,还分为了两部分,参考 paraA。
%K 用于判断在训练模型时是否对训练集进行 K 折交叉验证,若 K> =2,则对于训练集在第一层。
%训练时采用 K 折交叉验证,否则不进行交叉验证,直接在训练集上预测数据。
%输出。
%mdl_1 是一个元胞数组,输出的是第一层里的基分类器,当 K<2 时,mdl_1 是长度为第一层基分类器个数的元胞数组。每个元素是一个基分类器模型。当 K>2 是,mdl_1 是长度是 K 的元胞数组,该数组的每个元素又是一个元胞数组,这个小的元胞数组等同于 K<2 时的 mdl_1,即每个元素是每个基分类器。
%mdl_2 是结构体,mdl. func 装的是第二层的基分类器,mdl_2. K 是 K 的值,mdl_2. yl 是标签类型。mdl_2. Nt 是第一层分类器个数。
```

我们以使用 5 折交叉验证，第一层有 3 个弱分类器的方式，来举例说明训练函数的输出，如图 21-1 所示。

在图 21-2 中，mdl_1 是一个元胞数组，其有 5 个元素，每个元素又是一个元胞数组。其中，每个元胞中有 3 个元素，每个元素是一个模型，如图 21-3 所示。

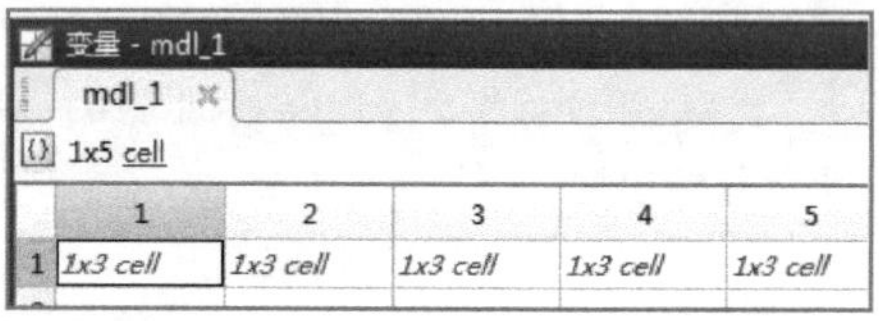

图 21-1　第一层 5 折交叉验证输出

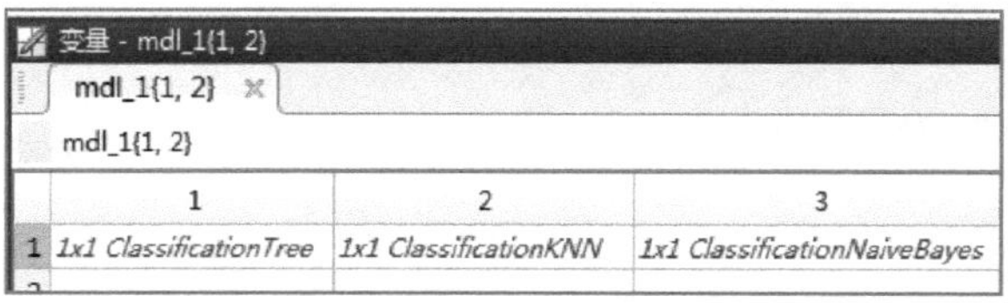

图 21-2　第一层第 2 折的基分类器

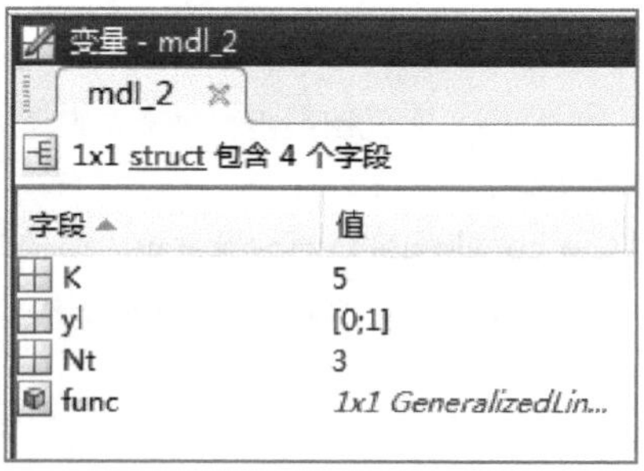

图 21-3　基分类器

- mdl_2 是结构体，除了有第二层的模型外，还存放了 Stacking 算法的其他信息。
- mdl_2. K 是记录了模型采用了几折交叉验证，K <2 表示没有采用交叉验证。
- mdl_2. yl 记录了数据的标签类型。
- mdl_2. Nt 记录了 Stacking 算法的第一层有几个弱分类器。
- mdl_2. func 是第二层训练出来的模型。

21.3.3 预测程序流程

Stacking 算法的预测程序主要是将训练好的模型代入外推数据进行计算，并得出结果，流程如下。

1) if K<2,如果不采用 K 折交叉验证。

① 把测试集数据 x_test 代入，无交叉验证时训练得到的模型 mdl_1，得到第一层的测试结果 yfit。

② 把 yfit 代入第二层训练出的模型 mdl_2. func，得到最终结论。

2) elseif K>=2，如果采用 K 折交叉验证。

① for i=1:K，分别预测第 K 折。

a. 把测试集数据 x_test 代入，使用交叉验证时训练得到的模型 mdl_1 {i}，得到预测结果 yfit_once。

b. yfit=yfit+yfit_once；把每一折上的预测结果加总。

② yfit=round (yfit/K)；求每次预测结果的平均值再四舍五入。

③ 把 yfit 代入第二层训练出的模型 mdl_2. func，得到最终结论。

21.3.4 预测函数

Stacking 算法的预测函数输入主要是在训练阶段的输出，包括第一层和第二层的算法，以及相应的算法参数，详细介绍如下。

```
function [pp,error_rate]=stapredict(mdl_1,mdl_2,x_test,fB,paraB,y_test)
% Project Title: stacking 算法。
% Group:李一邨量化团队。
% Contact Info: 2975056631@qq.com。

%输入。
%mdl_1 是元胞数组,包含训练出来的第一层模型。
%mdl_2 是结构体,包含训练出来的第二层模型,K 值,yl,第一层基分类器个数。
%x_test 是待预测的数据。
%fB 装的是每个分类器的预测函数,由于 Stacking 算法有两层,所以也是有两个部分的结构体。第一部分用于第一层,第二部分用于第二层,比如 fB.one={@predict,@predict,@predict};,fB.two=@predict。
%paraB 是预测函数的参数,也是结构体,还分为了两部分。
%y_test 是可选参数,若有则输出本次测试的错误率。
%输出。
%pp 是用 x_test 预测出来的值。
%error_rate 当输入变量 y_test 时,输出本次测试的错误率。
```

21.4 算法实例

接下来将介绍 Stacking 算法的实际运用。用 Pima 数据集说明 stacking( ) 和 stapredict( ) 函数。实例中使用的第一层的基分类器有决策树、K 邻近、朴素贝叶斯分类。第二层用的基分类器是逻辑回归，并且采用了 5 折交叉验证。把数据集随机划分，其中训练集占 90%，测试集占 10%，并按步骤解释如何运用 Stacking 算法，具体代码在 stacking_test. m 文件中（读者可自行在附赠资源中进行下载）。

首先把数据分为训练集 x_train、y_train 和测试集 x_test，y_test，代码如下。

```
MK = importdata('Pima.txt');
N = length(MK);
xh = randperm(N);
xx = floor(N * 0.9);
xh_train = xh(1:xx);xh_test = xh(xx +1:end);
species = MK(:,9);
X_train = MK(xh_train,1:8);
Y_train = species(xh_train);
X_test = MK(xh_test,1:8);
Y_test = species(xh_test);
```

接着，输入第一层的分类器 fA. one、第二层的分类器 fA. two 以及其对应参数 paraA. one、paraA. two，代码如下。

```
fA.one = {@fitctree,@fitcknn,@fitcnb};% 第一层的分类器。
fA.two = @fitglm; %第二层的分类器。
paraA.one = {struct('Prune','on'),struct('NumNeighbors',2,'Standardize',true),
struct()};
paraA.two = struct('Distribution','binomial');
```

再输入预测函数 fB、预测函数的参数 paraB，以及确定 K 折交叉的 K 值。

```
fB.one = {@predict,@predict,@predict}; %第一层的预测函数。
fB.two = @predict; %第二层的预测函数。
paraB.one = {struct(),struct(),struct()}; %第一层预测函数的参数。
paraB.two = struct();
K = 5;
```

把之前准备好的数据代入训练函数，得到输出变量 mdl_1、mdl_2。

mdl_1 是训练出来的第一层基分类器。

mdl_2 存放了第二层基分类器、K、自变量标签，以及第一层弱分类器个数等信息。mdl_1、mdl_2 的具体内容见上文中对训练函数输出的介绍。

```
[mdl_1, mdl_2] = stacking (X_train, Y_train, fA, paraA, fB, paraB, K);
```

把训练出来的模型以及待预测的数据放入预测函数中，接下来即把训练集 X_train 进行预测，又把测试集 X_test 进行预测。得到的训练集预测结果是 train_pp、错误率是 train_error、测试集预测结果是 test_pp、错误率是 test_error。

```
[train_pp,train_error]=stapredict(mdl_1,mdl_2,X_train,fB,paraB,Y_train);
train_error
[test_pp,test_error]=stapredict(mdl_1,mdl_2,X_test,fB,paraB,Y_test);
test_error
```

输出的 train_pp、test_pp 如图 21-4a、b 所示。

预测的错误率如图 21-5 所示。可以看到在训练集上的错误率是 0.1114，在测试集上的错误率是 0.1169。在此例子中 Stacking 算法的表现还是很好的。

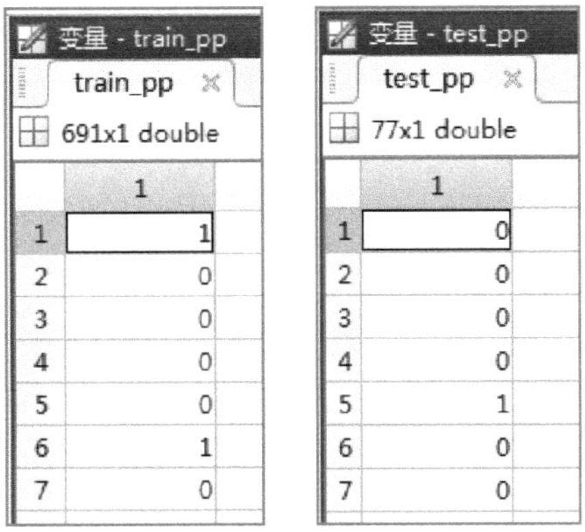

a) b)

图 21-4 训练和测试标签

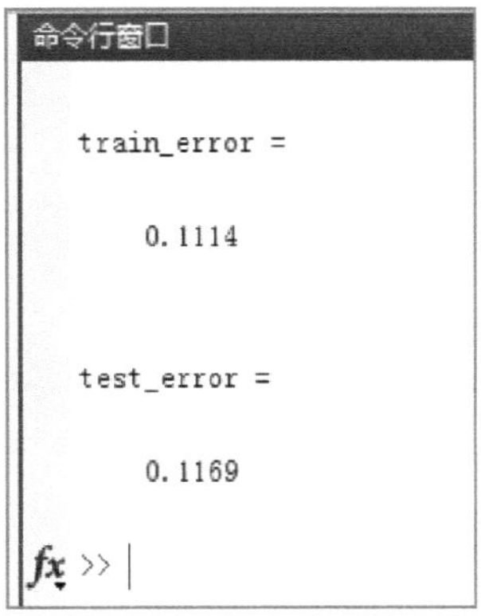

图 21-5 训练和预测的错误率

21.5 Stacking 时间序列分类

对于预测时间序列的情形，由于使用 K 折交叉验证处理时间序列时会出现未来函数问题，所以对于时间序列不使用 K 折交叉验证。为此本节对把 Stacking 算法运用到对时间序列的分类上，提供了一种参考思路。

21.5.1 算法流程

首先假设训练集数据 x_train 及标签 ylabel 长度是 80、测试集 x_test 长度是 20。采用滚动的方式用前 80 个数据去预测后面的数据。

1）用 x_train 和 ylabel 训练无交叉验证的 Stacking 模型，然后用 x_test 的第一个数据（设为 x_test(1,:)）去预测，得到 yfit(1)。

2）用 x_train(2:80,:)、ylabel(2:80) 和 x_test(1,:)、yfit(1) 去训练 Stacking 模型，然后用 x_test(2,:) 去预测，得到 yfit(2)。紧接着再用 x_train(3:80,:)，ylabel(3:80) 和 x_test(1:2,:)，yfit(1:2) 去训练 stacking 模型，然后用 x_test(3,:) 去预测，得到 yfit(3)。

以此类推，向前滚动预测，直到所有测试集数据预测完毕。

21.5.2 程序流程

Stacking 算法在时间序列数据上的集成主要考虑了时序性问题，其他变化不大，具体流程如下。

```
for i=1:N_test;N_test 是测试集 x_test 的样本容量。
  1)用训练集 x_train、y_train 预测 stacking 模型。
  2)用 x_test(i,:)去预测,得到 yfit(i)。
  3)x_train=[x_train(2:end,:);x_test(i,:)];y_train=[y_train(2:end);yfit(i)];每次循环预测后,把原先的训练集去掉第一个样本,并且把刚预测样本接到训练集的最后,以更新训练集,达到滚动预测的效果。
```

21.5.3 预测函数

Stacking 算法对于时间序列的预测函数略有不同，增加了一些时间序列数据的算法评价，具体如下。

```
function [yfit,error_rate] = stacking_timeseries(X_train,Y_train,X_test,fA,paraA,fB,paraB,Y_test)
  % Project Title: Stacking 算法。
  % Group:李一邨量化团队。
  % Contact Info: 2975056631@qq.com。
  %输入。
  % fA 是结构体,第一部分是元胞数组,装的是第一层分类器。比如 fA.one={@fitglm,@fitcknn,@fitcnb};
  %第二部分是第二层的训练器,比如 fA.two=@fitctree。
  %paraA 是结构体,第一部分是一个元胞数组,其每个元素装的是第一层每个基分类器参数,该元素也是结构体。比如 paraA.one={struct('Distribution','binomial'),struct('NumNeighbors',2,'Standardize',true),struct()};
  %第二部分是第二层分类器的参数,是个结构体,比如 paraA.two=struct('Prune','on');
  %fB 装的是每个分类器的预测函数,由于 Stacking 算法有两层,所以也是有两个部分的结构体,用法参考 fA。
  %比如 fB.one={@predict,@predict,@predict};,fB.two=@predict;
  %paraB 是预测函数的参数,也是结构体,还分为两部分,参考 paraA。
  %Y_test 为可选参数,若输入侧会输出错误率。
  %输出:
  %yfit 对预测集的测试结果。
  %error_rate 是错误率,若输入 Y_test 则输出此变量。
```

21.6 实例分析

接下来将按步骤解释如何把 Stacking 算法运用到时间序列上。以浦发银行股票数据为例，数据的特征是股票每天的若干个因子值，标签定义为若后一日的股价高于今日，则今日的标签是 1，否则是 0。

实例所用的第一层模型有逻辑回归、K 邻近、朴素贝叶斯，第二层用的模型是决策树。数据中的前 60% 是训练集，后 40% 是测试集。代码在 stacking_test.m 文件中（读者可自行在附赠资源中进行下载）。

首先把数据分为训练集 x_train、y_train 和测试集 x_test、y_test，代码如下。

```
MK = importdata('pufa.txt');
N = length(MK);
bili = 0.6;%%确定训练集和测试集的比例。
np = floor(N * bili);
X_train = MK (1: np, 1: end - 1); %前 np 个充当训练集。
Y_train = MK (1: np, end);
X_test = MK (np + 1: end, 1: end - 1); %后 N - np 个充当测试集。
Y_test = MK (np + 1: end, end);
```

接着，输入第一层的分类器 fA. one、第二层的分类器 fA. two 以及其对应参数 paraA. one、paraA. two，代码如下。

```
fA.one = {@fitglm,@fitcknn,@fitcnb};
fA.two = @fitctree;
fB.one = {@predict,@predict,@predict}; %第一层的预测函数。
fB.two = @predict; %第二层的预测函数。
paraA.one = {struct('Distribution','binomial'),struct('NumNeighbors',2,'Standard-
ize',true),struct()};
paraA.two = struct('Prune','on');
paraB.one = {struct(),struct(),struct()}; %第一层预测函数的参数。
paraB.two = struct();
```

最后调用函数 stacking_timeseries。

```
[yfit,error_rate] = stacking_timeseries(X_train,Y_train,X_test,fA,paraA,fB,paraB,
Y_test);
error_rate
```

测试结果如图 21-6 所示。

yfit 是我们所预测的标签，和测试集的实际标签相比，错误率高达 0.517，如图 21-7 所示。对于时间序列标签的预测并不好，这也有可能是数据本身质量的问题。

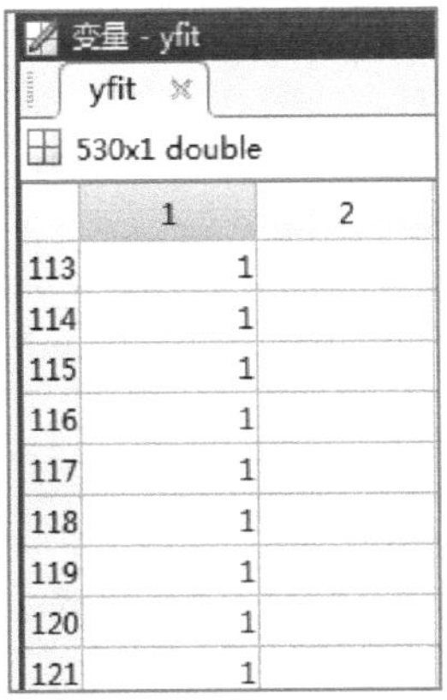

图 21-6　预测结果

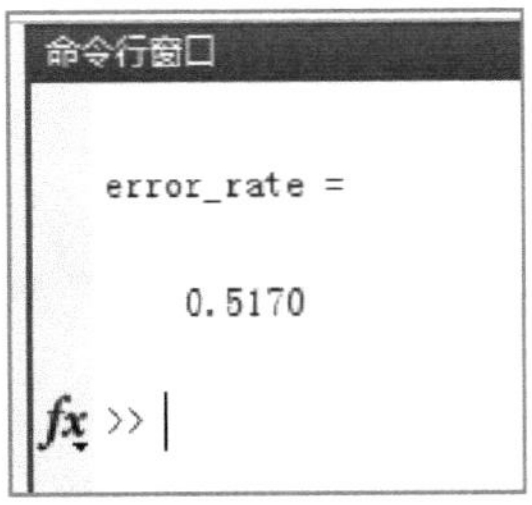

图 21-7　预测错误率

21.7 代码获取

集成算法之 Stacking 与 Bagging 算法不同，如果说 Bagging 算法是数据层面的并联，那么 Stacking 是算法层面的并联。Stacking 通过对第一层基分类器的并联实现不同学习器性能的叠加，这与 Bagging 运用同一分类器但不同数据集的并联有所不同。Stacking 中虽然每一个基学习器是弱学习器，但是由于每一个基学习器的理论和性能不同，所以存在互补的可能，从而最终并联得到了更强的学习效果。读者可以扫描封底二维码下载集成算法之 Stacking 的程序代码。

第 22 章　集成算法之 Gradient Boosting

Gradient Boosting 算法，即梯度提升算法，简称 GB 算法，是一个算法框架，里面可以嵌套各种算法。其中的 Boosting 是“提升”的意思，一般 Boosting 算法都是一个迭代的过程，每一次新的训练都是为了改进上一次的结果。而 Gradient Boosting 的主要思想是，每一次的计算是为了降低损失函数。而为了降低损失函数，可以在损失函数的负梯度方向上建立一个新的模型。所以说，在 Gradient Boosting 中，每个新模型的建立是为了使之前模型的损失函数往梯度方向下降，这是区别于其他集成算法的特征。

22.1　原理介绍

集成算法的基本思想是通过某种方式，使得每一轮基学习器在训练过程中更加关注上一轮学习错误的样本，区别在于是采用何种方式。比如经典的 AdaBoost 算法采用的是增加上一轮学习错误样本权重的策略，而在 Gradient Boosting 中则将负梯度作为上一轮基学习器犯错的衡量指标，在下一轮学习中通过拟合负梯度来纠正上一轮犯的错误。由于函数空间梯度下降，许多时候 Gradient Boosting 可以获得比其他集成算法更好的效果。

22.1.1　算法思想

GB 算法在每一次迭代中所训练的目标就是上一次迭代后损失函数的负梯度值，所以随着 GB 算法所采用的损失函数不同，其每一次迭代的学习目标也会有所差别。这里首先定义损失函数的符号是 $L(y_i, F_m(x_i))$，其中 $F_m(x_i)$ 的意义是在已经进行了 m 次迭代下，这 m 个基分类器加总后的那个模型。假设 h 是我们每次训练的基分类器，则用 h 加总后的模型 F 是：

$$F_m(x) = F_0(x) + h_1(x) + h_2(x) + \cdots + h_{m-1}(x) + h_m(x) \tag{22-1}$$

$F_0(x)$ 是初始化的基分类器，关于初始化的具体介绍见下文，这里只是展示一下整个 GB 模型作为一个加法模型的“轮廓”。基分类器 h 的下标表示该基分类器是在第几次迭代中训练得到的。

在 GB 算法迭代过程中，往往不会直接把每个基分类器加起来，这样会引起整个模型的过拟合，解决方案是：每一个基分类器的前面都乘上一个学习率 v 再加到之前的模型中，这里 v 是一个很小的数，介于 0 ~ 1 之间。加上学习率的目的在于，我们希望每一个基分类器所学习的只是“真相”的一小部分，整个 GB 的模型应该是逐步接近正确答案，做到“积跬步，以致千里”。如果没有 v，整个模型的损失函数会很快收敛，导致在训练集上效果特别好，但是在测试集上效果会明显得差。

22.1.2　算法流程

GB 算法最经典的例子是与决策树相结合，形成 GBDT 算法。本章的创新点在于，将决策树算法从传统的 GBDT 中剥离出来，从而可以嵌套其他基学习器，增加了 GB 算法的通用性。此外，GB 算法既可以用于分类也可以以用于回归，下面分类型、步骤深入介绍。

1. GB 算法最初的流程

下面首先介绍整个 GB 算法的思想流程，只体现了算法的框架，还不能直接拿来训练模型，即该算法流程只是介绍大致思想，不能“落地”，具体能“落地”的流程后文还会介绍。

1）初始化第一个基分类器。

$$F_0(x) = \arg\min_h \sum_{i=1}^{N} L(y_i, h) \tag{22-2}$$

上式中的 $L(y_i, h)$ 是在第 i 个样本下的损失函数，y_i 是标签或者因变量。由于现在我们在初始化第一个基分类器，参考上文中定义的损失函数 $L(y_i, F_m(x_i))$，所以这个 h 就是所要求解的第一个基分类器。此时初始化的第一个基分类器应该是个数字，也就是说对于任何一个样本，在第一个基分类器上的输出都是这个数字。求解 $F_0(x) = \arg\min_h \sum_{i=1}^{N} L(y_i, h)$，我们使用的方法是对函数 $\sum_{i=1}^{N} L(y_i, h)$ 的变量 h 求一阶导，然后令倒数为 0，求得 h 的值，这个 h 的值就是初始化的基分类器 F_0。

2）开始进行 M 次迭代，For m=1:M

①
$$\tilde{y}_i = -\left[\frac{\partial L(y_i, F(x_i))}{\partial F(x_i)}\right]_{F(x_i)=F_{m-1}(x_i)} \tag{22-3}$$

上式表示对第 $m-1$ 次的迭代结果求负梯度值。先根据 $-\frac{\partial L(y_i, F(x_i))}{\partial F(x_i)}$ 计算出损失函数负梯度的公式，再把 $F_{m-1}(x_i)$ 的值代入，求得每个样本的负梯度值 $\tilde{y}_i$。

② 训练第 m 个基分类器：

$$a_m = \arg\min_a \sum_{i=1}^{N} [\tilde{y}_i - h(x_i; a)]^2 \tag{22-4}$$

上式中 $h(x_i; a)$ 是第 m 次迭代时所要训练的那个基分类器，其中 a 是这个基分类器的参数，该式是求解使得基分类器的预测值与样本负梯度值之差的平方和最小的那个参数 a。在这一步要以每个样本的负梯度为目标来训练基分类器，求解基分类器的参数 a，也就是训练这个基分类器的过程。

③ 求最优步长，ρ_m 就是所求得的步长：

$$\rho_m = \arg\min_\rho \sum_{i=1}^{N} L(y_i, F_{m-1}(x_i) + \rho h(x_i; a_m)) \tag{22-5}$$

④ 把得到的基分类器 h，加入总的模型：

$$F_m(x_i) = F_{m-1}(x_i) + \rho_m h(x_i; a_m) \tag{22-6}$$

End

事实上，如果这样直接把基分类器加进去，很容易导致模型学习的速度过快，造成过拟合。本文采用两种方法来避免过拟合，一是把每个基分类器乘以一个学习率 v 后再放入总的模型里去；二是每次训练基分类器的时候，只使用部分样本来训练基分类器，与 Bagging 算法不同的是，此时我们采用的样本抽样的方法是不放回抽样的，而 Bagging 中的抽样方法是有放回抽样的。这个抽样比例通常在 0.6 到 0.8 之间。所以如果考虑加入学习率的话，那么把基分类器加入总模型的式子如下：

$$F_m(x_i) = F_{m-1}(x_i) + v\rho_m h(x_i; a_m) \tag{22-7}$$

其中 v 是学习率。

2. GB 回归算法的流程

GB 算法在回归的时候所使用的损失函数通常是残差的平方，即：

$$L(y_i, F_m(x_i)) = 0.5(y_i - F_m(x_i))^2 \tag{22-8}$$

此时的负梯度正好是残差：

$$-\frac{\partial L}{\partial F_m(x_i)} = y_i - F_m(x_i) \tag{22-9}$$

下面以基分类器为决策树为例，给出 GB 回归算法的流程。

1)首先初始化第一个基分类器：

$$F_0 = \overline{y} \tag{22-10}$$

由于在回归问题中使用的损失函数是残差的平方，所以初始化基分类器的值是训练集样本中所有因变量的平均值。具体证明过程如下：

$$\because \quad \sum_{i=1}^{N} L(y_i, F_0(x_i)) = \sum_{i=1}^{N} 0.5(y_i - F_0(x_i))^2$$

$$\therefore \quad \frac{\partial \sum L}{\partial F_0} = \sum_{i=1}^{N} (F_0(x_i) - y_i) \tag{22-11}$$

令导数等于 0 得到：

$$NF_0(x_i) = \sum_{i=1}^{N} y_i \Rightarrow F_0(x_i) = \overline{y} \tag{22-12}$$

2) 开始进行 M 次迭代，For $m=1:M$

① 计算负梯度,由于损失函数是残差的平方,所以此时的负梯度是残差：

$$\tilde{y}_i = -\left[\frac{\partial L(y_i, F(x_i))}{\partial F(x_i)}\right]_{F(x_i) = F_{m-1}(x_i)} = (y_i - F_{m-1}(x_i)) \tag{22-13}$$

上式中得到的残差 $\tilde{y}_i$，就是下一个基分类器的每个样本所要训练的那个目标。

② 把上一步得到的残差作为目标训练基分类器（这里用决策树举例）：

$$\{R_{jm}\}_1^J = J - termainal \rightleftarrows \rightleftarrows node\ tree(\{\tilde{y}_i, x_i\}_1^N) \tag{22-14}$$

上面的式子里，R_{jm}表示的是叶子节点的区域，m 的意思是第 m 次迭代得到的决策树，j 的意思是这个决策树的第 j 个叶子节点区域。整个决策树有 J 个叶子节点。所以$\{R_{jm}\}_1^J$的意思就是这个决策树的所有叶子节点区域。后面的 $J - termainal \rightleftarrows \rightleftarrows node\ tree(\{\tilde{y}_i, x_i\}_1^N)$表示以上一步得到的负梯度为目标来训练决策树。对于每个叶子节点区域的输出值如下：

$$\gamma_{jm} = ave_{x_i \in R_{jm}} \tilde{y}_i \tag{22-15}$$

等号右边表示的是对于被划分到叶子节点区域R_{jm}的所有样本点，对它们的因变量求均值，这个求到的均值γ_{jm}就是该叶子节点区域的输出。

整个②步是用回归树来举例的，同样可以把训练回归树的过程改为训练其他的基分类器。

③ 把得到的基分类器，加到总的模型里去。

$$F_m(x_i) = F_{m-1}(x_i) + \sum_{j=1}^{J} \gamma_{jm} I(x_i \in R_{jm}) \tag{22-16}$$

这里式 $\sum_{j=1}^{J} \gamma_{jm} I(x_i \in R_{jm})$ 代表的是决策树模型，其中 j 仍然表示的是第 j 个叶子节点，$I()$是指示函数，当括号里的值为真的时候整个函数的值是 1，当括号里的值为假的时候整个函数的值是 0。所以 $I(x_i \in R_{jm})$的意思是，如果样本x_i属于叶子节点区域R_{jm}，那么函数值取 1，正好乘以前面的 γ，就是该样本在这个基分类器上的输出，反之函数 $I()$的值就是 0。同样，也可以在基分类器的前面乘以一个学习率以防止过拟合。

End

当然为了防止过拟合，可以把基分类器乘以学习率再放入总的模型里去，即：

$$F_m(x_i) = F_{m-1}(x_i) + v\sum_{j=1}^{J}\gamma_{jm}\boldsymbol{I}(x \in R_{jm}) \tag{22-17}$$

其中 v 是学习率。

除了使用残差的平方作为损失函数外，还可以使用绝对误差损失函数、Huber 损失函数等。

3. GB 分类算法的流程

关于 GB 的分类算法常用的损失函数是对数损失函数，对数损失函数有两种形式，一种是对应于标签取 {0,1} 的对数损失函数，另一种是对应于标签取 {-1,1} 的对数损失函数。这里，对应的标签不同，损失函数的形式也不同。之所以要把这两种对数损失函数分开来讲，不是因为其只能对应标签 {0,1} 或者 {-1,1}，而是因为损失函数形式不同时，其负梯度和最优步长不同，会导致整个算法的流程不完全相同，因此训练的结果也有微小的差别。

上面说到由于对数损失函数在对应标签 {0,1} 和 {-1,1} 时，函数形式会不同。但是这并不意味着某个对数损失函数只能用于标签是 {0,1} 的样本，或者标签只能是 {-1,1} 的样本。这里 1 代表的是正标签，0 或者 -1 代表的是负标签，所以只要是二分类问题，这两种损失函数都可以用。在用的时候如果样本的正标签不是 1，我们把它赋值为 1，同理负标签根据要用的损失函数，可以赋值为 0 或者 -1。

22.1.3 采用标签取 {0,1} 的对数损失函数

有许多经典的损失函数在不同的问题中有着不同的表现。

首先考虑使用标签取 {0,1} 的对数损失函数：

$$L(y_i, p_i) = -[y_i\log p_i + (1-y_i)\log(1-p_i)] \tag{22-18}$$

其中：

$p_i = \dfrac{1}{1+e^{-F_m(x_i)}}$，即 sigmoid 函数表示样本属于正标签的概率，将其代入上式（这里假设 log 是以 e 为底的对数，即 ln 函数：

$$\begin{aligned}
L(y_i, F_m(x_i)) &= (y_i-1)\log(1-p_i) - y_i\log p_i \\
&= (y_i-1)\log\frac{e^{-F_m}}{1+e^{-F_m}} - y_i\log\frac{1}{1+e^{-F_m}} \\
&= (y_i-1)[-F_m - \log(1+e^{-F_m})] + y_i\log(1+e^{-F_m}) \\
&= -y_iF_m + F_m - y_i\log(1+e^{-F_m}) + \log(1+e^{-F_m}) + y_i\log(1+e^{-F_m}) = \log(1+e^{-F_m}) + F_m - y_iF_m \\
&= \log(1+e^{-F_m}) + \log e^{F_m} - y_iF_m \\
&= \log(1+e^{-F_m})e^{F_m} - y_iF_m \\
&= \log(1+e^{F_m}) - y_iF_m, y_i \in \{0,1\}
\end{aligned} \tag{22-19}$$

负梯度为：

$$-\frac{\partial L}{\partial F} = y_i - \frac{1}{1+e^{-F}} \tag{22-20}$$

接下来以决策树为例给出具体的二分类流程。

1)初始化第一个基分类器。

$$F_0(x) = \log \frac{\sum_{i=1}^{N} y_i}{N - \sum_{i-1}^{N} y_i} \tag{22-21}$$

在 log 的真数部分中，分子是属于正标签的样本数量，分母是属于负标签的样本数量。在推导这个式子的过程中，我们的目的是使得各样本损失函数之和的一阶导等于 0，证明过程如下：

$$\because \quad \sum_{i=1}^{N} \frac{\partial L}{\partial F} = \frac{N}{1+e^{-F}} - \sum_{i=1}^{N} y_i = 0, \text{其中初始化 } F \text{ 是一个数。}$$

$$\therefore \quad 1 + e^{-F} = \frac{N}{\sum_{i=1}^{N} y_i} \Rightarrow F = \ln \frac{\sum_{i=1}^{N} y_i}{N - \sum_{i=1}^{N} y_i} \tag{22-22}$$

2) 开始进行 M 次迭代，For $m=1$: M。

① 计算负梯度，这个负梯度是样本的标签减去对这个样本属于正标签的概率的预测值。

$$\tilde{y}_i = -\left[\frac{\partial L(y_i, F(x_i))}{\partial F(x_i)}\right]_{F(x_i)=F_{m-1}(x_i)} = y_i - \frac{1}{1+e^{-F_{m-1}(x_i)}} \tag{22-23}$$

残差 $\tilde{y}_i$ 就是本次迭代训练新的基分类器时，所要学习的目标。

② 把上一步得到的负梯度作为目标训练基分类器（这里用决策树举例）：

$$\{R_{jm}\}_1^J = J - terminal\ node\ tree(\{\tilde{y}_i, x_i\}_1^N) \tag{22-24}$$

这句话与之前介绍的回归算法一样，都是训练一个回归树（当然也可以换成其他的基分类器）。我们知道对于回归树算法，每个叶子节点区域的值是被划分在该区域下的所有样本因变量的均值，令这个值为 b_{jm}，也就是对于回归树算法来说原始的那个输出。但是在 GB 算法中我们不是直接把原始的这个输出放入总的模型里去，而是需要在前面乘以一个步长 ρ_m，所以整个模型的式子表达如下：

$$F_m(x_i) = F_{m-1}(x_i) + \rho_m \sum_{j=1}^{J} b_{jm} \boldsymbol{I}(x \in R_{jm}) \tag{22-25}$$

上式中的 $\sum_{i=1}^{N} b_{jm} \boldsymbol{I}(\boldsymbol{x_i} \in R_{jm})$ 就是整个回归树原始的输出。ρ_m 是最优步长，即：

$$\rho_m = \arg\min_{\rho_m} \sum_{i=1}^{N} L(y_i, F_{m-1}(x_i) + \rho_m \sum_{j=1}^{J} b_{jm} \boldsymbol{I}(x_i \in R_{jm}) \tag{22-26}$$

这个 ρ_m 是使得加入新的基分类器后总模型对样本标签的拟合效果更好了。但是 Friedman 在论文 *Greedy Function Approximation A Gradient Boosting-Machine* 中建议修改该算法，以便为每个树的区域选择单独最优值 γ_{jm}，而不是单个 ρ_m，所以应该把 ρ_m 放入决策树中，做如下变换：

$$F_m(x_i) = F_{m-1}(x_i) + \rho_m \sum_{j=1}^{J} b_{jm} \boldsymbol{I}(x \in R_{jm}) = F_{m-1}(x_i) + \sum_{j=1}^{J} \gamma_{jm} \boldsymbol{I}(x_i \in R_{jm}) \tag{22-27}$$

也就是令 $\gamma_{jm} = \rho_m b_{jm}$，于是求最优步长 ρ_m 的过程转化成了求新的叶子节点的输出 γ_{jm} 的过程，求下式：

$$\gamma_{jm} = \arg\min_{\gamma} \sum_{x_i \in R_{jm}} L(y_i, F_{m-1}(x_i) + \sum_{j=1}^{J} \gamma_{jm} \boldsymbol{I}(x_i \in R_{jm})) \tag{22-28}$$

注意上式中与求 ρ_m 不同的是 L 左侧 $\sum$ 的范围不再是从 $i=1$:N。而是特指属于叶子节点区域 R_{jm} 的那些点，因为此时计算的 γ_{jm} 是随着叶子节点区域的不同而不同的，但是 ρ_m 对于单个回归树，无论是什么叶子节点，其值都相等。由于上式无法求解，这里只能给出其近似解。

根据式：

$$\tilde{y}_i = -\left[\frac{\partial L(y_i, F(x_i))}{\partial F(x_i)}\right]_{F(x_i)=F_{m-1}(x_i)} = y_i - \frac{1}{1+e^{-F_{m-1}(x_i)}}，y_i是0或1的标签。$$

$$p_i = \frac{1}{1+e^{-F_m(x_i)}}，p_i是样本i属于正样本的概率。$$

得：

$$\gamma_{jm} = \frac{\sum_{x_i} \in R_{jm}\ \tilde{y}_i}{\sum_{x_i} \in R_{jm}(y_i - \tilde{y}_i) \times (1 - y_i + \tilde{y}_i)} = \frac{\sum_{x_i} \in R_{jm}(y_i - p_i)}{\sum_{x_i} \in R_{jm} p_i(1 - p_i)} \tag{22-29}$$

该式的意思是对于要求的叶子节点区域R_{jm}的值γ_{jm}，把划分在该区域下的所有样本点，把它们在此次迭代所要学习的负梯度之和作为分子，再把标签与负梯度之差乘以负梯度与标签之差再加 1，所得到的乘积之和作为分母，得到最后的叶子节点的输出。在本文中，当使用其他的基分类器时，也按照此方法把基分类器的输出值作改变。

但是如果基分类器使用的是别的模型，不是回归树时，套用这个γ_{jm}公式的效果就一般了。现在开始求步长ρ，以使得这个步长ρ可以适用于任何一个基分类器。

已知：

$$\rho_m = \arg\min_{\rho} \sum_{i=1}^{N} L(y_i, F_{m-1}(x_i) + \rho h(x_i; a_m)) \tag{22-30}$$

$$L(y_i, F_m(x_i)) = \log(1 + e^{F_m}) - y_i F_m y_i \in \{0,1\} \tag{22-31}$$

所以：

$$\rho_m = \arg\min_{\rho} \sum_{i=1}^{N} [\log(1 + e^{F_{m-1}(x_i) + \rho h(x_i; a_m)}) - y_i(F_{m-1}(x_i) + \rho h(x_i; a_m))] \tag{22-32}$$

该式无法求它的解析解，所以在程序中求其数值解。

③ 把得到的基分类器加入总模型里去（下面两个式子是以回归树作为基分类器举例）：

$$F_m(x_i) = F_{m-1}(x_i) + \sum_{j=1}^{J} \gamma_{jm} I(x_i \in R_{jm}) \tag{22-33}$$

同理，上式也可以通过乘以一个学习率来防止过拟合，令学习率是 v：

$$F_m(x_i) = F_{m-1}(x_i) + v\sum_{j=1}^{J} \gamma_{jm} I(x \in R_{jm}) \tag{22-34}$$

取任意的基分类器时，加总的模型为：

$$F_m(x_i) = F_{m-1}(x_i) + \rho_m h(x_i; a_m) \tag{22-35}$$

同理，如果乘以学习率的话，就变为：

$$F_m(x_i) = F_{m-1}(x_i) + v\rho_m h(x_i; a_m) \tag{22-36}$$

End

不过，当最后预测出所有样本的 $F(x)$ 值后，还要用 sigmoid 函数$p_i = \frac{1}{1+e^{-F_m(x_i)}}$把它转化成每个样本属于正标签的概率。上文只是用对数损失函数来举例，对于分类问题还可以使用指数损失函数。

22.1.4 采用标签取 {−1,1} 的对数损失函数

接下来考虑标签取 {−1,1} 的情况，首先来看对数损失函数：

$$L(p_i) = \begin{cases} -\log p_i & y_i = 1 \\ -\log(1-p_i) & y_i = -1 \end{cases} \tag{22-37}$$

此时：

$$p_i = \frac{1}{1+\mathrm{e}^{-2F_m(x_i)}} \tag{22-38}$$

注意与标签取 {0,1} 时关于概率的定义不同的是，此时 e 的指数部分是 $-2F$，不是 $2F$。我们把定义概率的式子代入对数指数函数。与 22.1.3 节一样，假设 log 是以 e 为底的对数，即 ln。

当 $y_i = 1$ 时：

$$\because \quad L(p_i) = -\log p_i = \log \frac{1}{p_i} \tag{22-39}$$

$$\therefore \quad L(F_m(x_i)) = \log(1+\mathrm{e}^{-2F_m(x_i)}) \tag{22-40}$$

当 $y_i = -1$ 时：

$$\because \quad L(p_i) = -\log(1-p_i) = \log \frac{1}{1-p_i} \tag{22-41}$$

$$又\because \quad 1-p_i = \frac{\mathrm{e}^{-2F_m(x_i)}}{1+\mathrm{e}^{-2F_m(x_i)}} = \frac{1}{1+\mathrm{e}^{2F_m(x_i)}}$$

$$\therefore \quad L(F_m(x_i)) = \log(1+\mathrm{e}^{2F_m(x_i)}) \tag{22-42}$$

把上面两种情况合并得到：

$$L(y_i, F_m(x_i)) = \log(1+\mathrm{e}^{-2y_iF_m(x_i)})\, y_i \in \{-1,1\} \tag{22-43}$$

接下来计算对数损失函数关于 F 的负梯度。

$$-\frac{\partial L}{\partial F} = \frac{2y_i\mathrm{e}^{-2y_iF_m(x_i)}}{1+\mathrm{e}^{-2y_iF_m(x_i)}} = \frac{2y_i}{1+\mathrm{e}^{2y_iF_m(x_i)}} \tag{22-44}$$

再以决策树为例给出具体的二分类流程。

1)初始化第一个基分类器。

$$F_0 = 0.5 \times \log \frac{1+\bar{y}}{1-\bar{y}} \tag{22-45}$$

log 的真数部分中分子是属于正标签的样本数量，分母是属于负标签的样本数量。在推导这个式子的过程中，我们也是使得各样本损失函数之和的一阶导等于 0，证明过程如下：

$$\begin{aligned} \sum_{i=1}^{N} \frac{\partial L}{\partial F} &= \sum_{i=1}^{N} \frac{-2y_i}{1+\mathrm{e}^{2y_iF(x_i)}} \\ &= \sum_{y_i=-1} \frac{2}{1+\mathrm{e}^{-2F(x_i)}} + \sum_{y_i=1} \frac{-2}{1+\mathrm{e}^{2F(x_i)}} = 0 \end{aligned} \tag{22-46}$$

假设正样本的个数是 N^+，负样本的数量是 N^-，则上式变为：

$$\frac{2N^-}{1+\mathrm{e}^{-2F(x_i)}} - \frac{2N^+}{1+\mathrm{e}^{2F(x_i)}} = 0$$

$$\Rightarrow \frac{N^-}{1+\mathrm{e}^{-2F(x_i)}} = \frac{N^+}{1+\mathrm{e}^{2F(x_i)}}$$

$$\Rightarrow \frac{N^-\mathrm{e}^{2F(x_i)}}{1+\mathrm{e}^{2F(x_i)}} = \frac{N^+}{1+\mathrm{e}^{2F(x_i)}}$$

$$\Rightarrow N^-\mathrm{e}^{2F(x_i)} = N^+$$

$$
\begin{aligned}
&\Rightarrow F(x_i)=0.5\log\frac{N^+}{N^-}\\
&\Rightarrow F(x_i)=0.5\log\frac{2N^+}{2N^-}\\
&\Rightarrow F(x_i)=0.5\log\frac{N^+ +N^- +N^+ -N^-}{N^+ +N^- -N^+ +N^-}\\
&\because \quad N^+ +N^- =N\\
&\therefore \quad F(x_i)=0.5\log\frac{N+(N^+ -N^-)}{N-(N^+ -N^-)}\\
&\Rightarrow F(x_i)=0.5\log\frac{\dfrac{[N+(N^+ -N^-)]}{N}}{\dfrac{[N-(N^+ -N^-)]}{N}}\\
&\Rightarrow F(x_i)=0.5\log\frac{1+\bar{y}}{1-\bar{y}}
\end{aligned} \tag{22-47}
$$

其中 $\bar{y}$，是所有样本标签的平均值，即：

$$\bar{y}=\frac{N^+ -N^-}{N} \tag{22-48}$$

2）开始进行 M 次迭代，For $m=1:M$

① 计算负梯度 $\tilde{y}_i$：

$$\tilde{y}_i=-\frac{\partial L}{\partial F}=\frac{2y_i}{1+e^{2y_iF_{m-1}(x_i)}} \tag{22-49}$$

② 把上一步得到的负梯度作为目标训练基分类器（这里用决策树举例）：

$$\{R_{jm}\}_1^J=J-terminal\ node\ tree(\{\tilde{y}_i,x_i\}_1^N) \tag{22-50}$$

对于训练好的决策树，每个叶子节点区域的值是被划分在该区域下的所有样本因变量的均值，令这个值为 b_{jm}，也就是对于回归树算法来说原始的那个输出。但是在 GB 算法中我们不是直接把原始的这个输出放入总的模型里去，而是需要在前面乘以一个步长 ρ_m，所以整个模型的式子表达如下：

$$F_m(x_i)=F_{m-1}(x_i)+\rho_m\sum_{j=1}^{J}b_{jm}I(x\in R_{jm}) \tag{22-51}$$

上式中的 $\sum_{i=1}^{N}b_{jm}I(x_i\in R_{jm})$ 就是整个回归树原始的输出，ρ_m 是最优步长，即：

$$\rho_m=\arg\min_{\rho_m}\sum_{i=1}^{N}L(y_i,F_{m-1}(x_i)+\rho_m\sum_{j=1}^{J}b_{jm}I(x_i\in R_{jm}) \tag{22-52}$$

这个 ρ_m 是使得加入新的基分类器后总模型对样本标签的拟合效果更好了。为了提高模型的精度，为每个树的区域选择单独的最优值 γ_{jm}，而不是单个 ρ_m，所以应该把 ρ_m 放入决策树中，做如下变换：

$$F_m(x_i)=F_{m-1}(x_i)+\rho_m\sum_{j=1}^{J}b_{jm}I(x\in R_{jm})=F_{m-1}(x_i)+\sum_{j=1}^{J}\gamma_{jm}I(x_i\in R_{jm}) \tag{22-53}$$

也就是令 $\gamma_{jm}=\rho_m b_{jm}$，于是求最优步长 ρ_m 的过程转化成了求新的叶子节点的输出 γ_{jm} 的过程，求下式：

$$\gamma_{jm}=\arg\min_{\gamma}\sum_{x_i\in R_{jm}}L(y_i,F_{m-1}(x_i)+\sum_{j=1}^{J}\gamma_{jm}I(x_i\in R_{jm})) \tag{22-54}$$

由于上式无法求解，这里只给出近似解：

$$\gamma_{jm}=\frac{\sum_{x_i\in R_{jm}}\tilde{y}_i}{\sum_{x_i\in R_{jm}}|\tilde{y}_i|(2-|\tilde{y}_i|)},j=1,2,\cdots,J \tag{22-55}$$

可以看出其每个基分类器的输出和训练时的负梯度,是和使用标签取{0,1}的对数损失函数时是不同的。

同样，如果使用的基分类器不是回归树，而是其他的模型，则要求解步长 ρ，使其能够适用于任何的基分类器。

已知：

$$\rho_m = \arg\min_{\rho} \sum_{i=1}^{N} L(y_i, F_{m-1}(x_i) + \rho h(x_i; a_m))$$

$$L(y_i, F_m(x_i)) = \log(1 + e^{-2y_i F_m(x_i)})\ y_i \in \{-1, 1\} \tag{22-56}$$

所以：

$$\rho_m = \arg\min_{\rho} \sum_{i=1}^{N} \log(1 + e^{-2y_i (F_{m-1}(x_i) + \rho h(x_i; a_m))}) \tag{22-57}$$

同样该式无法求解析解，只能在迭代的过程中求数值解。

③ 把得到的基分类器加入总模型里去（这里以基分类器取回归树为例）。

$$F_m(x_i) = F_{m-1}(x_i) + \sum_{j=1}^{J} \gamma_{jm} I(x_i \in R_{jm}) \tag{22-58}$$

同理，上式也可以通过乘以一个学习率来防止过拟合，令学习率是 v:

$$F_m(x_i) = F_{m-1}(x_i) + v\sum_{j=1}^{J} \gamma_{jm} I(x \in R_{jm}) \tag{22-59}$$

取任意的基分类器时，加总的模型为：

$$F_m(x_i) = F_{m-1}(x_i) + \rho_m h(x_i; a_m) \tag{22-60}$$

同理，如果乘以学习率的话，就变为：

$$F_m(x_i) = F_{m-1}(x_i) + v\rho_m h(x_i; a_m) \tag{22-61}$$

End

在测试的时候，对每一个样本预测出其 $F(x)$ 的值后，和 22.1.3 节中的一样，我们要把这个值转化成样本属于正标签的概率，公式如下：

$$p_i = \frac{1}{1 + e^{-2F_m(x_i)}} \tag{22-62}$$

此时 e 的指数部分上多了一个系数 2。

22.2 Gradient Boosting 算法的优缺点

Gradient Boosting 作为集成算法的一种与其他经典的集成算法相比有着自身独特的优缺点，下面详细介绍。

1. 优点

- 可以灵活处理各种类型的数据，包括连续值和离散值。
- 在相对少的调参时间情况下，预测的准确率也可以比较高，这个是相对 SVM 来说的。
- 使用一些健壮的损失函数，对异常值的鲁棒性非常强。比如 Huber 损失函数和 Quantile 损失函数。

2. 缺点

- 由于弱学习器之间存在依赖关系，难以并行训练数据。不过可以通过自采样的 SGBT（Stochastic Gradient Boosting Tree）来达到部分并行。

- 数学上比 Bagging 等算法复杂，这使得更换基学习器需要更多的理论思考，Bagging 等算法简便。
- 由于需要求解梯度，计算性能上比 AdaBoost 和 Bagging 略慢。

22.3 实例分析

GB 算法既可以用于分类也可以用于回归，且经过改进以后，可以嵌套决策树以外的更多算法，增加了 GB 的通用性，下面详细介绍。

22.3.1 数据集介绍

在将 GB 运用到分类问题中，本实例是用 Pima 糖尿病人的经典分类数据集作为测试数据集。其中最后一列是患病与否的标签，前 8 列是一些判断病症的生理特征数据，如图 22-1 所示。

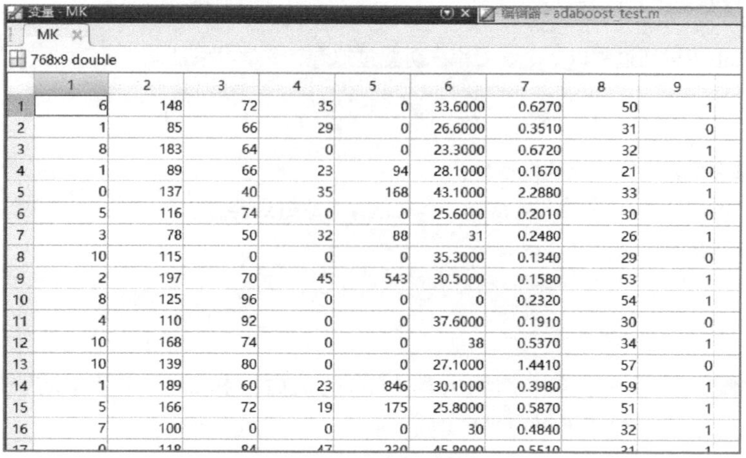
变量 - MK　　编辑器 - adaboost_test.m
MK
768x9 double

	1	2	3	4	5	6	7	8	9
1	6	148	72	35	0	33.6000	0.6270	50	1
2	1	85	66	29	0	26.6000	0.3510	31	0
3	8	183	64	0	0	23.3000	0.6720	32	1
4	1	89	66	23	94	28.1000	0.1670	21	0
5	0	137	40	35	168	43.1000	2.2880	33	1
6	5	116	74	0	0	25.6000	0.2010	30	0
7	3	78	50	32	88	31	0.2480	26	1
8	10	115	0	0	0	35.3000	0.1340	29	0
9	2	197	70	45	543	30.5000	0.1580	53	1
10	8	125	96	0	0	0	0.2320	54	1
11	4	110	92	0	0	37.6000	0.1910	30	0
12	10	168	74	0	0	38	0.5370	34	1
13	10	139	80	0	0	27.1000	1.4410	57	0
14	1	189	60	23	846	30.1000	0.3980	59	1
15	5	166	72	19	175	25.8000	0.5870	51	1
16	7	100	0	0	0	30	0.4840	32	1
17	0	118	84	47	230	45.8000	0.5510	31	1

图 22-1　Pima 糖尿病数据集

在 GB 回归问题中，本案例使用波士顿房价数据作为测试数据集。该数据集的 1 至 13 列是特征数据，第 14 列是预测目标，如图 22-2 所示。

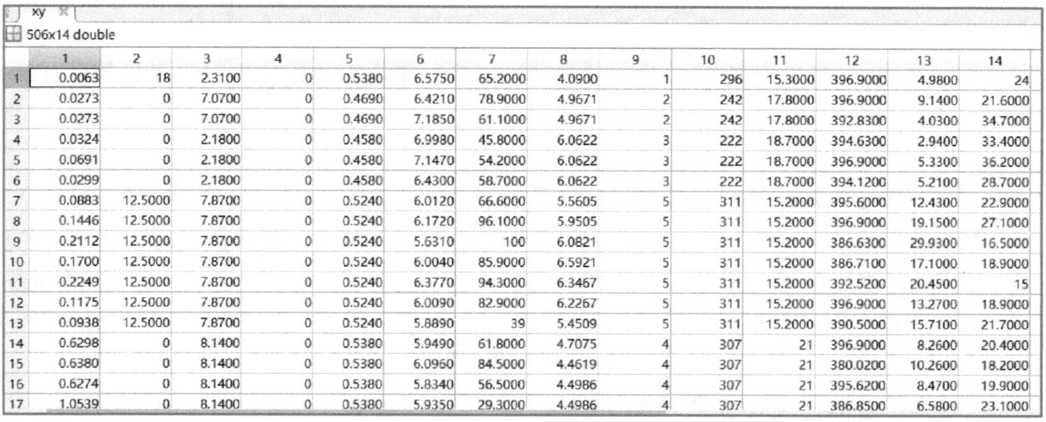
xy
506x14 double

	1	2	3	4	5	6	7	8	9	10	11	12	13	14
1	0.0063	18	2.3100	0	0.5380	6.5750	65.2000	4.0900	1	296	15.3000	396.9000	4.9800	24
2	0.0273	0	7.0700	0	0.4690	6.4210	78.9000	4.9671	2	242	17.8000	396.9000	9.1400	21.6000
3	0.0273	0	7.0700	0	0.4690	7.1850	61.1000	4.9671	2	242	17.8000	392.8300	4.0300	34.7000
4	0.0324	0	2.1800	0	0.4580	6.9980	45.8000	6.0622	3	222	18.7000	394.6300	2.9400	33.4000
5	0.0691	0	2.1800	0	0.4580	7.1470	54.2000	6.0622	3	222	18.7000	396.9000	5.3300	36.2000
6	0.0299	0	2.1800	0	0.4580	6.4300	58.7000	6.0622	3	222	18.7000	394.1200	5.2100	28.7000
7	0.0883	12.5000	7.8700	0	0.5240	6.0120	66.6000	5.5605	5	311	15.2000	395.6000	12.4300	22.9000
8	0.1446	12.5000	7.8700	0	0.5240	6.1720	96.1000	5.9505	5	311	15.2000	396.9000	19.1500	27.1000
9	0.2112	12.5000	7.8700	0	0.5240	5.6310	100	6.0821	5	311	15.2000	386.6300	29.9300	16.5000
10	0.1700	12.5000	7.8700	0	0.5240	6.0040	85.9000	6.5921	5	311	15.2000	386.7100	17.1000	18.9000
11	0.2249	12.5000	7.8700	0	0.5240	6.3770	94.3000	6.3467	5	311	15.2000	392.5200	20.4500	15
12	0.1175	12.5000	7.8700	0	0.5240	6.0090	82.9000	6.2267	5	311	15.2000	396.9000	13.2700	18.9000
13	0.0938	12.5000	7.8700	0	0.5240	5.8890	39	5.4509	5	311	15.2000	390.5000	15.7100	21.7000
14	0.6298	0	8.1400	0	0.5380	5.9490	61.8000	4.7075	4	307	21	396.9000	8.2600	20.4000
15	0.6380	0	8.1400	0	0.5380	6.0960	84.5000	4.4619	4	307	21	380.0200	10.2600	18.2000
16	0.6274	0	8.1400	0	0.5380	5.8340	56.5000	4.4986	4	307	21	395.6200	8.4700	19.9000
17	1.0539	0	8.1400	0	0.5380	5.9350	29.3000	4.4986	4	307	21	386.8500	6.5800	23.1000

图 22-2　波士顿房价数据

22.3.2 函数介绍

在上文的叙述中，我们避免过拟合主要介绍的是使用学习率的方法，在本函数中可以使用子采样法，即除了第一次初始化外，每次训练一个基分类器所用的不是全部的样本，而是部分样本。和 Bagging 算法不同的是，Bagging 算法是重复抽样，这里是非重复抽样。采用子采样法会减小方差，但是抽样比例太多会增加偏差，这个抽样比例通常取0.6到0.8之间。

1. 训练函数介绍

本案例的 GB 算法由于改进了通用性，所以综合了回归、分类，包括但不限于决策树的基学习器，所以参数较多，下面详细介绍。

```
function mdl = GB(X_train,Y_train,fA,paraA,fB,paraB,Nt,regularization,method,
learning_sub,DT,range_max)
% Project Title: GB算法。
% Group:李一邨量化团队。
% Contact Info: 2975056631@qq.com。

%输入参数。
%X_train为训练集特征,类型是矩阵。
%Y_train为训练集标签,类型是列向量。
%fA为模型选用的基分类器,类型是函数句柄,如输入:@ fitrtree,表示使用回归树来当基分类器。
%paraA为基分类器使用的参数,类型是结构体,如输入:struct('Prune','on'),表示对决策树进行
剪枝。
%fB为用基分类器预测的参数,类型是函数句柄。
%paraB为预测函数使用的参数,类型是结构体。
%Nt为基分类器的个数,是整数。
%regularization为关于模型正则化的选项,类型是字符,取值是'L'或者'S',取值是'L'的时候表示
正则化的方法是使用学习率,即每个基分类器加到模型里时都乘以一个比较小的数,此时输入变量learn-
ing_sub的含义是学习率的取值。当取值是'S'的时候,表示正则化的方法是子采样比例的方法,即随机选
取部分样本去训练每个基分类器,与Bagging算法不同的是,GB算法用的是不放回的抽样。此时变量
learning_sub指的就是抽取样本的比例,通常取0.6~0.8
%method为GB模型的类型,取值为'r'时表示用GB算法进行回归,取值为'c0'时表示用GB算法进行
二分类,损失函数是标签取值为0或1的对数损失函数,取值为'c1'也是分类,但用的是标签取值是-1或1
的对数损失函数。
%learning_rate为小数,介于0~1.当regularization取'L'时,learning_rate表示模型学习率
的大小,当regualrization取'S'时,learning_rate表示抽样比例,特别是取1时,表示每个基分类器在
训练的时候使用的都是全部的训练集样本。
%DT为布尔值,当模型用来处理回归问题的时候,无须输入此变量,当处理分类问题的时候,必须输入此
变量。
%DT用来判断输入的基分类器是否是回归树,取值为true的时候,表示按照回归树的方式进行算法的
流程,此时走的是GBDT算法的流程,即把每个基分类器的输出用gamma代替,当取值false的时候,表示按
照通用的GB算法的方式进行算法流程。
%注意,此时DT变量只是判断算法要走的流程是GBDT的流程还是通用的GB算法的流程,DT变量与实
际选择的基分类器可以没有关系。即,强行使用回归树作为基分类器再走通用的GB算法的流程,和强行使用
其他的基分类器再走GBDT的流程。这两种行为从代码上来看,没有语法上的报错,只是从算法角度上看会
有点不伦不类,影响效果。
```

%range_max 标量,其意义为:当变量 DT 取 false 时,即走通用的 GB 算法的流程,需要求步长 rho,而求 rho 又需要给定其取值范围,易知 rho 的取值一定是大于 0 的,所以 range_max 表示的就是在求解 rho 时,我们所设定的取值范围的上界。因此当模型用来处理回归问题的时候,无须输入变量 DT,所以肯定无须输入 range_max。当处理分类问题的时候,如果走的是 GBDT 的流程,即取 true 时,用于用 gamma 代替了求步长的过程,所以也无须输入 range_max。最终只有当处理分类问题,且 DT 取值是 false 时,我们需要输入变量 range_max。

%输出参数。

%mdl 结构体,里面装的是模型训练的信息,对于回归问题输出 5 个域,对于分类器问题输出 8 个域。如果算法没有走 GBDT 的流程,即使用了其他的基分类器,走的是通用的 GB 流程,则 mdl 有 11 个域。

%mdl.Tree 是元胞数组,里面装的是各基分类器。

%mdl.loss 是向量,元素是每一次迭代后损失函数的值。

%mdl.method 是字符, 取值是'r'时,表示训练的是回归算法。取值是'c0'时,表示损失函数对应于标签是{0,1}的对数损失函数。取值是'c1'时,表示损失函数对应标签{-1,1}的对数损失函数。

%mdl.regularization 是一个字符串,当训练模型使用的避免过拟合的方法是乘以学习率的方式时,取值是'L'。

%当训练模型使用的避免过拟合的方法是子采样法时,取值是'S'。

%mdl.learning 标量,当使用乘以学习率的方法避免过拟合时,mdl.learning 表示的是学习率的值,当使用子采样法避免过拟合时,mdl.leraning 表示的是每个基分类器的抽样比率。

%对于分类问题还会输出以下 3 个域。

%mdl.positive 是标量,记录本次分类数据的正标签。

%mdl.negtive 是标量,记录本次分类数据的负标签。

%mdl.dict 是元胞数组,记录了每一次得到的基分类器,其原始输出和我们转化后所需要的那个输出的对应关系。

%mdl.dict 的长度等于迭代的次数,每个元素是一个两列的矩阵行数等于叶子节点的数量,第一列是原始输出,第二列是转化后所需要的输出。

%对于走通常的 GB 算法的流程,即 DT 变量取值是 false 时,还会输出以下 4 个域,且域 mdl.dict 没有了。

%mdl.DT 用来记录训练模型时布尔变量 DT 的取值,所以其值与变量 DT 相等。

%mdl.rho 为行向量,记录的是每个基分类器的最优步长,由于第一个初始化的基分类器是没有步长这个说法的,所以该变量的长度为基分类器个数 Nt-1。

%mdl.f0 为行向量,记录的是每次迭代求步长的时候,使得损失函数最小时,损失函数的值。同样向量的长度是基分类器的个数 Nt-1。

%mdl.flag 为行向量,布尔值,判断每次求最优步长的时候,是否成功的找到了最优步长,若成功了,则当前迭代次数所对应的那个位置的元素取值为 1,反之取值为 0。同理该向量的长度是 Nt-1。

2. 预测函数的介绍

与训练函数相对应，预测函数的介绍如下。

```
function [pp,error_,R_squared] = GB_predict(mdl,x_test,fB,paraB,y_test)
% Project Title: GB 算法。
% Group:李一邨量化团队。
% Contact Info: 2975056631@qq.com。
%输入变量
%mdl 类型是结构体,是由训练函数 GB 得出的训练模型。
```

```
%x_test 为待检测的数据,只有一个样本的时候是向量,多个样本的时候是矩阵。
%fB 为预测每一个基分类器所用的预测函数,类型是函数句柄。
%paraB 为函数 fB 所用的参数,类型是结构体。
%y_test 为可选参数,预测数据的标签或者因变量。没有此变量的时候函数只输出预测结果 pp。有此函数时,函数除了会输出预测结果 pp 外,还会输出预测的效果评价。详见输出变量的介绍。
%输出变量。
%pp 为向量或者是标量,是测试集的预测结果,当预测样本只有 1 个时,类型是标量;当预测样本有多个时,输出的是向量。
%error_:当存在参数 y_test 时,会输出此变量。对于分类问题,error_是分类的错误率。对于回归问题,error_就是均方误差 MSE。
%R_squared 为回归结果的拟合优度。当存在参数 y_test 且模型处理回归问题时,会输出此变量。
```

22.3.3 结果分析

本小节的例 1、例 2、例 3、例 4、例 7 用的是 Pima 数据集，训练集样本占总样本的 90%；例 5、例 6 用的是波士顿房价数据集，训练集占样本比重的 80%。

例 1　分类算法案例参数组合 1

本例使用的是分类算法，基分类器 200 个，采用学习率的方式避免过拟合，学习率是 0.1，基分类器是回归树，执行代码如下。

```
fA = @ fitrtree;
paraA = struct();
fB = @ predict;
paraB = struct();
Nt = 200;    %基分类器个数。
regularization = 'L';  %避免过拟合的方式。
method = 'c0';  %c0 是分类,损失函数取对应标签是{0,1}的对数损失函数。
learning_sub = 0.1;  %学习率。
DT = true;  %走 GBDT 的算法流程。
mdl = GB(x_train,y_train,fA,paraA,fB,paraB,Nt,regularization,method,learning_sub,
DT);
%%测试。
[pp_train,train_error] = GB_predict(mdl,x_train,fB,paraB,y_train);
train_error
[pp_test,test_error] = GB_predict(mdl,x_test,fB,paraB,y_test);
test_error
```

在图 22-3 中，mdl 是训练好的模型，Tree 是每一个基分类器，loss 是在训练集上每次迭代后损失函数的变化，method 取值是 c0 表示是分类算法，regularization 是避免过拟合的方法，positive 和 negtive 分别表示正负样本的标签，dict 记录了基分类器的原始输出值转化后的输出值的关系，learning_ rate 此时表示学习率，DT 取 1，表示现在采用的是 GBDT 的流程。

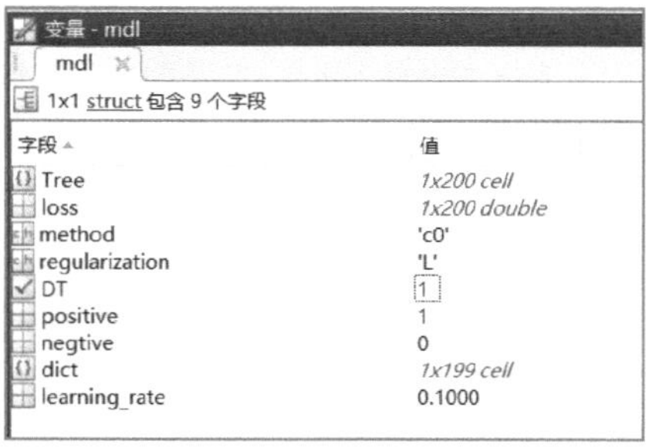

图 22-3　GBDT 的输出

图 22-4 的 mdl. Tree，除了第一个初始化的基分类器是一个数外，其余的都是一个回归树模型。

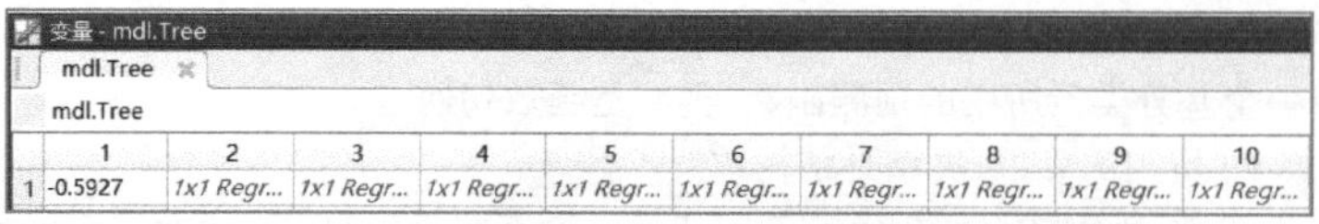

变量 - mdl.Tree

mdl.Tree

	1	2	3	4	5	6	7	8	9	10
1	-0.5927	1x1 Regr...	1x1 Regr...	1x1 Regr...	1x1 Regr...	1x1 Regr...	1x1 Regr...	1x1 Regr...	1x1 Regr...	1x1 Regr...

图 22-4　基分类器

图 22-5 中的 mdl. loss 是每一次迭代后训练集上的损失函数，可以看出损失函数是每次递减。

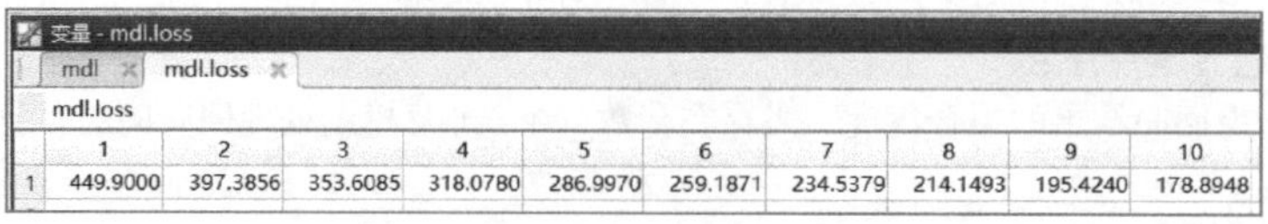

变量 - mdl.loss

mdl　mdl.loss

mdl.loss

	1	2	3	4	5	6	7	8	9	10
1	449.9000	397.3856	353.6085	318.0780	286.9970	259.1871	234.5379	214.1493	195.4240	178.8948

图 22-5　损失函数值的迭代

测试结果表示该算法在训练集上错误率是 0，测试集上的错误率是 0. 1558，算法表现还是很好的，如图 22-6 所示。

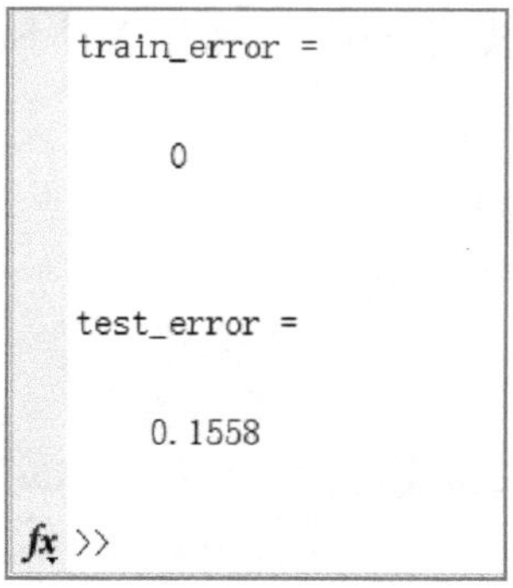

图 22-6　训练和测试误差

例 2　分类算法案例参数组合 2

本例中很多参数与例 1 一样，只有两个参数做出了变动，我们把避免过拟合的方法变成子采样法，采样比率设为 0. 8，执行代码如下。

```
Nt = 200;      % 基分类器个数。
regularization = 'S';  % 避免过拟合的方式。
method = 'c0';  % c0 是分类,损失函数取对应标签是{0,1}的对数损失函数。
learning_sub = 0.8;  % 抽样比率。
DT = true;  % 走 GBDT 的算法流程。
mdl = GB(x_train,y_train,fA,paraA,fB,paraB,Nt,regularization,method,learning_sub,
DT);
%% 测试
[pp_train,train_error] = GB_predict(mdl,x_train,fB,paraB,y_train);
train_error
[pp_test,test_error] = GB_predict(mdl,x_test,fB,paraB,y_test);
test_error
```

图 22-7 的 mdl 是训练的模型，此时的 learning_rate 表示的不是学习率，是抽样比例。

测试结果如图 22-8 所示。训练集上的错误率是 0，测试集上的错误率是 0. 2078。在本数据集上的多次测试中，采用子采样法的模型效果比采用学习率的模型效果要差。

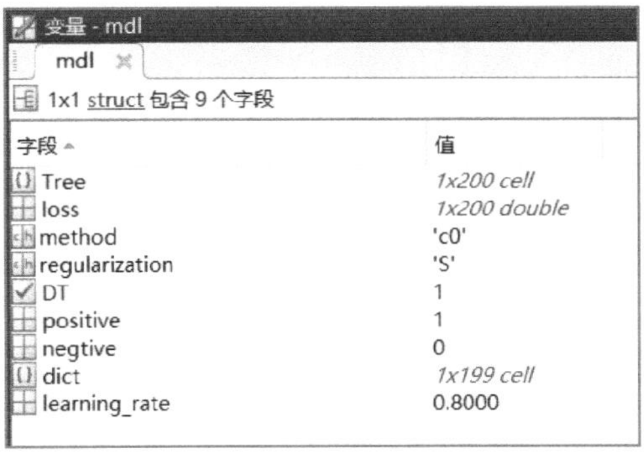

图 22-7　GBDT 的输出

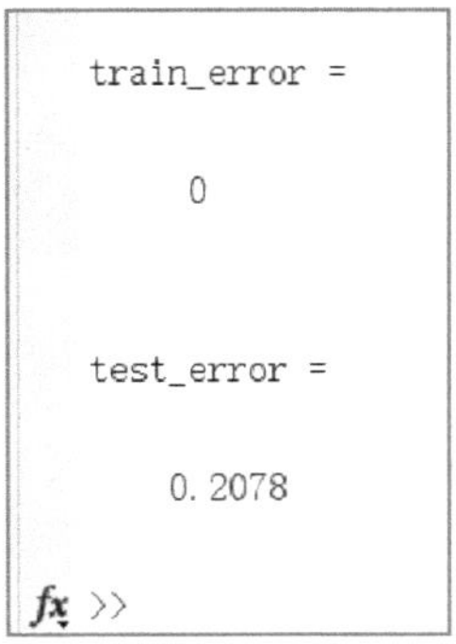

图 22-8　训练和测试误差

例 3　分类算法案例参数组合 3

本例仍然是分类算法，只是基分类器换成了最小二乘法，基分类器还是 200 个，避免过拟合采用的是学习率的方法，学习率是 0. 1，使用的是 GBDT 算法流程，执行代码如下。

```
fA = @ fitlm;
paraA = struct();
fB = @ predict;
paraB = struct();
Nt = 200;    % 基分类器个数。
regularization = 'L';   % 避免过拟合的方式。
method = 'c0';   % c0 是分类,损失函数取对应标签是{0,1}的对数损失函数。
learning_sub = 0.1;   % 抽样比率。
DT = true;   % 走 GBDT 的算法流程。
mdl = GB(x_train,y_train,fA,paraA,fB,paraB,Nt,regularization,method,learning_sub,
DT);
%% 测试。
[pp_train,train_error] = GB_predict(mdl,x_train,fB,paraB,y_train);
train_error
[pp_test,test_error] = GB_predict(mdl,x_test,fB,paraB,y_test);
test_error
```

在图 22-9 的测试结果中，同样训练集上错误率是 0，但是测试集上的表现比基分类器选择回归树时要差，所以使用最小二乘法的时候，最好不要直接使用 GBDT 的算法流程。

例 4　分类算法案例参数组合 4

本例仍然是分类算法，基分类器是最小二乘法，基分类器还是 200 个，避免过拟合采用的是学习率的方法，学习率是 0. 1，但是此时不再使用 GBDT 算法的流程，而是使用通用的 GB 算法流程，走 GB 算法流程时必须输入参数 range_max，执行代码如下。

```
Nt = 200;    % 基分类器个数。
regularization = 'L';   % 避免过拟合的方式。
method = 'c0';   % c0 是分类,损失函数取对应标签是{0,1}的对数损失函数。
```

```
learning_sub=0.1;  %学习率。
range_max=100; %求解最优步长 rho 的时候,设定的取值范围上限。
mdl=GB(x_train,y_train,fA,paraA,fB,paraB,Nt,regularization,method,learning_sub,
false,range_max);
%%测试。
[pp_train,train_error]=GB_predict(mdl,x_train,fB,paraB,y_train);
train_error
[pp_test,test_error]=GB_predict(mdl,x_test,fB,paraB,y_test);
test_error
```

代码中 false 表示算法走的是 GB 的通用流程，100 表示在解步长 rho 的时候，取值范围的上界为 100。

训练结果如下。

其中域 rho 记录了每个基分类器对应的步长，总共 200 个基分类器，除去初始化的第一个基分类器，总共 199 个步长，域 flag 就是判断是否成功地找到了最优的步长，若成功则对应位置的元素取值是 1，反之是 0。域 f0 就是最小化的那一个损失函数的值。模型输出如图 22-10 所示。

```
train_error =

     0


test_error =

    0.2468

fx >>
```

图 22-9　基分类器为最小二乘法的误差

变量 - mdl

1x1 struct 包含 11 个字段

字段	值
Tree	1x200 cell
loss	1x200 double
method	'c0'
regularization	'L'
DT	0
positive	1
negtive	0
rho	1x199 double
flag	1x199 double
learning_rate	0.1000
f0	1x199 double

图 22-10　通用流程的输出

mdl. rho 如图 22-11 所示。

变量 - mdl.rho

mdl.rho

	1	2	3	4	5	6	7	8	9	10
1	5.6414	5.8396	6.0830	6.3630	6.6714	7.0007	7.3438	7.6943	8.0463	8.3940

图 22-11　迭代步长

mdl. flag 如图 21-12 所示。

变量 - mdl.flag

mdl.flag

	1	2	3	4	5	6	7	8
1	1	1	1	1	1	1	1	1

图 22-12　迭代步长是否找到的标志

mdl. f0 如图 22-13 所示。

变量 - mdl.f0

mdl | mdl.f0

mdl.f0

	1	2	3	4	5	6	7	8	9	10
1	338.3527	338.2635	338.0384	337.7394	337.4150	337.0988	336.8110	336.5618	336.3546	336.1880

图 22-13　历次迭代的损失函数值

最后的通用流程的测试结果如图 22-14 所示。

图中训练集上的错误率是 0.2315，测试集上的错误率是 0.1039。测试集上的预测效果好于训练集上的预测效果。与其他几种模式相比，此时效果和 GBDT 算法的效果差不多，表现都挺好的。而且对于最小二乘法这种非决策树算法来说，单独求步长 ρ 的效果，要明显好于直接套用 GBDT 中 gamma 的公式。

```
train_error =

    0.2315


test_error =

    0.1039
```

图 22-14　训练和测试误差

例 5　回归算法案例参数组合 1

本例用的是回归算法，同样基分类器 200 个，采用学习率的方式避免过拟合，学习率取 0.1，基分类器是回归树。注意此时无须输入参数 DT 和参数 range_max，执行代码如下。

```
Nt=200;
regularization='L';
method='r';
learning_sub=0.1;
mdl=GB(x_train,y_train,fA,paraA,fB,paraB,Nt,regularization,method,learning_sub);
```

图 22-15 中 mdl. method 的值是 r，表示回归算法，执行测试模型的代码如下。

```
[pp_train,train_error,R_train]=GB_predict(mdl,x_train,fB,paraB,y_train);
train_error
R_train
[pp_test,test_error,R_test]=GB_predict(mdl,x_test,fB,paraB,y_test);
test_error
R_test
```

接下来看 GB 算法的测试效果，如图 22-16 所示。

变量 - mdl

mdl

1x1 struct 包含 5 个字段

字段	值
Tree	1x200 cell
loss	1x200 double
method	'r'
regularization	'L'
learning_rate	0.1000

图 22-15　回归算法输出

命令行窗口

```
train_error =

   5.8291e-11


R_train =

    1.0000


test_error =

    8.1812


R_test =

    0.9012
```

图 22-16　训练和测试集的拟合优度

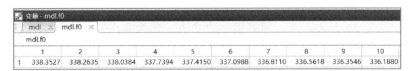

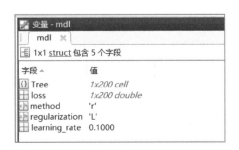

在图 21-16 中，train_error 和 test_error 表示训练集和测试集上的均方误差，R_train 表示训练集上的 R 方，值为 1，R_test 表示测试集上的 R 方，值为 0.9012，再看其余单个的回归树做回归比较，执行代码如下。

```
reg=fitrtree(x_train,y_train);  %训练单个基分类器。
yta=predict(reg,x_train);
yte=predict(reg,x_test);
Rta=1-sum((yta-y_train).^2)/sum((y_train-mean(y_train)).^2) %单个基分类器回归时,训练集的R方。
Rte=1-sum((yte-y_test).^2)/sum((y_test-mean(y_test)).^2)  %单个基分类器回归时,预测集的R方。
```

在算法的测试结果中，Rta 是训练集上单个回归树的 R 方，Rte 是测试集上单个回归树的 R 方，如图 22-17 所示。从图 22-17 中可以看出，GB 算法对回归树是有一定提高的。

例 6　回归算法案例参数组合 2

在与例 4 各个参数都相同的情况下，把基分类器改成最小二乘法，得到 GB 算法的测试结果，如图 22-18 所示。

```
Rta =

    0.9714

Rte =

    0.8474
```

图 22-17　回归树的误差

```
train_error =

   22.7969

R_train =

    0.7286

test_error =

   18.5815

R_test =

    0.7838
```

图 22-18　最小二乘的 GB 算法

图中 train_error、test_error 分别表示训练集和测试集的均方误差，R_train、R_test 表示训练集和测试集的 R 方。

单个的最小二乘法，测试结果如图 22-19 所示。可以发现 R 方和用 GB 算法没有什么区别。

```
Rta =

    0.7286

Rte =

    0.7838
```

图 22-19　单一最小二乘的拟合优度

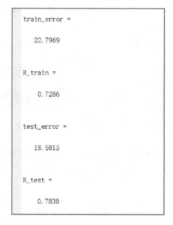

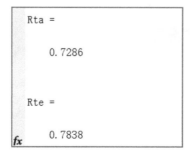

例 7　分类算法案例参数组合 5

接下来，对比在分类算法中当对数损失函数取对应标签分别为{0,1}和{－1,1}时，两种模型的精确度。

参数仍然是迭代 200 次，避免过拟合方法用的是学习率方法，学习率取 0.1，基分类器都是回归树，比较在不同损失函数下模型的精确度，执行代码如下。

```
Nt=200;     %基分类器个数。
regularization='L';  %避免过拟合的方式。
method='c0';  %c0 是分类。
learning_sub=0.1;  %学习率。
mdl=GB(x_train,y_train,fA,paraA,fB,paraB,Nt,regularization,method,learning_sub,
true);
%%测试。
[pp_train,train_error]=GB_predict(mdl,x_train,fB,paraB,y_train);
train_error
[pp_test,test_error]=GB_predict(mdl,x_test,fB,paraB,y_test);
test_error
mdl2=GB(x_train,y_train,fA,paraA,fB,paraB,Nt,regularization,'c1',learning_sub,
true);
[pp_train2,train_error2]=GB_predict(mdl2,x_train,fB,paraB,y_train);
train_error2
[pp_test2,test_error2]=GB_predict(mdl2,x_test,fB,paraB,y_test);
test_error2
```

测试结果如图 22-20 所示。在图 22-20 中 train_error 和 train_error2，分别表示模型取对应标签为 {0,1} 和 {－1,1} 的损失函数时，其在训练集上的预测误差。test_error 和 test_error2，分别表示模型取对应标签为 {0,1} 和 {－1,1} 的损失函数时，其在测试集上的误差，可以看出本次实验中，其预测的正确度一样。

再执行一次同样的代码，如图 22-21 所示。可以看出此时 test_error 略小于 test_error2，说明在本次实验中，使用对应标签是 {0,1} 的对数损失函数，比使用标签是 {－1,1} 的对数损失函数表现要好。

再执行第三次代码，如图 22-22 所示。此时 test_error2 比 test_error 略小，所以在本次实验中，对应标签是 {－1,1} 的对数损失函数表现较好。

test_error	0.2078
test_error2	0.2078
train_error	0
train_error2	0

图 22-20　不同损失函数的误差

test_error	0.2208
test_error2	0.2338
train_error	0
train_error2	0

图 22-21　不同损失函数的误差

test_error	0.2078
test_error2	0.1948
train_error	0
train_error2	0

图 22-22　不同损失函数的误差

经过多次实验，用这两种损失函数分别训练 GB 算法时，训练出的两种算法正确性大致一样，两者之间性能的对比也是打平的。

22.4 代码介绍

上一节的例子综合比较了不同基学习器和不同损失函数的性能，本节将以上案例的测试代码详细给出。

22.4.1 处理分类问题的测试代码

本文中 GB 算法是一种梯度增强的集成算法，可以做回归也可以做分类。先以分类问题作为案例，数据集采用的是 Pima 糖尿病人数据集，以下是分类问题的测试代码。

```
%%读取数据:
clc;clear;
xy=importdata('Pima.txt');
N=size(xy,1);
xy=xy(randperm(N),:);
np=floor(N*0.9);
x_train=xy(1:np,1:end-1);
y_train=xy(1:np,end);
x_test=xy((np+1):end,1:end-1);
y_test=xy((np+1):end,end);
fA=@fitlm;
paraA=struct();
fB=@predict;
paraB=struct();
Nt=200;    %基分类器个数。
regularization='L';  %避免过拟合的方式。
method='c0';  %%c0 是分类,损失函数取对应标签是{0,1}的对数损失函数。
learning_sub=0.1;  %抽样比率。
DT=false;  %走 GBDT 的算法流程。
range_max=100;
mdl=GB(x_train,y_train,fA,paraA,fB,paraB,Nt,regularization,method,learning_sub,
DT,100);
%%测试。
[pp_train,train_error]=GB_predict(mdl,x_train,fB,paraB,y_train);
train_error
[pp_test,test_error]=GB_predict(mdl,x_test,fB,paraB,y_test);
test_error
pause(1)

%% GBDT
mdl2 = GB(x_train, y_train, @fitrtree, paraA, fB, paraB, Nt, regularization, method,
learning_sub,true);
[pp_train2,train_error2]=GB_predict(mdl2,x_train,fB,paraB,y_train);
```

```
train_error2
[pp_test2,test_error2]=GB_predict(mdl2,x_test,fB,paraB,y_test);
test_error2
%%把数据标签变为-1,+1。
xy(xy(:,end)==0,end)=-1; %把负标签变为-1。
x_train=xy(1:np,1:end-1);
y_train=xy(1:np,end);
x_test=xy((np+1):end,1:end-1);
y_test=xy((np+1):end,end);
mdl2=GB(x_train,y_train,fA,paraA,fB,paraB,Nt,regularization,'c1',learning_sub,
false,100);
[pp_train2,train_error2]=GB_predict(mdl2,x_train,fB,paraB,y_train);
train_error2
[pp_test2,test_error2]=GB_predict(mdl2,x_test,fB,paraB,y_test);
test_error2
```

22.4.2 处理回归问题的测试代码

GB 算法也可以用于回归问题，以波士顿房价数据作为测试数据集，以决策树作为增强的基分类器来验证 GB 的性能，代码如下。

```
clc;clear;
xy=importdata('fangjia.txt');
N=size(xy,1);
xy=xy(randperm(N),:);
np=floor(N*0.8);
x_train=xy(1:np,1:end-1);
y_train=xy(1:np,end);
x_test=xy((np+1):end,1:end-1);
y_test=xy((np+1):end,end);
fA=@fitrtree;
paraA=struct();
fB=@predict;
paraB=struct();
Nt=200;
regularization='L';
method='r';
learning_sub=0.1;
mdl=GB(x_train,y_train,fA,paraA,fB,paraB,Nt,regularization,method,learning_sub);
%%测试。
[pp_train,train_error,R_train]=GB_predict(mdl,x_train,fB,paraB,y_train);
train_error
R_train
[pp_test,test_error,R_test]=GB_predict(mdl,x_test,fB,paraB,y_test);
```

```
test_error
R_test
%%基分类器测试。
reg=fitrtree(x_train,y_train); %训练单个基分类器。
yta=predict(reg,x_train);
yte=predict(reg,x_test);
Rta=1-sum((yta-y_train).^2)/sum((y_train-mean(y_train)).^2) %单个基分类器回归时,训练集的R方。
Rte=1-sum((yte-y_test).^2)/sum((y_test-mean(y_test)).^2) %单个基分类器回归时,预测集的R方。
```

22.4.3 集成算法之 GB 完整代码获取

集成算法之 GB 是本书作者自主开发的算法，本章对传统 GBDT 算法做了改进，使得 GB 能够不仅仅以决策树作为基分类器而可以更换更多的基分类器作为增强的对象，并增加了不同的损失函数作为优化目标，拓展了 GB 算法的功能和参数选项。读者可以扫描封底二维码下载集成算法之 GB 的程序代码。